基幹講座　数学
線型代数

基幹講座 数学 編集委員会 編

木村　俊一 著

『基幹講座 数学』刊行にあたって

数ある学問の中で，数学ほど順を追って学ばなければならないものは他にはないだろう．5世紀の新プラトン主義者であるプロクルスは，ユークリッドの『原論』への注釈の中で，「プトレマイオス王が，幾何学を学ぶのに手取り早い道はないものかとユークリッドに訊ねたところ，『幾何学に王道なし』とユークリッドは答えた」という有名な逸話を述べている．この逸話の真偽は別として，数学を学ぶには体系的に王道を歩むことしかないのである．これを怠れば，現代数学の高みに達することは覚束ないし，科学技術における真のイノベーションを期するための数学的知識の獲得も困難になるだろう．

本講座は，理工系の学生が学ぶべき数学を懇切丁寧に解説することを目的としている．ただ単に数学的事柄を並べるだけでなく，通常は行間にあって読者が自力で読み解くことが期待される部分にも十分注意を払い，ともすれば長く暗いトンネルの中を歩くかのような学習を避けるために，随所に「明り採り」を設けて，数学を学ぶ楽しさを味わってもらう．古代バビロニア以来の4,000年の歴史を持つ数学を，読者には是非とも理解し楽しんでもらいたい．これが本講座の著者たちの切なる願いである．

2016年8月

代表編集委員
砂田 利一
新井 敏康
木村 俊一
西浦 廉政

はじめに

プロのピアニストが暗譜で演奏する際に，いくつかタイプがあるそうだ．

(1) 指の動きで，言わば体で曲を覚えるタイプ
(2) 曲を耳で音として覚えるタイプ
(3) 目で楽譜を絵として覚えるタイプ

そしてどのタイプでもそれは比重だけの差であって，結局はこの3つ全てを使って曲を覚えているのだという．素人としては指さえ動けばそれで良いように思ってしまうが，それだけでは危ない，全く同じように鍵盤を叩いたってピアノによっても調律によっても音は変わってしまうし，曲全体の構造が頭に入っていないと適切な音は出せないらしい．

本書はそれと同じ精神で線型代数を学んでもらおうと書かれた本である．現代数学・科学において線型代数はスタンダードな研究ツールであり，必要な計算さえできれば大丈夫，なんて思っている読者もいるかもしれないが，それでは線型代数を使いこなしているとは言えないし，だいいち危なっかしい．「曲は指が覚えているから大丈夫」と耳栓をして目をつぶってピアノの演奏会をするようなものだ．これからみなさんは多くの計算技術や重要な定理を学ぶことになるが，それらは幾何的，代数的，あるいは論理的な直観に裏打ちされており，その立体的な構造を「数学的五感」を磨くことで感じ取ってほしいのである．

まずは2次元・3次元の例に親しんで，幾何的図形的な意味を感じ取る．また線型性という形式から立ち現れる構造的な意味にも耳を澄ませる．目で見て味わい，気持ちを嗅ぎ取り，その上で手を動かし，線型代数を全身で感じ取っていただきたい．学習中に様々な罠があるが，逆にそれを薬味として楽しめるようになれば，数学はこんなにも面白いのである．

執筆中の本書の原稿を広島大学の講義でテキストとして用いた際に，別所和樹氏，中田彬文氏，田中勇輝氏はじめ多くの受講生から誤りを指摘していただいたことを感謝する．それにもかかわらず残ってしまった誤りは，もちろん筆者の責任である．

2018年7月

木村俊一

目　次

◆装幀 戸田ツトム・今垣知沙子

第0章　イントロダクション

§0.1　大学の数学入門

高校を卒業して初めて大学の講義を受ける読者に気に留めておいて欲しいことがいくつかあるので，そこから始めよう．

(1)　時間感覚が違う

すぐに気づくのは，大学の1コマの講義時間（たいてい1時間半）が高校までの45分，あるいは50分の約2倍ある，ということだ．しかも，途中で休憩を入れようなんて先生はほとんどいない．むしろ，1コマ1時間半でも時間が足りない，と思っている先生が大半である．だが，それ以上に違うのが，「これはそのうちにわかりますよ」と言った場合の「そのうち」のタイムスパンが，うんと長くなる，ということだ．そのうちわかる，と言っていたので，講義の最後には説明してくれるのかな，と思っていたら，その話にならない．次の週にも，その話に戻らない．とうとうその話に戻らないうちに，講義が一学期終わってしまった．先生に質問してみたら，「大学院に行って専門に研究したら，わかりますよ」なんて言われた，なんてこともザラである．逆に言うと，それくらい長い間，講義の一部がわからなくても構わない，ということでもある．「全部わかったぞ」とスッキリして勉強を進める高校までの数学と違って，「これもあれもわからないぞ」と思いながら，そのわからなさを引き受けて（何がどうわからないかをきちんとつかむことは大事），いつかはわかってやろうと勉強を続けていけば良いのである．大学の先生の立場になって言わせてもらうと，大学の先生というのは同時に最先端の研究者でもあるので，「わからなくて，解きたい問題」というのを自分でもたくさん抱えていて，しかもそれを面白いと思っているのが普通なのである．その「わからない面白さ」を伝えようとしているのだ，と思ってもらえれば，ちょっとは我慢しようという気になってもらえるだろうか？

(2)　一見高校までの数学と全然違うように見える

高校までは計算して答の数値があっていれば，途中の考え方とかはあまりうるさく言われなかったかもしれない．でも，大学では途中の考え方が正しいか，そしてそれをきちんと言葉で説明できるかどうか，ということを厳しく見られる．最終的な答があっていても，どうしてそうなるのか説明できなければ，評価されない．それどころか，最終的な答なんてものすらなくて，言葉の遊びみたいな細かいことを，うじうじやらされるかもしれない．高校の時には数学は好きだったが，これは自分が好きな数学とは違うぞ，と感じるかもしれない．でも安心してください．結局これは，皆さんが好きだった数学と同じものなのである．勉強を続けていくと，そのうちわかってくるので（この「そのうち」は大学3年生，4年生くらい），多少違和感を感じても，がんばってついていってください．

(3) 言葉にこだわる

高校では，数学は苦手じゃなかったけれど，国語は嫌いだった．なのに，大学の数学は，国語の授業なんじゃないか，と思うくらい言葉にこだわることがある．でも，実際のところ，自分がどう考えているのか，言葉で正確につかみ，そして言葉で他人に正確に伝えることは，数学でもっとも大切なことなのだ．微妙な言葉の使い方ひとつで，答の数字が変わってしまうことも少なくない．

(4) 直感と論理の乖離

高校までは「こういう感じで正しそうだ」と掴めたら，それを論理的な文章に翻訳すれば証明になっていたが，大学では，直感と論理がピタッと一致するとは限らない．高校までの数学が，だいたい18世紀までの数学で，大学に入ってからの数学は19世紀以降，と思ってもらえば大きくはずれないと思うが，この200年くらいの間に「こういう感じで正しそうなら，こうやって証明がつけられる」というテクニックが沢山編み出されたのだ．大学の講義の証明を見て，一行一行の論理は追えても，何か正しいという実感が湧かない，という経験をこれからしばらく繰り返すことになると思うが，多分これは慣れの問題だと思う．証明の違和感は大事にしながら，証明を一行一行丹念に追っていく，という修行を続ければ，だんだん感覚とロジックがつながっていくと思う．何しろ人類史上最高速で数学が進歩した200年分を，僅か4年かそこらで追いつこうというのだ．「また変な証明が出てきたぞ，どうやって思いつくんだ，こんなの？」と違和感を楽しみながら，進み続けてもらえれば，と思う．

§0.2 線型代数とは何か

本書でテーマとしている「線型代数」とは何なのか，簡単にご紹介しておこう．それぞれのレベルに応じて，線型代数は様々な姿で立ち現れることになる．

(1) 幾何的側面

線型とは「まっすぐな」という意味である（この意味の場合は「線形」という漢字の方が適切かもしれない）．直線や平面などのまっすぐな図形を代数的な手法で研究するのが線型代数である．直線や平面をどうやってあらわす？ 平面と平面の交わりをどうやって計算する？ こういった問題をシステマティックに取り扱うのが，線型代数である．実のところ，我々の幾何的直感がよく機能するのは高々 3 次元空間までであり，線型代数ではもっと高次元の幾何までも統一的に扱うので，全ての問題を幾何的に取り扱うことは難しく，代数を用いた計算に話を帰着していくことになる．本書では，まず第 1 章で線型幾何について解説する．幾何的直感は万能ではないけれども，3 次元までの幾何的な理解とそのアナロジーは，代数的には扱いの難しい概念を理解する際に強力な武器となるであろう．

(2) 1 次式の理論

直線や平面は，パラメーター表示や方程式表示などいくつかのあらわしかたがあるが，いずれにせよ 1 次式であらわすことができる．そう，線型代数とは，1 次式の代数理論なのである．解析（微積分）では 2 次式，3 次式はおろか，指数関数対数関数三角関数など難しい関数を色々扱うのに，線型代数は 1 次式だけ？ と思われるかもしれないが，そのかわりに線型代数では多変数での 1 次式を扱うことになる．そもそも微分とは，複雑な関数を 1 次式で近似することだ，と思うこともできるので，そういう見方をすると，微積分と線型代数のコラボで様々な複雑な数学現象を理解しよう，というのが大学 1〜2 年次の数学の講義なのだ．多変数の微積分では，関数を多変数 1 次式で近似することになる．1 次式で近似できたら，あとは線型代数を使って分析ができる，というわけである．

1 次式の変数が 3 つまでなら 3 次元空間の中でグラフを描いたりして幾何的に理解できるかもしれないが，代数的に考えるならば，3 変数でも 4 変数でも似たようなものである．幾何的に解釈すると，4 次元，5 次元の世界があらわれることになる．SF などでは 4 次元の世界とか言うとワープできたり宇宙人があらわれたり色々不思議なことが起こるが，線型代数を勉強すると，4 次元空間を数学的な対象としてきちんと計算に落とし込むことができるようになる．

(3)　ベクトル空間の線型写像の理論

直線や平面を1次式であらわすためには，座標を取らなくてはならない．いったん座標をとってしまえば全てが数の計算に帰着されるとは言え，座標の取り方によって計算の複雑さは大きく変わるだろうし，問題の種類によっては座標を固定せずに議論する方がスムーズに本質をとらえられることがあるかもしれない．座標を固定せずに1次式を理論的に研究したいと考えると出てくるのが，ベクトル空間と線型写像である．ベクトル空間とは，足し算とスカラー倍（つまり定数倍）が定義された集合で，足し算とスカラー倍が満たすべき自然な条件を満たすものであり，うまく座標を取れば1次式の理論で扱えるような研究対象である．例えば多項式どうしは足し算できるし，定数倍もできるので，ベクトル空間として扱うことができる．2次式 ax^2+bx+c をベクトル $\begin{pmatrix} a \\ b \\ c \end{pmatrix}$ で扱うことにすれば，多項式どうしの足し算はベクトルどうしの足し算，多項式の定数倍はベクトルの定数倍，にそれぞれ対応している．よって，多項式をベクトルとして扱うことができる．多項式全体がベクトル空間をなしているのである．

さらにベクトル空間の間の写像が，足し算とスカラー倍を保つとき，線型写像と呼ぶ．例えば多項式を微分する，という写像を考えると，多項式を足してから微分したものと，それぞれ微分してから足したものは等しい：

$$\frac{d(f+g)}{dx}(x) = \frac{df}{dx}(x) + \frac{dg}{dx}(x).$$

また多項式を定数倍してから微分したものと，先に微分してから定数倍したものとは等しい：

$$\frac{d(cf)}{dx}(x) = c\frac{df}{dx}(x).$$

よって，微分写像は線型写像だ，ということになる．線型写像は，座標を取ってしまえば行列というものであらわすことができ，そうすれば様々な計算が行えることになる．多項式を，その係数を並べてベクトルであらわしたり，微分を行列であらわしたりしても，それだけではあまりご利益がないように感じられるかもしれないが，「線型代数とは，ベクトル空間と線型写像の理論である」ということが見えてくると，例えば微分に関する問題も，しかるべき設定を行えば線型代数に帰着して解くことができる場合がある，という様子が見えてくるのである．

第1章　線型幾何

この章では，線型な図形（直線，平面）の幾何学を調べる．高校までで学んできた内容の復習，大学数学特有の表現に慣れてもらうこと，そして，今後勉強が進んだときにつまづきやすい箇所について，**2** 次元，**3** 次元の場合に触れておいてもらうことを目標とする．この章は読むのをとばしても，おそらく論理的には支障はないと思うが，直感を養うという意味ではいくつか大事な内容に触れるので，こんなことはわかっている，という読者も軽く読み流しておいてもらうと良いと思う．

§1.1　幾何ベクトル

まずは幾何ベクトルの定義から始めよう．

定義 1.1.1

2次元平面，あるいは3次元空間に基点Oを1点取って固定する．基点Oから平面あるいは空間のもう一点Pへと結ぶ線分を，Oを始点，Pを終点とする矢印 $\overrightarrow{\mathrm{OP}}$ とみなし，**ベクトル**と呼ぶ．ベクトルは，「方向と長さ」というデータを持つ．基点から基点自身への矢印 $\overrightarrow{\mathrm{OO}}$ は，線分ではなく1点で，方向も持たないが，これもベクトルの一種とみなし，**ゼロベクトル**と呼ぶ．ゼロベクトルは $\mathbf{0}$ という記号であらわすことにする．ベクトルの始点を基点以外に平行移動したものも元のベクトルと同一視する．

注意 1.1.2　実は「平行移動したものを元のベクトルと同一視する」という視点は，数学初心者には厄介な問題を引き起こす．§1.7で，何に気をつけなくてはならないかを詳しく説明しよう．ここではあまり気にせずに，ベクトルの性質を調べていくことにしよう．

定義 1.1.3

ベクトル $\boldsymbol{a}$ と $\boldsymbol{b}$ に対し，$\boldsymbol{b}$ を，その始点がベクトル $\boldsymbol{a}$ の終点に重なるよう平行移動して継ぎ合わせ，基点から「平行移動した $\boldsymbol{b}$」の終点までの矢印を作ったものを**ベクトルの和**と定義し，$\boldsymbol{a}+\boldsymbol{b}$ という記号であらわす．

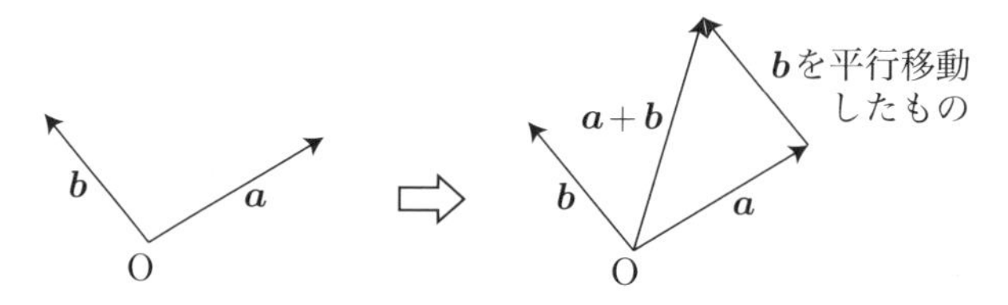

「平行移動したものを元のベクトルと同一視する」ことによる厄介な問題の一例をお見せしておこう．ベクトル $\boldsymbol{a}$ を平行移動したものを $\boldsymbol{a}'$ とし，ベクトル $\boldsymbol{b}$ を平行移動したものを $\boldsymbol{b}'$ とする．$\boldsymbol{a}$ と $\boldsymbol{b}$ を使って計算したベクトルの足し算 $\boldsymbol{a}+\boldsymbol{b}$ と，$\boldsymbol{a}'$ と $\boldsymbol{b}'$ を使って計算したベクトルの足し算 $\boldsymbol{a}'+\boldsymbol{b}'$ は同じものになるだろうか？つまり，互いに平行移動したものになっているだろうか？ もちろんそうなっているわけだが，厄介なこととは，

> $\boldsymbol{a}$ と $\boldsymbol{a}'$ が同じで，$\boldsymbol{b}$ と $\boldsymbol{b}'$ が同じなら，$\boldsymbol{a}+\boldsymbol{b}$ と $\boldsymbol{a}'+\boldsymbol{b}'$ が同じだ，と確認しないと，<u>ベクトルの和が定義できたことにならない</u>

ということである．へー，そんなことを気にするんだ，ということをとりあえず知っておいてもらうと良いと思う．

ベクトルの和に関して，次のような性質が成り立つことは，高校で既に習ってきていることであろう．

命題 1.1.4（ベクトルの和の基本的な性質）

$\boldsymbol{a},\boldsymbol{b},\boldsymbol{c}$ をベクトルとする．

(1)（結合則）$(\boldsymbol{a}+\boldsymbol{b})+\boldsymbol{c}=\boldsymbol{a}+(\boldsymbol{b}+\boldsymbol{c})$ が成り立つ．

(2)（ゼロベクトル）$\boldsymbol{0}+\boldsymbol{a}=\boldsymbol{a}=\boldsymbol{a}+\boldsymbol{0}$ が成り立つ．

(3)（逆ベクトル）任意のベクトル $\boldsymbol{v}$ に対し，逆ベクトルと呼ばれるベクトル $\boldsymbol{w}$ が存在して $\boldsymbol{v}+\boldsymbol{w}=\boldsymbol{0}$ が成り立つ．（$\boldsymbol{v}$ の逆ベクトル $\boldsymbol{w}$ を $-\boldsymbol{v}$ という記号であらわすこともある．また，ベクトル $\boldsymbol{v}$ に $\boldsymbol{w}$ の逆ベクトル $-\boldsymbol{w}$ を足したもの $\boldsymbol{v}+(-\boldsymbol{w})$ を単に $\boldsymbol{v}-\boldsymbol{w}$ ともあらわす．）

(4)（交換則）$\boldsymbol{a}+\boldsymbol{b}=\boldsymbol{b}+\boldsymbol{a}$ が成り立つ．

性質 (3) の言い方が，不自然な日本語だな，と感じた読者は，§1.2 をご覧いただきたい．

命題 1.1.4 が成り立つ理由を簡単に見ておこう．まず，性質の (4) から．

説明　(4) $\boldsymbol{a}$ と $\boldsymbol{b}$ の始点を同じ場所に合わせて $\boldsymbol{a}=\overrightarrow{\mathrm{OA}}$，$\boldsymbol{b}=\overrightarrow{\mathrm{OB}}$ として，線分

OA,OB を 2 辺とする平行四辺形 OACB を考えると，AC は OB を平行移動したものであり，BC は OA を平行移動したものであるので，$\boldsymbol{a}+\boldsymbol{b}=\overrightarrow{\mathrm{OC}}=\boldsymbol{b}+\boldsymbol{a}$ が成り立つ.

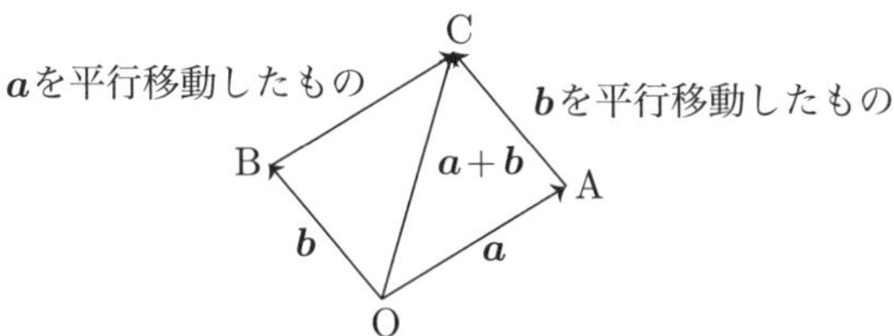

(1) ベクトル $\boldsymbol{a}$ の終点のところにベクトル $\boldsymbol{b}$ の始点を平行移動する．その平行移動した $\boldsymbol{b}$ の終点のところに，ベクトル $\boldsymbol{c}$ の始点を平行移動する．これで $\boldsymbol{a},\boldsymbol{b},\boldsymbol{c}$ と順に継ぎ足したことになるが，これは「$\boldsymbol{a}$ に $\boldsymbol{b}$ を継ぎ足したベクトル」に $\boldsymbol{c}$ を継ぎ足した，と思うこともできるし，$\boldsymbol{a}$ に「$\boldsymbol{b}$ に $\boldsymbol{c}$ を継ぎ足したベクトル」を継ぎ足した，と思うこともできる．同じベクトルが $(\boldsymbol{a}+\boldsymbol{b})+\boldsymbol{c}$ とも $\boldsymbol{a}+(\boldsymbol{b}+\boldsymbol{c})$ とも解釈できるので，$(\boldsymbol{a}+\boldsymbol{b})+\boldsymbol{c}=\boldsymbol{a}+(\boldsymbol{b}+\boldsymbol{c})$ が成り立つことがわかる.

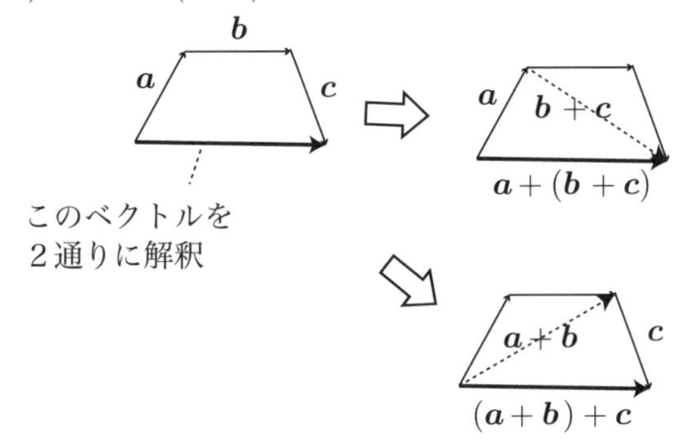

(2) $\boldsymbol{0}+\boldsymbol{a}$ の終点を求めるには，$\boldsymbol{a}$ の始点が $\boldsymbol{0}$ の終点，つまり基点にあうように平行移動して，その終点を求めれば良いが，もともと $\boldsymbol{a}$ の始点は O であるので，平行移動で動かす必要がない．つまり $\boldsymbol{a}$ の終点が $\boldsymbol{0}+\boldsymbol{a}$ の終点に等しいので，$\boldsymbol{0}+\boldsymbol{a}=\boldsymbol{a}$ である．また (4) により $\boldsymbol{a}+\boldsymbol{0}=\boldsymbol{0}+\boldsymbol{a}=\boldsymbol{a}$ が成り立つ.

(3) $\boldsymbol{v}=\overrightarrow{\mathrm{OP}}$ とし，その終点と始点を入れ替えて作った矢印 $\overrightarrow{\mathrm{PO}}$ を，始点が O に重なるように平行移動したベクトルを $\boldsymbol{w}$ とすれば良い. □

命題 1.1.4 の「証明」ではなく「説明」をつけた.「証明」だと，議論の出発点をはっきりさせて，何を認めて良いのか，どこが明らかでないところなのか，をはっきりさせないと意味がないが，「高校までで習ってきたこと」を出発点とすると，教科書によっても先生によっても出発点が変わってきてしまうので，その意味では

「証明」は不可能なのである．むしろ，命題 1.1.4 を議論の出発点として，今後「ベクトルの和」については命題 1.1.4 の結果は自由に使うことにする．というか，のちのち，命題 1.1.4 は「ベクトルの和の公理」という役割を担っていくことになる．

問 1.1.5　以下の事実を，命題 1.1.4 のみを用いて証明せよ．

(i)　ゼロベクトル $\mathbf{0}$ に自分自身を加えると，やはりゼロベクトルになる．つまり $\mathbf{0}+\mathbf{0}=\mathbf{0}$ となる．

(ii)　ゼロベクトル $\mathbf{0}$ は自分自身の逆ベクトルである．すなわち，$-\mathbf{0}=\mathbf{0}$ である．

問 1.1.6　四面体 OABC において $\overrightarrow{\mathrm{OA}}=\boldsymbol{a}$, $\overrightarrow{\mathrm{OB}}=\boldsymbol{b}$, $\overrightarrow{\mathrm{OC}}=\boldsymbol{c}$ とおく．

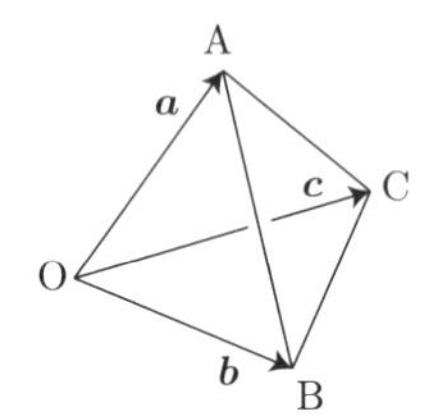

(1)　ベクトル $\overrightarrow{\mathrm{AB}},\overrightarrow{\mathrm{BC}},\overrightarrow{\mathrm{CA}}$ をそれぞれ $\boldsymbol{a},\boldsymbol{b},\boldsymbol{c}$ を用いてあらわせ．

(2)　小問 (1) の答え 3 つの和がゼロベクトルになることを，命題 1.1.4 および逆ベクトル・ゼロベクトルの定義のみを用いて示せ．

□ 結合則について

実数の足し算と掛け算については，ともに交換則と結合則が成り立つので，交換則でも結合則でもたいてい自然に成り立つ計算規則のように感じられるかもしれない．だが，一般には結合則の方がずっと成り立ちやすい計算規則なのである．例えば，「関数の合成」という演算を考えてみよう．関数 f と g に対し，x を $f(g(x))$ へ送る写像を $f\circ g$ とあらわすことにする．$f(x)=x^2$ とし，$g(x)=x+1$ とすると，$(f\circ g)(x)=f(g(x))=(x+1)^2=x^2+2x+1$ であり，$(g\circ f)(x)=g(f(x))=x^2+1$ なので，$f\circ g$ と $g\circ f$ とは違う関数になってしまう．すなわち，関数の合成に関して，交換則は成り立たない．一方，f,g,h がそれぞれ関数とすると，「f と g と h を合成した関数」$f\circ g\circ h$ とは，x を，まず h で送り，その結果をさらに g で送り，最後にそれを f で送る，という写像である．それは，x を「まず h で送り，その結果をさらに g で送ったもの」を f で送ったもの，と解釈することもできるし，あるいは x をまず h で送ってから，その結果を「g で送ってからその結果を f で送る」という関数で送ったもの，と解釈することもできる．同じ関数が $f\circ(g\circ h)$ とも $(f\circ g)\circ h$ とも解釈できるので，$f\circ(g\circ h)=(f\circ g)\circ h$ という関数の合成の結合則が成り立つことがわかる．

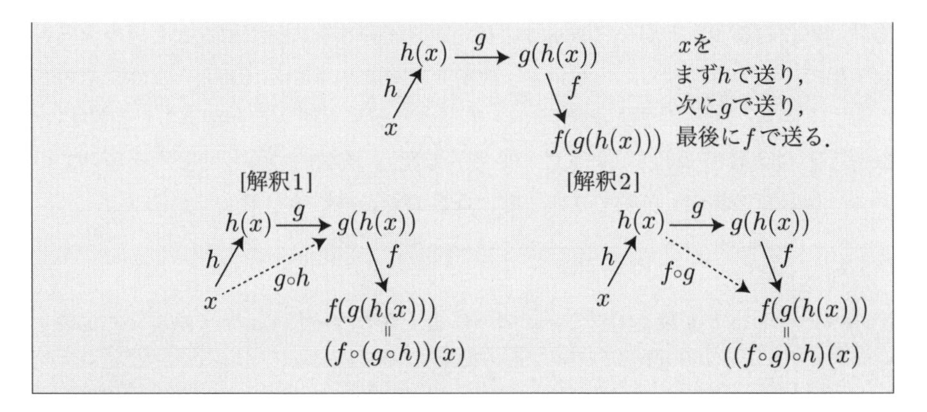

□ 結合則続論

次の数式を声に出して読んでみてもらいたい．

$$3^{3^3}$$

うっかり読むと，「3 の 3 乗の 3 乗」となってしまうかもしれない．そうすると，この数式を「『3 の 3 乗』の 3 乗」つまり $(3^3)^3$ と理解したことになり，$3^3 = 27$ なので，「3 の 3 乗の 3 乗」は 27^3，つまり 19683，ということになる．

しかし，3^{3^3} は「3 の 3 の 3 乗乗」と読むのが正しい．そうすると，この数式は「3 の『3 の 3 乗』乗」つまり $3^{(3^3)}$ と理解したことになり，この式の値は $3^{27} = 7625597484987$ となるのである．ちなみに

$$(3^3)^3 = (3^3) \times (3^3) \times (3^3) = (3 \times 3 \times 3) \times (3 \times 3 \times 3) \times (3 \times 3 \times 3) = 3^9$$

となるので，数値的に計算しなくても $(3^3)^3 \neq 3^{(3^3)}$ となることがわかる．実際，上の計算と同様にして，一般に $(a^b)^c = a^{bc}$ となるので，a^{b^c} を「a の b 乗の c 乗」という意味で言っているのであれば，あいまいさが残る a^{b^c} ではなく，a^{bc} と書いてしまえば良い．一方，「a の『b の c 乗』乗」と伝えたいのであれば，a^{b^c} と書かざるを得ない．よって，数学の本や論文などで a^{b^c} と書いてあれば，特に括弧がついていなくても，$a^{(b^c)}$ という意味なのである．

この例は，「べき乗については結合則が成り立たない」という例になっている．数の足し算・掛け算，さらに関数の合成についても結合則が成り立つのでいつでも同様の式が成り立ちそうに感じるところであるが，一般には $(a^b)^c$ と $a^{(b^c)}$ とは違う数になるのである．

ベクトルに対比して，ただの数のことを「スカラー」と呼ぶ．スカラーとしては，

当面は実数のことだと思ってもらって良いが，そのうちに複素数などもスカラーとして出てくるようになる．実数は $\mathbb{R}$，複素数は $\mathbb{C}$ という記号であらわすが，そのどちらだと解釈しても大丈夫な場合には $\mathbb{K}$ という記号を使うことがある（記号 $\mathbb{K}$ の厳密な定義は第3章§3.1「係数について」参照）．実数のつもりで証明をつけていたら，複素数係数でも証明できたことになるのでお得な感じだ．

定義 1.1.7

ベクトル $\boldsymbol{a}$ と実数 c に対し，$\boldsymbol{a}$ の c による**スカラー倍** $c\boldsymbol{a}$ を次のように定義する．

(i) $\boldsymbol{a}=\boldsymbol{0}$ のとき，c が何であろうと $c\boldsymbol{a}=\boldsymbol{0}$ とする．

以下は $\boldsymbol{a}\neq\boldsymbol{0}$ とする．

(ii) $c>0$ の場合，$\boldsymbol{a}$ と同じ方向で，長さを c 倍にしたベクトルを $c\boldsymbol{a}$ とする．

(iii) $c=0$ の場合，$\boldsymbol{a}$ が何であっても $0\boldsymbol{a}$ はゼロベクトル $\boldsymbol{0}$ であると定義する．

(iv) $c<0$ の場合，命題1.1.4の(3)で存在が保証された $\boldsymbol{a}$ の逆ベクトルを $\boldsymbol{b}$ として，$c\boldsymbol{a}$ とは $(-c)\boldsymbol{b}$ のことである，と定義する．ここで $-c>0$ であるので，$(-c)\boldsymbol{b}$ は上記(ii)の意味で解釈する．

$\boldsymbol{a}$ がゼロベクトルの場合に特別扱いする必要があったり c の符号によって場合分けをしなくてはならないのが，幾何的にベクトルを扱う場合の面倒さである．座標をとって代数的に扱える形にしてしまえば，スカラー倍は場合分けなしにすっきり定義できる．一方で，人類の歴史の中で，「負の数」が概念の遊びではなく実在するものとして一般に広く認められるようになったのは，「数直線上で右に2センチ進むのをプラス2と解釈するならば，左に3センチ進むのをマイナス3と解釈するのが自然ではないか」というような負の数の解釈がオランダのステヴァンによって16世紀の終わり頃に提案されたのが大きい役割を果たした[1]ことを考えると，「負の数をかけるときは向きを逆にして絶対値倍する」と場合分けしなくてはならないのは，負の数がそもそもそのように理解されるべきものなのだから仕方がない，とも考えられる．

[1] もちろんそのずっと前から負の数を構想した数学者は世界中にいたし，逆に19世紀になっても負の数が存在しない，なんて主張していた数学者もいた．負の数が受け入れられるまでに様々な紆余曲折があったので，ステヴァンの議論も黒を白に変えるような決定的なものであるとは言えない．しかし，この幾何的な解釈を通して17世紀以降負の数が広く受け入れられるようになったことは間違いないと思う．

□ 逆ベクトルの一意性

定義 1.1.7 のようにベクトルのスカラー倍を定義する場合，論理的に気になることが一つある．逆ベクトル $\boldsymbol{b}$ の存在は命題 1.1.4 の (3) で保証されてはいるものの，逆ベクトルが何通りもあるのであれば，「どの逆ベクトルを使うのが正しいのか？」という疑問が生じるのである．次の補題で，その問題が解決される．

補題 1.1.8 命題 1.1.4(3) で存在が保証された逆ベクトル $\boldsymbol{w}$ は，それぞれの $\boldsymbol{v}$ に対してただ一つしか存在しない．

証明 2 人の人が全然別の方法でそれぞれ逆ベクトルを見つけてきたとして，「$\boldsymbol{v}$ の逆ベクトルである」という条件だけからそれらが等しいことが証明できれば，たしかに逆ベクトルがただ 1 つしかないことがわかる．つまり $\boldsymbol{w}_1$ と $\boldsymbol{w}_2$ がともに $\boldsymbol{v}$ の逆ベクトルであったとして，$\boldsymbol{w}_1=\boldsymbol{w}_2$ が成り立つことを示せば良い．

$$
\begin{aligned}
\boldsymbol{w}_1 &= \boldsymbol{w}_1+\boldsymbol{0} && \text{(命題 1.1.4(2) より)}\\
&= \boldsymbol{w}_1+(\boldsymbol{v}+\boldsymbol{w}_2) && \text{($\boldsymbol{w}_2$ は $\boldsymbol{v}$ の逆ベクトルと仮定しているから)}\\
&= (\boldsymbol{w}_1+\boldsymbol{v})+\boldsymbol{w}_2 && \text{(命題 1.1.4(1) 結合則)}\\
&= (\boldsymbol{v}+\boldsymbol{w}_1)+\boldsymbol{w}_2 && \text{(命題 1.1.4(4) 交換則)}\\
&= \boldsymbol{0}+\boldsymbol{w}_2 && \text{($\boldsymbol{w}_1$ は $\boldsymbol{v}$ の逆ベクトルと仮定しているから)}\\
&= \boldsymbol{w}_2 && \text{(命題 1.1.4(2) より)}
\end{aligned}
$$

よって確かに $\boldsymbol{w}_1=\boldsymbol{w}_2$ が成り立ち，逆ベクトルはただ一つしか存在しないことが確かめられた． □

ベクトルのスカラー倍は，次の性質を持つことも，高校で習っていて既知であろう．

命題 1.1.9 （ベクトルのスカラー倍の基本的な性質）

$\boldsymbol{a},\boldsymbol{b}$ は任意のベクトル，c,d は任意の実数とする．

(1) （ベクトルの和についての分配則）$c(\boldsymbol{a}+\boldsymbol{b})=c\boldsymbol{a}+c\boldsymbol{b}$

(2) （スカラーの和についての分配則）$(c+d)\boldsymbol{a}=c\boldsymbol{a}+d\boldsymbol{a}$

(3) （スカラーの積）$(cd)\boldsymbol{a}=c(d\boldsymbol{a})$

(4) （1 倍）$1\boldsymbol{a}=\boldsymbol{a}$

命題1.1.9の「説明」は，$\boldsymbol{a}, \boldsymbol{b}, \boldsymbol{a}+\boldsymbol{b}$ のいずれもゼロベクトルではなく，c と d がともに正，という場合に限り，しかもごく簡単に済ませることにしよう．スカラー倍の定義が，ゼロベクトルの場合とスカラーの符号によって4通りに場合分けされているので，場合を尽くすだけでも労が多く，きちんと説明したからと言ってスカラー倍がよくわかる，というわけでもないからである[2)]．

説明 (1) $\boldsymbol{a}+\boldsymbol{b}$ の定義の図を c 倍した図を考えれば，$c\boldsymbol{a}+c\boldsymbol{b}$ が $c(\boldsymbol{a}+\boldsymbol{b})$ に等しい，という図になっている．

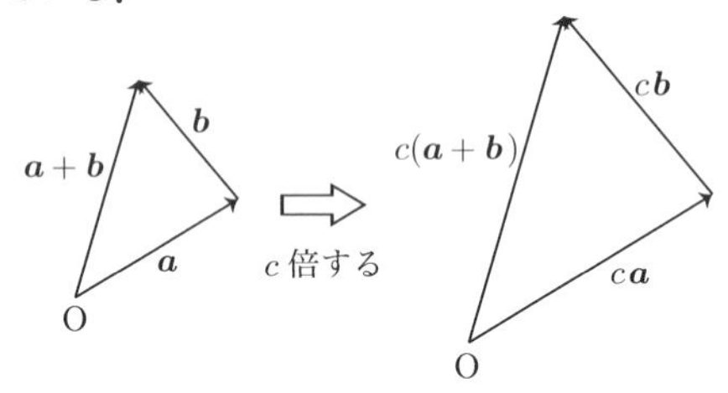

(2) ベクトル $\boldsymbol{a}$ の長さを L とすると，$c\boldsymbol{a}$ は $\boldsymbol{a}$ と同じ方向で長さが cL，$d\boldsymbol{a}$ は $\boldsymbol{a}$ と同じ方向で長さが dL なので，それらを継ぎ足した $c\boldsymbol{a}+d\boldsymbol{a}$ は $\boldsymbol{a}$ と同じ方向で長さが $(c+d)L$ となる．これは $(c+d)\boldsymbol{a}$ の定義に一致する．

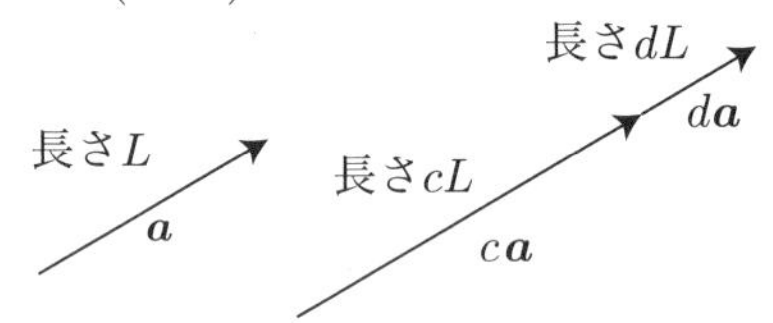

(3) ベクトル $\boldsymbol{a}$ の長さを L とすると，$d\boldsymbol{a}$ は $\boldsymbol{a}$ と同じ方向で長さが dL，それをさらに c 倍にスカラー倍した $c(d\boldsymbol{a})$ は $\boldsymbol{a}$ と同じ方向で長さが $c(dL)$ のベクトルになる．一方，$(cd)\boldsymbol{a}$ は $\boldsymbol{a}$ と同じ方向で長さが $(cd)L$ のベクトルになる．実数の積については結合則が成り立つので， $c(d\boldsymbol{a})$ と $(cd)\boldsymbol{a}$ は同じベクトルになる．

(4) ベクトル $\boldsymbol{a}$ を1倍したベクトルは $\boldsymbol{a}$ と同じ方向で同じ長さのベクトルなので，$\boldsymbol{a}$ に一致する． □

[2)] それでも数学の教科書なんだから，きちんと証明するまでは，命題を使ってはいけない，という意見の人もいるかもしれない．言い訳は (1) 高校までに既に学んだはずの内容である．(2) あとで座標を与えられた数ベクトルの場合に，証明を与える．(問3.2.3とその解答例参照)

系 1.1.10

ベクトル $\boldsymbol{a}$ の -1 によるスカラー倍 $(-1)\boldsymbol{a}$ は，$\boldsymbol{a}$ の逆ベクトル $-\boldsymbol{a}$ に一致する．（この系により，$-\boldsymbol{a}$ という記号は，$\boldsymbol{a}$ の逆ベクトルをあらわす記号だと思っても $\boldsymbol{a}$ の -1 によるスカラー倍だと思っても良い，ということになる．）

証明　$\boldsymbol{a}=\boldsymbol{0}$ ならば，定義 1.1.7 (i) により $(-1)\boldsymbol{a}=\boldsymbol{0}$ であり，一方，問 1.1.5 (ii) により，$\boldsymbol{a}$ の逆ベクトルも $\boldsymbol{0}$ なので，確かに $-\boldsymbol{a}=(-1)\boldsymbol{a}$ が成り立つ．$\boldsymbol{a}\neq\boldsymbol{0}$ ならば，定義 1.1.7 (iv) により $(-1)\boldsymbol{a}$ は $\boldsymbol{a}$ の逆ベクトル $-\boldsymbol{a}$ の 1 倍だが，命題 1.1.9 (4) により $-\boldsymbol{a}$ の 1 倍は逆ベクトル $-\boldsymbol{a}$ に等しい，つまり一般の場合も $(-1)\boldsymbol{a}=-\boldsymbol{a}$ である．□

命題 1.1.4, 命題 1.1.9 は，座標を用いてベクトルの足し算やスカラー倍を定義すれば容易である．なぜ敢えてこの段階でこれらの命題をご紹介したかと言うと，座標がなくてもベクトルの和とスカラー倍が定義されて，基本的な性質を満たすことをお見せしたかったのである．座標を用いて数字であらわされたベクトルは仮の姿であって，実体は座標を取る以前に既に存在する，というわけだ．

§1.2　数学特有の日本語

命題 1.1.4 の (3) の表現「任意のベクトル $\boldsymbol{v}$ に対し，逆ベクトル $\boldsymbol{w}$ が存在して $\boldsymbol{v}+\boldsymbol{w}=\boldsymbol{0}$ が成り立つ」は，より自然な日本語で言い換えられるではないか，と思った読者は多いであろう．例えば

「任意のベクトル $\boldsymbol{v}$ に対して $\boldsymbol{v}+\boldsymbol{w}=\boldsymbol{0}$ が成り立つようなベクトル $\boldsymbol{w}$ が存在する．」

と言ってはいけないのか？ いけないのだ．そのように言い換えてしまうと，日本語が次のようにふた通りに解釈できてしまうのである．

(1)　命題 1.1.4(3) と同じ解釈：$\boldsymbol{v}$ が与えられたら，それに応じて $\boldsymbol{w}$ をうまく選んで $\boldsymbol{v}+\boldsymbol{w}=\boldsymbol{0}$ となるようにできる．

(2)　別の解釈：「任意のベクトル $\boldsymbol{v}$ に対して $\boldsymbol{v}+\boldsymbol{w}=\boldsymbol{0}$ が成り立つ」，そのようなベクトル $\boldsymbol{w}$ が存在する．すなわち，$\boldsymbol{v}$ がどのベクトルであるかを知らなくても，あらかじめ $\boldsymbol{w}$ をうまく選ぶことができて，どんな $\boldsymbol{v}$ に対しても $\boldsymbol{v}+\boldsymbol{w}=\boldsymbol{0}$ となるようにできる．

(1) のように解釈すれば正しい文章だが，(2) のように解釈すると正しくなくなってしまう．自然な日本語では，$\boldsymbol{v}$ が与えられるのと $\boldsymbol{w}$ を選ぶのと，その順番が，どちらにもとれるようになってしまうのである．一方，(2) の解釈を数学特有の日本語で表現すると「ベクトル $\boldsymbol{w}$ が存在して，任意のベクトル $\boldsymbol{v}$ に対して $\boldsymbol{v}+\boldsymbol{w}=\boldsymbol{0}$ が成り立つ．」と（やはり不自然な上に正しくない結論が）言いあらわされる．

混乱を避ける簡単な方法として，論理記号を用いることができる．$\forall\sim$ は 英語で For any $\sim$ という意味，$\exists\sim s.t.$, は英語で There exists $\sim$ such that という意味で，これらの記号を用いると上記の (1) と (2) の解釈は

(1)　$\forall\boldsymbol{v},\exists\boldsymbol{w},s.t.,\boldsymbol{v}+\boldsymbol{w}=\boldsymbol{0}.$

(2)　$\exists\boldsymbol{w}\,s.t.,\forall\boldsymbol{v},\boldsymbol{v}+\boldsymbol{w}=\boldsymbol{0}.$

というように書き分けられるのである．「$\forall\sim$」を「任意の $\sim$ に対して」と訓読みし，「$\exists\sim$」を「$\sim$ が存在して」と訓読みしたものが，数学特有の日本語表現になっている，という仕組みである．

要は，「任意」と「存在」が同一文の中に入ったとき，その順番が問題になるのである．日本語は助詞があるので通常は文節の順番を変えても文意が変わらないのであるが，数学の場合，先に任意に与えられるものを固定して，その上で存在するものを見つけてくれば良いのか，それとも，あらかじめ存在すべきものを見つけてきておいて，どんなものを任意に与えられても大丈夫なようにしておかなくてはならないのか，出てくる順番が違うと意味が変わってしまう．自然な日本語になるように文節の順序を入れ替えてしまうとその区別がわからなくなってしまうので，2通りに解釈できてしまうのである．

要注意の落とし穴なので，本書であらわれた「ゼロベクトルの存在」と「逆ベクトルの存在」を例にとって，もうちょっと詳しく見てみよう．

本書では先にゼロベクトル $\boldsymbol{0}$ を定義してしまったので，命題 1.1.4(2) ではその記号を用いたが，その定義をなかったことにすれば，命題 1.1.4(2) を次のように言い換えることができる．

「ゼロベクトルと呼ばれるベクトル $\boldsymbol{0}$ が存在して，任意のベクトル $\boldsymbol{a}$ に対して $\boldsymbol{0}+\boldsymbol{a}=\boldsymbol{a}=\boldsymbol{a}+\boldsymbol{0}$ が成り立つ．」

ゼロベクトルに足されるベクトル $\boldsymbol{a}$ が何であるか知る前に，「これがゼロベクトルだ」として $\boldsymbol{0}=\overrightarrow{\mathrm{OO}}$ を提示することができるわけである．一方，逆ベクトルの方

は，あらかじめ $\boldsymbol{v}$ が何かわかっていないと，それに足して $\mathbf{0}$ になるような $\boldsymbol{w}$ を見つけることができない．その順番をはっきりさせると

「任意のベクトル $\boldsymbol{v}$ に対して，ベクトル $\boldsymbol{w}$ が存在して，$\boldsymbol{v}+\boldsymbol{w}=\mathbf{0}=\boldsymbol{w}+\boldsymbol{v}$ が成り立つ．」

じゃんけんに例えれば，先に任意がきてあとから存在の場合，「あとだし」して勝てばよくて，逆に先に存在がきてあとから任意であれば，相手に「あとだし」させてなおかつ勝たなくてはならないのである．論理の違いがわかりやすいようにマンガにしてみたので，意味がはっきり変わってしまうことをご確認いただきたい．

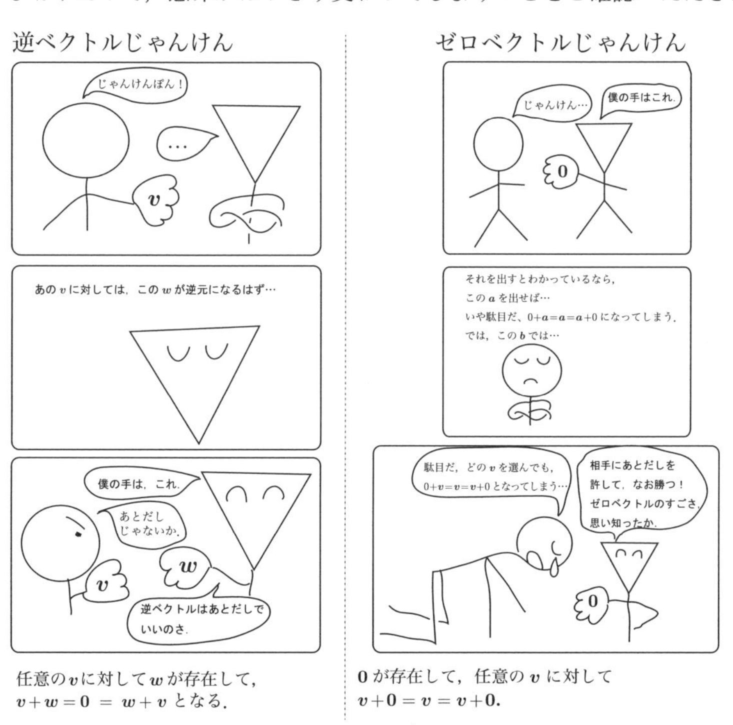

任意の $\boldsymbol{v}$ に対して $\boldsymbol{w}$ が存在して，$\boldsymbol{v}+\boldsymbol{w}=\mathbf{0}=\boldsymbol{w}+\boldsymbol{v}$ となる．

$\mathbf{0}$ が存在して，任意の $\boldsymbol{v}$ に対して $\boldsymbol{v}+\mathbf{0}=\boldsymbol{v}=\boldsymbol{v}+\mathbf{0}$．

問 1.2.1　次の文章は日本語のあいまいさのため 2 通りの解釈を許す．それぞれの解釈を論理記号を使って書き分け，どちらの文章が正しいか述べよ．
「どんな自然数 n に対しても $n<m$ となるような自然数 m がある．」

§1.3　座標を用いたベクトル表示

基点 O を原点にとって，直交座標を取ろう．平面なら XY 座標，空間なら XYZ 座標を取る．平面上であれば，次の図のように $\mathrm{P}(x,y)$ という点が定めるベクトル

$\boldsymbol{a}=\overrightarrow{\mathrm{OP}}$ を $\begin{pmatrix} x \\ y \end{pmatrix}$ と座標であらわす．ただし，x と y は，点Pから x 軸，y 軸へそれぞれ垂線をおろしたその垂線の足の座標である．

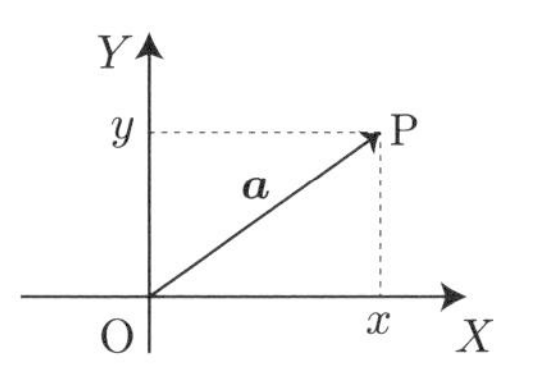

注意 1.3.1　基点Oを原点とする XY 直交座標を取るとは，長さが1で互いに直交するベクトル $\boldsymbol{e}_X$ と $\boldsymbol{e}_Y$ とを取ることに他ならない．$\boldsymbol{e}_X$ は座標では $\boldsymbol{e}_X=\begin{pmatrix} 1 \\ 0 \end{pmatrix}$ とあらわされるベクトル，$\boldsymbol{e}_Y$ は座標では $\boldsymbol{e}_Y=\begin{pmatrix} 0 \\ 1 \end{pmatrix}$ とあらわされるベクトルとして取ろう，というわけである．それぞれ x 軸方向の単位ベクトル，y 軸方向の単位ベクトルとするのである．ただし，ここで単位ベクトルとは長さ1のベクトル，という意味で用いている．ベクトル $\boldsymbol{a}$ が $\boldsymbol{a}=\begin{pmatrix} x \\ y \end{pmatrix}$ という座標であらわされるのであれば，次の図のように $x\boldsymbol{e}_X$ と $y\boldsymbol{e}_Y$ を2辺とする平行四辺形（と言うかこの場合は長方形）の対角線が $\boldsymbol{a}$ になるので，幾何ベクトルの和の定義により $\boldsymbol{a}=x\boldsymbol{e}_X+y\boldsymbol{e}_Y$ というようにあらわされる．逆に $\boldsymbol{a}=x\boldsymbol{e}_X+y\boldsymbol{e}_Y$ とあらわされる幾何ベクトルの座標は，同じ図から $\boldsymbol{a}=\begin{pmatrix} x \\ y \end{pmatrix}$ と読み取ることができる．

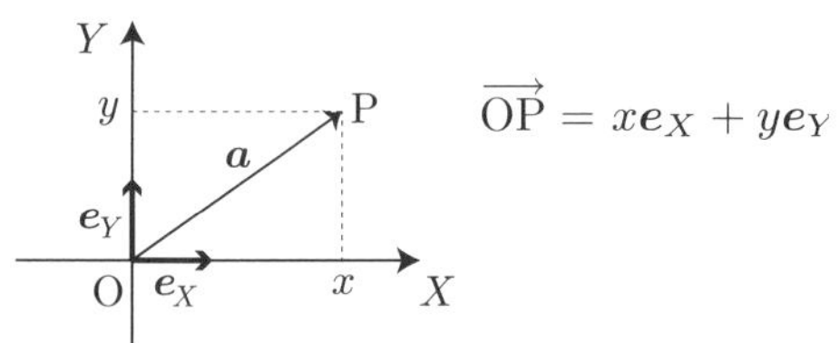

定義 1.3.2

各座標軸の単位ベクトルの組 $\boldsymbol{e}_X, \boldsymbol{e}_Y$（空間では $\boldsymbol{e}_X, \boldsymbol{e}_Y, \boldsymbol{e}_Z$）を，**標準基底**と呼ぶ．ベクトル $\boldsymbol{a}=\begin{pmatrix} x \\ y \end{pmatrix}$ を $\boldsymbol{a}=x\boldsymbol{e}_X+y\boldsymbol{e}_Y$ というようにあらわすことを，標準基底の**線型結合**としてあらわす，と言う．

標準基底に限らなくても，ベクトル $\boldsymbol{v}$ と $\boldsymbol{w}$ が与えられたとき，$\boldsymbol{v}$ と $\boldsymbol{w}$ との線型結合とは，$\boldsymbol{v}$ のスカラー倍と $\boldsymbol{w}$ とのスカラー倍の和のことである．すなわちスカラー c と d により $\boldsymbol{a}=c\boldsymbol{v}+d\boldsymbol{w}$ と表されるベクトル $\boldsymbol{a}$ のことを $\boldsymbol{v}$ と

$\boldsymbol{w}$ の線型結合と言う．

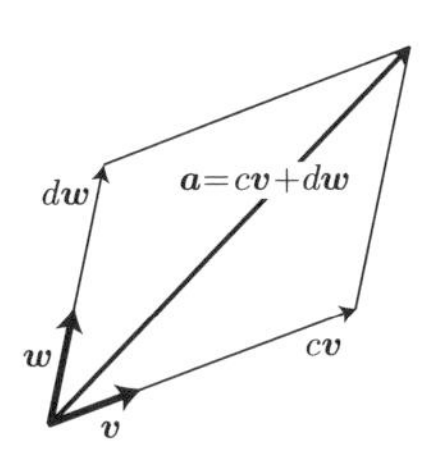

より一般に，複数のベクトル $\boldsymbol{v}_1,\boldsymbol{v}_2,\ldots,\boldsymbol{v}_n$ が与えられたとき，これらのベクトルの線型結合とは，これらのベクトルのスカラー倍の和のことである．すなわちスカラー $c_1,c_2,\ldots,c_n$ により $\boldsymbol{a}=c_1\boldsymbol{v}_1+c_2\boldsymbol{v}_2+\cdots+c_n\boldsymbol{v}_n$ とあらわされるベクトル $\boldsymbol{a}$ のことを，$\boldsymbol{v}_1,\ldots,\boldsymbol{v}_n$ の線型結合と言う．

幾何ベクトルの和やスカラー倍が，座標を用いれば簡単に計算できることは高校で既に習っているであろう．

命題 1.3.3

ベクトルの和とスカラー倍は座標毎の和とスカラー倍としてあらわされる．例えば平面であれば $\boldsymbol{a}=\begin{pmatrix} x \\ y \end{pmatrix}$，$\boldsymbol{b}=\begin{pmatrix} x' \\ y' \end{pmatrix}$ をベクトルとし，c を実数とするとき，

(1) $\begin{pmatrix} x \\ y \end{pmatrix}+\begin{pmatrix} x' \\ y' \end{pmatrix}=\begin{pmatrix} x+x' \\ y+y' \end{pmatrix}$ が成り立つ．

(2) $c\begin{pmatrix} x \\ y \end{pmatrix}=\begin{pmatrix} cx \\ cy \end{pmatrix}$ が成り立つ．

証明　(1) 注意 1.3.1 により $\boldsymbol{a}=x\boldsymbol{e}_X+y\boldsymbol{e}_Y$，$\boldsymbol{b}=x'\boldsymbol{e}_X+y'\boldsymbol{e}_Y$ とあらわされるので，命題 1.1.4 の結合則，交換則，命題 1.1.9 のスカラーの和についての分配則を用いて (詳しくは練習問題とする)

$$\boldsymbol{a}+\boldsymbol{b}=(x\boldsymbol{e}_X+y\boldsymbol{e}_Y)+(x'\boldsymbol{e}_X+y'\boldsymbol{e}_Y)=(x+x')\boldsymbol{e}_X+(y+y')\boldsymbol{e}_Y$$

と書き換えることができる．よって再び注意 1.3.1 により $\boldsymbol{a}+\boldsymbol{b}$ の座標は $\begin{pmatrix} x+x' \\ y+y' \end{pmatrix}$ となることが確かめられる．

(2) 注意 1.3.1 により $\boldsymbol{a}=x\boldsymbol{e}_X+y\boldsymbol{e}_Y$ とあらわされるので，命題 1.1.9 の，ベクトルの和についての分配則と積公式を用いて

$$c(x\boldsymbol{e}_X+y\boldsymbol{e}_Y)=c(x\boldsymbol{e}_X)+c(y\boldsymbol{e}_Y)=(cx)\boldsymbol{e}_X+(cy)\boldsymbol{e}_Y$$

とあらわされるので，再び注意 1.3.1 により $c\boldsymbol{a}$ は $\begin{pmatrix} cx \\ cy \end{pmatrix}$ という座標であらわされる． □

問 1.3.4　ベクトル $\boldsymbol{e}_X, \boldsymbol{e}_Y$ とスカラー x_a, y_a, x_b, y_b に対して等式

$$(x_a\boldsymbol{e}_X + y_a\boldsymbol{e}_Y) + (x_b\boldsymbol{e}_X + y_b\boldsymbol{e}_Y) = (x_a + x_b)\boldsymbol{e}_X + (y_a + y_b)\boldsymbol{e}_Y$$

が成り立つことを，命題 1.1.4 の諸性質，命題 1.1.9 の諸性質を一回にひとつずつ使って証明せよ．

命題 1.1.4，命題 1.1.9 を用いて命題 1.3.3 を証明したが，逆に命題 1.3.3 を仮定すれば，そちらから命題 1.1.4 と命題 1.1.9 を証明することは容易である．例えばスカラー倍が命題 1.3.3 のように座標を用いて計算できることがわかっていれば，スカラー倍の積公式 $(cd)\boldsymbol{a} = c(d\boldsymbol{a})$ は，$\boldsymbol{a} = \begin{pmatrix} x \\ y \end{pmatrix}$ とおいて

$$(cd)\begin{pmatrix} x \\ y \end{pmatrix} = \begin{pmatrix} (cd)x \\ (cd)y \end{pmatrix} = \begin{pmatrix} c(dx) \\ c(dy) \end{pmatrix} = c\begin{pmatrix} dx \\ dy \end{pmatrix} = c\left(d\begin{pmatrix} x \\ y \end{pmatrix}\right) = c(d\boldsymbol{a})$$

というように，実数の積の結合則に帰着されてしまうのである．

だったら命題 1.3.3 の結論を逆にベクトルの和とスカラー倍の定義にしてしまえば良さそうなものだが，そうすると「ベクトルの和とスカラー倍が，座標の取り方に依存してしまうかもしれない」という心配が発生してしまうのである．ベクトルの和とスカラー倍は，座標を取る前から自然に定義されているが，計算したくなったら座標系を取ることによって計算に帰着することができる，という感覚を大事にしたいと思っているのである．

§1.4　長さと内積

定義 1.4.1

ベクトル $\boldsymbol{a}$ の長さを，二本線で囲んで $\|\boldsymbol{a}\|$ とあらわすことにする．

ベクトルの座標表示が与えられれば，その長さを座標であらわすことができる．

命題 1.4.2

平面上で直交座標で $\begin{pmatrix} x \\ y \end{pmatrix}$ とあらわされるベクトルの長さは

$$\left\|\begin{pmatrix} x \\ y \end{pmatrix}\right\| = \sqrt{x^2+y^2}$$

である．また 3 次元空間内の直交座標で $\begin{pmatrix} x \\ y \\ z \end{pmatrix}$ とあらわされるベクトルの長さは

$$\left\|\begin{pmatrix} x \\ y \\ z \end{pmatrix}\right\| = \sqrt{x^2+y^2+z^2}$$

である．

証明　2 次元の場合，次の左図のように底辺の長さが $|x|$，高さが $|y|$ の直角三角形の斜辺の長さがベクトルの長さであるので，ピタゴラスの定理により

$$\left\|\begin{pmatrix} x \\ y \end{pmatrix}\right\| = \sqrt{x^2+y^2}$$

である．3 次元の場合，次の右図のように 2 次元の場合を利用して，底辺の長さが $\sqrt{x^2+y^2}$，高さが $|z|$ の直角三角形の斜辺の長さがベクトルの長さであるので，再びピタゴラスの定理により

$$\left\|\begin{pmatrix} x \\ y \\ z \end{pmatrix}\right\| = \sqrt{\left(\sqrt{x^2+y^2}\right)^2+|z|^2} = \sqrt{x^2+y^2+z^2}$$

である．

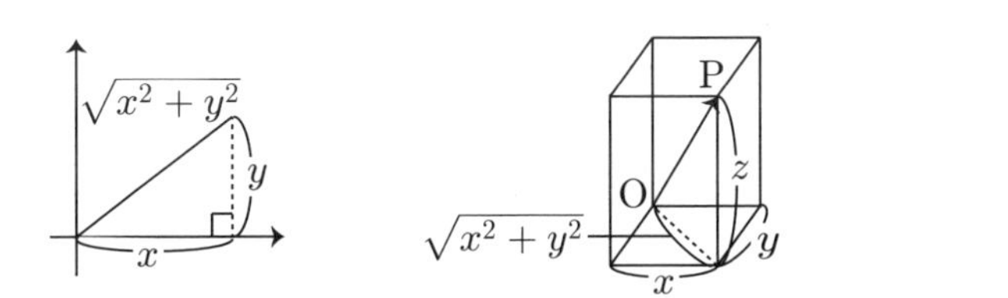

□

定義 1.4.3

　ベクトル $\boldsymbol{a}$ と $\boldsymbol{b}$ がなす角度 θ を図のように定義するとき，$\boldsymbol{a}$ と $\boldsymbol{b}$ の内積 $\boldsymbol{a}\cdot\boldsymbol{b}$ を

$$\boldsymbol{a}\cdot\boldsymbol{b} = \|\boldsymbol{a}\|\cdot\|\boldsymbol{b}\|\cdot\cos\theta$$

と定義する．ただし，$\boldsymbol{a}=\boldsymbol{0}$ または $\boldsymbol{b}=\boldsymbol{0}$ の場合は，角度 θ は定義できないが

気にせずに $\boldsymbol{a}\cdot\boldsymbol{b}=0$ と定める.

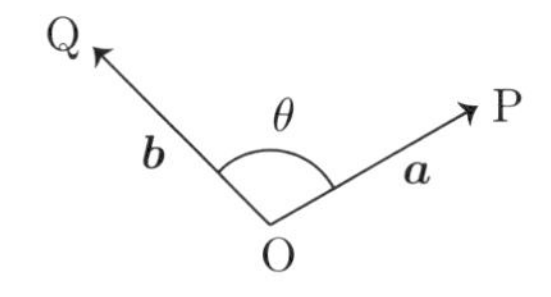

上記の図によって, ベクトル $\overrightarrow{\mathrm{QP}}$ は $\boldsymbol{a}-\boldsymbol{b}$ とあらわされるので, 余弦定理により

$$\boldsymbol{a}\cdot\boldsymbol{b}=\frac{1}{2}(\|\boldsymbol{a}\|^2+\|\boldsymbol{b}\|^2-\|\boldsymbol{a}-\boldsymbol{b}\|^2)$$

とあらわされる. 平面内で $\boldsymbol{a}=\begin{pmatrix}x\\y\end{pmatrix}$, $\boldsymbol{b}=\begin{pmatrix}x'\\y'\end{pmatrix}$ と座標表示されていれば,

$$\boldsymbol{a}\cdot\boldsymbol{b}=\frac{1}{2}(x^2+y^2+x'^2+y'^2-(x-x')^2-(y-y')^2)=xx'+yy'$$

である. また, 空間内で $\boldsymbol{a}=\begin{pmatrix}x\\y\\z\end{pmatrix}$, $\boldsymbol{b}=\begin{pmatrix}x'\\y'\\z'\end{pmatrix}$ と座標表示されていれば,

$$\boldsymbol{a}\cdot\boldsymbol{b}=\frac{1}{2}(x^2+y^2+z^2+x'^2+y'^2+z'^2-(x-x')^2-(y-y')^2-(z-z')^2)=xx'+yy'+zz'$$

である. 一方, $\boldsymbol{a}$ または $\boldsymbol{b}$ がゼロベクトルであれば, $xx'+yy'$ あるいは $xx'+yy'+zz'$ は 0 になるので, やはり $\boldsymbol{a}\cdot\boldsymbol{b}$ に等しくなる. 以上をまとめて, 次の命題が証明された.

命題 1.4.4

座標表示されたベクトルについて, 内積は次のようにあらわされる.

$$\begin{pmatrix}x\\y\end{pmatrix}\cdot\begin{pmatrix}x'\\y'\end{pmatrix}=xx'+yy' \quad , \qquad \begin{pmatrix}x\\y\\z\end{pmatrix}\cdot\begin{pmatrix}x'\\y'\\z'\end{pmatrix}=xx'+yy'+zz'$$

内積の定義により, ベクトル $\boldsymbol{a}$ と $\boldsymbol{b}$ が直交していれば (つまり $\boldsymbol{a}$ と $\boldsymbol{b}$ がなす角度 θ が 90° ならば) $\cos\theta=0$ なので内積 $\boldsymbol{a}\cdot\boldsymbol{b}=0$ である. 逆に次のように定義する.

定義 1.4.5

ベクトル $\boldsymbol{a}$ と $\boldsymbol{b}$ が直交するとは, $\boldsymbol{a}\cdot\boldsymbol{b}=0$ となることと定義する.

特にゼロベクトルは任意のベクトル $\boldsymbol{a}$ に対して $\boldsymbol{0}\cdot\boldsymbol{a}=0$ と定義したので, どのベクトルとも直交する, と定めたことになる.

内積は幾何的な定義をしたのに, どの直交座標を使っても全く変わらないシンプルな式であらわされるのが不思議である．その理由は，内積が持つきれいな性質を調べていくとわかってくる．

命題 1.4.6

内積は次のような性質を持つ．

(1)　（分配則）$\boldsymbol{a}_1, \boldsymbol{a}_2, \boldsymbol{b}$ がベクトルならば，

$$(\boldsymbol{a}_1 + \boldsymbol{a}_2) \cdot \boldsymbol{b} = (\boldsymbol{a}_1 \cdot \boldsymbol{b}) + (\boldsymbol{a}_2 \cdot \boldsymbol{b}).$$

(2)　（スカラー倍を保つ）$\boldsymbol{a}, \boldsymbol{b}$ がベクトルで $c \in \mathbb{R}$ ならば

$$(c\boldsymbol{a}) \cdot \boldsymbol{b} = c(\boldsymbol{a} \cdot \boldsymbol{b}).$$

(3)　（対称性）$\boldsymbol{a}, \boldsymbol{b}$ がベクトルならば

$$\boldsymbol{a} \cdot \boldsymbol{b} = \boldsymbol{b} \cdot \boldsymbol{a}.$$

(4)　（ベクトルの長さ）$\boldsymbol{a}$ がベクトルならば

$$\boldsymbol{a} \cdot \boldsymbol{a} = \|\boldsymbol{a}\|^2.$$

性質 (1) は，標語的に言うならば「足してから内積を取っても内積を取ってから足しても同じ」という性質をあらわしている．このような性質を，内積は足し算を保つ，より正確には「$\boldsymbol{a}$ と $\boldsymbol{b}$ との内積は，$\boldsymbol{b}$ を固定したとき，$\boldsymbol{a}$ についての足し算を保つ」と言う．

また，性質 (2) は，標語的に言うならば，「スカラー倍してから内積を取っても，内積を取ってからスカラー倍しても同じ」という性質をあらわしている．このような性質を，内積はスカラー倍を保つ，より正確には「$\boldsymbol{a}$ と $\boldsymbol{b}$ との内積は，$\boldsymbol{b}$ を固定したとき，$\boldsymbol{a}$ についてのスカラー倍を保つ」と言う．

正確な定義は 2 章以降になるが，足し算とスカラー倍の両方を保つような写像を，線型写像と呼ぶ．内積は，$\boldsymbol{b}$ を固定して $\boldsymbol{a}$ を入力とする写像とみなすと，線型写像になっているのである．

性質 (1), (2) は $\boldsymbol{a}$ の側についてのみ足し算とスカラー倍を保つ，と主張しているが，性質 (3) を考え合わせると，ベクトル $\boldsymbol{b}$ の側について見ても，足し算とスカラー倍を保つことがわかる．$\boldsymbol{a}$ について見ても $\boldsymbol{b}$ について見ても線型写像となるので，内積は「双線型写像」であると言われる．

命題 1.4.4 により，内積を座標から計算できるようになったので，命題 1.4.6 の証明は式の計算で行うのが最短距離である．しかし，性質 (1) から (4) まで全て幾何

的に自然に理解できるので，多少一般性を犠牲にしても，そういう証明を与えることにしよう．

証明　(1)　ベクトル $\boldsymbol{b}$ を固定して，$\boldsymbol{a}$ を色々動かす，という想定のもとで，$\boldsymbol{a}\cdot\boldsymbol{b}=\|\boldsymbol{a}\|\cdot\cos\theta\cdot\|\boldsymbol{b}\|$ という積の $\|\boldsymbol{a}\|\cdot\cos\theta$ の部分の意味を考えてみる．下の図のようにベクトル $\boldsymbol{a}$ を $\boldsymbol{b}$ の方向へ射影すると，その射影の長さが $\|\boldsymbol{a}\|\cos\theta$ となる．

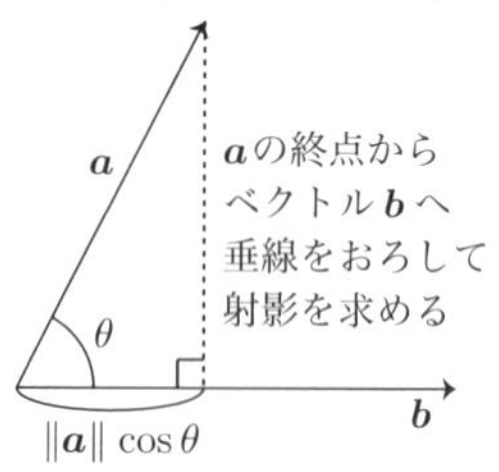

従って，$\boldsymbol{a}_1$ と $\boldsymbol{b}$ との角度が θ_1，$\boldsymbol{a}_2$ と $\boldsymbol{b}$ との角度が θ_2，$\boldsymbol{a}_1+\boldsymbol{a}_2$ と $\boldsymbol{b}$ との角度が θ_3 であるとすると，下の図のように

$$\|\boldsymbol{a}_1\|\cos\theta_1+\|\boldsymbol{a}_2\|\cos\theta_2=\|\boldsymbol{a}_1+\boldsymbol{a}_2\|\cos\theta_3$$

が成り立つので，それに $\|\boldsymbol{b}\|$ をかけて $\boldsymbol{a}_1\cdot\boldsymbol{b}+\boldsymbol{a}_2\cdot\boldsymbol{b}=(\boldsymbol{a}_1+\boldsymbol{a}_2)\cdot\boldsymbol{b}$ が得られる．

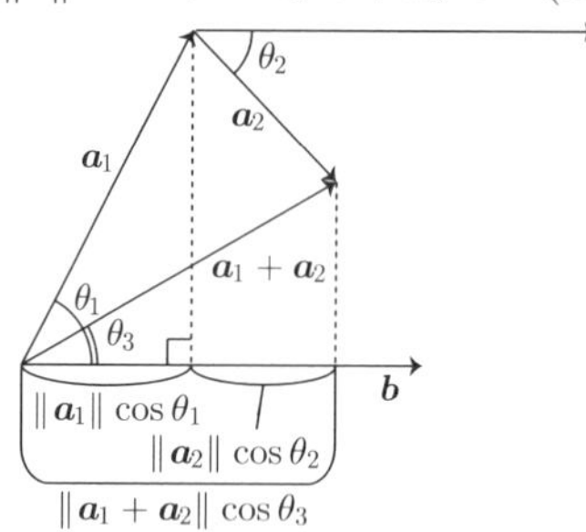

(2)　ベクトル $\boldsymbol{a}$ の長さを c 倍したときの $\boldsymbol{b}$ との角度を τ とすると，$c>0$ ならば $\tau=\theta$ で $\|c\boldsymbol{a}\|=c\|\boldsymbol{a}\|$ となるので，

$$(c\boldsymbol{a})\cdot\boldsymbol{b}=\|c\boldsymbol{a}\|\cos\tau\|\boldsymbol{b}\|=c\|\boldsymbol{a}\|\cos\theta\|\boldsymbol{b}\|=c(\boldsymbol{a}\cdot\boldsymbol{b})$$

となる．また，$c<0$ ならば，$\boldsymbol{a}$ と $c\boldsymbol{a}$ とは向きが逆なので，$c\boldsymbol{a}$ と $\boldsymbol{b}$ とがなす角度 τ は $180°-\theta$ となり，$\cos\tau=\cos(180°-\theta)=-\cos\theta$ となる．またベクトル $c\boldsymbol{a}$ の長さは $(-c)\|\boldsymbol{a}\|$ となるので，

$$(c\boldsymbol{a})\cdot\boldsymbol{b}=(-c)\|\boldsymbol{a}\|\cos\tau\|\boldsymbol{b}||=(-c)\|\boldsymbol{a}\|(-1)\cos\theta\|\boldsymbol{b}\|=c(\boldsymbol{a}\cdot\boldsymbol{b})$$

となる．最後に，$c=0$ なら

$$(c\boldsymbol{a})\cdot\boldsymbol{b}=0=0(\boldsymbol{a}\cdot\boldsymbol{b})$$

となり，全ての場合に (2) が成り立つ．

(3) cos が偶関数なので，$\boldsymbol{a}$ と $\boldsymbol{b}$ の順番を入れ替えても値が変わらないのは定義より明らか．

(4) $\theta=0$ なので $\cos\theta=1$ となり，定義より $\boldsymbol{a}\cdot\boldsymbol{a}=\|\boldsymbol{a}\|^2$ である．　□

問 1.4.7　命題 1.4.4 を用いて計算によって命題 1.4.6(1) を証明せよ．（ヒント：平面の場合と空間の場合と，両方やらなくてはならないようだが，空間のベクトルで z 座標が 0 の特別な場合が平面の場合だ，と考えることによって，空間の場合だけ証明すれば良いことになる．）

内積が座標系の取り方によらずに簡明な式であらわされる理由は，(1) 内積の基本的性質，特に双線型性(命題 1.4.6)と(2)全てのベクトルが標準基底によってあらわされること(注意 1.3.1)から説明することができる．平面の場合にやってみよう．$\boldsymbol{a}=\begin{pmatrix}x\\y\end{pmatrix}$，$\boldsymbol{b}=\begin{pmatrix}x'\\y'\end{pmatrix}$ とあらわされていれば，$\boldsymbol{a}=x\boldsymbol{e}_X+y\boldsymbol{e}_Y$，　$\boldsymbol{b}=x'\boldsymbol{e}_X+y'\boldsymbol{e}_Y$ と標準基底であらわされるので

$$\begin{aligned}
\boldsymbol{a}\cdot\boldsymbol{b}&=(x\boldsymbol{e}_X+y\boldsymbol{e}_Y)\cdot(x'\boldsymbol{e}_X+y'\boldsymbol{e}_Y) && \text{(標準基底であらわした)}\\
&=x(\boldsymbol{e}_X\cdot(x'\boldsymbol{e}_X+y'\boldsymbol{e}_Y))+y(\boldsymbol{e}_Y\cdot(x'\boldsymbol{e}_X+y'\boldsymbol{e}_Y)) && \text{(命題 1.4.6(1), (2))}\\
&=x(x'\boldsymbol{e}_X+y'\boldsymbol{e}_Y)\cdot\boldsymbol{e}_X+y(x'\boldsymbol{e}_X+y'\boldsymbol{e}_Y)\cdot\boldsymbol{e}_Y && \text{(命題 1.4.6 (3))}\\
&=xx'\boldsymbol{e}_X\cdot\boldsymbol{e}_X+xy'\boldsymbol{e}_X\cdot\boldsymbol{e}_Y+yx'\boldsymbol{e}_X\cdot\boldsymbol{e}_Y+yy'\boldsymbol{e}_Y\cdot\boldsymbol{e}_Y && \text{(命題 1.4.6 (1), (2))}\\
&=xx'+yy'. && (\boldsymbol{e}_X,\boldsymbol{e}_Y\ \text{は長さ 1 で互いに直交})
\end{aligned}$$

それぞれのベクトルを標準基底の線型結合としてあらわしておいて，分配則でバラバラにばらしてしまえば，標準基底同士の内積の値に帰着される．ところが，標準基底のベクトルは全て長さ 1 で互いに直交しているので，ベクトルの成分を用いた簡明な式としてあらわされる，というわけである．

実はより強く，命題 1.4.6 の 4 つの性質を持つものは内積に限られることも証明することができる．練習問題にしておこう．

問 1.4.8　ベクトル $\boldsymbol{a}$ と $\boldsymbol{b}$ が与えられると実数を定める関数 $F(\boldsymbol{a},\boldsymbol{b})$ が，次の 4 つの性質を満たすとする．

(1)　任意のベクトル $\boldsymbol{a}_1,\boldsymbol{a}_2,\boldsymbol{b}$ に対し

$$F(\boldsymbol{a}_1+\boldsymbol{a}_2,\boldsymbol{b})=F(\boldsymbol{a}_1,\boldsymbol{b})+F(\boldsymbol{a}_2,\boldsymbol{b}).$$

(2)　任意のベクトル $\boldsymbol{a},\boldsymbol{b}$ と実数 c に対し

$$F(c\boldsymbol{a},\boldsymbol{b}) = cF(\boldsymbol{a},\boldsymbol{b}).$$

(3)　任意のベクトル $\boldsymbol{a},\boldsymbol{b}$ に対し

$$F(\boldsymbol{a},\boldsymbol{b}) = F(\boldsymbol{b},\boldsymbol{a}).$$

(4)　任意のベクトル $\boldsymbol{a}$ に対し

$$F(\boldsymbol{a},\boldsymbol{a}) = \|\boldsymbol{a}\|^2.$$

(i)　このとき，$\boldsymbol{a}$ と $\boldsymbol{b}$ が直交していれば，$F(\boldsymbol{a},\boldsymbol{b}) = 0$ となることを示せ．（ヒント：$F(\boldsymbol{a}+\boldsymbol{b},\boldsymbol{a}+\boldsymbol{b})$ を，性質 (4) を用いるのと，性質 (1)∼(3) を用いてバラバラにしてから性質 (4) を用いるのと，2 通りに計算して比較せよ．）

(ii)　任意のベクトル $\boldsymbol{a},\boldsymbol{b}$ に対し $F(\boldsymbol{a},\boldsymbol{b}) = \boldsymbol{a}\cdot\boldsymbol{b}$ が成り立つことを示せ．

例えば空間で，直交座標系の標準基底 $\boldsymbol{e}_X,\boldsymbol{e}_Y,\boldsymbol{e}_Z$ が与えられていれば，任意のベクトル $\boldsymbol{a}$ が $\boldsymbol{a} = x\boldsymbol{e}_X + y\boldsymbol{e}_Y + z\boldsymbol{e}_Z$，すなわち $\boldsymbol{a} = \begin{pmatrix} x \\ y \\ z \end{pmatrix}$ というようにあらわされるわけだが，この座標 x,y,z は内積を用いてひとつずつ求めることができるので，紹介しておこう．

命題 1.4.9

空間において標準基底 $\boldsymbol{e}_X,\boldsymbol{e}_Y,\boldsymbol{e}_Z$ が定めた座標のもとで $\boldsymbol{a} = \begin{pmatrix} x \\ y \\ z \end{pmatrix}$ とあらわされるならば，次が成り立つ．

$$\begin{cases} x = \boldsymbol{a}\cdot\boldsymbol{e}_X \\ y = \boldsymbol{a}\cdot\boldsymbol{e}_Y \\ z = \boldsymbol{a}\cdot\boldsymbol{e}_Z \end{cases}$$

証明　$\boldsymbol{a}\cdot\boldsymbol{e}_X$ を計算すれば

$$\begin{aligned} \boldsymbol{a}\cdot\boldsymbol{e}_X &= (x\boldsymbol{e}_X + y\boldsymbol{e}_Y + z\boldsymbol{e}_Z)\cdot\boldsymbol{e}_X && \text{(注意 1.3.1)} \\ &= x(\boldsymbol{e}_X\cdot\boldsymbol{e}_X) + y(\boldsymbol{e}_Y\cdot\boldsymbol{e}_X) + z(\boldsymbol{e}_Z\cdot\boldsymbol{e}_X) && \text{(命題 1.4.6(1), (2))} \\ &= x && (\boldsymbol{e}_X \text{ は長さが 1 で，} \boldsymbol{e}_Y,\boldsymbol{e}_Z \text{ と直交する}) \end{aligned}$$

と $\boldsymbol{e}_X$ の係数のみがあらわれる．y,z も同様．□

§1.5　斜交座標系

直交座標系を取ることは，それぞれの軸の単位ベクトルを標準基底として見つけ

てくることと同値であった．例えば空間内では，x 軸，y 軸，z 軸のそれぞれの方向の単位ベクトル $\boldsymbol{e}_X, \boldsymbol{e}_Y, \boldsymbol{e}_Z$ を取ってくれば，この座標で $\boldsymbol{a} = \begin{pmatrix} x \\ y \\ z \end{pmatrix}$ とあらわされるベクトルは $\boldsymbol{a} = x\boldsymbol{e}_X + y\boldsymbol{e}_Y + z\boldsymbol{e}_Z$ と表示される．$\boldsymbol{e}_X, \boldsymbol{e}_Y, \boldsymbol{e}_Z$ はそれぞれ長さが1で互いに直交しているので，命題1.4.9により $x = \boldsymbol{a} \cdot \boldsymbol{e}_X$, $y = \boldsymbol{a} \cdot \boldsymbol{e}_Y$, $z = \boldsymbol{a} \cdot \boldsymbol{e}_Z$ となり，$\boldsymbol{a}$ を $\boldsymbol{e}_X, \boldsymbol{e}_Y, \boldsymbol{e}_Z$ のスカラー倍の和としてあらわす表し方はこれ以外にはないことがわかる．逆に，$\boldsymbol{e}_X, \boldsymbol{e}_Y, \boldsymbol{e}_Z$ がそれぞれ長さ1で互いに直交していれば，これにより直交座標系を定めることができる．

ベクトル $x\boldsymbol{e}_1 + y\boldsymbol{e}_2 + z\boldsymbol{e}_3$ を $\begin{pmatrix} x \\ y \\ z \end{pmatrix}$ とあらわすような表記を座標として使いたいとしよう．

(1) 全てのベクトルをあらわすことができる．

(2) 表し方がただ一通りしかない．

という2条件を満たせば，普通の直交座標系とは使い勝手は違うかもしれないが，座標としての役には立つことになる．平面のベクトル $\boldsymbol{e}_1, \boldsymbol{e}_2$，あるいは空間のベクトル $\boldsymbol{e}_1, \boldsymbol{e}_2, \boldsymbol{e}_3$ をとってきたときに，いつ全てのベクトルがこれらのスカラー倍の和としてただ一通りにあらわされるか，条件を調べてみよう．

まずは平面にベクトルを2本，一直線上にならないように取ってみる．

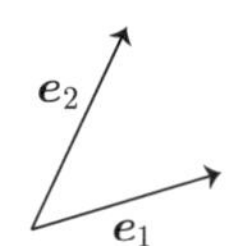

これらのベクトル $\boldsymbol{e}_1, \boldsymbol{e}_2$ によって，全てのベクトル $\boldsymbol{a}$ を $\boldsymbol{a} = x_1\boldsymbol{e}_1 + x_2\boldsymbol{e}_2$ という形にただ一通りにあらわすことができるだろうか？ 答はイエスだ．次のような斜交座標系を取ったのと同じことになっているのである．

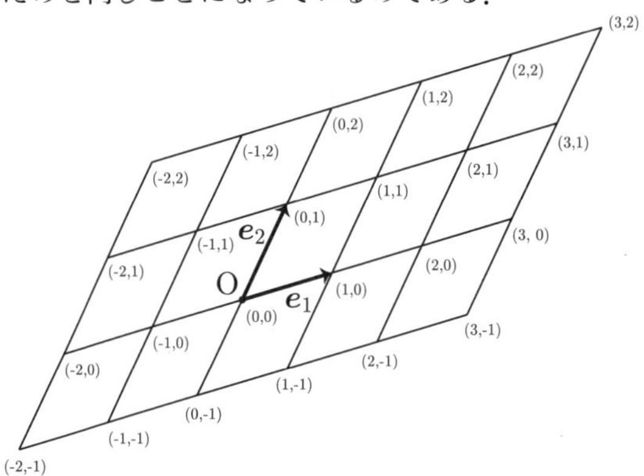

座標軸が斜めに歪んでいるだけで，「全てのベクトルがただひとつの座標を持つ」という座標系の役割を果たしていることは見て取れるであろう．$\boldsymbol{e}_1$ がゼロベクトルでなく，$\boldsymbol{e}_2$ が $\boldsymbol{e}_1$ のスカラー倍でなければ，いつでもこのように斜交座標系として使えるのである．

空間でも，斜めの座標軸を考えることができる．

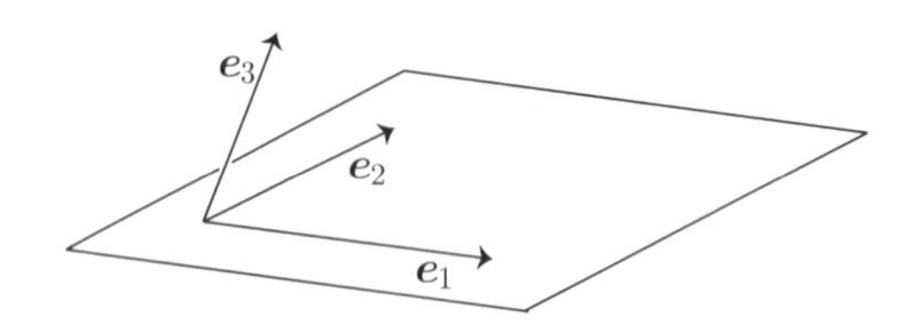

まず，$\boldsymbol{e}_1, \boldsymbol{e}_2$ が平面を張る[3] ように選ぶ．そしてその平面の外側にベクトル $\boldsymbol{e}_3$ をとった図である．これらのベクトルを用いて，$\boldsymbol{a} = x_1\boldsymbol{e}_1 + x_2\boldsymbol{e}_2 + x_3\boldsymbol{e}_3$ とあらわされるベクトルを $\begin{pmatrix} x_1 \\ x_2 \\ x_3 \end{pmatrix}$ と座標表示する．上の図のように $\boldsymbol{e}_1, \boldsymbol{e}_2, \boldsymbol{e}_3$ をとっておけば，全てのベクトル $\boldsymbol{a}$ が $\boldsymbol{a} = x_1\boldsymbol{e}_1 + x_2\boldsymbol{e}_2 + x_3\boldsymbol{e}_3$ という形にただ一通りにあらわされ（(1) 必ずこのようにあらわされる，ということと，(2) その表し方がただ一通りである，ということと，2つのことを言っていることに注意)，座標として使えるようになるわけである．

このような斜交（かもしれない）座標の座標軸を与えるようなベクトルの組を，基底と呼ぶ．正確には次のように定義する．

定義 1.5.1

平面のベクトル $\boldsymbol{e}_1, \boldsymbol{e}_2$ が基底であるとは，次の2条件を満たすことである．

(1) 平面上の任意のベクトル $\boldsymbol{a}$ が

$$\boldsymbol{a} = x\boldsymbol{e}_1 + y\boldsymbol{e}_2$$

というように $\boldsymbol{e}_1$ と $\boldsymbol{e}_2$ との線型結合としてあらわされる．(この条件を，「ベクトル $\boldsymbol{e}_1, \boldsymbol{e}_2$ は平面を張る」と表現する．)

(2) しかもその線型結合としてのあらわしかたはただ一通りである．すなわち

[3] つまり $\boldsymbol{e}_1, \boldsymbol{e}_2$ が互いにスカラー倍にならず，よって一直線上に含まれないこと．定義 1.5.1 参照．

$$x\boldsymbol{e}_1 + y\boldsymbol{e}_2 = x'\boldsymbol{e}_1 + y'\boldsymbol{e}_2$$

ならば，$x = x'$, $y = y'$ が成り立つ．（この条件を，「ベクトル $\boldsymbol{e}_1, \boldsymbol{e}_2$ は一次独立である」と表現する．詳しくは，次の命題-定義 1.5.2 を参照.）

空間のベクトル $\boldsymbol{e}_1, \boldsymbol{e}_2, \boldsymbol{e}_3$ が基底であるとは，次の 2 条件を満たすことである．

(1)　空間中の任意のベクトル $\boldsymbol{b}$ が

$$\boldsymbol{b} = x\boldsymbol{e}_1 + y\boldsymbol{e}_2 + z\boldsymbol{e}_3$$

というように，$\boldsymbol{e}_1, \boldsymbol{e}_2, \boldsymbol{e}_3$ の線型結合としてあらわされる．（この条件を，「ベクトル $\boldsymbol{e}_1, \boldsymbol{e}_2, \boldsymbol{e}_3$ は空間を張る」と表現する.）

(2)　しかもその線型結合としてのあらわしかたはただ一通りである．すなわち

$$x\boldsymbol{e}_1 + y\boldsymbol{e}_2 + z\boldsymbol{e}_3 = x'\boldsymbol{e}_1 + y'\boldsymbol{e}_2 + z'\boldsymbol{e}_3$$

ならば，$x = x'$, $y = y'$, $z = z'$ が成り立つ．（この条件を，「ベクトル $\boldsymbol{e}_1, \boldsymbol{e}_2, \boldsymbol{e}_3$ は一次独立である」と表現する．詳しくは，次の命題-定義 1.5.2 を参照.）

この一次独立性の条件は，その部分だけ取り出して，よりすっきりと定義することができる．次の命題-定義において，さしあたっては n は 3 以下だと思って読んでもらって良い．

命題-定義 1.5.2

ベクトル $\boldsymbol{e}_1, \ldots, \boldsymbol{e}_n$ について，次の 2 条件は同値である．このどちらかの（よって両方の）条件を満たすとき，$\boldsymbol{e}_1, \ldots, \boldsymbol{e}_n$ は**一次独立**（あるいは**線型独立**）であると言う．

(1) $\boldsymbol{e}_1, \ldots, \boldsymbol{e}_n$ の線型結合としてゼロベクトル $\boldsymbol{0}$ をあらわすあらわしかたはただ一通りである．すなわち，

$$x_1\boldsymbol{e}_1 + \cdots + x_n\boldsymbol{e}_n = \boldsymbol{0}$$

であれば $x_1 = \cdots = x_n = 0$ が成り立つ．

(2) $\boldsymbol{e}_1, \ldots, \boldsymbol{e}_n$ の線型結合としてベクトル $\boldsymbol{a}$ があらわされているとき，そのあらわしかたはただ一通りである．すなわち

$$x_1\boldsymbol{e}_1 + \cdots + x_n\boldsymbol{e}_n = y_1\boldsymbol{e}_1 + \cdots + y_n\boldsymbol{e}_n$$

であれば，$x_1=y_1$, …, $x_n=y_n$ が成り立つ．

証明 (1) は (2) の特別な場合なので，逆に (1) さえ成り立てば (2) も成り立つ，ということを示せば良い．

$$x_1\boldsymbol{e}_1+\cdots+x_n\boldsymbol{e}_n=y_1\boldsymbol{e}_1+\cdots+y_n\boldsymbol{e}_n$$

であったとする．左辺から右辺を引いて

$$(x_1-y_1)\boldsymbol{e}_1+\cdots+(x_n-y_n)\boldsymbol{e}_n=\boldsymbol{0}$$

が成り立つ．(1) は成り立っているので，$x_1-y_1=\cdots=x_n-y_n=0$，すなわち $x_1=y_1$, …, $x_n=y_n$ となることが確かめられ，(2) が示された． □

注意 1.5.3 平面上に一次独立なベクトル $\boldsymbol{e}_1,\boldsymbol{e}_2$ が与えられれば，あるいは空間中に一次独立なベクトル $\boldsymbol{e}_1,\boldsymbol{e}_2,\boldsymbol{e}_3$ が与えられれば，平面あるいは空間の任意のベクトルがそれらの線型結合としてあらわされることは，直感的には明らかであろう．今強引に計算で証明を与えることも不可能ではないが，本書では厳密な証明は，次元の定義を与える定理-定義 6.2.6 まであとまわしにさせていただく．平面は 2 次元で，空間は 3 次元なので，それぞれ 2 本，あるいは 3 本の一次独立なベクトルが見つかれば，それが基底になるのである．

これを踏まえて，平面上の 2 本の一次独立なベクトルの見つけ方，また空間内の 3 本の一次独立なベクトルの見つけ方を紹介しておこう．すなわちこれによって平面や空間の基底を見つけることができる，というわけである（このようにして基底を見つけることができるということも，直感的に明らかと言えば明らかである）．

命題 1.5.4

ベクトル $\boldsymbol{e}_1,\boldsymbol{e}_2$ が一次独立であるための必要十分条件は，次の (1), (2) がともに成り立つことである．

(1) $\boldsymbol{e}_1$ はゼロベクトル $\boldsymbol{0}$ ではない．

(2) $\boldsymbol{e}_2$ は $\boldsymbol{e}_1$ のスカラー倍ではない．言い換えれば，任意の $c\in\mathbb{R}$ に対し $c\boldsymbol{e}_1\neq\boldsymbol{e}_2$ である．

ベクトル $\boldsymbol{e}_1,\boldsymbol{e}_2,\boldsymbol{e}_3$ が一次独立であるための必要十分条件は，次の (3), (4) がともに成り立つことである．

(3) $\boldsymbol{e}_1,\boldsymbol{e}_2$ は一次独立である．

(4) $\boldsymbol{e}_3$ は $\boldsymbol{e}_1$ と $\boldsymbol{e}_2$ の線型結合としてあらわすことはできない．言い換えれば，任意の $c,d\in\mathbb{R}$ に対して $c\boldsymbol{e}_1+d\boldsymbol{e}_2\neq\boldsymbol{e}_3$ である．

この命題に従って，一次独立なベクトル $\boldsymbol{e}_1,\boldsymbol{e}_2,\boldsymbol{e}_3$ を順に帰納的に作っていくことができる．

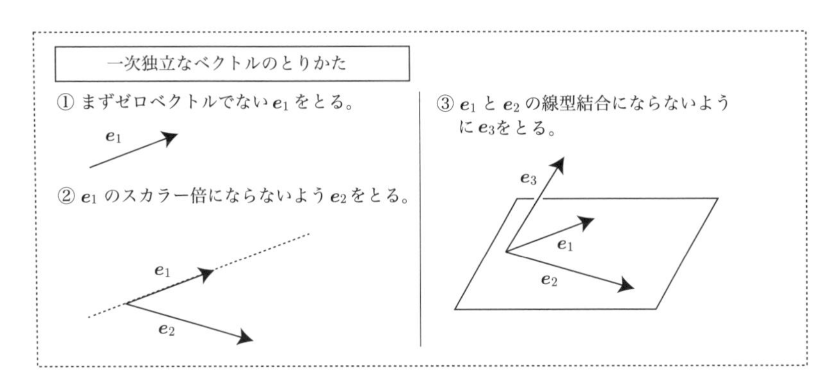

証明は難しいわけではないが，あまり気にしなくても良いので囲み記事としておこう．絵を見て，「2 ベクトルが 1 直線上にのってなければ，一次独立なんだな．3 ベクトルが同一平面上に入っていなければ，一次独立なんだな．」という感じを掴んでもらうことの方が大切である．

証明　まず $\boldsymbol{e}_1,\boldsymbol{e}_2$ の一次独立性の条件について．$\boldsymbol{e}_1=\boldsymbol{0}$ ならば $\boldsymbol{0}=0\boldsymbol{e}_1+0\boldsymbol{e}_2=1\boldsymbol{e}_1+0\boldsymbol{e}_2$ なので，ゼロベクトル $\boldsymbol{0}$ がふた通りにあらわされ，一次独立でなくなる．また $\boldsymbol{e}_2$ が $\boldsymbol{e}_1$ のスカラー倍としてあらわされるならば，つまりある実数 $c\in\mathbb{R}$ によって $\boldsymbol{e}_2=c\boldsymbol{e}_1$ であれば，$c\boldsymbol{e}_1+0\boldsymbol{e}_2=0\boldsymbol{e}_1+1\boldsymbol{e}_2$ なので，$\boldsymbol{e}_2$ がふた通りにあらわされ，一次独立でなくなる．よって，条件 (1), (2) は確かに必要である．逆に条件 (1), (2) が成り立つとき，$a\boldsymbol{e}_1+b\boldsymbol{e}_2=\boldsymbol{0}$ と仮定して $a=b=0$ となることを示す．もし $b\neq0$ ならば $\boldsymbol{e}_2=(-a/b)\boldsymbol{e}_1$ となり仮定 (2) に反するので，$b=0$ となることがわかる．このとき，$a\boldsymbol{e}_1=\boldsymbol{0}$ であるが，もし $a\neq0$ であれば，両辺を a で割って $\boldsymbol{e}_1=\dfrac{1}{a}\boldsymbol{0}=\boldsymbol{0}$ となり仮定 (1) に反するので，$a=0$ であることもわかる．従って，条件 (1), (2) のもとで $a\boldsymbol{e}_1+b\boldsymbol{e}_2=\boldsymbol{0}$ が成り立てば $a=b=0$ が成り立ち，$\boldsymbol{e}_1,\boldsymbol{e}_2$ は一次独立である．

次に，$\boldsymbol{e}_1,\boldsymbol{e}_2,\boldsymbol{e}_3$ の一次独立性について．まず，$\boldsymbol{e}_1,\boldsymbol{e}_2,\boldsymbol{e}_3$ が一次独立であれば，条件 (3) が成り立つ，すなわち $\boldsymbol{e}_1,\boldsymbol{e}_2$ も一次独立であることを示す．実際，$a\boldsymbol{e}_1+b\boldsymbol{e}_2=\boldsymbol{0}$ と仮定すると，両辺に $0\boldsymbol{e}_3=\boldsymbol{0}$ を足して $a_1\boldsymbol{e}_1+a_2\boldsymbol{e}_2+0\boldsymbol{e}_3=\boldsymbol{0}$ となるので，$\boldsymbol{e}_1,\boldsymbol{e}_2,\boldsymbol{e}_3$ の一次独立性より $a=b=0$ となることがわかり，確かに $\boldsymbol{e}_1,\boldsymbol{e}_2$ は一次独立である．また，

(4) を否定して $\boldsymbol{e}_3 = c\boldsymbol{e}_1 + d\boldsymbol{e}_2$ とあらわされるならば, $0\boldsymbol{e}_1 + 0\boldsymbol{e}_2 + 1\boldsymbol{e}_3 = c\boldsymbol{e}_1 + d\boldsymbol{e}_2 + 0\boldsymbol{e}_3$ となるので, $\boldsymbol{e}_3$ がふた通りにあらわされたことになり, $\boldsymbol{e}_1, \boldsymbol{e}_2, \boldsymbol{e}_3$ は一次独立性を満たさない. 対偶を取って, $\boldsymbol{e}_1, \boldsymbol{e}_2, \boldsymbol{e}_3$ が一次独立ならば (4) が満たされることがわかる. 逆に, (3), (4) の条件が満たされれば $\boldsymbol{e}_1, \boldsymbol{e}_2, \boldsymbol{e}_3$ が一次独立になることを示そう. $a\boldsymbol{e}_1 + b\boldsymbol{e}_2 + c\boldsymbol{e}_3 = \boldsymbol{0}$ が成り立つと仮定して, $a = b = c = 0$ となることを示せば良い. まず, もし $c \neq 0$ であれば, $\boldsymbol{e}_3 = (-a/c)\boldsymbol{e}_1 + (-b/c)\boldsymbol{e}_2$ となり, $\boldsymbol{e}_3$ が $\boldsymbol{e}_1$ と $\boldsymbol{e}_2$ の線型結合としてあらわせてしまうので, 条件 (4) に反してしまう. よって条件 (4) の仮定のもとでは $c = 0$ が成り立つことがわかる. そこで与えられた式 $a\boldsymbol{e}_1 + b\boldsymbol{e}_2 + c\boldsymbol{e}_3 = \boldsymbol{0}$ に $c = 0$ を代入して $a\boldsymbol{e}_1 + b\boldsymbol{e}_2 = \boldsymbol{0}$ という式が得られる. 条件 (3) により, このとき $a = b = 0$ が従うので, 条件 (3), (4) のもとで $a\boldsymbol{e}_1 + b\boldsymbol{e}_2 + c\boldsymbol{e}_3 = \boldsymbol{0}$ が成り立てば $a = b = c = 0$ が成り立つことが証明された. つまりこのとき, $\boldsymbol{e}_1, \boldsymbol{e}_2, \boldsymbol{e}_3$ は一次独立である. □

命題 1.5.4 により, 一次独立なベクトルを取りたければ, まず $\boldsymbol{e}_1$, 次に $\boldsymbol{e}_2$, そしてもう一つ必要ならその次に $\boldsymbol{e}_3$, という順に帰納的にとっていくことができることがわかる.「一次独立」という概念は $\boldsymbol{e}_1, \boldsymbol{e}_2, \boldsymbol{e}_3$ の順番によらないので, ちょっと不思議な命題でもある.

一方, 一次独立でない, ということを表す言葉もある.

定義 1.5.5
ベクトルの組が一次独立でないとき, **一次従属**と呼ばれる.

問 1.5.6 (i) ベクトル $\boldsymbol{e}_1, \boldsymbol{e}_2$ が一次従属であるための必要十分条件は, $\boldsymbol{e}_1, \boldsymbol{e}_2$ のどちらか一方が, もう一方のスカラー倍になっていることである. これを証明せよ.

(ii) ベクトル $\boldsymbol{e}_1, \boldsymbol{e}_2, \boldsymbol{e}_3$ が一次従属であるための必要十分条件は, $\boldsymbol{e}_1, \boldsymbol{e}_2, \boldsymbol{e}_3$ のうちのどれか少なくとも 1 つが, 残り 2 つのベクトルの線型結合としてあらわされることである. これを証明せよ.

(iii) 空間のベクトル $\boldsymbol{e}_1, \boldsymbol{e}_2, \boldsymbol{e}_3$ が与えられ, $\boldsymbol{e}_1$ と $\boldsymbol{e}_2$ が一次独立, $\boldsymbol{e}_2$ と $\boldsymbol{e}_3$ が一次独立, さらに $\boldsymbol{e}_3$ と $\boldsymbol{e}_1$ が一次独立であれば, 3 つ全体 $\boldsymbol{e}_1, \boldsymbol{e}_2, \boldsymbol{e}_3$ も一次独立であると言えるか? もし言えるのであれば証明し, そうでなければ反例を与えよ.

§1.6 直線と平面

線型な図形とは, まっすぐな図形のことである. 例えば平面内の直線, あるいは空間内の直線や平面である. このセクションでは, これらの図形を表示する方法について考えてみよう. 特に, 定義方程式表示とパラメーター表示という 2 つの標準的な表示方法について，それらを互いに書き換えるやり方を調べることにする．

直交座標系が与えられた平面上に直線 L があるとき，L を表示する標準的な方法が 2 通りある．

(1)　定義方程式表示：$cx+dy+e=0$ という式で直線 L をあらわす．（ただし，この式が確かに直線をあらわすために，$c\neq 0$ か $d\neq 0$ か，少なくとも一方が成り立つとする．）

(2)　パラメーター表示：ベクトル $\boldsymbol{a}$ と $\boldsymbol{b}$ を用いて $L=\{\boldsymbol{a}+t\boldsymbol{b}\mid t\in\mathbb{R}\}$ とパラメーター t によって L をあらわす．（ただしこのパラメーター表示が確かに直線をあらわすために，$\boldsymbol{b}\neq\boldsymbol{0}$ と仮定する．）

定義方程式表示だと，点 P の座標が与えられたときに，その座標を定義方程式に代入して P が L 上にあるかどうかがすぐに判定できる，というメリットがあり，パラメーター表示だと，t に具体的な値を代入して L 上の点をすぐに見つけることができる，というメリットがある．

定義方程式表示からパラメーター表示を得るには，L 上の点 P をひとつ具体的に見つけて $\boldsymbol{a}=\overrightarrow{\mathrm{OP}}$ とし（$\boldsymbol{a}$ は，$c\neq 0$ なら $\boldsymbol{a}=\begin{pmatrix}-e/c\\0\end{pmatrix}$，$d\neq 0$ なら $\boldsymbol{a}=\begin{pmatrix}0\\-e/d\end{pmatrix}$ として見つけられる），$\boldsymbol{b}=\begin{pmatrix}-d\\c\end{pmatrix}$ とすれば良い．逆にパラメーター表示から定義方程式表示を得るには，$\boldsymbol{a}=\begin{pmatrix}p\\q\end{pmatrix}$，$\boldsymbol{b}=\begin{pmatrix}r\\s\end{pmatrix}$ に対して，$sx-ry-(sp-rq)=0$ とすれば良い．

この場合の書き換えが簡単な計算で済む理由は，定義方程式表示の $cx+dy+e=0$ の x と y の係数を並べたベクトル $\begin{pmatrix}c\\d\end{pmatrix}$ が直線 L の法線ベクトルになっていることにある．

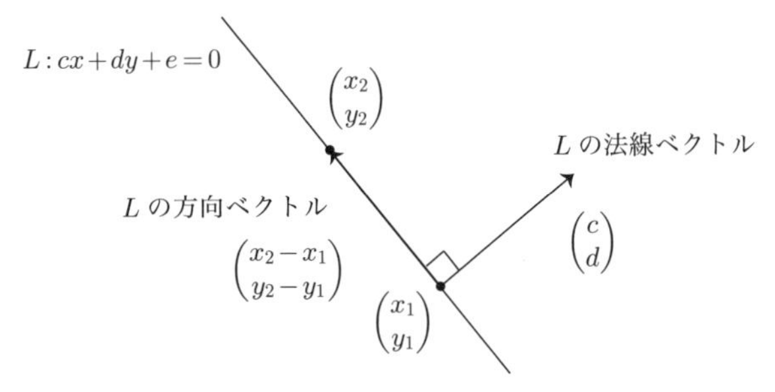

$\begin{pmatrix}x_1\\y_1\end{pmatrix}$ と $\begin{pmatrix}x_2\\y_2\end{pmatrix}$ という相異なる 2 点がともに $cx+dy+e=0$ という式を満たして

いれば

$$cx_1+dy_1+e=0=cx_2+dy_2+e$$

なので，右辺から左辺を引いて

$$c(x_2-x_1)+d(y_2-y_1)=0$$

となる．これは直線 L の方向ベクトル $\begin{pmatrix} x_2-x_1 \\ y_2-y_1 \end{pmatrix}$ と，定義方程式の係数を並べたベクトル $\begin{pmatrix} c \\ d \end{pmatrix}$ との内積であって，結局

$$\begin{pmatrix} c \\ d \end{pmatrix} \cdot \begin{pmatrix} x_2-x_1 \\ y_2-y_1 \end{pmatrix} = c(x_2-x_1)+d(y_2-y_1)=0$$

となることがわかる．よって $\begin{pmatrix} c \\ d \end{pmatrix}$ が直線 $L: cx+dy+e=0$ の方向ベクトル $\boldsymbol{b}$ と直交するベクトル，つまり法線ベクトルになっているのである．

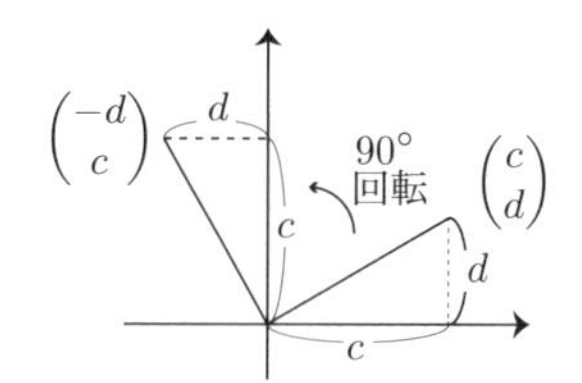

ところが，平面上で $\begin{pmatrix} c \\ d \end{pmatrix}$ と直交するベクトルを見つけるには，ベクトルを 90° 回転して $\begin{pmatrix} -d \\ c \end{pmatrix}$ とすれば良い．よって，直線の方向ベクトルがわかれば，そこから定義方程式の係数が簡単に求まるのである．

次に，空間内の線型な図形である．まず準備として，空間内で定義方程式表示された平面 $H: cx+dy+ez+f=0$ について，その法線ベクトルが $\begin{pmatrix} c \\ d \\ e \end{pmatrix}$ となることを確かめよう．

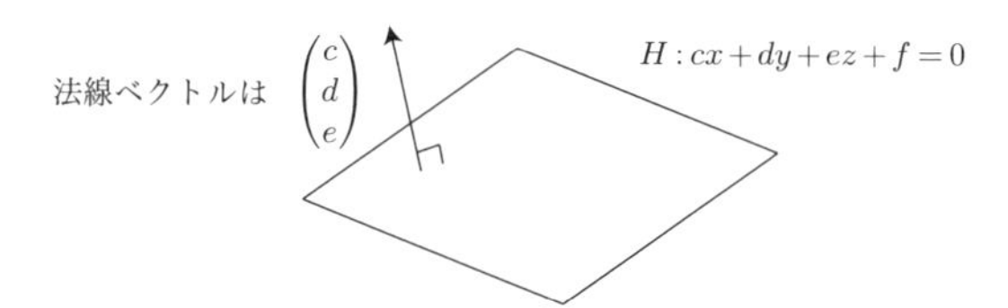

H 内に相異なる 2 点 $\mathrm{P}(x_1, y_1, z_1)$ と $\mathrm{Q}(x_2, y_2, z_2)$ を取る．ベクトル $\overrightarrow{\mathrm{PQ}} = (x_2 -$

$x_1, y_2-y_1, z_2-z_1)$ がベクトル (c,d,e) と直交することを示せば良い．P,Q は H の上の点なので，

$$\begin{cases} cx_1+dy_1+ez_1+f = 0 & \cdots\cdots(1) \\ cx_2+dy_2+ez_2+f = 0 & \cdots\cdots(2) \end{cases}$$

という式が成り立つ．(2) から (1) を引くと

$$c(x_2-x_1)+d(y_2-y_1)+e(z_2-z_1)=0$$

つまりベクトル $\begin{pmatrix} c \\ d \\ e \end{pmatrix}$ と，平面内のベクトル $\overrightarrow{\mathrm{PQ}}=\begin{pmatrix} x_2-x_1 \\ y_2-y_1 \\ z_2-z_1 \end{pmatrix}$ とが直交していることをあらわす式が得られた．P,Q は H 上の任意の 2 点なので，$\begin{pmatrix} c \\ d \\ e \end{pmatrix}$ が H の法線ベクトルであることが示された．

これを用いて空間の中の直線について考える．空間内の直線の標準的な表示方法としては，

(1)　定義方程式表示：$\begin{cases} cx+dy+ez+f &= 0 \\ c'x+d'y+e'z+f' &= 0 \end{cases}$　（ただしベクトル (c,d,e) と (c',d',e')とは一次独立である.特に $(c,d,e)\neq(0,0,0)$ かつ $(c',d',e')\neq(0,0,0)$.）

(2)　パラメーター表示：$L=\{\boldsymbol{a}+t\boldsymbol{b} \mid t\in\mathbb{R}\}$（ただし $\boldsymbol{b}\neq\boldsymbol{0}$ である）

というふた通りがある．直線 L を定めるにはもう一つ，L 上の相異なる 2 点 P,Q の座標を与える，という方法があるが，これはパラメーター表示とほぼ同値である．パラメーター表示が与えられたら，$t=0$ と $t=1$ を代入して $\boldsymbol{a}$ と $\boldsymbol{a}+\boldsymbol{b}$ という L 上の 2 点を見つけることができるし，逆に L 上の 2 点 P と Q の座標が与えられれば，P の座標そのもの $\boldsymbol{a}=\overrightarrow{\mathrm{OP}}$ と，座標の引き算 $\boldsymbol{b}=\overrightarrow{\mathrm{PQ}}$ によりパラメーター表示を求めることができる．一方，定義方程式表示は，幾何的には直線を 2 平面の交わりとしてあらわしている，ということになる．

パラメーター表示 $\begin{pmatrix} x \\ y \\ z \end{pmatrix}=\begin{pmatrix} a_1 \\ a_2 \\ a_3 \end{pmatrix}+t\begin{pmatrix} b_1 \\ b_2 \\ b_3 \end{pmatrix}$ が与えられたら，これは

$$\begin{cases} x = a_1+tb_1 \\ y = a_2+tb_2 \\ z = a_3+tb_3 \end{cases}$$

と書き換えられる．$\boldsymbol{b} = \begin{pmatrix} b_1 \\ b_2 \\ b_3 \end{pmatrix}$ が方向ベクトルなので b_1, b_2, b_3 のうち少なくとも一つは0ではない．それを用いて t を x, y あるいは z の式としてあらわして，その式を残り2つの式に代入することで t を消去すれば，直線の定義方程式表示が得られる．例えば $b_1 \neq 0$ ならば $t = \dfrac{x-a_1}{b_1}$ なので，それを下の2つの式に代入して分母を払えば

$$\begin{cases} b_1(y-a_2) = b_2(x-a_1) \\ b_1(z-a_3) = b_3(x-a_1) \end{cases}$$

というように定義方程式表示が得られる．

逆に定義方程式表示

$$\begin{cases} cx+dy+ez+f = 0 \\ c'x+d'y+e'z+f' = 0 \end{cases}$$

で直線 L が与えられたとする．この一般解を求めるには，第4章で紹介する掃き出し法を使うのがもっとも正統的である．しかし，3次元の場合にだけ使えるベクトルの外積というものを使うと公式らしいものを作ることができるので，まず外積を紹介し，それを用いた計算方法をお見せすることにしよう．

定義 1.6.1

空間ベクトル $\boldsymbol{v} = \begin{pmatrix} a \\ b \\ c \end{pmatrix}$ と $\boldsymbol{w} = \begin{pmatrix} d \\ e \\ f \end{pmatrix}$ に対し，その**外積** $\boldsymbol{v} \times \boldsymbol{w}$ を

$$\boldsymbol{v} \times \boldsymbol{w} = \begin{pmatrix} bf-ce \\ -(af-cd) \\ ae-bd \end{pmatrix}$$

と定義する．

つまり，$\boldsymbol{v}$ と $\boldsymbol{w}$ の外積の第 i 成分を求めるには，$\boldsymbol{v}$ と $\boldsymbol{w}$ の第 i 成分を取り除いた4つの数に対して，たすきがけに掛け算をし，右下がりの積はプラス，右上がりの積にはマイナスの係数をつけて足し，さらに第2成分はそのプラスマイナスを反転する（この第2成分が，実際に計算に用いる時は要注意である），という計算を行う．

$$\begin{pmatrix} a \\ b \\ c \end{pmatrix} \times \begin{pmatrix} d \\ e \\ f \end{pmatrix} = \begin{pmatrix} bf-ce \\ -(af-cd) \\ ae-bd \end{pmatrix}$$ の各成分の計算

第1成分　$\begin{pmatrix} a \\ b \\ c \end{pmatrix} \begin{pmatrix} d \\ e \\ f \end{pmatrix}$　$\boxed{bf-ce}$

第2成分　$-\begin{pmatrix} a \\ b \\ c \end{pmatrix} \begin{pmatrix} d \\ e \\ f \end{pmatrix}$　$\boxed{-(af-cd)}$　第2成分は符号がマイナス！

第3成分　$\begin{pmatrix} a \\ b \\ c \end{pmatrix} \begin{pmatrix} d \\ e \\ f \end{pmatrix}$　$\boxed{ae-bd}$

この外積 $\boldsymbol{v}\times\boldsymbol{w}$ は，次のような性質を持つ．

命題 1.6.2

(1) （反交換則） $\boldsymbol{v}\times\boldsymbol{w} = -\boldsymbol{w}\times\boldsymbol{v}$ が成り立つ．

(2) $\boldsymbol{v}\times\boldsymbol{w}$ は $\boldsymbol{v}$ とも $\boldsymbol{w}$ とも直交している．

(3) $\boldsymbol{v}\times\boldsymbol{w}$ の長さは，$\boldsymbol{v}$ と $\boldsymbol{w}$ を 2 辺とする平行四辺形の面積に一致する．

(4) 座標系が**右手系**なら，3 つのベクトル $\boldsymbol{v},\boldsymbol{w},\boldsymbol{v}\times\boldsymbol{w}$ も右手系である．

(5) （**ヤコビ恒等式**） 3 つのベクトル $\boldsymbol{u},\boldsymbol{v},\boldsymbol{w}$ に対して，次の等式が成り立つ．

$$(\boldsymbol{u}\times\boldsymbol{v})\times\boldsymbol{w} + (\boldsymbol{v}\times\boldsymbol{w})\times\boldsymbol{u} + (\boldsymbol{w}\times\boldsymbol{u})\times\boldsymbol{v} = \boldsymbol{0}$$

(1) により，外積は交換則を満たさないことがわかる．それどころか，順番を逆にすると逆ベクトルになってしまうなんて，あべこべじゃないか，と思うかもしれないが，よく考えると $\boldsymbol{w}\times\boldsymbol{v}$ がわかれば $\boldsymbol{v}\times\boldsymbol{w}$ が何だったかわかるのだから，そう悪い話ではない．このような性質を反交換則と呼ぶ．外積は，結合則も満たさない．例えば $\boldsymbol{u} = \boldsymbol{v} = \begin{pmatrix} 1 \\ 0 \\ 0 \end{pmatrix}$, $\boldsymbol{w} = \begin{pmatrix} 0 \\ 1 \\ 0 \end{pmatrix}$ とすると $(\boldsymbol{u}\times\boldsymbol{v})\times\boldsymbol{w} = \boldsymbol{0}$ であるが，$\boldsymbol{u}\times(\boldsymbol{v}\times\boldsymbol{w}) = \begin{pmatrix} 0 \\ 0 \\ -1 \end{pmatrix}$ となり，括弧の付け方で計算結果が変わってしまう．そのかわりに成り立つのが (5) のヤコビ恒等式である．

説明 (1), (5) は直接計算で確かめられる．また (2) は $\boldsymbol{v}\cdot(\boldsymbol{v}\times\boldsymbol{w})$, $\boldsymbol{w}\cdot(\boldsymbol{v}\times\boldsymbol{w})$ を計算して，内積が0になることを確かめれば良い．(3) は $\boldsymbol{v}$ と $\boldsymbol{w}$ がなす角度を θ とすると，$\boldsymbol{v}$ と $\boldsymbol{w}$ を2辺とする平行四辺形の面積 S は $S=\|\boldsymbol{v}\|\cdot\|\boldsymbol{w}\|\cdot\sin\theta$ である．$\boldsymbol{v}$ と $\boldsymbol{w}$ の内積 $\boldsymbol{v}\cdot\boldsymbol{w}$ が $\|\boldsymbol{v}\|\cdot\|\boldsymbol{w}\|\cdot\cos\theta$ であることがわかっているので，$S^2=\|\boldsymbol{v}\|^2\cdot\|\boldsymbol{w}\|^2\cdot\sin^2\theta=\|\boldsymbol{v}\|^2\cdot\|\boldsymbol{w}\|^2-(\|\boldsymbol{v}\|\cdot\|\boldsymbol{w}\|\cdot\cos\theta)^2$ が $\|\boldsymbol{v}\times\boldsymbol{w}\|^2$ に等しいことを計算で確かめれば良い．（簡単そうに書いたが，計算そのものは結構面倒である．）

(4) について，大雑把なアイデアをご紹介しよう．座標系が右手系であれば，$\boldsymbol{v}=\begin{pmatrix}1\\0\\0\end{pmatrix}$, $\boldsymbol{w}=\begin{pmatrix}0\\1\\0\end{pmatrix}$ のとき，$\boldsymbol{v}\times\boldsymbol{w}=\begin{pmatrix}0\\0\\1\end{pmatrix}$ なので $\boldsymbol{v},\boldsymbol{w},\boldsymbol{v}\times\boldsymbol{w}$ は確かに右手系である．

$\boldsymbol{v},\boldsymbol{w}$ が一般の場合，$\boldsymbol{v}(0)=\begin{pmatrix}1\\0\\0\end{pmatrix}$, $\boldsymbol{w}(0)=\begin{pmatrix}0\\1\\0\end{pmatrix}$ を一次独立なまま連続的に動かして $\boldsymbol{v}(1)=\boldsymbol{v}$, $\boldsymbol{w}(1)=\boldsymbol{w}$ となるように変形できるが，もしこのとき $\boldsymbol{v},\boldsymbol{w},\boldsymbol{v}\times\boldsymbol{w}$ が左手系であれば，中間値の定理によって $\boldsymbol{v}(t),\boldsymbol{w}(t),\boldsymbol{v}(t)\times\boldsymbol{w}(t)$ が右手系から左手系に入れ替わる瞬間が変形の途中にあるはずである．その時におかしなことが起こっているはずなので（例えば $\boldsymbol{v}(t),\boldsymbol{w}(t),\boldsymbol{v}(t)\times\boldsymbol{w}(t)$ が一平面上に含まれてしまう），そこで背理法に持ち込めば良い．ひとつのやり方を囲み記事でご紹介しているので，興味があれば眺めていただきたい． □

□ 命題 1.6.2(4) の証明

まず，3つのベクトルの組 $\boldsymbol{v}_1,\boldsymbol{w}_1,\boldsymbol{u}_1$ と $\boldsymbol{v}_2,\boldsymbol{w}_2,\boldsymbol{u}_2$ がともに右手系であれば，3つのベクトルの組を右手系のまま変形していって，$\boldsymbol{v}_1,\boldsymbol{w}_1,\boldsymbol{u}_1$ から $\boldsymbol{v}_2,\boldsymbol{w}_2,\boldsymbol{u}_2$ へ連続的に変えることができることを示す．右手系なので，右手の親指の方向が $\boldsymbol{v}_1$，人差し指の方向が $\boldsymbol{w}_1$，中指の方向が $\boldsymbol{u}_1$ になるように右手を配置して，最初に親指の方向が $\boldsymbol{v}_2$ の方向を向くように右手を回転させていく．次に，親指の方向を軸にして右手を回転させ，さらに人差し指の向きを調整して，人差し指が $\boldsymbol{w}_2$ の方向を向くようにできる．このとき，中指が向いている方向を $\widetilde{\boldsymbol{u}}$ と書くことにすると，$(\boldsymbol{v}_2,\boldsymbol{w}_2,\widetilde{\boldsymbol{u}})$ という組も $(\boldsymbol{v}_2,\boldsymbol{w}_2,\boldsymbol{u}_2)$ という組も両方とも右手系である．ここで，2つのベクトル $\boldsymbol{v}_2,\boldsymbol{w}_2$ を固定して，第3のベクトル $\boldsymbol{u}$ を付け加えると右手系になるとき $\boldsymbol{u}$ がどういう方向になくてはならないかを考えると，$\boldsymbol{v}_2$ と $\boldsymbol{w}_2$ の線型結合としてあらわされる平面が空間を2分割するが，その分割の一方の側に $\boldsymbol{u}$ が入ると右手系になり，逆側に入ると左手系になることがわかる．今，$\boldsymbol{u}_2$ も $\widetilde{\boldsymbol{u}}$ も，その同じ側の半分の空間に入るので，$\widetilde{\boldsymbol{u}}$ から $\boldsymbol{u}_2$ まで線分で結んで，その線分に沿って変形していくと，その途中もずっと右手系のままである．以上により，右手系どうしであれば，右手系のままで一方から他方へ連続変形できることがわかった．

座標系が右手系であるのに $\boldsymbol{v},\boldsymbol{w},\boldsymbol{v}\times\boldsymbol{w}$ が左手系であると仮定して，矛盾を導こう．第3のベクトル $\boldsymbol{v}\times\boldsymbol{w}$ の向きを逆転して $-\boldsymbol{v}\times\boldsymbol{w}$ とすれば右手系になるので，座標系 $\begin{pmatrix}1\\0\\0\end{pmatrix},\begin{pmatrix}0\\1\\0\end{pmatrix},\begin{pmatrix}0\\0\\1\end{pmatrix}$ を右手系のまま連続変形して $\boldsymbol{v},\boldsymbol{w},-\boldsymbol{v}\times\boldsymbol{w}$ に変えることができる．パラメーター t を用いて，その変形を $\boldsymbol{v}(t),\boldsymbol{w}(t),\boldsymbol{u}(t)$ とする．$\boldsymbol{v}(0)=\begin{pmatrix}1\\0\\0\end{pmatrix}$，$\boldsymbol{w}(0)=\begin{pmatrix}0\\1\\0\end{pmatrix}$，$\boldsymbol{u}(0)=\begin{pmatrix}0\\0\\1\end{pmatrix}$ から $\boldsymbol{v}(1)=\boldsymbol{v}$，$\boldsymbol{w}(1)=\boldsymbol{w}$，$\boldsymbol{u}(1)=-\boldsymbol{v}\times\boldsymbol{w}$ というように変形したわけである．最初の2つのベクトルの外積と，3つ目のベクトルの内積を，t の関数とみなす．$F(t)=(\boldsymbol{v}(t)\times\boldsymbol{w}(t))\cdot\boldsymbol{u}(t)$ という関数を考えるわけである．$\boldsymbol{v}(t),\boldsymbol{w}(t),\boldsymbol{u}(t)$ は t に関して連続的に変化し，外積や内積は成分の足し算引き算掛け算であらわされるので，連続関数である．したがって，$F(t)$ は t の連続関数になる．ところが，$F(0)=\left(\begin{pmatrix}1\\0\\0\end{pmatrix}\times\begin{pmatrix}0\\1\\0\end{pmatrix}\right)\cdot\begin{pmatrix}0\\0\\1\end{pmatrix}=\begin{pmatrix}0\\0\\1\end{pmatrix}\cdot\begin{pmatrix}0\\0\\1\end{pmatrix}=1>0$ であるが，$F(1)=(\boldsymbol{v}\times\boldsymbol{w})\cdot(-\boldsymbol{v}\times\boldsymbol{w})=-\|\boldsymbol{v}\times\boldsymbol{w}\|^2<0$ となり，符号が異なる．中間値の定理によって，途中のある $t\in(0,1)$ に対して $F(t)=0$ となるはずであるが，途中のどの瞬間も $\boldsymbol{v}(t),\boldsymbol{w}(t),\boldsymbol{u}(t)$ は右手系であるので，このとき $F(t)$ は0にはなり得ない．実際，$\boldsymbol{v}(t)$ と $\boldsymbol{w}(t)$ は一次独立のはずなので，$\boldsymbol{v}(t)\times\boldsymbol{w}(t)$ は $\boldsymbol{v}(t)$ と $\boldsymbol{w}(t)$ が張る平面と直交する $\boldsymbol{0}$ でないベクトルであり，$\boldsymbol{u}(t)$ とこの $\boldsymbol{v}(t)\times\boldsymbol{w}(t)$ との内積が0になるなら，$\boldsymbol{u}(t)$ は $\boldsymbol{v}(t)$ と $\boldsymbol{w}(t)$ が張る平面に入ってしまう．つまり $\boldsymbol{v}(t),\boldsymbol{w}(t),\boldsymbol{u}(t)$ はこの t の瞬間に一次独立でなくなってしまい，「右手系のままで連続変形した」という設定と矛盾してしまうのである．

ベクトルの外積を用いて，空間内の直線 L の定義方程式表示

$$\begin{cases} cx+dy+ez+f &= 0 \\ c'x+d'y+e'z+f' &= 0 \end{cases}$$

からパラメーター表示を求める方法をご紹介しよう．定義方程式表示は，直線を2平面の交わりとしてあらわしているわけであるが，それぞれの法線ベクトル

$\boldsymbol{v}=\begin{pmatrix}c\\d\\e\end{pmatrix}$, $\boldsymbol{w}=\begin{pmatrix}c'\\d'\\e'\end{pmatrix}$ がわかっており，L はその両方の法線ベクトルと直交しているので，その外積を L の方向ベクトルとすれば良い．あとはとにかく L 上の点 $\mathrm{P}\in L$ を一つ見つけたいわけだが，法線ベクトル $\boldsymbol{v}$ と $\boldsymbol{w}$ が一次独立なので，命題 1.6.2(3) によりその外積 $\boldsymbol{v}\times\boldsymbol{w}$ もゼロベクトルではない．x,y,z 成分のどれか一つはゼロではないということなので，例えば $\boldsymbol{v}\times\boldsymbol{w}$ の x 成分が 0 でないとして，定義方程式において $x=0$ とでもおいてみれば y 成分，z 成分も求まり，直線上の一点 P が見つけられる（直線 L の方向ベクトル $\boldsymbol{v}\times\boldsymbol{w}$ が x 軸と直交していないので，L の点は x 座標の値として全ての実数値を取る）．そこで $\boldsymbol{a}=\overrightarrow{\mathrm{OP}}$ として

$$L=\{\boldsymbol{a}+t(\boldsymbol{v}\times\boldsymbol{w})\mid t\in\mathbb{R}\}$$

としてパラメーター表示が見つかる．

空間内の平面 H に対しても，パラメーター表示と定義方程式表示の 2 通りの表示を与えることができ，互いに書き換えることができる．

(1)　定義方程式表示：$cx+dy+ez+f=0$

(2)　パラメーター表示：$H=\{\boldsymbol{a}+s\boldsymbol{v}+t\boldsymbol{w}\mid s,t\in\mathbb{R}\}$

定義方程式表示の係数を並べた $\begin{pmatrix}c\\d\\e\end{pmatrix}$ は，平面 $H: cx+dy+ez+f=0$ の法線ベクトルになっている．従って，パラメーター表示から定義方程式表示を求めるには，外積 $\boldsymbol{v}\times\boldsymbol{w}$ を計算して，それを定義方程式の係数として並べれば良い．定数項 f は，$\boldsymbol{a}$ を代入して式が成り立つようにすれば良い．

逆に定義方程式表示からパラメーター表示を求めるには，平面上の 1 直線上に並んでいない 3 点 P,Q,R を見つけてくることさえできれば，$\boldsymbol{a}=\overrightarrow{\mathrm{OP}}$, $\boldsymbol{v}=\overrightarrow{\mathrm{PQ}}$, $\boldsymbol{w}=\overrightarrow{\mathrm{PR}}$ とすれば良い．そのような P,Q,R を見つけるには，次のようにすれば良い．係数 c,d,e のうち少なくとも一つは 0 でないので，例えば $e\neq 0$ とすると，各 x,y の値に対して $z=\dfrac{1}{e}(-f-cx-dy)$ と定めることによって，その (x,y) 座標を持つ H 上の点を見つけることができるので，$(x,y)=(0,0),(0,1),(1,0)$ のそれぞれに対して H 上の点 P,Q,R を見つければ良い．$c\neq 0$ ならば (y,z) の値を，$d\neq 0$ ならば (x,z) の値をそれぞれ $(0,0),(0,1),(1,0)$ として，x あるいは y の値を定めて H 上の点を見つければ良い．

応用 1.6.3

正四面体の 2 つの面の間の角度を求めてみよう．座標空間内に正四面体を構成することから始める．まず立方体をとり，その平行な 2 面から，捩(ねじ)れの位置にあるような対角線をとる．

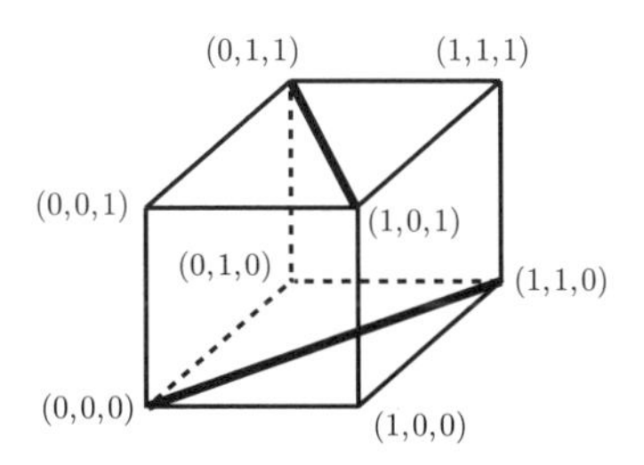

対角線の端点 4 つを O,P,Q,R とし，これらを互いに結ぶと，その線分の長さはどれも $\sqrt{2}$ になるので，四面体 OPQR の各面は正三角形になり，よってこの四面体は正四面体である．

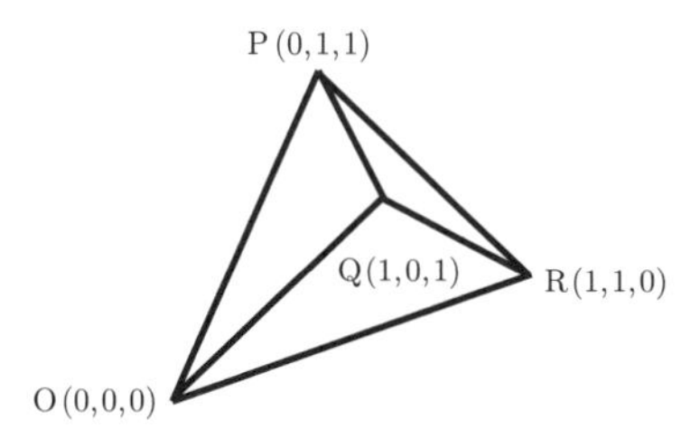

面と面がなす角度を求めるには，それぞれの法線ベクトルがなす角度を求めれば良い．各面に含まれる 3 点が求まっているので，法線ベクトルを外積によって求めることができる．例えば三角形 OPQ の法線ベクトルは

$$\overrightarrow{OQ} \times \overrightarrow{OP} = \begin{pmatrix} 1 \\ 0 \\ 1 \end{pmatrix} \times \begin{pmatrix} 0 \\ 1 \\ 1 \end{pmatrix} = \begin{pmatrix} -1 \\ -1 \\ 1 \end{pmatrix}$$

となり，三角形 PQR の法線ベクトルは

$$\overrightarrow{PQ} \times \overrightarrow{PR} = \begin{pmatrix} 1 \\ -1 \\ 0 \end{pmatrix} \times \begin{pmatrix} 1 \\ 0 \\ -1 \end{pmatrix} = \begin{pmatrix} 1 \\ 1 \\ 1 \end{pmatrix}$$

となる．ここで外積を取るベクトルの順番は，命題 1.6.2(4) に照らし合わせて，法線ベクトルが四面体の外向きになるように選んだ．

これらの法線ベクトルはともに長さが $\sqrt{3}$ で内積が -1 なので，法線ベクトルの

間の角度を θ とすると，$\cos\theta = \dfrac{-1}{\sqrt{3}\times\sqrt{3}} = -\dfrac{1}{3}$ となる．下の図により，面の間の角度と，法線ベクトルの間の角度に $90^\circ\times 2$ を加えると 360° となる．よって，正四面体の隣どうしの面の間の角度を τ とすると，$\cos\tau = \cos(180^\circ - \theta) = -\cos\theta = \dfrac{1}{3}$ となることがわかる．

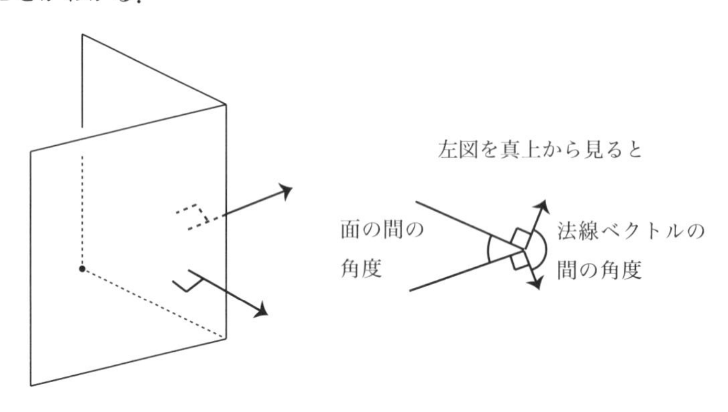

□

□ アリストテレスの誤謬について

古代ギリシアでプラトンが，5つの正多面体と元素とを結びつける考え方を表明していた．正6面体（立方体）は土に，正20面体は水に，正8面体は空気に，正4面体は火に，それぞれ元素と対応づけられ，正12面体が「宇宙」に対応している，とされたのである．これは，正12面体を除いて，きちんと並べれば空間を埋め尽くすことができる，と暗に想定していたようで，アリストテレスが天体論においてそのような考え方に反論して「立方体と正四面体のみが，きちんと並べれば空間を覆い尽くす．」と述べている．

驚いたことに，「正四面体をきちんと並べれば空間を覆い尽くすことができる」というアリストテレスの意見は15世紀になるまで，1800年以上も信じられてきた．しかし，上記の計算から，正四面体を並べても空間を覆い尽くすことなどできないことが簡単にわかるのである．もし，正四面体を並べて空間を埋め尽くすのであれば，上記の角度 τ を何倍かすればぴったり 360° になるはずである（そうでないと，辺のところに隙間ができてしまうはず）．

$$\cos\frac{2\pi}{4} = 0 < \cos\tau = \frac{1}{3} < \cos\frac{2\pi}{6} = \frac{1}{2}$$

なので，それは5倍しかありえない．つまり $5\tau = 360^\circ$ となるはずなのである．だとすれば，$\cos 3\tau = \cos(360^\circ - 2\tau) = \cos 2\tau$ となるはずであるが，$\cos 2\tau =$

$2\cos^2 -1 = -\dfrac{7}{9}$ であり，一方 $\cos 3\tau = 4\cos^3\tau - 3\cos\tau = -\dfrac{23}{27}$ なので，そうはならない．実際，正四面体を５つ持ってきて辺をあわせると，かすかに隙間があくのである．$\cos\dfrac{2\pi}{5}$ の値を求めて，それが $\dfrac{1}{3}$ でない，と論証することもできる． $\cos\dfrac{2\pi}{5} = x$ とおくと，上記と同様の議論で $2x^2-1=4x^3-3x$ が成り立つので，$4x^3-2x^2-3x+1=(x-1)(4x^2+2x-1)=0$ を解いて $x=1, \dfrac{-1\pm\sqrt{5}}{4}$ となり，$0<x<\dfrac{1}{2}$ から $x=\dfrac{-1+\sqrt{5}}{4}=0.3090\cdots<\dfrac{1}{3}$ となることが確かめられる．

問 1.6.4　6 点 $(\pm1,0,0),(0,\pm1,0),(0,0,\pm1)$ を頂点として正 8 面体を作ることができる．正 8 面体の相隣る面どうしがなす角度のコサインを求め，正 8 面体で空間を覆い尽くすことができるかどうか議論せよ．

§1.7　well-defined と同値関係

ベクトルとは「長さと向きが与えられた矢印のことで，始点が違っても平行移動して重なるものであれば同じベクトルだと見なす」というところから幾何ベクトルの話が始まった．この「同じだと見なす」ことに関する注意点を，この節にまとめておくことにしよう．

次の図を見ていただこう．(a) の図形と「同じ」図形は (b) から (h) までのうちのどれとどれだろうか？

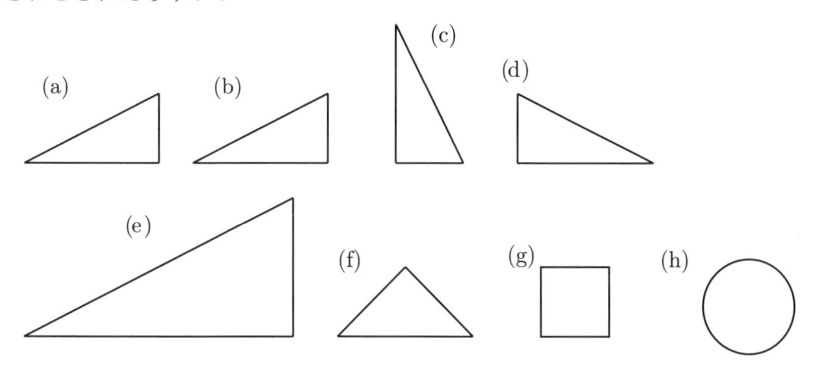

(b) は普通に考えれば (a) と同じだろう．(c) も向きが違うだけで，元の三角形を

90° 回転させただけだ．(d) も合同だが，(a) と向きが逆なので，例えば紙の上に (a) と (d) の三角形の切れ端が落ちていたら，ぴったり重ねあわせようと思ったら一旦持ち上げてひっくり返さなくてはならない．(e) は大きさも違う．しかし (a) の三角形と相似ではある．(f) は相似ですらないが，実は (a) と面積が同じ．さらに (g) は三角形ですらないが，これも (a) と面積が同じ．最後の (h) は多角形ですらなく，面積も違うが，ゴム膜の上の幾何学と呼ばれるトポロジーの立場からすれば (a) と同じとみなされる．

では正解は？ 実は正解は，ない．数学においては，特に大学の数学では，何をもって「同じ」とするのかを決めておかないと，判定のしようがないのだ．合同な図形を「同じ」とする立場からすれば，(b) から (d) までが (a) と同じであるが，面積が同じものを「同じ」と見るならば (b), (c), (d), (f), (g) が (a) と同じ，そしてトポロジーとしては (a) から (h) まで全部同じ（同相と呼ばれる）である．何と何とを同一視するかを言葉ではっきりと示すことから，数学の議論が始まるのである．

数学において，考えたい問題に応じて本質をとらえて，一見違うものを「同じ」と見なすことは極めて重要である．そもそも，数そのものが，2 羽の兎も 2 個のドーナツも，その単位を忘れて「2」という本質を取り出したものなのだ．$2+3=5$ と計算すれば，それは兎に対してもドーナツに対しても通用する．当たり前のことを言っているようだが，実はこのことが重要な注意点になる．同じ 2 や 3 という記号であらわれているものの実体が兎だろうがドーナツだろうが，それらを合わせると同じ 5 という結果になる，このような性質を well-defined と言う．Well-defined という言葉は，無理に日本語に訳すならば「うまく定義されている」とでもなるだろうが，適訳はないようで，日本語の中でも well-defined という英語がそのまま使われることが多い．分数の足し算を，小学生が間違えるように分母分子をそれぞれ足し算して定義しようとすると well-defined でなくなってしまう，という例を囲み記事で紹介しているので，見ておいていただきたい．

定義 1.7.1

A が $a_1, a_2, \ldots$ を同一視したものであり，B が $b_1, b_2, \ldots$ を同一視したものであるとき，「A と B から以下の定義によって C を定める」とした定義が **well-defined** であるとは，A の特別な例として a_1 を取り，B の特別な例として b_1 を取って，それによって C を定めたもの c_1 と，a_2, b_2 によって C を定めたもの c_2 とが同一視されるものである，ということである．

より一般に，定義の際にいくつかの自由度があるとき，どの選択肢を選んでも定義されるべきものが不変である，というときに well-defined である，と言われる．

□　分数の足し算

こんな質問をされたことがある．「小学生がよくやる間違いで，分数の足し算を，分母同士，分子同士，それぞれ足してしまうっていうのがありますよね．あれ，本当に間違いなのかなって思うんですよ．というのはですね，1 日目に父さんが饅頭を 2 個買ってきて，そのうち 1 個を食べたんです．$\frac{1}{2}$ を食べた，というわけです．次の日は饅頭を 3 個買ってきてくれたので，そのうち 2 個を食べたんですね．2 日目は $\frac{2}{3}$ を食べたことになったのですが，この 2 日間合わせて考えると合計 5 個買ってきた饅頭のうち 3 個を食べたんですが，これって $\frac{1}{2}+\frac{2}{3}=\frac{3}{5}$ ということになっていませんか？」さて，皆さんならどう答えるだろうか？

「1 日目，饅頭を 2 個でなく 4 個買ってきて，そのうち 2 個を食べたとしましょう．$\frac{1}{2}$ でなく $\frac{2}{4}$ になりますが，$\frac{1}{2}=\frac{2}{4}$ なので足し算の結果は変わらないはずです．なのに，$\frac{2}{4}+\frac{2}{3}=\frac{4}{7}$ となり，$\frac{1}{2}+\frac{2}{3}=\frac{3}{5}$ とは違う答になってしまいます．同じ数を足したのに，表し方を変えただけで計算結果が変わってしまうのは，まずいんじゃないんですか？」

こう説明して 100% 納得してもらえたかどうかはわからないが，「同じ数」を足しているのに表し方を変えたら足し算の答が変わる，というのでは，足し算の名に値しない，ということには同意してもらえるのではないか．饅頭を食べた比率を知りたければ，「2 個もらって 1 個食べる」というのと，「4 個もらって 2 個食べる」というのを「同じ」だと考えてはいけないのである．

種明かしというか，別の説明をすると，これは分数の足し算と考えるべきではなく，ベクトルの足し算だと考えるべきなのである．饅頭を 2 個もらって 1 個食べるのを $\begin{pmatrix}1\\2\end{pmatrix}$，饅頭を 3 個もらって 2 個食べるのを $\begin{pmatrix}2\\3\end{pmatrix}$ というベクトルで表せば，2 日間の合計は $\begin{pmatrix}1\\2\end{pmatrix}+\begin{pmatrix}2\\3\end{pmatrix}=\begin{pmatrix}3\\5\end{pmatrix}$ というベクトルで表されるわけで，辻褄がしっかりあっている．ベクトルだと見なす，ということは向きと長さの両方のデータの組だ，ということであるが，これを分数だと見なすと，ベクトルの傾きだけのデータになってしまうので，長さのデータが消えてしまう．2

つのベクトルの向きだけが与えられても，その和のベクトルの向きがどうなっているか，なんて，長さによっていろんな可能性があるので，足し算の答を一通りに決めようがないのだ．ベクトルの傾きの足し算は，well-defined ではない．長さのデータも与えてベクトルの足し算にしないと，足し算がうまく定義できないのである．

「傾き $\frac{1}{2}$ のベクトルに傾き $\frac{2}{2}$ のベクトルを加えると傾きはどうなるか？」という問題は、ベクトルの長さがわからないと、答えが一つに決まらない。こういう計算をしたければ、長さが違うベクトルを「同じ」だと考えてはいけないのである。

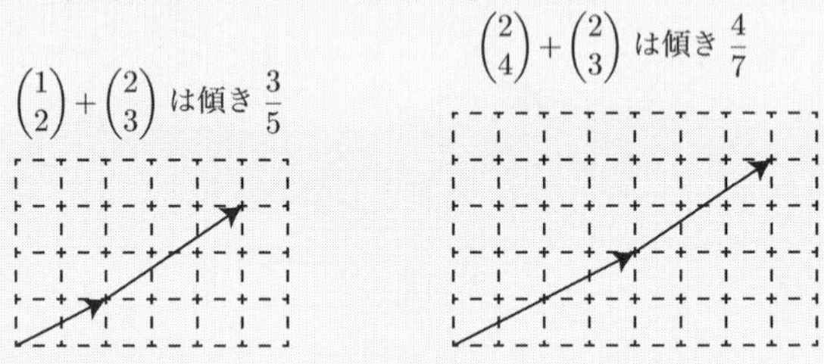

この章のこのあとの話題は，今の段階ではわかりづらいかもしれない．本書では以後使わないので，とばして構わない．

この機会に，「同じ」ということを数学ではどういう言葉で語るかを説明しておこう．例として，整数全体がなす集合 $\mathbb{Z}$ に対して，偶数は偶数同士全部同じ，奇数は奇数同士全部同じ，というものすごく大雑把な「同じ」関係を取り上げてみる．これは，次のように「分類」「写像」「同値関係」という3通りの捉え方ができる．

(1)　整数の集合 $\mathbb{Z}$ を，偶数と奇数とに分類した．つまり $X \subset \mathbb{Z}$ は偶数全体の集合，$Y \subset \mathbb{Z}$ は奇数全体の集合とすると，$X \cup Y = \mathbb{Z}$ であり，$X \cap Y = \emptyset$ である．言い換えると，全ての整数は，偶数か奇数かのどちらかであり，しかも両方ということはない．

(2)　整数の集合から $S = \{0,1\}$ という集合への写像 $f : \mathbb{Z} \to S$ を

$$f(n) = n \text{ を 2 で割った余り}$$

と定義する．f で行き先が同じ数どうしを「同じ」と見なす．あるいは f による行き先に着目して，整数を分類する．

(3)　2つの整数 n,m が与えられたとき，$n-m$ が偶数ならば n と m は「同じ」と判定し，$n-m$ が奇数ならば，n と m は「違う」と判定する．

すなわち,「何が同じであるかを定める」ということは,「同じと考えられるものがひとまとまりになるよう,分類する」ということと同じなのである.ゴミの分別を例に,上の3つの考え方を詳しく見てみよう.「写像」の考え方は,ゴミ箱がすでに用意されいて,それぞれのゴミをどのゴミ箱に捨てれば良いかわかっている状態である.ゴミの集合からゴミ箱の集合への写像 f が定められていて,ゴミ x はゴミ箱 $f(x)$ に捨てれば良いわけである.次に,「分類」の考え方は,ゴミ箱こそ用意されていないものの,ゴミが既にいくつかの山に分けられていて,それぞれの山に対して適切なゴミ箱を用意してそこに捨てれば,ゴミの分別ができる,というわけである.最後の「同値関係」は,ゴミが2つあれば,それが一緒に捨てるべきか,それとも分けるべきか,だけがわかる,という状態である.分別はこれからであるが,それだけの情報があれば,ゴミを分別することができる.実際,一緒に捨てるべきゴミをそれぞれ山にまとめていくと,新しいゴミを持ってきてどの山にわけようか,と迷った時,どれかの山のゴミと一緒に捨てるべきであればその山に投げ込めば良いし,どの山のゴミとも分けるべきだ,ということになれば,その新しいゴミ1つで新しい山を作れば良いのである.以上の考え方を,数学の言葉でまとめておこう.

定義 1.7.2

(1) 集合 Z の二項関係 $\sim$ とは,$x,y \in Z$ に対して,$x \sim y$ か,または $x \not\sim y$ のうち一方,そしてどちらか一方のみが成り立つような関係のことである.(つまり,積集合 $Z \times Z$ の部分集合 $\{(x,y) \in Z \times Z \mid x \sim y\}$ が与えられた,と思っても良い.)[4]

(2) 集合 Z の二項関係 $\sim$ が**同値関係**であるとは,次の3条件を満たすことである.

(i) (反射律) 任意の $x \in Z$ に対し $x \sim x$ が成り立つ.

(ii) (対称律) 任意の $x,y \in Z$ に対して $x \sim y$ が成り立つならば $y \sim x$ も成り立つ.

(iii) (推移律) 任意の $x,y,z \in Z$ に対して,$x \sim y$ と $y \sim z$ が成り立つならば,$x \sim z$ が成り立つ.

---

[4] 同値関係と並んで重要な二項関係の例として,実数の大小関係 $(1 < 2)$ とか,部分集合の包含関係 $\{1,2\} \subset \{1,2,3\}$,自然数の割り切る関係 $2 \mid 6$ (2が6を割り切る,ということを $\mid$ という記号であらわす) などの順序関係がある.順序関係 $\prec$ は,反対称律 ($x \prec y$ かつ $y \prec x$

ゴミの分別の例で言えば,

(反射律) ゴミ x はゴミ x 自身と同じゴミ箱に捨てられるべきである.

(対称律) ゴミ x とゴミ y を同じゴミ箱に捨てるべきであれば,ゴミ y とゴミ x を同じゴミ箱に捨てるべきである.

(推移律) ゴミ x とゴミ y を同じゴミ箱に捨てるべきであり,しかもゴミ y とゴミ z を同じゴミ箱に捨てるべきであれば,ゴミ x とゴミ z を同じゴミ箱に捨てるべきである.

ゴミを分別するのであれば,これらの条件は当然満たされるべきであろう.逆にこれらの条件が全て満たされれば,ゴミの分別ができている,というのが同値関係の重要な性質である.

命題 1.7.3 (同値関係)

集合 Z に同値関係 $\sim$ が定義されているとする.$\mathcal{P}(Z)$ を,Z の部分集合全体からなる集合とする.写像 $F: Z \to \mathcal{P}(Z)$ を

$$F(x) := \{y \in Z \mid x \sim y\}$$

と定義すると,$x \sim y$ となるための必要十分条件は $F(x) = F(y)$ が成り立つことである.すなわち,同値関係 $\sim$ は,写像 $F: Z \to \mathcal{P}(Z)$ が定める同値関係に一致する.しかも F の像は Z の分類を与えている.すなわち,$\mathcal{P}(Z)$ の部分集合

$$\{F(x) \mid x \in Z\}$$

を考えると,それぞれの $y \in Z$ はちょうど一つの $F(x)$ という形の部分集合に含まれている.言い換えると,$F(x)$ たちの和集合は Z であり,一方 $F(x) \neq F(y)$ であれば $F(x) \cap F(y) = \emptyset$ である.

証明 反射律 $x \sim x$ により, 任意の $x \in Z$ に対して $x \in F(x)$ である.よって $F(x) = F(y)$ であれば,$y \in F(y) = F(x) = \{y \in Z \mid x \sim y\}$ なので,$x \sim y$ が成り立つ.逆に $x \sim y$ と仮定し,$z \in F(y)$ とすると,$y \sim z$ となるので,推移律により $x \sim z$ が成り立つ.すなわち $z \in F(x)$ である.したがって,$x \sim y$ ならば $F(y) \subseteq F(x)$ が成り立つことがわかった.対称律により $x \sim y$ ならば $y \sim x$ も成り立つので,同じ議論により $F(x) \subseteq F(y)$ も成り立ち,結局 $F(x) = F(y)$ が成り立つ.したがって,$x \sim y$ であることが $F(x) = F(y)$ が成り立つための必要十分条件であることが確か

ならば $x = y$) と推移律 ($x \prec y$ かつ $y \prec z$ ならば $x \prec z$) を満たす.

められた．

任意の $x \in Z$ は $F(x)$ に含まれるので，$F(x)$ たちの和集合は Z である．もし $F(x) \cap F(y)$ が空集合でなければ，$z \in F(x) \cap F(y)$ を取ると $x \sim z$ かつ $y \sim z$ なので，対称律から $z \sim y$ がわかり，推移律より $x \sim y$ がわかる．上で示したことにより，このとき $F(x) = F(y)$ となる．対偶を取ると，$F(x) \neq F(y)$ ならば $F(x) \cap F(y) = \emptyset$ となることが確かめられた．□

以上より，集合の元を分類すること，集合からどこかへの写像を与えること，集合の同値関係を与えることは全て同じ情報を与えることがわかった．一般に同値関係を与えるのがもっとも容易であり，それだけで集合からどこかへの写像が自動的に定められることになる．その写像の像（命題 1.7.3 の $F(x) \mid x \in Z$）は集合 Z の同値関係 $\sim$ による商集合と呼ばれる．

第2章　2×2 行列

関数とは，何か数を入れると数が出力されるような仕組みであった．この章では，数のかわりに，ベクトルを入れるとベクトルが出力されるような仕組みについて，調べていく．一般に，集合の元を入れると，集合の元が出力されるような仕組みを写像と呼ぶので，この章で調べるものは，ベクトル変数ベクトル値の写像である，と言って良い．その中でも，この章では入力出力ともに **2** 次元のベクトルであるようなケースについて，「線型写像」と呼ばれる特殊な写像について調べていく．線型写像とは，ベクトルを座標であらわしたときに，定数項のない **1** 次式であらわされるような写像である．その **1** 次式の係数がわかれば写像が定まるわけだが，かっこの中に秩序立てて係数を並べたものを，行列と呼ぶ．この章で扱う内容はほぼ全て後の章で高次元の場合に一般化されるので論理的にはこの章をとばしても大丈夫だが，逆にこの本にあらわれる現象の大事な部分がこの章で **2** 次元の場合に登場し，アウトラインの紹介にもなっているので，眺めておいてもらうとこの後が読みやすくなると思う．まずは線型写像の例から見ていくことにしよう．

§2.1　線型写像の例

関数 $f(x)$ を目で見て理解したければ，$y=f(x)$ のグラフを図に描けば良い．全ての関数がきれいなグラフ一発で理解できる，というわけではないが，たいていの場合はグラフを見れば，その関数のおおよその挙動が一目でわかる．

2 次元ベクトル $\boldsymbol{v}$ を入力すると何か 2 次元ベクトルが出力されてくるような写像のグラフを描こうとすると，横軸に 2 次元，縦軸に 2 次元，あわせて 4 次元が必要になるので，グラフを描いて一目でわかる，というわけにはいかない．そのかわりに，入力する側の平面に絵を描いておいて，それを出力するとどんな図になるかを見れば，写像の性質が一目でわかることがある．実例で試してみよう．

例 2.1.1

y 軸に関して線対称にベクトルを移動させる写像を考える．図に描くと，次のようになる．

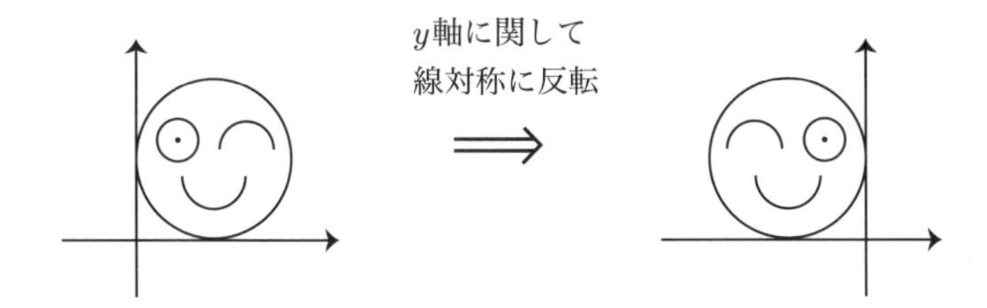

「ベクトル $\begin{pmatrix} x \\ y \end{pmatrix}$ が $\begin{pmatrix} -x \\ y \end{pmatrix}$ へとうつされる」というように，この写像を式であらわすこともできる．

次に，x 軸に関して線対称にベクトルを移動させる写像を考えてみよう．図に描くと，次のようになる．

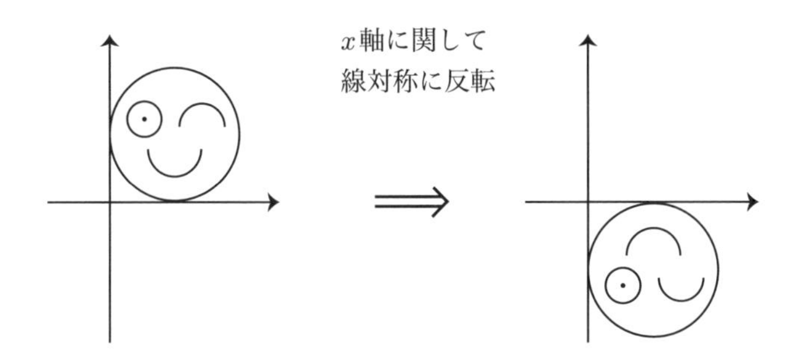

式であらわすと，「ベクトル $\begin{pmatrix} x \\ y \end{pmatrix}$ が $\begin{pmatrix} x \\ -y \end{pmatrix}$ へとうつされる」と表現できる．

続いて，原点 O に関して点対称に移動させてみよう．

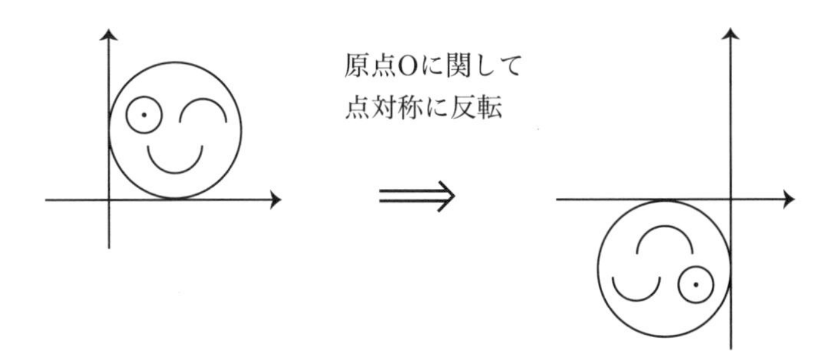

これは式を使えば「ベクトル $\begin{pmatrix} x \\ y \end{pmatrix}$ を $\begin{pmatrix} -x \\ -y \end{pmatrix}$ へうつす」と表現できる．

ベクトルを，2 倍の長さに大きくする，という写像を考えてみよう．つまり，全てのベクトルをスカラー倍して，2倍にしよう，というのである．座標表示を用いると $\begin{pmatrix} x \\ y \end{pmatrix}$ が $\begin{pmatrix} 2x \\ 2y \end{pmatrix}$ へうつされることがわかる．図に描くと

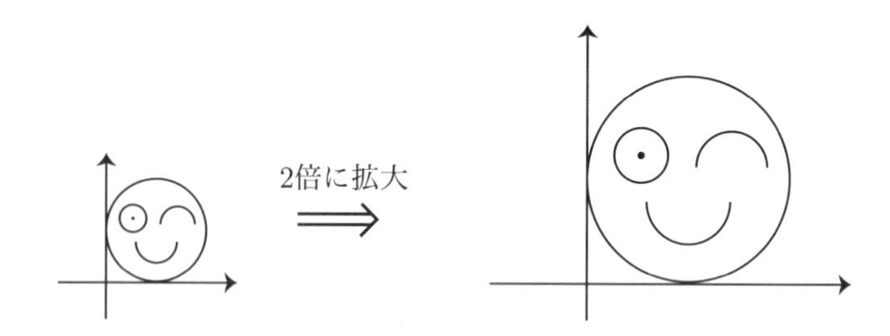

というようにあらわされる．

原点に関する点対称とは，原点まわりに 180° 回転する，と言っても同じことだ．では，原点のまわりに 90° 回転したら，どうなるだろう？ 実は，前の章で既にこの問題を取り扱っている．平面上の直線の方向ベクトルと法線ベクトルの関係を調べたときに，「ベクトル $\begin{pmatrix} c \\ d \end{pmatrix}$ を 90° 回転すると $\begin{pmatrix} -d \\ c \end{pmatrix}$ へうつされる」ということを（図を用いたので，$\begin{pmatrix} c \\ d \end{pmatrix}$ が第1象限にあれば，という説明になっているが，例2.1.2で示すように，一般にこれで大丈夫）確かめている，つまり，式で書けば，（c,d を x,y に書き換えて）「ベクトル $\begin{pmatrix} x \\ y \end{pmatrix}$ を $\begin{pmatrix} -y \\ x \end{pmatrix}$ へうつす」写像が（反時計回りに）90° 回転する写像であり，図で描けば次のようになる．

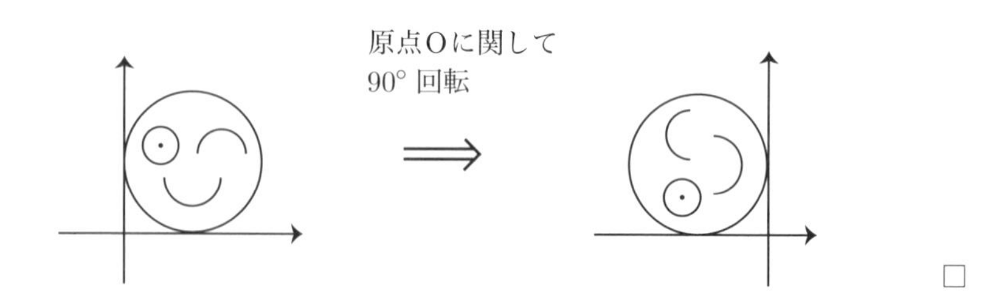

□

例 2.1.2

180° 回転と 90° 回転を式であらわせたので，今度は一般の角度 θ に対して，θ 回転を式であらわすことに挑戦しよう．ベクトル $\boldsymbol{v}$ が，長さが r で，方向が x 軸から反時計回りに τ だけ回転した向きだとする．すなわち $\boldsymbol{v} = \begin{pmatrix} r\cos\tau \\ r\sin\tau \end{pmatrix}$ という座標であらわされるとする．このベクトルを，原点を中心に反時計回りに θ だけ回転する

と，次の図のように $\begin{pmatrix} r\cos(\theta+\tau) \\ r\sin(\theta+\tau) \end{pmatrix}$ へうつされる．

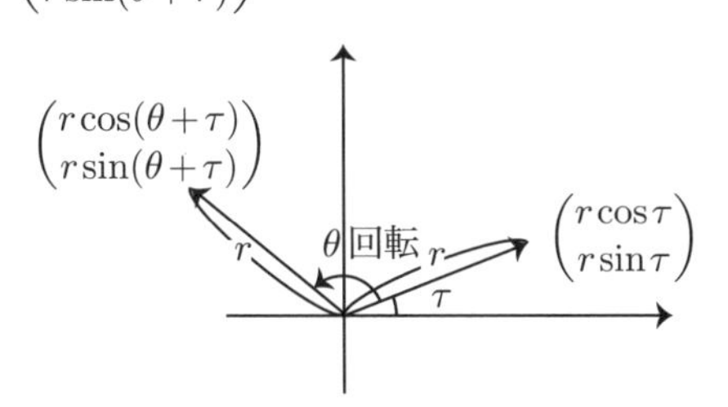

三角関数の加法公式

$$\begin{cases} \cos(\theta+\tau) = \cos\theta\cos\tau - \sin\theta\sin\tau \\ \sin(\theta+\tau) = \sin\theta\cos\tau + \cos\theta\sin\tau \end{cases}$$

により，θ 回転した行き先は $\begin{pmatrix} \cos\theta(r\cos\tau) - \sin\theta(r\sin\tau) \\ \sin\theta(r\cos\tau) + \cos\theta(r\sin\tau) \end{pmatrix}$ である．

ベクトル $\boldsymbol{v}$ の座標を $\boldsymbol{v} = \begin{pmatrix} x \\ y \end{pmatrix}$ とあらわすと，$x = r\cos\tau$, $y = r\sin\tau$ なので，それを θ 回転した行き先は $\begin{pmatrix} (\cos\theta)x - (\sin\theta)y \\ (\sin\theta)x + (\cos\theta)y \end{pmatrix}$ とあらわされる．つまり，θ 回転は

$$\begin{pmatrix} x \\ y \end{pmatrix} \mapsto \begin{pmatrix} (\cos\theta)x - (\sin\theta)y \\ (\sin\theta)x + (\cos\theta)y \end{pmatrix}$$

という式であらわされる写像なのである．ここで「$A \mapsto B$」という記号は，A を B へ送る，という意味である．θ を固定しておくと，$\cos\theta$ も $\sin\theta$ も定数なので，回転という写像は，座標であらわせば，送り先の x 成分も y 成分も，x と y の 1 次式であらわされている．

例えば $\theta = 45°$ であると，$\cos\theta = \sin\theta = \dfrac{\sqrt{2}}{2}$ なので，45° 回転の写像は

$$\begin{pmatrix} x \\ y \end{pmatrix} \mapsto \begin{pmatrix} \dfrac{\sqrt{2}}{2}x - \dfrac{\sqrt{2}}{2}y \\ \dfrac{\sqrt{2}}{2}x + \dfrac{\sqrt{2}}{2}y \end{pmatrix}$$

というようにあらわされる．図であらわすと

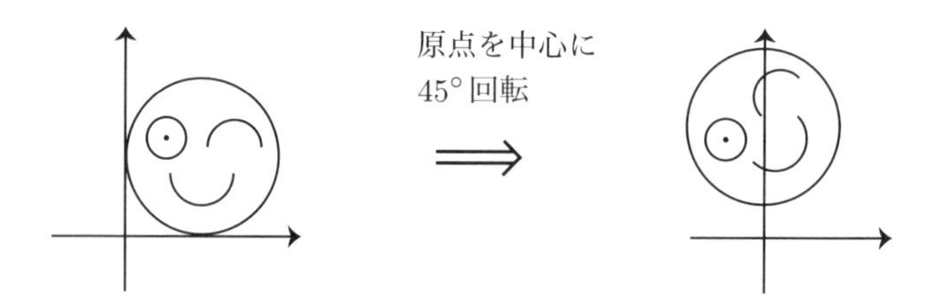

定数 $\frac{\sqrt{2}}{2}$ がうるさいので，45° 回転してから $\sqrt{2}$ 倍にベクトルを伸ばす，という写像を考えると

$$\begin{pmatrix} x \\ y \end{pmatrix} \mapsto \begin{pmatrix} \frac{\sqrt{2}}{2}x - \frac{\sqrt{2}}{2}y \\ \frac{\sqrt{2}}{2}x + \frac{\sqrt{2}}{2}y \end{pmatrix} \mapsto \begin{pmatrix} x-y \\ x+y \end{pmatrix}$$

という式であらわされる．言い換えると，$\begin{pmatrix} x \\ y \end{pmatrix} \mapsto \begin{pmatrix} x-y \\ x+y \end{pmatrix}$ という式で定まる写像は，まず 45° 回転してから $\sqrt{2}$ 倍にスカラー倍拡大する，という写像であり，図であらわすと

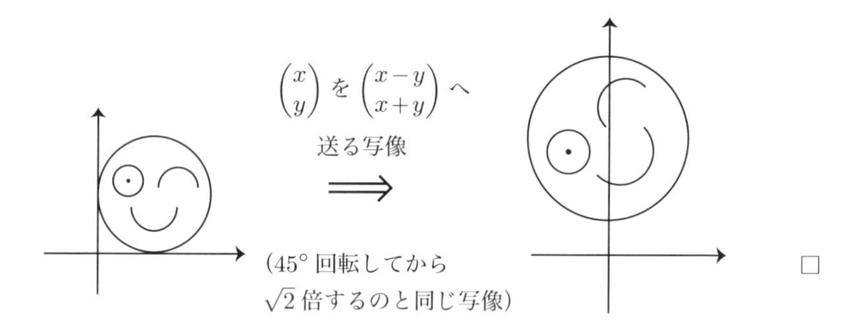

□

ここまで見てきた例全て，ベクトル $\begin{pmatrix} x \\ y \end{pmatrix}$ の行き先の x 座標，y 座標，ともに x と y の1次式で定数項がない式，としてあらわされている．そこで，一般に $\begin{pmatrix} x \\ y \end{pmatrix}$ を $\begin{pmatrix} ax+by \\ cx+dy \end{pmatrix}$ というベクトルへうつすような写像を考えてみる．ただし，a,b,c,d は実定数である．このような写像を，係数の a,b,c,d のみを括弧の中に順序良く並べて $\begin{pmatrix} a & b \\ c & d \end{pmatrix}$ とあらわすことにしよう．このように括弧の中に数が4つ縦横に並んだものを，2×2行列と呼ぶ．

定義 2.1.3

実数 a,b,c,d に対して，$\begin{pmatrix} a & b \\ c & d \end{pmatrix}$ という記号は，ベクトル $\begin{pmatrix} x \\ y \end{pmatrix}$ を $\begin{pmatrix} ax+by \\ cx+dy \end{pmatrix}$ へ送る写像をあらわすものとする．すなわち

$$\begin{pmatrix} a & b \\ c & d \end{pmatrix} : \begin{pmatrix} x \\ y \end{pmatrix} \mapsto \begin{pmatrix} ax+by \\ cx+dy \end{pmatrix}$$

と定義するわけである．この記号 $\begin{pmatrix} a & b \\ c & d \end{pmatrix}$ を **2×2 の行列**と呼ぶ．写像 $\begin{pmatrix} a & b \\ c & d \end{pmatrix}$ でベクトル $\begin{pmatrix} x \\ y \end{pmatrix}$ を送った像 $\begin{pmatrix} ax+by \\ cx+dy \end{pmatrix}$ を，掛け算のように $\begin{pmatrix} a & b \\ c & d \end{pmatrix}\begin{pmatrix} x \\ y \end{pmatrix}$ とあらわす．つまり

$$\begin{pmatrix} a & b \\ c & d \end{pmatrix}\begin{pmatrix} x \\ y \end{pmatrix} = \begin{pmatrix} ax+by \\ cx+dy \end{pmatrix}$$

と定義する．この形であらわされる写像を $\mathbb{R}^2$ から $\mathbb{R}^2$ への**線型写像**と定義する．

行列 $A = \begin{pmatrix} a & b \\ c & d \end{pmatrix}$ と $A' = \begin{pmatrix} a' & b' \\ c' & d' \end{pmatrix}$ が等しいとは，全ての成分が等しいこと（つまり $a=a'$, $b=b'$, $c=c'$, $d=d'$ が成り立つこと），つまりあとで系 2.1.6 で示すとおり，写像として等しいということであり，$A=A'$ という式で表す．

行列 $A = \begin{pmatrix} a & b \\ c & d \end{pmatrix}$ において，$\begin{pmatrix} a \\ c \end{pmatrix}$ を A の 1 列目，$\begin{pmatrix} b \\ d \end{pmatrix}$ を A の 2 列目と呼ぶ．また，$(a\,b)$ を A の 1 行目，$(c\,d)$ を A の 2 行目と呼ぶ．a を $(1,1)$ **成分**，b を $(1,2)$ 成分，c を $(2,1)$ 成分，d を $(2,2)$ 成分と呼ぶ．詳しくは定義 3.2.8 を参照．

あまりにも当たり前なので，敢えてこれまで例としては挙げなかったが，ベクトル $\begin{pmatrix} x \\ y \end{pmatrix}$ を何も動かさずにそのまま $\begin{pmatrix} x \\ y \end{pmatrix}$ として出力する写像（恒等写像と呼ぶ）も線型写像である．実は今後の議論で非常に重要な役割を果たす．

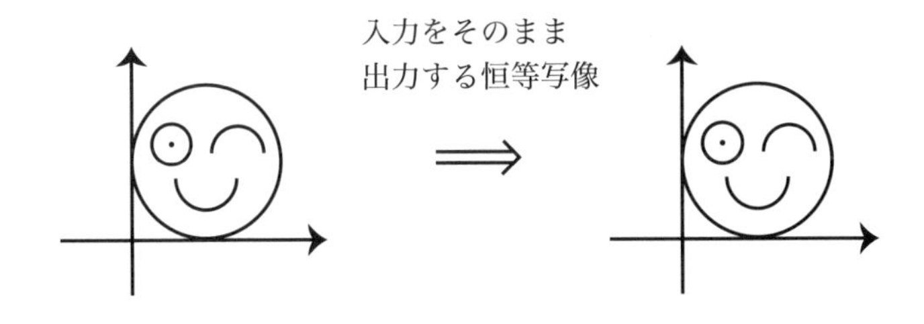

例 2.1.4

これまで見てきた写像を全て行列であらわすと，次のようになる．

(1) y 軸に関して線対称：$\begin{pmatrix} -1 & 0 \\ 0 & 1 \end{pmatrix}$　(2) x 軸に関して線対称：$\begin{pmatrix} 1 & 0 \\ 0 & -1 \end{pmatrix}$

(3) 原点 O に関して点対称：$\begin{pmatrix} -1 & 0 \\ 0 & -1 \end{pmatrix}$　(4) 2倍のスカラー倍：$\begin{pmatrix} 2 & 0 \\ 0 & 2 \end{pmatrix}$

(5) 90° 回転：$\begin{pmatrix} 0 & -1 \\ 1 & 0 \end{pmatrix}$　(6) θ 回転：$\begin{pmatrix} \cos\theta & -\sin\theta \\ \sin\theta & \cos\theta \end{pmatrix}$

(7) 45° 回転：$\begin{pmatrix} \frac{\sqrt{2}}{2} & -\frac{\sqrt{2}}{2} \\ \frac{\sqrt{2}}{2} & \frac{\sqrt{2}}{2} \end{pmatrix}$　(8) 45° 回転してから $\sqrt{2}$ 倍：$\begin{pmatrix} 1 & -1 \\ 1 & 1 \end{pmatrix}$

(9) 恒等写像：$\begin{pmatrix} 1 & 0 \\ 0 & 1 \end{pmatrix}$ □

最後の恒等写像をあらわす行列 $\begin{pmatrix} 1 & 0 \\ 0 & 1 \end{pmatrix}$ は，**単位行列**とも呼ばれ，E という文字であらわす．つまり

$$E = \begin{pmatrix} 1 & 0 \\ 0 & 1 \end{pmatrix}$$

である．

これまでは，写像の意味から始めて式であらわしてきたが，逆に行列 $\begin{pmatrix} a & b \\ c & d \end{pmatrix}$ が与えられたときに，それがどのような写像を定めるかを調べてみよう．例えば $\begin{pmatrix} 2 & 1 \\ 1 & 2 \end{pmatrix}$ という写像が，絵をどのようにうつすかコンピューターに計算させてみると，次の図のようになる．

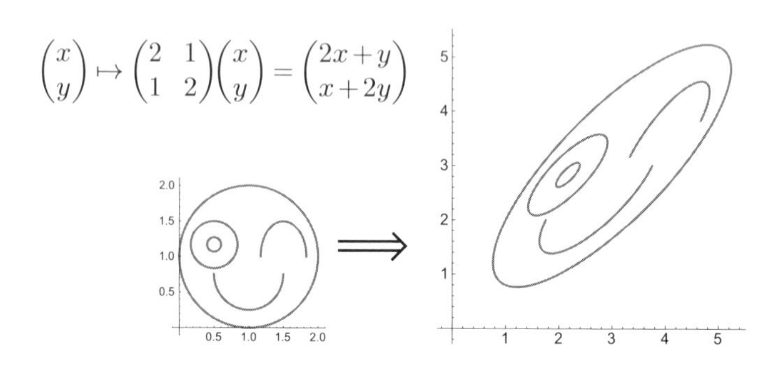

形が歪んでしまい，難しく感じられるかもしれないが，概形だけを考えれば良い

のなら，次のように「枠」ごとうつしてみると，感じがつかめてくる．

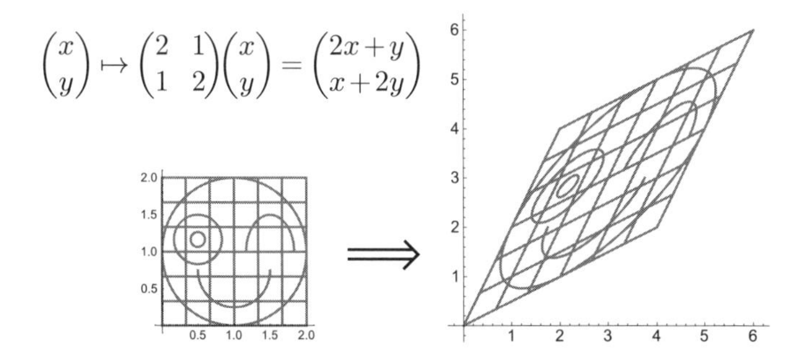

さらに，「枠」というか，格子だけの図をうつすと，もっとわかりやすいかもしれない．

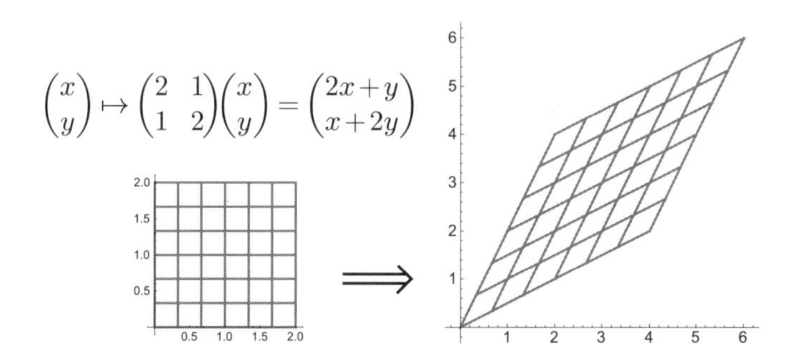

枠が上の図のように斜めに歪んでうつされるので，その中に描かれた絵も，それに従ってうつされるわけである．

ではこの直観を計算によって裏付けをしてみよう．

命題 2.1.5

行列 $A = \begin{pmatrix} a & b \\ c & d \end{pmatrix}$ が，ベクトル $\begin{pmatrix} 1 \\ 0 \end{pmatrix}$ を $\boldsymbol{v}$ へ送り，ベクトル $\begin{pmatrix} 0 \\ 1 \end{pmatrix}$ を $\boldsymbol{w}$ へ送るとする．$\boldsymbol{v}$ と $\boldsymbol{w}$ が一次独立ならば，A は直交座標で $\begin{pmatrix} x \\ y \end{pmatrix}$ とあらわされる点を，$\boldsymbol{v}, \boldsymbol{w}$ の斜交座標で $\begin{pmatrix} x \\ y \end{pmatrix}$ とあらわされる点，すなわち $x\boldsymbol{v} + y\boldsymbol{w}$ へとうつす．しかも，$A = \begin{pmatrix} a & b \\ c & d \end{pmatrix}$ が，ベクトル $\begin{pmatrix} 1 \\ 0 \end{pmatrix}$ を送る先は $\begin{pmatrix} a \\ c \end{pmatrix}$ であり，ベクト

ル $\begin{pmatrix}0\\1\end{pmatrix}$ を送る先は $\begin{pmatrix}b\\d\end{pmatrix}$ である．

証明 A が $\begin{pmatrix}1\\0\end{pmatrix}, \begin{pmatrix}0\\1\end{pmatrix}$ を送る先は，計算してみればわかる．

$$A\begin{pmatrix}1\\0\end{pmatrix} = \begin{pmatrix}a & b\\c & d\end{pmatrix}\begin{pmatrix}1\\0\end{pmatrix} = \begin{pmatrix}a\times 1+b\times 0\\c\times 1+d\times 0\end{pmatrix} = \begin{pmatrix}a\\c\end{pmatrix}$$

$$A\begin{pmatrix}0\\1\end{pmatrix} = \begin{pmatrix}a & b\\c & d\end{pmatrix}\begin{pmatrix}0\\1\end{pmatrix} = \begin{pmatrix}a\times 0+b\times 1\\c\times 0+d\times 1\end{pmatrix} = \begin{pmatrix}b\\d\end{pmatrix}$$

である．さらに，A が $\begin{pmatrix}x\\y\end{pmatrix}$ を送る先と，$\boldsymbol{v} = \begin{pmatrix}a\\c\end{pmatrix}$，$\boldsymbol{w} = \begin{pmatrix}b\\d\end{pmatrix}$ の斜交座標で $\begin{pmatrix}x\\y\end{pmatrix}$ とあらわされる点とをそれぞれ計算してみると，

$$A\begin{pmatrix}x\\y\end{pmatrix} = \begin{pmatrix}a & b\\c & d\end{pmatrix}\begin{pmatrix}x\\y\end{pmatrix} = \begin{pmatrix}ax+by\\cx+dy\end{pmatrix}$$

$$x\boldsymbol{v}+y\boldsymbol{w} = x\begin{pmatrix}a\\c\end{pmatrix}+y\begin{pmatrix}b\\d\end{pmatrix} = \begin{pmatrix}ax\\cx\end{pmatrix}+\begin{pmatrix}by\\dy\end{pmatrix} = \begin{pmatrix}ax+by\\cx+dy\end{pmatrix}$$

なので，確かに等しくなる． □

系 2.1.6

行列 $A=\begin{pmatrix}a & b\\c & d\end{pmatrix}$ と $B=\begin{pmatrix}e & f\\g & h\end{pmatrix}$ が同じ写像を定めるならば，$A=B$ である．

証明 命題 2.1.5 の証明において，$A\begin{pmatrix}1\\0\end{pmatrix} = \begin{pmatrix}a\\c\end{pmatrix}$ と $A\begin{pmatrix}0\\1\end{pmatrix} = \begin{pmatrix}b\\d\end{pmatrix}$ は単なる計算であり，一次独立性の仮定は不要である．A と B が同じ写像であれば $\begin{pmatrix}1\\0\end{pmatrix}$ の行き先も等しいので A と B の 1 列目が等しく，また $\begin{pmatrix}0\\1\end{pmatrix}$ の行き先が等しいので，2 列目も等しい，すなわち $A=B$ が成り立つ． □

命題 2.1.5 の状況にもどって，「直交座標で $\begin{pmatrix}x\\y\end{pmatrix}$ とあらわされる点を，$\boldsymbol{v},\boldsymbol{w}$ の斜交座標で $\begin{pmatrix}x\\y\end{pmatrix}$ とあらわされる点へとうつす」という様子を図であらわすと，次のようになる．

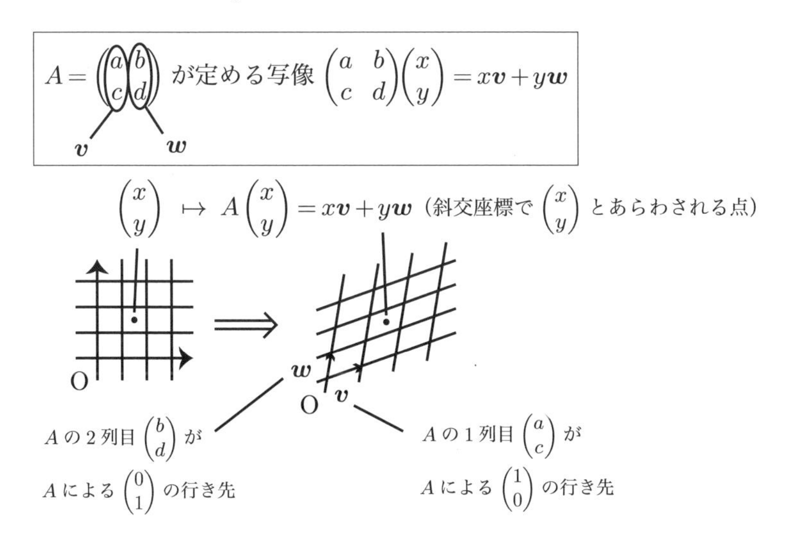

他の行列による例も見ておこう．

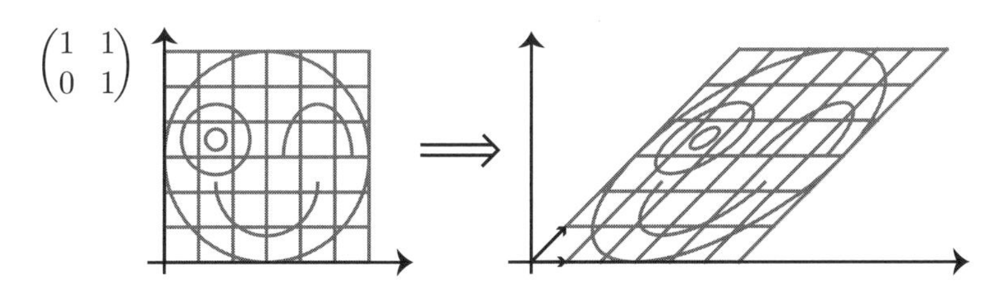

$\begin{pmatrix} 1 & 1 \\ 0 & 1 \end{pmatrix}$ は「ずらし行列」と呼ばれる．

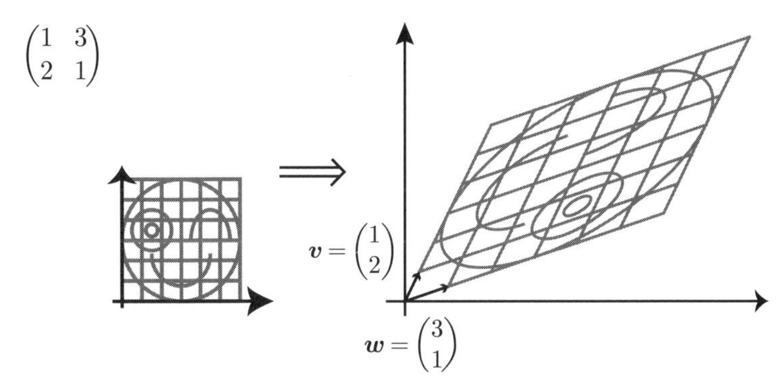

第 1 列から見て第 2 列が時計回りの方向にあると，絵が左右反転する．この絵の場合で言うと，もとの絵は左目を閉じているが，うつした先の絵では右目を閉じて

いる．図のうつし方の向きについては，§2.3「行列式」参照．

これまでスマイルが移された先でも笑顔を保っているような写像のみを扱ってきたが，必ずしもそうなるとは限らない．x 軸への正射影 $\begin{pmatrix} x \\ y \end{pmatrix} \mapsto \begin{pmatrix} x \\ 0 \end{pmatrix}$ も $\begin{pmatrix} 1 & 0 \\ 0 & 0 \end{pmatrix}$ という行列であらわすことができる．

$$\begin{pmatrix} x \\ y \end{pmatrix} \mapsto \begin{pmatrix} 1 & 0 \\ 0 & 0 \end{pmatrix}\begin{pmatrix} x \\ y \end{pmatrix} = \begin{pmatrix} x \\ 0 \end{pmatrix}$$

x軸上に
ぺしゃんこに
される

さらに，全ての点を原点へうつすような定数写像 $\begin{pmatrix} x \\ y \end{pmatrix} \mapsto \begin{pmatrix} 0 \\ 0 \end{pmatrix}$ も $\begin{pmatrix} 0 & 0 \\ 0 & 0 \end{pmatrix}$ という行列であらわすことができる．

$$\begin{pmatrix} x \\ y \end{pmatrix} \mapsto \begin{pmatrix} 0 & 0 \\ 0 & 0 \end{pmatrix}\begin{pmatrix} x \\ y \end{pmatrix} = \begin{pmatrix} 0 \\ 0 \end{pmatrix}$$

原点1点に
つぶされる

定義 2.1.7

成分が全て0となる行列 $\begin{pmatrix} 0 & 0 \\ 0 & 0 \end{pmatrix}$ は**ゼロ行列**と呼ばれ，ゼロベクトルと同じ記号だが，$\mathbf{0}$ という記号であらわすこともある．

問 2.1.8 次の行列でスマイルの絵をうつすとどうなるか，概略図を描け．

(1) $\begin{pmatrix} 2 & 0 \\ 0 & 1 \end{pmatrix}$ (2) $\begin{pmatrix} 2 & -1 \\ -1 & 2 \end{pmatrix}$ (3) $\begin{pmatrix} -1 & 2 \\ 2 & -1 \end{pmatrix}$ (4) $\begin{pmatrix} 0 & 0 \\ 0 & 1 \end{pmatrix}$ (5) $\begin{pmatrix} 1 & 1 \\ 1 & 1 \end{pmatrix}$

§2.2 行列の和と積

座標をとったときに，定数 a,b,c,d を用いて $\begin{pmatrix} x \\ y \end{pmatrix}$ を $\begin{pmatrix} ax+by \\ cx+dy \end{pmatrix}$ へうつすという形であらわされる写像を，線型写像と定義した．そのような線型写像を，座標によらずに特徴付けることができる．すなわち，次の定理が成り立つ．

定理 2.2.1

平面 $X=\mathbb{R}^2$, $Y=\mathbb{R}^2$ を，$O=\begin{pmatrix}0\\0\end{pmatrix}$ を基点とするベクトル空間とする．写像 $F:X\to Y$ が線型写像であれば，F は足し算とスカラー倍を保つ．すなわち，$\boldsymbol{v},\boldsymbol{w}\in X$ ならば，$F(\boldsymbol{v}+\boldsymbol{w})=F(\boldsymbol{v})+F(\boldsymbol{w})$ が成り立ち，$\boldsymbol{v}\in X$ かつ $r\in\mathbb{R}$ ならば $F(r\boldsymbol{v})=rF(\boldsymbol{v})$ が成り立つ．逆に，写像 F が上記の意味で足し算とスカラー倍を保てば，F は線型写像である．

つまり線型写像は，ベクトル 2 つを先に足してからその写像で送っても，先にベクトルをそれぞれ写像で送ってから足し算しても，結果が同じになる．また，ベクトルを先にスカラー倍してからその写像で送っても，先にベクトルを写像で送ってからスカラー倍しても，結果が同じになる．しかも，そのように足し算とスカラー倍を保つ写像は線型写像しかない，というのである．ベクトルの足し算とスカラー倍は，座標に関係なく定義されていた．よってこの定理から，ある写像が線型写像かどうか，というのは座標の取り方に関係なく定まっていることがわかる．

証明 F が線型写像なら，ある行列 $A=\begin{pmatrix}a&b\\c&d\end{pmatrix}$ によって

$$F(\begin{pmatrix}x\\y\end{pmatrix})=\begin{pmatrix}a&b\\c&d\end{pmatrix}\begin{pmatrix}x\\y\end{pmatrix}$$

とあらわされる．$\boldsymbol{v}=\begin{pmatrix}x\\y\end{pmatrix}$, $\boldsymbol{w}=\begin{pmatrix}s\\t\end{pmatrix}$ とおくと，

$$\begin{aligned}A(\boldsymbol{v}+\boldsymbol{w})&=\begin{pmatrix}a&b\\c&d\end{pmatrix}\begin{pmatrix}x+s\\y+t\end{pmatrix}=\begin{pmatrix}a(x+s)+b(y+t)\\c(x+s)+d(y+t)\end{pmatrix}=\begin{pmatrix}ax+by\\cx+dy\end{pmatrix}+\begin{pmatrix}as+bt\\cs+dt\end{pmatrix}\\&=A\boldsymbol{v}+A\boldsymbol{w}\end{aligned}$$

となり，確かに足し算を保つ．また，上と同じ $\boldsymbol{v}$ に対して $r\in\mathbb{R}$ として

$$A(r\boldsymbol{v})=\begin{pmatrix}a&b\\c&d\end{pmatrix}\begin{pmatrix}rx\\ry\end{pmatrix}=\begin{pmatrix}arx+bry\\crx+dry\end{pmatrix}=r\begin{pmatrix}ax+by\\cx+dy\end{pmatrix}=rA\boldsymbol{v}$$

となり，確かにスカラー倍を保つ．

逆に，写像 $F:X\to Y$ が，足し算とスカラー倍を保つとする．

$$F(\begin{pmatrix}1\\0\end{pmatrix})=\begin{pmatrix}a\\c\end{pmatrix},\qquad F(\begin{pmatrix}0\\1\end{pmatrix})=\begin{pmatrix}b\\d\end{pmatrix}$$

として a,b,c,d を定めると，

$$
\begin{aligned}
F\left(\begin{pmatrix}x\\y\end{pmatrix}\right) &= F\left(x\begin{pmatrix}1\\0\end{pmatrix}+y\begin{pmatrix}0\\1\end{pmatrix}\right)\\
&= F\left(x\begin{pmatrix}1\\0\end{pmatrix}\right)+F\left(y\begin{pmatrix}0\\1\end{pmatrix}\right) \qquad (F\text{ は足し算を保つ})\\
&= xF\left(\begin{pmatrix}1\\0\end{pmatrix}\right)+yF\left(\begin{pmatrix}0\\1\end{pmatrix}\right) \qquad (F\text{ はスカラー倍を保つ})\\
&= x\begin{pmatrix}a\\c\end{pmatrix}+y\begin{pmatrix}b\\d\end{pmatrix} \qquad (a,b,c,d\text{ の定義})\\
&= \begin{pmatrix}ax+by\\cx+dy\end{pmatrix}\\
&= \begin{pmatrix}a&b\\c&d\end{pmatrix}\begin{pmatrix}x\\y\end{pmatrix}
\end{aligned}
$$

となるので，$A=\begin{pmatrix}a&b\\c&d\end{pmatrix}$ とおけば $F\left(\begin{pmatrix}x\\y\end{pmatrix}\right)=A\begin{pmatrix}x\\y\end{pmatrix}$ が成り立つ，すなわち F は線型写像 A に一致することが証明された． □

系 2.2.2

$X=\mathbb{R}^2$, $Y=\mathbb{R}^2$ は O を基点とするベクトル空間と見なす．$F:X\to Y$ と $G:X\to Y$ が線型写像なら，$\boldsymbol{v}\in X$ に対して $F(\boldsymbol{v})+G(\boldsymbol{v})$ を対応させる写像 H も線型写像である．

証明　命題 2.2.1 により，H が足し算とスカラー倍を保つことを確かめれば良い．$\boldsymbol{v},\boldsymbol{w}\in X$ に対して

$$
H(\boldsymbol{v}+\boldsymbol{w})=F(\boldsymbol{v}+\boldsymbol{w})+G(\boldsymbol{v}+\boldsymbol{w})=F(\boldsymbol{v})+F(\boldsymbol{w})+G(\boldsymbol{v})+G(\boldsymbol{w})
$$

$$
=F(\boldsymbol{v})+G(\boldsymbol{v})+F(\boldsymbol{w})+G(\boldsymbol{w})=H(\boldsymbol{v})+H(\boldsymbol{w})
$$

となるので，H は足し算を保つ．また，$\boldsymbol{v}\in X$ と $r\in\mathbb{R}$ に対し

$$
H(r\boldsymbol{v})=F(r\boldsymbol{v})+G(r\boldsymbol{v})=rF(\boldsymbol{v})+rG(\boldsymbol{v})=r(F(\boldsymbol{v})+G(\boldsymbol{v}))=rH(\boldsymbol{v})
$$

となるので，H はスカラー倍も保つ．よって H も線型写像であることが確かめられた． □

定義 2.2.3

G が行列 $A=\begin{pmatrix}a&b\\c&d\end{pmatrix}$，$F$ が行列 $B=\begin{pmatrix}e&f\\g&h\end{pmatrix}$ であらわされる線型写像であるとき，ベクトル $\boldsymbol{v}$ を $A\boldsymbol{v}+B\boldsymbol{v}$ へ送る写像 H は系 2.2.2 により線型写像なの

で，ある行列 C によってあらわされるが，この行列 C を A と B の**和**と定義し，$C=A+B$ と書く．具体的には，C の 1 列目は

$$H(\begin{pmatrix}1\\0\end{pmatrix})=A\begin{pmatrix}1\\0\end{pmatrix}+B\begin{pmatrix}1\\0\end{pmatrix}=\begin{pmatrix}a\\c\end{pmatrix}+\begin{pmatrix}e\\g\end{pmatrix}=\begin{pmatrix}a+e\\c+g\end{pmatrix}$$

となる．同様に C の 2 列目は $\begin{pmatrix}b+f\\d+h\end{pmatrix}$ となる．よって

$$C=\begin{pmatrix}a+e & b+f\\c+g & d+h\end{pmatrix}$$

となることが確かめられた．つまり行列の足し算は，(1,1) 成分，(1,2) 成分，(2,1) 成分，(2,2) 成分をそれぞれ足し算することで求められる．

$A=\begin{pmatrix}a & b\\c & d\end{pmatrix}$，$B=\begin{pmatrix}e & f\\g & h\end{pmatrix}$ が 2×2 行列のとき，$\boldsymbol{v}\mapsto A\boldsymbol{v}-B\boldsymbol{v}$ という写像も線型写像となり，その行列 $\begin{pmatrix}a-e & b-f\\c-g & d-h\end{pmatrix}$ を $A-B$ とあらわす．

また 2×2 行列 $A=\begin{pmatrix}a & b\\c & d\end{pmatrix}$ と実数 r に対し，$\boldsymbol{v}\mapsto r(A\boldsymbol{v})$ という写像も線型写像となり，その行列 $\begin{pmatrix}ra & rb\\rc & rd\end{pmatrix}$ を rA とあらわす．

命題 2.2.4

行列の和について，結合則が成り立つ．すなわち A,B,C が 2×2 行列であれば $(A+B)+C=A+(B+C)$ が成り立つ．

証明　ベクトルの足し算について結合則が成り立つことからわかる．実際，ベクトル $\boldsymbol{v}$ を $(A\boldsymbol{v}+B\boldsymbol{v})+C\boldsymbol{v}$ へ送るのが $(A+B)+C$ であり，同じベクトル $\boldsymbol{v}$ を $A\boldsymbol{v}+(B\boldsymbol{v}+C\boldsymbol{v})$ へ送るのが $A+(B+C)$ であるが，命題 1.1.4 (1) により $(A\boldsymbol{v}+B\boldsymbol{v})+C\boldsymbol{v}=A\boldsymbol{v}+(B\boldsymbol{v}+C\boldsymbol{v})$ なので $(A+B)+C$ と $A+(B+C)$ とは同じ写像をあらわす．系 2.1.6 により $(A+B)+C=A+(B+C)$ が成り立つ．もちろん直接計算して確かめることもできる．□

問 2.2.5　次の計算をせよ．

(1) $\begin{pmatrix}1 & 2\\3 & 4\end{pmatrix}+\begin{pmatrix}2 & 3\\4 & 1\end{pmatrix}$　(2) $\begin{pmatrix}2 & 3\\4 & 5\end{pmatrix}-\begin{pmatrix}1 & 2\\3 & 4\end{pmatrix}$　(3) $\begin{pmatrix}1 & 2\\3 & 4\end{pmatrix}+\begin{pmatrix}2 & 3\\4 & 5\end{pmatrix}+\begin{pmatrix}3 & 4\\5 & 6\end{pmatrix}$

系 2.2.6（定理 **2.2.1** の系）

$X=\mathbb{R}^2$, $Y=\mathbb{R}^2$, $Z=\mathbb{R}^2$ はOを基点とするベクトル空間とみなす．$F: X\to Y$ と $G: Y\to Z$ が線型写像なら，$G\circ F: X\to Z$ も線型写像である．

証明　定理2.2.1により F,G がそれぞれベクトルの足し算とスカラー倍を保つので，それらを合成しても足し算とスカラー倍を保つ．実際，$\boldsymbol{v},\boldsymbol{w}\in X$ に対し

$$\begin{aligned}(G\circ F)(\boldsymbol{v}+\boldsymbol{w})&=G(F(\boldsymbol{v}+\boldsymbol{w}))=G(F(\boldsymbol{v})+F(\boldsymbol{w}))\\&=G(F(\boldsymbol{v}))+G(F(\boldsymbol{w}))=(G\circ F)(\boldsymbol{v})+(G\circ F)(\boldsymbol{w})\end{aligned}$$

が成り立ち，$G\circ F$ は足し算を保つ．また，$\boldsymbol{v}\in X$ と $r\in\mathbb{R}$ に対し

$$(G\circ F)(r\boldsymbol{v})=G(F(r\boldsymbol{v}))=G(rF(\boldsymbol{v}))=r(G(F(\boldsymbol{v})))=r(G\circ F)(\boldsymbol{v})$$

が成り立つので $G\circ F$ はスカラー倍も保つ．再び定理2.2.1により，$G\circ F$ は線型写像である．□

定義 2.2.7

G が行列 $A=\begin{pmatrix}a&b\\c&d\end{pmatrix}$，$F$ が行列 $B=\begin{pmatrix}e&f\\g&h\end{pmatrix}$ であらわされる線型写像であるとき，$G\circ F$ をあらわす行列 C を行列 A と B の**積**と定義し，$C=AB$ と書く．AB の1列目は

$$(G\circ F)(\begin{pmatrix}1\\0\end{pmatrix})=A(B\begin{pmatrix}1\\0\end{pmatrix})=A\begin{pmatrix}e\\g\end{pmatrix}=\begin{pmatrix}ae+bg\\ce+dg\end{pmatrix}$$

AB の2列目は

$$(G\circ F)(\begin{pmatrix}0\\1\end{pmatrix})=A(B\begin{pmatrix}0\\1\end{pmatrix})=A\begin{pmatrix}f\\h\end{pmatrix}=\begin{pmatrix}af+bh\\cf+dh\end{pmatrix}$$

なので，

$$\begin{pmatrix}a&b\\c&d\end{pmatrix}\begin{pmatrix}e&f\\g&h\end{pmatrix}=\begin{pmatrix}ae+bg&af+bh\\ce+dg&cf+dh\end{pmatrix}$$

という式であらわされる．AB は，ベクトルをまず B という行列で送り，次に A という行列で送る写像である，という順番で写像を合成していることに注意しよう．

系 2.2.8

A,B が 2×2 行列，$\boldsymbol{v}$ が平面ベクトルなら $(AB)\boldsymbol{v}=A(B\boldsymbol{v})$ が成り立つ．ま

た，$B=(\boldsymbol{v},\boldsymbol{w})$ ならば $AB=(A\boldsymbol{v},A\boldsymbol{w})$（つまり A に B の 1 列目をかけたベクトルが AB の 1 列目，A に B の 2 列目をかけたベクトルが AB の 2 列目）である．

証明　$(AB)\boldsymbol{v}=A(B\boldsymbol{v})$ は，AB の定義そのものである．また定義中の AB の計算方法より，$AB=(A\boldsymbol{v},A\boldsymbol{w})$ が成り立つ．□

注意 2.2.9　一般に AB と BA は等しくはならない．たとえば A が y 軸に関して線対称に反転する行列 $A=\begin{pmatrix}-1 & 0\\ 0 & 1\end{pmatrix}$，$B$ が原点 O を中心に反時計周りに 90° 回転する行列 $B=\begin{pmatrix}0 & -1\\ 1 & 0\end{pmatrix}$ とすると，$AB=\begin{pmatrix}0 & 1\\ 1 & 0\end{pmatrix}$，$BA=\begin{pmatrix}0 & -1\\ -1 & 0\end{pmatrix}$ となり，AB と BA とは異なる行列になる．実際，AB は先に 90° 回転してから y 軸に関して線対称に反転する操作をあらわし，BA は先に y 軸に関して線対称に反転してから，そのあとで 90° 回転する操作をあらわす．これらの操作を絵に対して施すと

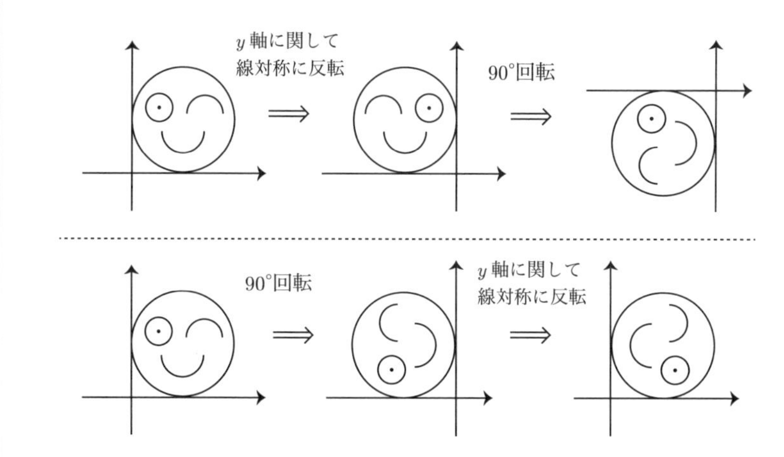

となり，確かに操作の順番を変えると，結果が変わってしまうことがわかる．すなわち，行列の積に関して交換則は成り立たない．なお，「交換則が成り立たない」ということは，「AB と BA が等しくなるとは限らない」という意味であって，A や B の選び方によっては AB と BA とが等しくなることはあり得る．

問 2.2.10　次の計算をせよ．

(1) $\begin{pmatrix}1 & 2\\ 3 & 4\end{pmatrix}\begin{pmatrix}2 & 3\\ 4 & 5\end{pmatrix}$　　(2) $\begin{pmatrix}2 & 3\\ 4 & 5\end{pmatrix}\begin{pmatrix}1 & 2\\ 3 & 4\end{pmatrix}$

例 2.2.11

A が図形のスカラー倍をあらわす行列 $\begin{pmatrix} r & 0 \\ 0 & r \end{pmatrix}$ であれば，任意の行列 B に対して $AB=BA$ が成り立つ．このような，スカラー倍をあらわす行列 $\begin{pmatrix} r & 0 \\ 0 & r \end{pmatrix}$ を**スカラー行列**と呼ぶ．逆に，「任意の行列 B に対して $AB=BA$ が成り立つ」ような行列 A はスカラー行列しかない．$A=\begin{pmatrix} a & 0 \\ 0 & d \end{pmatrix}$ というパターンの行列を**対角行列**と呼ぶが，A がスカラー行列でない対角行列であるとき，$AB=BA$ が成り立つ行列 B は対角行列に限られる． □

問 2.2.12 例 2.2.11 に書かれていることを確かめよ．

例 2.2.13

行列 A を自分自身と何回かかけあわせて作った行列を A^n と書く：

$$A^n := \overbrace{A \times A \times \cdots \times A}^{n\text{個}}$$

するとこのとき

$$A^n A^m = \overbrace{A \times A \times \cdots \times A}^{n\text{個}} \times \overbrace{A \times A \times \cdots \times A}^{m\text{個}} = \overbrace{A \times A \times \cdots \times A}^{n+m\text{個}} = A^{n+m}$$

となるので

$$A^n A^m = A^{n+m} = A^m A^n$$

となり，このようなパターンの行列どうしの積については交換則が成り立つ．

より一般に，多項式 $f(t)=c_n t^n + c_{n-1} t^{n-1} + \cdots + c_1 t + c_0$ に対して

$$f(A) = c_n A^n + c_{n-1} A^{n-1} + \cdots + c_1 A + c_0 E$$

と定義するとき（定数項が，$c_0 E = \begin{pmatrix} c_0 & 0 \\ 0 & c_0 \end{pmatrix}$ となっていることに注意．$A^0=E$ と解釈しているのである），多項式 $f(t), g(t)$ に対して

$$f(A)g(A) = g(A)f(A)$$

と交換則が成り立つ．実際，両辺定義式通りに書いてバラバラにしてしまえば A^n と A^m との積の交換則に帰着できる． □

系 2.2.14

行列の積について，結合則が成り立つ．すなわち，A,B,C が 2×2 行列ならば，$(AB)C=A(BC)$ が成り立つ．

証明 行列の積とは写像の合成のことであったので，§1.1 の囲み記事「結合則について」から結合則が成り立つことがすぐにわかる．実際，$(AB)C$ という線型写像は，ベクトルをまず C という写像で送ってから，次に「まず B で送ってから，そのあとで A で送る」という写像である．一方，$A(BC)$ という線型写像は，ベクトルをまず「まず C で送ってから，次に B で送る」という写像で送って，その次に A で送る，という写像である．いずれにせよ，まず C で送り，次に B で送り，最後に A で送る，ということであるので，同じ写像となる．

具体的に計算しても，もちろん確かめられる．$A=\begin{pmatrix} a & b \\ c & d \end{pmatrix}$, $B=\begin{pmatrix} e & f \\ g & h \end{pmatrix}$, $C=\begin{pmatrix} i & j \\ k & \ell \end{pmatrix}$ であれば，

$$(AB)C=\begin{pmatrix} ae+bg & af+bh \\ ce+dg & cf+dh \end{pmatrix}\begin{pmatrix} i & j \\ k & \ell \end{pmatrix}=\begin{pmatrix} aei+bgi+afk+bhk & aej+bgj+af\ell+bh\ell \\ cei+dgi+cfk+dhk & cej+dgj+cf\ell+dh\ell \end{pmatrix}$$

$$A(BC)=\begin{pmatrix} a & b \\ c & d \end{pmatrix}\begin{pmatrix} ei+fk & ej+f\ell \\ gi+hk & gj+h\ell \end{pmatrix}=\begin{pmatrix} aei+afk+bgi+bhk & aej+af\ell+bgj+bh\ell \\ cei+cfk+dgi+dhk & cej+cf\ell+dgj+dh\ell \end{pmatrix}$$

となり，足し算の順番を書き換えただけなので，確かに $(AB)C=A(BC)$ が成り立つ． □

系 2.2.15

行列の和と積について，分配則が成り立つ．すなわち，A,B,C が 2×2 行列であれば，$(A+B)C=AC+BC$,　$A(B+C)=AB+AC$ という等式が成り立つ．

証明 系 2.1.6 により，$(A+B)C$ と $AC+BC$, $A(B+C)$ と $AB+AC$ がそれぞれ同じ写像を定めていることを確かめれば良い．ベクトル $\boldsymbol{v}$ に対して $(A+B)C\boldsymbol{v}$ は，$\boldsymbol{v}$ をまず C で送り，次に $A+B$ で送ったベクトルだが，$A+B$ の定義によりこれは $C\boldsymbol{v}$ を A で送ったベクトルと $C\boldsymbol{v}$ を B で送ったベクトルの和，すなわち $AC\boldsymbol{v}+BC\boldsymbol{v}$ であり，これはまさに $AC+BC$ による $\boldsymbol{v}$ の像の定義なので，$(A+B)C=AC+BC$ が成り立つ．一方，定理 2.2.1 により A が定める写像は和を保つので，先に $B\boldsymbol{v}$ と $C\boldsymbol{v}$ を足してから A で送っても，逆に先に $B\boldsymbol{v}$ と $C\boldsymbol{v}$ をそれぞれ A で送ってから足して

も同じである．すなわち $(A(B+C))\boldsymbol{v}=A(B\boldsymbol{v}+C\boldsymbol{v})=AB\boldsymbol{v}+AC\boldsymbol{v}=(AB+AC)\boldsymbol{v}$ なので，$A(B+C)=AB+AC$ が成り立つ． □

注意 2.2.16 行列の積においては，$AB=\mathbf{0}$ となったからと言って必ずしも $A=\mathbf{0}$ または $B=\mathbf{0}$ が成り立つとは限らないことに注意しよう．例えば $A=\begin{pmatrix}1&0\\0&0\end{pmatrix}$ を x 軸への正射影，$B=\begin{pmatrix}0&0\\0&1\end{pmatrix}$ を y 軸への正射影とすると，その合成は全ての点を原点へうつし

$$AB=\begin{pmatrix}0&0\\0&0\end{pmatrix}=BA$$

であるが，A も B もゼロ行列ではない．

さらに厄介なことに，$C^2=\mathbf{0}$ であっても $C=\mathbf{0}$ となるとは限らない．実際，$C=\begin{pmatrix}0&1\\0&0\end{pmatrix}$ とおけば $C\neq\mathbf{0}$ だが，$C^2=\mathbf{0}$ となることが確かめられる．

$$C=\begin{pmatrix}0&1\\0&0\end{pmatrix}=\begin{pmatrix}1&0\\0&0\end{pmatrix}\begin{pmatrix}0&1\\-1&0\end{pmatrix}$$

とあらわすと，C は「まず時計回りに 90° 回転してから x 軸に正射影する」写像であると考えられる．まず C を一回行うと全ての点は x 軸上へうつされ，それに C をもう一度施すと，x 軸が 90° 回転して y 軸へうつされ，それを x 軸へ正射影することによって全ての点が原点へとうつされるのである．

自分自身は $\mathbf{0}$ 行列ではないのに，他の $\mathbf{0}$ でない行列をかけて $\mathbf{0}$ になりうるような行列を**零因子**と呼ぶ．x 軸，y 軸への正射影の行列 A と B は零因子の実例になっている．C もまた，零因子である．また，自分自身は $\mathbf{0}$ 行列ではないのに何乗かすると $\mathbf{0}$ 行列になってしまうような行列を，**冪零行列**と呼ぶ．C は零因子であるのみならず，冪零行列の例になっている．

行列の計算規則についてまとめておこう．

- （和の結合則）$(A+B)+C=A+(B+C)$
- （積の結合則）$(AB)C=A(BC)$
- （分配則）$A(B+C)=AB+AC$, $(A+B)C=AC+BC$
- （交換則は必ずしも成り立たない）$AB\neq BA$ となるような A,B がある．
- （零因子の存在）$AB=\mathbf{0}$ であっても，A も B もゼロ行列でないことがありうる．
- （冪零行列の存在）$C^2=\mathbf{0}$ であっても，C がゼロ行列でないことがありうる．

§2.3　行列式

2×2 行列 $A=\begin{pmatrix} a & b \\ c & d \end{pmatrix}$ は直交座標を斜交座標へうつす．このとき，直交座標の格子で囲まれるそれぞれの正方形は，どの正方形も同じ形・大きさの平行四辺形へうつされる：

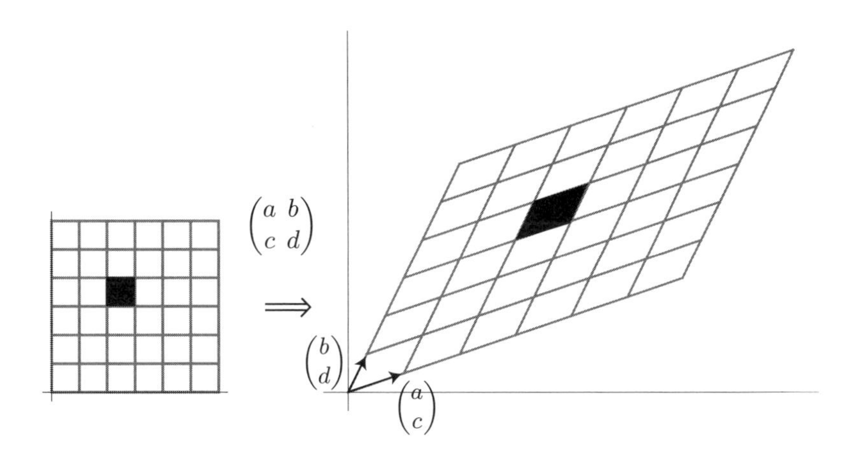

この行き先の平行四辺形の面積を a,b,c,d であらわしてみよう．$\boldsymbol{v}=\begin{pmatrix} a \\ c \end{pmatrix}$ と $\boldsymbol{w}=\begin{pmatrix} b \\ d \end{pmatrix}$ の 2 辺で挟まれる平行四辺形の面積を考える．この平行四辺形の底辺を $\|\boldsymbol{v}\|$ とすると，$\boldsymbol{v}$ と $\boldsymbol{w}$ がなす角度を θ として，平行四辺形の高さは $\|\boldsymbol{w}\|\cdot\sin\theta$ とあらわされる．

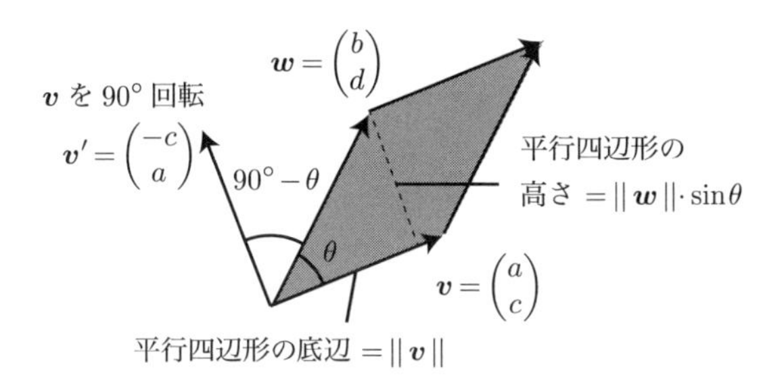

$\boldsymbol{v}$ を反時計回りに 90° 回転したベクトルを $\boldsymbol{v}'$ とすると，図のような配置の場合，$\boldsymbol{v}'$ と $\boldsymbol{w}$ とがなす角度は $90^\circ-\theta$ となり，平行四辺形の面積 S は

$$S=\|\boldsymbol{v}\|\cdot\|\boldsymbol{w}\|\cdot\sin\theta=\|\boldsymbol{v}'\|\cdot\|\boldsymbol{w}\|\cdot\cos(90^\circ-\theta)=\boldsymbol{v}'\cdot\boldsymbol{w}=ad-bc$$

とあらわされる．

「図のような配置」といったのは，$\boldsymbol{w}$ が $\boldsymbol{v}$ から見て反時計回りに回転した方向にある場合，ということである．$\begin{pmatrix}0\\1\end{pmatrix}$ は $\begin{pmatrix}1\\0\end{pmatrix}$ から見て反時計回りに回転した方向にあるので，これは行列 $\begin{pmatrix}a & b\\c & d\end{pmatrix}=(\boldsymbol{v},\boldsymbol{w})$[1] で絵をうつすときに，向きを変えない，という条件でもある．$\boldsymbol{w}$ が $\boldsymbol{v}$ からみて時計回りの方向にあれば，$\boldsymbol{v}'$ と $\boldsymbol{w}$ がなす角度は $\theta+90°$ となるので，

$$ad-bc=\boldsymbol{v}'\cdot\boldsymbol{w}=\|\boldsymbol{v}'\|\cdot\|\boldsymbol{w}\|\cos(\theta+90°)=-\|\boldsymbol{v}\|\cdot\|\boldsymbol{w}\|\cdot\sin\theta=-S$$

となる．

この考察を踏まえて，次のように定義しよう．

定義 2.3.1

行列 $A=\begin{pmatrix}a & b\\c & d\end{pmatrix}$ に対し，その**行列式** $\det A$ を

$$\det\begin{pmatrix}a & b\\c & d\end{pmatrix}=ad-bc$$

と定義する．

上記の考察により，次の命題がすでに証明されている．

命題 2.3.2

$\boldsymbol{v}=\begin{pmatrix}a\\c\end{pmatrix}$ と $\boldsymbol{w}=\begin{pmatrix}b\\d\end{pmatrix}$ を2辺とする平行四辺形の面積は行列式の絶対値 $\left|\det\begin{pmatrix}a & b\\c & d\end{pmatrix}\right|=|ad-bc|$ であらわされる．さらに，$\boldsymbol{w}$ が $\boldsymbol{v}$ から見て反時計回りの方向にあれば $ad-bc>0$ であり，逆に $\boldsymbol{w}$ が $\boldsymbol{v}$ から見て時計回りの方向にあれば $ad-bc<0$ である．行列 $A=\begin{pmatrix}a & b\\c & d\end{pmatrix}$ が定める線型写像は，$\det A>0$ のときは向きを保ち，$\det A<0$ のときは向きを反転させる．

では，$\det A=0$ のときはどうなっているのか？

命題 2.3.3

ベクトル $\boldsymbol{v}=\begin{pmatrix}a\\c\end{pmatrix}$ と $\boldsymbol{w}=\begin{pmatrix}b\\d\end{pmatrix}$ が一次独立となるための必要十分条件は，

[1] 定義 2.3.8 の記法を用いた．

$ad-bc\neq 0$ となることである．言い換えると，この 2 つのベクトルが一次従属となるための必要十分条件は，$ad-bc=0$ となることである．$ad-bc=0$ のとき，行列 $A=\begin{pmatrix} a & b \\ c & d \end{pmatrix}$ が定める線型写像の像は，一点 O か，あるいは直線となり，その像は面積 0 である．

証明 $ad-bc\neq 0$ のときは $\boldsymbol{v}$ と $\boldsymbol{w}$ を 2 辺とする平行四辺形の面積が 0 でないことを確かめたので，$\boldsymbol{v}\neq\boldsymbol{0}$ であり，しかも $\boldsymbol{w}$ は $\boldsymbol{v}$ のスカラー倍ではない．命題 1.5.4 により，$\boldsymbol{v}$ と $\boldsymbol{w}$ は一次独立である．

一方，$ad-bc=0$ と仮定する．$\boldsymbol{v}$ を反時計回りに 90° 回転したベクトルを $\boldsymbol{v}'$ とおくと，この仮定は $\boldsymbol{v}'\cdot\boldsymbol{w}=0$ と同値である．このとき，$\boldsymbol{v}$ と $\boldsymbol{w}$ が一次従属であることを示せば良い．$\boldsymbol{v}=\boldsymbol{0}$ ならば一次従属になるので，$\boldsymbol{v}\neq\boldsymbol{0}$ として良い．このとき，$\boldsymbol{v}$ を 90° 回転した $\boldsymbol{v}'$ も $\boldsymbol{0}$ でないので，$\boldsymbol{v}'\cdot\boldsymbol{w}=0$ という条件式は，「$\boldsymbol{v}'$ と直交する，という定義式であらわされた直線」の上に $\boldsymbol{w}$ がのっていることを意味する．$\boldsymbol{v}$ はこの直線上の $\boldsymbol{0}$ でないベクトルなので，$\boldsymbol{w}$ は $\boldsymbol{v}$ のスカラー倍としてあらわされることがわかる．つまり，$ad-bc=0$ ならば，$\boldsymbol{v}$ と $\boldsymbol{w}$ は一次従属である．

$\boldsymbol{v}=\boldsymbol{w}=\boldsymbol{0}$ ならば，任意のベクトル $\boldsymbol{u}$ に対して $A\boldsymbol{u}=\boldsymbol{0}$ であり，A の像は原点 O 一点のみである．$ad-bc=0$ で $\boldsymbol{v}\neq\boldsymbol{0}$ あるいは $\boldsymbol{w}\neq\boldsymbol{0}$ ならば，$\boldsymbol{v},\boldsymbol{w}$ の一方がもう一方のスカラー倍になるので，A による $\begin{pmatrix} x \\ y \end{pmatrix}$ の像 $x\boldsymbol{v}+y\boldsymbol{w}$ は $\boldsymbol{v}$ と $\boldsymbol{w}$ のうち $\boldsymbol{0}$ でない方が張る直線上に来る．よって，$ad-bc=0$ ならば，A の成分が全て 0 ならば A の像は原点のみ，そうでなければ一直線，ということがわかった． □

問 2.3.4 次の行列の行列式を計算せよ．どの行列が定める写像が向きを保つか？

(1) $\begin{pmatrix} 1 & 2 \\ 3 & 4 \end{pmatrix}$ (2) $\begin{pmatrix} 8 & -9 \\ 6 & 7 \end{pmatrix}$ (3) $\begin{pmatrix} 9 & 8 \\ 7 & 6 \end{pmatrix}$

行列式と図形の面積についてより詳しく考えるために，一般の図形の面積を定義しよう．

定義 2.3.5

座標平面 $\mathbb{R}^2$ の中の，良い性質を持つ有界な図形 $T\subset\mathbb{R}^2$ に対して，その面積を次のように定義する．

平面を一辺 $1/n$ の小さな正方形に分割する．図形 T に対して，T に含まれる正方形の面積全体の和を $\underline{Area}_n(T)$ とし，T と少しでも交わる正方形の面積

全体の和を $\overline{Area}_n(T)$ とする．T は有界なので，$\underline{Area}_n(T)$ と $\overline{Area}_n(T)$ はそれぞれ有限の値を持つ．

$$\lim_{n\to\infty}\underline{Area}_n(T)=\lim_{n\to\infty}\overline{Area}_n(T)$$

が成り立つときに，この共通の極限を「T の**面積**」と定義し，$Area(T)$ とあらわす．

円や多角形など通常の「面積を持つ」と想定される図形では，その面積は $\underline{Area}_n(T)$ と $\overline{Area}_n(T)$ の間に入り，上記の面積の定義と一致しそうである．実際，円や多角形は有限の長さ L の境界線で囲まれているが，そのような図形に対しては上記の意味で面積が定義できることを囲み記事で示しておこう．

例えば，T として原点中心の半径1の円（の内部）の第1象限の部分とし，$n=20$ とすると，次の図のようになる．

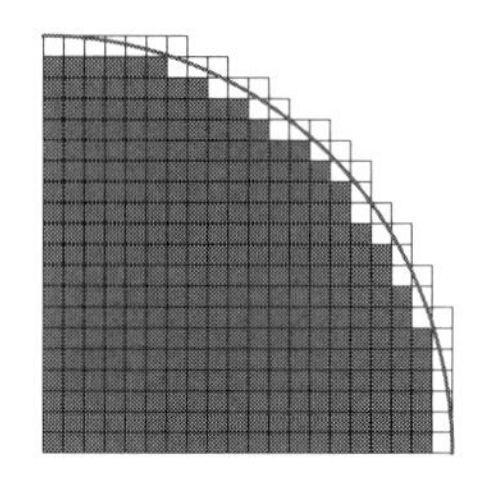

単位正方形の $20\times 20=400$ 個の正方形のうち，4分の1円 T に含まれる正方形の個数は292個，T と交わる正方形の個数は331個なので，この図から

$$\frac{292}{400}=0.73\le T\ の面積\le\frac{331}{400}=0.8275$$

となることがわかる．ちなみに，T の面積は $\dfrac{\pi}{4}=0.785398\cdots$ である．

□ 図形が面積をもつこと

T が，有限の長さ L の1本の境界線で囲まれた図形であるときに，定義2.3.5の意味で T が面積を持つことを証明する．まず，

$$\lim_{n\to\infty}(\overline{Area}_n(T)-\underline{Area}_n(T))=0$$

となることを示す．

境界線の基点 $\mathrm{P}=\mathrm{P}_1$ を一つ取り，そこから長さ $1/n$ 毎に $\mathrm{P}_2,\mathrm{P}_3,\ldots$ と取っていくと，境界線全体に $N=[nL]+1\le nL+1$ 個の点 $\mathrm{P}_1,\ldots,\mathrm{P}_N$ が取れ（こ

こで $[nL]$ は実数 nL を越えない最大の整数，$[x]$ は x のガウス記号)，境界線上のどの点 Q も，どれかの P_i から距離 $1/(2n)$ 以下になるようにできる．$\overline{Area}_n(T)-\underline{Area}_n(T)$ は境界線のどこかに触れる正方形の面積の和でおさえられるが．

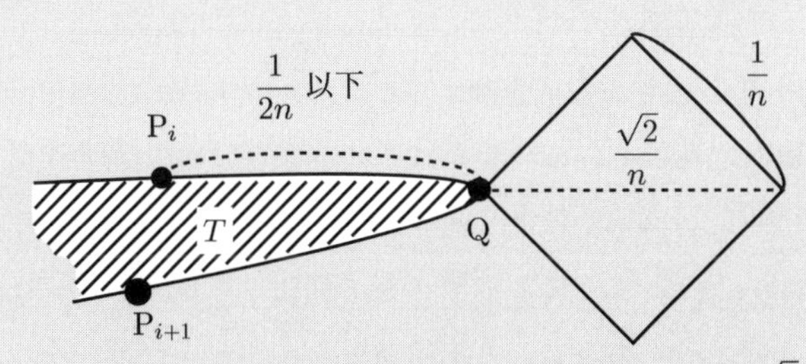

図よりそのような正方形上の点はどれかの P_i から距離 $\dfrac{1}{2n}+\dfrac{\sqrt{2}}{n}=\dfrac{2\sqrt{2}+1}{2n}$ 以下の場所にある．従って $\overline{Area}_n(T)-\underline{Area}_n(T)$ をあらわす正方形全体の和集合は各 P_i を中心とする半径 $\dfrac{2\sqrt{2}+1}{2n}$ の円の和集合に含まれるので，

$$\overline{Area}_n(T)-\underline{Area}_n(T)<(nL+1)\pi\left(\frac{2\sqrt{2}+1}{2n}\right)^2<\frac{(L+1)\pi(2\sqrt{2}+1)^2}{4n}\to 0$$

となり，面積の差 $\overline{Area}_n(T)-\underline{Area}_n(T)$ は $n\to\infty$ のとき 0 に収束することがわかった．すなわち，任意の $\varepsilon>0$ に対し自然数 M が存在し，$n>M$ ならば $0\leq\overline{Area}_n(T)-\underline{Area}_n(T)<\varepsilon$ が成り立つ．

このとき，n,m が M より大きい自然数であれば，一辺 $\dfrac{1}{nm}$ の正方形による分割は一辺 $\dfrac{1}{n}$ や一辺 $\dfrac{1}{m}$ の正方形による分割の細分なので，

$$\underline{Area}_n(T),\underline{Area}_m(T)\leq\underline{Area}_{nm}(T)\leq\overline{Area}_{nm}(T)\leq\overline{Area}_n(T),\overline{Area}_m(T)$$

が成り立つ．従って

$$\begin{aligned}2\varepsilon &> \left|\overline{Area}_n(T)-\underline{Area}_n(T)\right|+\left|\overline{Area}_m(T)-\underline{Area}_m(T)\right|\\ &\geq \left|\overline{Area}_{nm}(T)-\underline{Area}_n(T)\right|+\left|\overline{Area}_{nm}(T)-\underline{Area}_m(T)\right|\\ &\geq |\underline{Area}_n(T)-\underline{Area}_m(T)|\end{aligned}$$

となり，$\{\underline{Area}_n(T)\}_{n=1,2,\ldots}$ がコーシー列になることが示された．同様に $\{\overline{Area}_n(T)\}_{n=1,2,\ldots}$ もコーシー列となり，$\lim_{n\to\infty}\overline{Area}_n(T)$ と $\lim_{n\to\infty}\underline{Area}_n(T)$ がそれぞれ存在する．$\lim_{n\to\infty}(\overline{Area}_n(T)-\underline{Area}_n(T))=0$ なので，その 2 つの極限は一致し，T の面積が定義できることが示された．

次の定理が，この節の主定理である．

定理 2.3.6
行列 $A=\begin{pmatrix} a & b \\ c & d \end{pmatrix}$ が定める線型写像は，図形の面積を $|\det A|$ 倍にする．

証明　図形 T を一辺 $\dfrac{1}{n}$ の正方形に分割すると，$\underline{Area}_n(T) \leq Area(T) \leq \overline{Area}_n(T)$ である．この面積の定義にあらわれるそれぞれの正方形は，行列 A によって面積 $|\det A|$ 倍の平行四辺形にうつされる．よって，

$$|\det A|\cdot\underline{Area}_n(T) \leq [A \text{ による } T \text{ の像の面積}] \leq |\det A|\cdot\overline{Area}_n(T)$$

となる．$n\to\infty$ とすれば，はさみうちの原理により，T の面積の $|\det A|$ 倍が，A による T の像の面積に等しくなることが確かめられた．□

上記4分の1円を行列 $\begin{pmatrix} 3 & 1 \\ 1 & 1 \end{pmatrix}$ でうつしてみた例が次の図である．

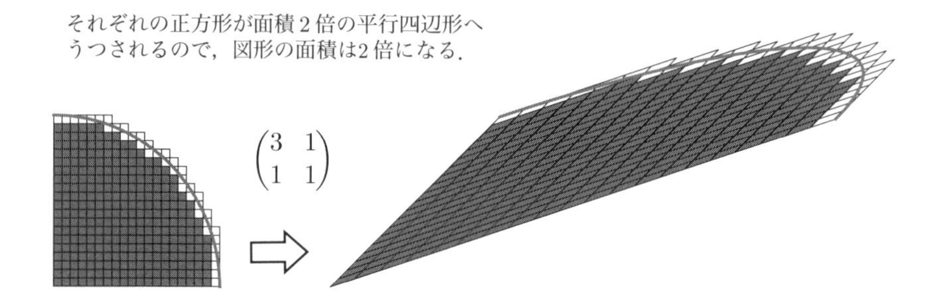

系 2.3.7
A,B が 2×2 行列ならば，$\det(AB)=\det A\cdot\det B$ が成り立つ．

証明　まず $|\det(AB)|=|\det A|\cdot|\det B|$ となることを確かめる．B が定める線型写像は，図形の面積を $|\det B|$ 倍にし，次に A が定める線型写像は面積を $|\det A|$ 倍にするので，この写像の合成は面積を $|\det A|\cdot|\det B|$ 倍にする．一方，この合成写像は AB が定める線型写像なので，面積を $|\det(AB)|$ 倍にする．よって $|\det(AB)|=|\det A|\cdot|\det B|$ が成り立つ．特に $\det A=0$ または $\det B=0$ ならば，$\det(AB)=\det A\cdot\det B$ が成り立つことが示された．

次に符号について，$\det A\neq0$, $\det B\neq0$ の場合に考えれば良い．$\det A$, $\det B$ の一方がマイナスでもう一方がプラスならば，A,B の一方は向きを反転し，もう一方

は向きを保つので，その合成は向きを反転することになる．つまり $\det(AB)<0$ である．このとき $\det A\cdot\det B<0$ なので，符号も一致する．同様に，$\det A$, $\det B$ がともにプラス，あるいはともにマイナスの場合は，両方向きを保つか，あるいは2回向きを反転させて結局元に戻すかのどちらかなので，$\det AB>0$ である．このとき，$\det A\cdot\det B>0$ なので，この場合も符号があっている．$\det(AB)$ と $\det A\cdot\det B$ は絶対値が等しく符号も等しいので，結局いつでも $\det(AB)=\det A\cdot\det B$ が成り立つことがわかった．

もちろん，計算で直接示すこともできる．$A=\begin{pmatrix} a & b \\ c & d \end{pmatrix}$, $B=\begin{pmatrix} e & f \\ g & h \end{pmatrix}$ ならば，$\det A=ad-bc$, $\det B=eh-fg$ であり，$\det A\cdot\det B=(ad-bc)(eh-fg)=adeh-adfg-bceh+bcfg$ である．$AB=\begin{pmatrix} ae+bg & af+bh \\ ce+dg & cf+dh \end{pmatrix}$ なので $\det(AB)=(ae+bg)(cf+dh)-(ce+dg)(af+bh)$ で，展開して計算すると $aecf$ と $bdgh$ の項がキャンセルして，$\det A\cdot\det B$ に等しくなることが確かめられる．□

行列式が持つ形式的な性質についても調べておこう．まずは記号の準備から．

定義 2.3.8

$\boldsymbol{a},\boldsymbol{b}\in\mathbb{R}^2$ が2次元ベクトルのとき，$\boldsymbol{a}$ を第1列に，$\boldsymbol{b}$ を第2列に持つ行列 A を単に $A=(\boldsymbol{a},\boldsymbol{b})$ というように表すことにする．また，この行列 A の行列式 $\det(A)$ を $\det(\boldsymbol{a},\boldsymbol{b})$ とも書くことにする．

定理 2.3.9

$\boldsymbol{a},\boldsymbol{b},\boldsymbol{a}_1,\boldsymbol{a}_2\in\mathbb{R}^2$ をベクトルとし，$r\in\mathbb{R}$ をスカラーとするとき，行列式に関して次の性質が成り立つ．

(1)　（反交換則）$\det(\boldsymbol{a},\boldsymbol{b})=-\det(\boldsymbol{b},\boldsymbol{a})$.

(2)　（分配則）$\det(\boldsymbol{a}_1+\boldsymbol{a}_2,\boldsymbol{b})=\det(\boldsymbol{a}_1,\boldsymbol{b})+\det(\boldsymbol{a}_2,\boldsymbol{b})$.

(3)　（スカラー倍を保つ）$\det(r\boldsymbol{a},\boldsymbol{b})=r\det(\boldsymbol{a},\boldsymbol{b})$.

(4)　（単位行列での値）$\boldsymbol{e}_1=\begin{pmatrix} 1 \\ 0 \end{pmatrix}$, $\boldsymbol{e}_2=\begin{pmatrix} 0 \\ 1 \end{pmatrix}$ とすると，$\det(\boldsymbol{e}_1,\boldsymbol{e}_2)=1$.

逆に，この (1)~(4) の性質を満たすものは行列式 det に限られる．すなわち，2つのベクトル $\boldsymbol{a},\boldsymbol{b}$ に対してスカラー $F(\boldsymbol{a},\boldsymbol{b})\in\mathbb{R}$ を対応させる写像 F があって，任意の $\boldsymbol{a},\boldsymbol{b},\boldsymbol{a}_1,\boldsymbol{a}_2\in\mathbb{R}^2$, $r\in\mathbb{R}$ と上記のような $\boldsymbol{e}_1,\boldsymbol{e}_2$ に対して

$F(\boldsymbol{a},\boldsymbol{b})=-F(\boldsymbol{b},\boldsymbol{a})$, $F(\boldsymbol{a}_1+\boldsymbol{a}_2,\boldsymbol{b})=F(\boldsymbol{a}_1,\boldsymbol{b})+F(\boldsymbol{a}_2,\boldsymbol{b})$, $F(r\boldsymbol{a},\boldsymbol{b})=rF(\boldsymbol{a},\boldsymbol{b})$,

$F(\boldsymbol{e}_1, \boldsymbol{e}_2) = 1$ を満たすならば，$F(\boldsymbol{a}, \boldsymbol{b}) = \det(\boldsymbol{a}, \boldsymbol{b})$ である．

行列式がある性質を持ち，逆にその性質を持つものが行列式だ，という内容の定理である．このような状況を，「反交換則を満たす双線型写像で，単位行列で値1を取るもの，として 2×2 行列の行列式が特徴付けられる」と表現することがある．

証明　(1)〜(4) は，全て直接計算すれば確かめられる．実際，$\boldsymbol{a} = \begin{pmatrix} a \\ c \end{pmatrix}$，$\boldsymbol{b} = \begin{pmatrix} b \\ d \end{pmatrix}$ とすると，

$$\det(\boldsymbol{a}, \boldsymbol{b}) = \det \begin{pmatrix} a & b \\ c & d \end{pmatrix} = ad - bc, \qquad \det(\boldsymbol{b}, \boldsymbol{a}) = \det \begin{pmatrix} b & a \\ d & c \end{pmatrix} = bc - ad$$

なので，確かに $\det(\boldsymbol{a}, \boldsymbol{b}) = -\det(\boldsymbol{b}, \boldsymbol{a})$ が成り立っている．

$\boldsymbol{a}_1 = \begin{pmatrix} a \\ c \end{pmatrix}$，$\boldsymbol{a}_2 = \begin{pmatrix} e \\ f \end{pmatrix}$，$\boldsymbol{b} = \begin{pmatrix} b \\ d \end{pmatrix}$ とおくと，

$$\begin{aligned}\det(\boldsymbol{a}_1 + \boldsymbol{a}_2, \boldsymbol{b}) &= \det \begin{pmatrix} a+e & b \\ c+f & d \end{pmatrix} = (a+e)d - (c+f)b = (ad-bc) + (ed-bf) \\ &= \det \begin{pmatrix} a & b \\ c & d \end{pmatrix} + \det \begin{pmatrix} e & b \\ f & d \end{pmatrix} = \det(\boldsymbol{a}_1, \boldsymbol{b}) + \det(\boldsymbol{a}_2, \boldsymbol{b})\end{aligned}$$

となり，$\det(\boldsymbol{a}_1 + \boldsymbol{a}_2, \boldsymbol{b}) = \det(\boldsymbol{a}_1, \boldsymbol{b}) + \det(\boldsymbol{a}_2, \boldsymbol{b})$ も成り立つ．

上と同じく $\boldsymbol{a} = \begin{pmatrix} a \\ c \end{pmatrix}$，$\boldsymbol{b} = \begin{pmatrix} b \\ d \end{pmatrix}$ とおいて，

$$\det(r\boldsymbol{a}, \boldsymbol{b}) = \det \begin{pmatrix} ra & b \\ rc & d \end{pmatrix} = rad - brc = r(ad-bc) = r\det \begin{pmatrix} a & b \\ c & d \end{pmatrix} = r\det(\boldsymbol{a}, \boldsymbol{b})$$

なので，$\det(r\boldsymbol{a}, \boldsymbol{b}) = r\det(\boldsymbol{a}, \boldsymbol{b})$ も成り立つ．最後に

$$\det(\boldsymbol{e}_1, \boldsymbol{e}_2) = \det \begin{pmatrix} 1 & 0 \\ 0 & 1 \end{pmatrix} = 1 \times 1 - 0 \times 0 = 1$$

となり，$\det(\boldsymbol{e}_1, \boldsymbol{e}_2) = 1$ も成り立つ．

逆に，ふたつのベクトル $\boldsymbol{a}, \boldsymbol{b}$ に対してスカラー $F(\boldsymbol{a}, \boldsymbol{b}) \in \mathbb{R}$ を対応させる写像 F があったとする．$\boldsymbol{a} = \begin{pmatrix} a \\ c \end{pmatrix}$，$\boldsymbol{b} = \begin{pmatrix} b \\ d \end{pmatrix}$ のときに，$F(\boldsymbol{a}, \boldsymbol{b}) = ad - bc$ となることを確かめれば良い．まず，このような F については

(5) $F(\boldsymbol{v}, \boldsymbol{v}) = 0$

という性質が成り立つことを確かめておこう．実際，性質 (1) により $F(\boldsymbol{v}, \boldsymbol{v}) = -F(\boldsymbol{v}, \boldsymbol{v})$ なので，右辺を左辺に移項して $2F(\boldsymbol{v}, \boldsymbol{v}) = 0$ より $F(\boldsymbol{v}, \boldsymbol{v}) = 0$ となり，(5) が成り立つ．また，$\boldsymbol{a}, \boldsymbol{b}$ の定義より，$\boldsymbol{a} = \begin{pmatrix} a \\ c \end{pmatrix} = a\begin{pmatrix} 1 \\ 0 \end{pmatrix} + c\begin{pmatrix} 0 \\ 1 \end{pmatrix} = a\boldsymbol{e}_1 + c\boldsymbol{e}_2$，同様

に $\boldsymbol{b}=b\boldsymbol{e}_1+d\boldsymbol{e}_2$ とあらわされる．これらを使って計算すると

$$
\begin{aligned}
F(\boldsymbol{a},\boldsymbol{b}) &= F(a\boldsymbol{e}_1+c\boldsymbol{e}_2, b\boldsymbol{e}_1+d\boldsymbol{e}_2) && (\boldsymbol{a},\boldsymbol{b}\ \text{の定義})\\
&= aF(\boldsymbol{e}_1, b\boldsymbol{e}_1+d\boldsymbol{e}_2)+cF(\boldsymbol{e}_2, b\boldsymbol{e}_1+d\boldsymbol{e}_2) && (\text{性質 (2), (3)})\\
&= -aF(b\boldsymbol{e}_1+d\boldsymbol{e}_2, \boldsymbol{e}_1)-cF(b\boldsymbol{e}_1+d\boldsymbol{e}_2, \boldsymbol{e}_2) && (\text{性質 (1)})\\
&= -abF(\boldsymbol{e}_1,\boldsymbol{e}_1)-adF(\boldsymbol{e}_2,\boldsymbol{e}_1)-cbF(\boldsymbol{e}_1,\boldsymbol{e}_2)-cdF(\boldsymbol{e}_2,\boldsymbol{e}_2) && (\text{性質 (2), (3)})\\
&= ad-cb. && (\text{性質 (5), (4), (1)})
\end{aligned}
$$

以上より，性質 (1)〜(4) を（よって性質 (5) も）満たす F は行列式に等しくなることが確かめられた． □

§2.4　逆行列

ここまで 2×2 行列の幾何的解釈に主眼をおいて解説してきたが，代数的な視点からも見てみよう．

$$
\begin{cases} ax+by=e \\ cx+dy=f \end{cases}
$$

という連立方程式は，$A=\begin{pmatrix} a & b \\ c & d \end{pmatrix}$ とおくと

$$
A\begin{pmatrix} x \\ y \end{pmatrix}=\begin{pmatrix} e \\ f \end{pmatrix}
$$

となるベクトル $\begin{pmatrix} x \\ y \end{pmatrix}$ を求めよ，という問題と同じことである．行列の世界では，逆行列という道具がこの問題を解決してくれる．

定義 2.4.1

2×2 行列 $A=\begin{pmatrix} a & b \\ c & d \end{pmatrix}$ が与えられたとする．

(1)　2×2 行列 B が A の**左逆行列**であるとは，$BA=E=\begin{pmatrix} 1 & 0 \\ 0 & 1 \end{pmatrix}$ が成り立つこと．

(2)　2×2 行列 C が A の**右逆行列**であるとは，$AC=E=\begin{pmatrix} 1 & 0 \\ 0 & 1 \end{pmatrix}$ が成り立つこと．

(3)　2×2 行列 D が A の**逆行列**であるとは，D が A の左逆行列であると同時に右逆行列でもあること．すなわち，$DA=E=AD$ が成り立つ，ということ

である．A の逆行列 D が存在するとき，これを A^{-1} とあらわす．逆行列 A^{-1} が存在するような行列 A を，**正則行列**と呼ぶ．

今わざわざ左逆行列と右逆行列を定義したが，実は 2×2 行列に左逆行列，または右逆行列が存在すれば，それらは自動的に逆行列になることが示される．

定理 2.4.2

行列 $A=\begin{pmatrix} a & b \\ c & d \end{pmatrix}$ が $\det A=ad-bc\neq 0$ を満たせば，逆行列

$$A^{-1}=\frac{1}{ad-bc}\begin{pmatrix} d & -b \\ -c & a \end{pmatrix}=\begin{pmatrix} \frac{d}{ad-bc} & \frac{-b}{ad-bc} \\ \frac{-c}{ad-bc} & \frac{a}{ad-bc} \end{pmatrix}$$

が存在する．これは A の唯一の左逆行列であり，また A の唯一の右逆行列である．一方，$\det A=ad-bc=0$ であれば，A は左逆行列も右逆行列も持たない．

証明 A の左逆行列 B が存在すれば $BA=E$ なので，系 2.3.7 により $\det B\cdot\det A=\det E=1$ となり，$\det A\neq 0$ である．同様に，A に右逆行列 C が存在すれば，系 2.3.7 により $\det A\cdot\det C=\det E=1$ となるので $\det A\neq 0$ である．対偶をとれば，$\det A=0$ のとき，A は左逆行列も右逆行列も持たないことが示された．

逆に $\det A\neq 0$ のとき，$B=C=\dfrac{1}{ad-bc}\begin{pmatrix} d & -b \\ -c & a \end{pmatrix}$ とおけば，計算により $BA=\begin{pmatrix} 1 & 0 \\ 0 & 1 \end{pmatrix}$，$AC=\begin{pmatrix} 1 & 0 \\ 0 & 1 \end{pmatrix}$ となることが確かめられ，$B=C$ が A の逆行列になることがわかる．実際，

$$BA=\frac{1}{ad-bc}\begin{pmatrix} d & -b \\ -c & a \end{pmatrix}\begin{pmatrix} a & b \\ c & d \end{pmatrix}=\frac{1}{ad-bc}\begin{pmatrix} da-bc & db-bd \\ -ca+ac & -cb+ad \end{pmatrix}=\begin{pmatrix} 1 & 0 \\ 0 & 1 \end{pmatrix},$$

$$AC=\begin{pmatrix} a & b \\ c & d \end{pmatrix}\frac{1}{ad-bc}\begin{pmatrix} d & -b \\ -c & a \end{pmatrix}=\frac{1}{ad-bc}\begin{pmatrix} ad-bc & -ab+ba \\ cd-dc & -cb+da \end{pmatrix}=\begin{pmatrix} 1 & 0 \\ 0 & 1 \end{pmatrix}$$

となる．

B_1 が A の任意の左逆行列とし，C_1 が A の任意の右逆行列とすると，

$$B_1=B_1E=B_1(AC_1)=(B_1A)C_1=C_1$$

となり，任意の左逆行列と任意の右逆行列とが一致することが確かめられた．特に，両方とも $B=C$ に一致する．すなわち，$\det A\neq 0$ ならば，$B=C$ が A の唯一の左逆行列であり，しかも A の唯一の右逆行列でもあることがわかった． □

大事なことなので，強調しておこう．

（逆行列公式）

行列 $A=\begin{pmatrix} a & b \\ c & d \end{pmatrix}$ において $\det A = ad-bc \neq 0$ ならば，A の逆行列は次の公式で与えられる：

$$A^{-1} = \frac{1}{ad-bc}\begin{pmatrix} d & -b \\ -c & a \end{pmatrix}$$

注意 2.4.3　3×3 以上の場合でも逆行列の公式はあるが（系 5.3.9）具体的に行列が与えられて，その逆行列を計算する場合は普通は公式よりも掃き出し法という計算方法（定理 4.4.5）を用いる方が早い．逆行列公式が一番その威力を発揮するのは 2×2 の場合なのである．

注意 2.4.4　公式がちょっと不自然なので，注意すること．対角成分は互いに入れ替わり，残り 2 つの成分は場所は変わらないかわりにプラスマイナスが反転している．

命題 2.4.5

$A=\begin{pmatrix} a & b \\ c & d \end{pmatrix}$ において $\det A \neq 0$ ならば，連立方程式

$$A\begin{pmatrix} x \\ y \end{pmatrix} = \begin{pmatrix} e \\ f \end{pmatrix}$$

の解は $A^{-1}\begin{pmatrix} e \\ f \end{pmatrix}$ である．これはこの連立方程式の唯一の解である．

証明　A^{-1} は A の右逆行列なので，

$$A\left(A^{-1}\begin{pmatrix} e \\ f \end{pmatrix}\right) = (AA^{-1})\begin{pmatrix} e \\ f \end{pmatrix} = E\begin{pmatrix} e \\ f \end{pmatrix} = \begin{pmatrix} e \\ f \end{pmatrix}$$

となり，$\begin{pmatrix} x \\ y \end{pmatrix} = A^{-1}\begin{pmatrix} e \\ f \end{pmatrix}$ は確かに $A\begin{pmatrix} x \\ y \end{pmatrix} = \begin{pmatrix} e \\ f \end{pmatrix}$ の解である．

逆に $\begin{pmatrix} x \\ y \end{pmatrix}$ が $\begin{pmatrix} e \\ f \end{pmatrix} = A\begin{pmatrix} x \\ y \end{pmatrix}$ を満たせば，左から A^{-1} をかけて

$$A^{-1}\begin{pmatrix} e \\ f \end{pmatrix} = A^{-1}\left(A\begin{pmatrix} x \\ y \end{pmatrix}\right) = (A^{-1}A)\begin{pmatrix} x \\ y \end{pmatrix} = E\begin{pmatrix} x \\ y \end{pmatrix} = \begin{pmatrix} x \\ y \end{pmatrix}$$

が成り立つ．すなわち，$A^{-1}\begin{pmatrix} e \\ f \end{pmatrix}$ は連立方程式 $A\begin{pmatrix} x \\ y \end{pmatrix} = \begin{pmatrix} e \\ f \end{pmatrix}$ の唯一の解である．

□

例 2.4.6 （鶴亀算）

鶴と亀があわせて10匹，足の数があわせて32本であったとする．このとき，鶴と亀の数を逆行列を用いて求めよう．鶴がx羽，亀がy匹とすると与えられた条件は

$$\begin{cases} x+y &= 10 \\ 2x+4y &= 32 \end{cases}$$

であるので，$A=\begin{pmatrix} 1 & 1 \\ 2 & 4 \end{pmatrix}$ とおくと $A\begin{pmatrix} x \\ y \end{pmatrix}=\begin{pmatrix} 10 \\ 32 \end{pmatrix}$ とあらわされる．逆行列公式により $A^{-1}=\frac{1}{2}\begin{pmatrix} 4 & -1 \\ -2 & 1 \end{pmatrix}$ なので，

$$\begin{pmatrix} x \\ y \end{pmatrix}=\frac{1}{2}\begin{pmatrix} 4 & -1 \\ -2 & 1 \end{pmatrix}\begin{pmatrix} 10 \\ 32 \end{pmatrix}=\frac{1}{2}\begin{pmatrix} 8 \\ 12 \end{pmatrix}=\begin{pmatrix} 4 \\ 6 \end{pmatrix}$$

となり，鶴が4羽，亀が6匹と求められる．このとき確かに鶴と亀あわせて10匹，足の数は $4\times2+6\times4=32$ で，条件を満たしている． □

問 2.4.7 逆行列を用いて次の連立方程式を解け．

(1) $\begin{cases} x+2y &= 5 \\ 3x+4y &= 6 \end{cases}$ (2) $\begin{cases} 6x+7y &= 9 \\ 7x+8y &= -10 \end{cases}$

注意 2.4.8 $A=\begin{pmatrix} a & b \\ c & d \end{pmatrix}$ が $\det A=ad-bc\neq 0$ を満たせば，方程式 $A\boldsymbol{x}=\boldsymbol{b}$ は全ての $\boldsymbol{b}\in\mathbb{R}^2$ に対してただ一つの解 $A^{-1}\boldsymbol{b}$ を持つが，一方 $\det A=ad-bc$ が0となる場合は，全然そうはならない．$\boldsymbol{b}\in\mathbb{R}^2$ の値によっては（と言うか，ほとんどの $\boldsymbol{b}$ に対しては）$A\boldsymbol{x}=\boldsymbol{b}$ は解を持たないし，逆に1つでも解を持てば，無数に解を持つ．特に $\det A=ad-bc$ が0のとき，$A\boldsymbol{x}=\boldsymbol{0}$ は $\boldsymbol{0}$ 以外の解を持つ．

実際，命題2.3.3により，$A=(\boldsymbol{v},\boldsymbol{w})$ に対して $\det A=0$ ならば，$\boldsymbol{v}$ と $\boldsymbol{w}$ は一次従属になり，一直線上に含まれる．$A\begin{pmatrix} x \\ y \end{pmatrix}=x\boldsymbol{v}+y\boldsymbol{w}$ なので，$\boldsymbol{b}$ がその一直線に含まれなければ，$A\boldsymbol{x}=\boldsymbol{b}$ は解を持たないことになる．

次に，$\det A=ad-bc$ が0であったとして，$A\boldsymbol{x}=\boldsymbol{0}$ が $\boldsymbol{0}$ 以外の解を持つことを示そう．$A=\boldsymbol{0}$ ならば全ての $\boldsymbol{x}\in\mathbb{R}^2$ が解なので，$A\neq\boldsymbol{0}$ としてよい．このとき，

$$-b\begin{pmatrix} a \\ c \end{pmatrix}+a\begin{pmatrix} b \\ d \end{pmatrix}=\begin{pmatrix} -ba+ab \\ -bc+ad \end{pmatrix}=\begin{pmatrix} 0 \\ 0 \end{pmatrix}=\boldsymbol{0}$$

$$d\begin{pmatrix} a \\ c \end{pmatrix}+(-c)\begin{pmatrix} b \\ d \end{pmatrix}=\begin{pmatrix} da-cb \\ dc-cd \end{pmatrix}=\begin{pmatrix} 0 \\ 0 \end{pmatrix}=\boldsymbol{0}$$

なので，$\boldsymbol{x}=\begin{pmatrix} -b \\ a \end{pmatrix}$，$\boldsymbol{x}=\begin{pmatrix} d \\ -c \end{pmatrix}$ という解が見つかった．$A\neq\boldsymbol{0}$ なので，

$\begin{pmatrix}-b\\a\end{pmatrix}, \begin{pmatrix}d\\-c\end{pmatrix}$ のうち少なくとも一方はゼロベクトルではない．よって $\det A=0$ ならば，少なくとも1つは $\boldsymbol{x}\neq\boldsymbol{0}$ となる解が存在する．1つでも $\boldsymbol{0}$ でない $A\boldsymbol{x}=\boldsymbol{0}$ の解が見つかれば，そのスカラー倍も全て $A\boldsymbol{x}=\boldsymbol{0}$ の解なので，無数の解が存在することになる．

$A\boldsymbol{y}=\boldsymbol{b}$ が少なくとも1つ，例えば $\boldsymbol{y}_0$ という解を持てば，それに $A\boldsymbol{x}=\boldsymbol{0}$ の任意の解 $\boldsymbol{x}$ を加えたベクトル $\boldsymbol{y}=\boldsymbol{y}_0+\boldsymbol{x}$ も

$$A\boldsymbol{y}=A(\boldsymbol{y}_0+\boldsymbol{x})=A\boldsymbol{y}_0+A\boldsymbol{x}=\boldsymbol{b}+\boldsymbol{0}=\boldsymbol{b}$$

を満たすので，$A\boldsymbol{y}=\boldsymbol{b}$ の解になる．よって1つでも解があれば，解が無数にあることがわかるのである．

§2.5　固有値，固有ベクトル，対角化

定義 2.5.1

2×2 行列 $A=\begin{pmatrix}a&b\\c&d\end{pmatrix}$ が $\boldsymbol{0}$ でない列ベクトル $\boldsymbol{v}=\begin{pmatrix}r\\s\end{pmatrix}$ を $\boldsymbol{v}$ のスカラー倍 $\lambda\boldsymbol{v}=\begin{pmatrix}\lambda r\\\lambda s\end{pmatrix}$ へ送るとき，すなわち $A\boldsymbol{v}=\lambda\boldsymbol{v}$ が成り立つとき，λ を A の**固有値**と呼び，$\boldsymbol{v}$ を A の（固有値 λ に対する）**固有ベクトル**と呼ぶ．

例 2.5.2

(1)　$A=\begin{pmatrix}2&0\\0&3\end{pmatrix}$ のとき，$\boldsymbol{v}=\begin{pmatrix}1\\0\end{pmatrix}$，$\boldsymbol{w}=\begin{pmatrix}0\\1\end{pmatrix}$ とおくと，$A\boldsymbol{v}=\begin{pmatrix}2\\0\end{pmatrix}=2\boldsymbol{v}$，$A\boldsymbol{w}=\begin{pmatrix}0\\3\end{pmatrix}=3\boldsymbol{w}$ となるので，$\boldsymbol{v}$ は A の固有値2に対する固有ベクトルであり，$\boldsymbol{w}$ は A の固有値3に対する固有ベクトルである．

(2)　$A=\begin{pmatrix}2&1\\1&2\end{pmatrix}$ のとき，$\boldsymbol{v}=\begin{pmatrix}1\\1\end{pmatrix}$，$\boldsymbol{w}=\begin{pmatrix}1\\-1\end{pmatrix}$ とおくと，$A\boldsymbol{v}=\begin{pmatrix}3\\3\end{pmatrix}=3\boldsymbol{v}$，$A\boldsymbol{w}=\begin{pmatrix}1\\-1\end{pmatrix}=1\cdot\boldsymbol{w}$ となるので，$\boldsymbol{v}$ は A の固有値3に対する固有ベクトルであり，$\boldsymbol{w}$ は A の固有値1に対する固有ベクトルである．□

考察 2.5.3

λ が A の固有値で $\boldsymbol{v}$ が対応する固有ベクトルならば，$(\lambda E-A)\boldsymbol{v}=\boldsymbol{0}$ となるので，方程式 $(\lambda E-A)\boldsymbol{x}=\boldsymbol{0}$ は $\boldsymbol{0}$ と $\boldsymbol{v}$ という少なくとも2つの解を持つことになる．$\det(\lambda E-A)\neq 0$ ならば命題 2.4.5 により方程式 $(\lambda E-A)\boldsymbol{x}=\boldsymbol{0}$ は1つしか解を持たないはずなので，λ が A の固有値ならば $\det(\lambda E-A)=0$ が成り立つはずである．

$$\det(\lambda E-A)=\det\begin{pmatrix}\lambda-a & -b\\ -c & \lambda-d\end{pmatrix}=\lambda^2-(a+d)\lambda+(ad-bc)$$

となることを踏まえて，次のように定義する． □

定義 2.5.4

2×2 行列 $A=\begin{pmatrix}a & b\\ c & d\end{pmatrix}$ に対して，A の**固有多項式** $\Phi_A(t)$ を $\Phi_A(t)=\det(tE-A)=t^2-(a+d)t+(ad-bc)$ と定義する．2次方程式 $\Phi_A(t)=0$ を A の**固有方程式**と呼ぶ．

命題 2.5.5

λ が A の固有値となるための必要十分条件は，λ が A の固有方程式の解になること，すなわち $\Phi_A(\lambda)=0$ が成り立つことである．

証明 λ が A の固有値ならば $\Phi_A(\lambda)=0$ となることは考察2.5.3からわかる．逆に $\Phi_A(\lambda)=0$ ならば $\det(\lambda E-A)=0$ なので注意2.4.8により $(\lambda E-A)\boldsymbol{v}=\boldsymbol{0}$ となるゼロベクトルでないベクトル $\boldsymbol{v}$ が存在する．このとき $A\boldsymbol{v}=\lambda E\boldsymbol{v}=\lambda\boldsymbol{v}$ なので，$\boldsymbol{v}$ は A の固有ベクトルであり，その固有値は λ である． □

例 2.5.6

$A=\begin{pmatrix}-1 & 1\\ -6 & 4\end{pmatrix}$ とすると

$$\Psi_A(t)=\det\begin{pmatrix}t+1 & -1\\ 6 & t-4\end{pmatrix}=(t+1)(t-4)+6=t^2-3t+2=(t-1)(t-2)$$

なので，固有値は1と2である．固有値1に対する固有ベクトルは $(E-A)\boldsymbol{x}=\begin{pmatrix}2 & -1\\ 6 & -3\end{pmatrix}\begin{pmatrix}x\\ y\end{pmatrix}=\boldsymbol{0}$ を解いて $2x=y$，よって例えば $\begin{pmatrix}1\\ 2\end{pmatrix}$ が1に対する固有ベクトルとなる．同様に $(2E-A)\boldsymbol{x}=\begin{pmatrix}3 & -1\\ 6 & -2\end{pmatrix}\begin{pmatrix}x\\ y\end{pmatrix}=\boldsymbol{0}$ となるのは $3x=y$ のとき，よって例えば $\begin{pmatrix}1\\ 3\end{pmatrix}$ が2に対する固有ベクトルとなる．実際

$$\begin{pmatrix}-1 & 1\\ -6 & 4\end{pmatrix}\begin{pmatrix}1\\ 2\end{pmatrix}=\begin{pmatrix}1\\ 2\end{pmatrix},\qquad \begin{pmatrix}-1 & 1\\ -6 & 4\end{pmatrix}\begin{pmatrix}1\\ 3\end{pmatrix}=\begin{pmatrix}2\\ 6\end{pmatrix}=2\begin{pmatrix}1\\ 3\end{pmatrix}$$

と確かに A をかけるとスカラー倍になっていることがわかる． □

注意 2.5.7　「固有値と固有ベクトルを求めよ」という問題に対しては，固有ベクトルとしては一般解を与える必要はなく，具体例を1本だけ求めれば良い．詳しくは注意 7.2.5 参照．

例 2.5.8

$A=\begin{pmatrix}0&1\\1&1\end{pmatrix}$ とすると固有方程式は $\Phi_A(t)=t^2-t-1=0$ となるので，固有値は $\dfrac{1\pm\sqrt{5}}{2}$ である．固有値 $\lambda=\dfrac{1+\sqrt{5}}{2}$ に対する固有ベクトルを見つけるには $(\lambda E-A)\boldsymbol{x}=\begin{pmatrix}\dfrac{1+\sqrt{5}}{2}&-1\\-1&\dfrac{-1+\sqrt{5}}{2}\end{pmatrix}\begin{pmatrix}r\\s\end{pmatrix}=\boldsymbol{0}$ を解けば良い．

$$\begin{cases}\dfrac{1+\sqrt{5}}{2}r-s&=&0\\-r+\dfrac{-1+\sqrt{5}}{2}s&=&0\end{cases}$$

の1つめの式を用いて $\boldsymbol{v}=\begin{pmatrix}1\\\dfrac{1+\sqrt{5}}{2}\end{pmatrix}$ というベクトルが見つかり，これが $\lambda=\dfrac{1+\sqrt{5}}{2}$ に対する固有ベクトルとなる．2つめの式に代入してみれば，確かに両方の式を満たすことがわかるし，$\lambda+1=\lambda^2$ なので $A\boldsymbol{v}=\begin{pmatrix}\lambda\\1+\lambda\end{pmatrix}=\lambda\boldsymbol{v}$ となることも確かめられる．同様に，$\mu=\dfrac{1-\sqrt{5}}{2}$ に対する固有ベクトルとして $\boldsymbol{w}=\begin{pmatrix}1\\\dfrac{1-\sqrt{5}}{2}\end{pmatrix}$ が見つかる．□

例 2.5.8 のように 2×2 行列 A の固有ベクトル $\boldsymbol{v},\boldsymbol{w}$ で一次独立になるようなものが見つかれば，A の対角化と呼ばれるものができ，様々な応用がある．

命題 2.5.9

2×2 行列 A の固有ベクトル $\boldsymbol{v}$ と $\boldsymbol{w}$ で一次独立になるようなものが見つかれば，$A\boldsymbol{v}=\lambda\boldsymbol{v}$, $A\boldsymbol{w}=\mu\boldsymbol{w}$ となるように固有値 λ,μ をとって $P=(\boldsymbol{v},\boldsymbol{w})$, $\Lambda=\begin{pmatrix}\lambda&0\\0&\mu\end{pmatrix}$ とおくと P は正則行列で，

$$A=P\Lambda P^{-1}$$

と表される．この表記を，A の**対角化**と呼ぶ．このとき，さらに自然数 n に

対し

$$A^n = P\Lambda^n P^{-1} = P\begin{pmatrix}\lambda^n & 0\\ 0 & \mu^n\end{pmatrix}P^{-1}$$

という等式が成り立つ．

証明　$A\boldsymbol{v}=\lambda\boldsymbol{v}$, $A\boldsymbol{w}=\mu\boldsymbol{w}$ なので，$A(\boldsymbol{v},\boldsymbol{w})=(\lambda\boldsymbol{v},\mu\boldsymbol{w})=(\boldsymbol{v},\boldsymbol{w})\begin{pmatrix}\lambda & 0\\ 0 & \mu\end{pmatrix}$ という式が成り立つ．すなわち $AP=P\Lambda$ となる．P の2つの列ベクトルは一次独立なので，$\boldsymbol{v}$ と $\boldsymbol{w}$ を2辺とする平行四辺形の面積は0ではなく，$\det P \neq 0$ なので，P は正則で P^{-1} が存在する．P^{-1} を $AP=P\Lambda$ の両辺に右からかけて $A=P\Lambda P^{-1}$ を得る．$A^{n-1}=P\begin{pmatrix}\lambda^{n-1} & 0\\ 0 & \mu^{n-1}\end{pmatrix}P^{-1}$ が示されれば

$$A^n = A^{n-1}A = P\begin{pmatrix}\lambda^{n-1} & 0\\ 0 & \mu^{n-1}\end{pmatrix}\overbrace{P^{-1}P}^{\text{単位行列}}\begin{pmatrix}\lambda & 0\\ 0 & \mu\end{pmatrix}P^{-1} = P\begin{pmatrix}\lambda^n & 0\\ 0 & \mu^n\end{pmatrix}P^{-1}$$

となり，帰納法が成立する．　□

例 2.5.10

例 2.5.8 の $A=\begin{pmatrix}0 & 1\\ 1 & 1\end{pmatrix}$ に対して $P=\begin{pmatrix}1 & 1\\ \lambda & \mu\end{pmatrix}$ の逆行列は $P^{-1}=\dfrac{1}{\sqrt{5}}\begin{pmatrix}-\mu & 1\\ \lambda & -1\end{pmatrix}$ となるので，解と係数の関係 $\lambda\mu=-1$ を使って

$$A^n = \begin{pmatrix}1 & 1\\ \lambda & \mu\end{pmatrix}\begin{pmatrix}\lambda^n & 0\\ 0 & \mu^n\end{pmatrix}\frac{1}{\sqrt{5}}\begin{pmatrix}-\mu & 1\\ \lambda & -1\end{pmatrix} = \frac{1}{\sqrt{5}}\begin{pmatrix}\lambda^{n-1}-\mu^{n-1} & \lambda^n-\mu^n\\ \lambda^n-\mu^n & \lambda^{n+1}-\mu^{n+1}\end{pmatrix}$$

が得られる．$f_1=f_2=1$, $f_n+f_{n+1}=f_{n+2}$ により定義されるフィボナッチ数列 $\{f_1, f_2, \ldots\}$ に対して $A\begin{pmatrix}f_{n-1}\\ f_n\end{pmatrix}=\begin{pmatrix}f_n\\ f_{n+1}\end{pmatrix}$ が成り立つので A^n の第2列が $\begin{pmatrix}f_n\\ f_{n+1}\end{pmatrix}$ となり，フィボナッチ数列の第 n 項の公式

$$f_n = \frac{1}{\sqrt{5}}(\lambda^n-\mu^n)$$

が得られる．　□

例 2.5.11

$A=\begin{pmatrix}\cos\theta & -\sin\theta\\ \sin\theta & \cos\theta\end{pmatrix}$（ただし $0<\theta<\pi$）を θ 回転の行列とすると，どのベクトルも向きが変わってしまうので，固有値や固有ベクトルは存在しないように見える．しかし固有多項式 $\Psi_A(t)=t^2-2(\cos\theta)t+1$ は $\cos\theta \pm i\sin\theta$ という根を持ち（た

だし $i=\sqrt{-1}$)，$\sin\theta\neq 0$ なので（θ が π の倍数でないので）$\begin{pmatrix}\pm i\\1\end{pmatrix}$ が $\cos\theta\pm i\sin\theta$ に対する固有ベクトルとなる（複号同順）．ちなみに $\sin\theta=0$ ならば $A=\pm E$ なので，全てのベクトルが固有ベクトルになる．□

のちに定理 7.2.7 で示す通り，ほとんどの 2×2 行列 A は対角化できる．たとえば A の固有多項式 $\Phi_A(t)=(t-\lambda)(t-\mu)$ が重根を持たなければ良い．一方で，次の命題のように，対角化できない行列も存在する．

命題 2.5.12
$A=\begin{pmatrix}0&1\\0&0\end{pmatrix}$ はどのような正則行列 P と対角行列 $\Lambda=\begin{pmatrix}\lambda&0\\0&\mu\end{pmatrix}$ によっても $A=P\Lambda P^{-1}$ と表すことはできない．

証明　$A=P\Lambda P^{-1}$ とあらわせたと仮定すると，両辺を 2 乗して $A^2=P\Lambda^2P^{-1}$ なので，$P^{-1}A^2P=\Lambda^2=\begin{pmatrix}\lambda^2&0\\0&\mu^2\end{pmatrix}$ となる．ところが $A^2=\begin{pmatrix}0&0\\0&0\end{pmatrix}$ なので $\lambda=\mu=0$ となり，Λ はゼロ行列，よって $A=P\mathbf{0}P^{-1}=\mathbf{0}$ となるが，A はゼロ行列ではないので，矛盾．□

行列の対角化については，第 7 章で詳しく調べることになる．また，対角化できない行列に対してはジョルダン標準形というテクニックで対角化とほぼ同等の計算が可能になる．ジョルダン標準形については第 9 章で詳しく調べることになる．

§2.6　ケイリー・ハミルトンの定理

2×2 行列に対して，次の不思議な等式が成り立つことが知られている．

定理 2.6.1（ケイリー・ハミルトンの定理）
$A=\begin{pmatrix}a&b\\c&d\end{pmatrix}$ とし，$E=\begin{pmatrix}1&0\\0&1\end{pmatrix}$ を単位行列とすると，次の等式が成り立つ．

$$A^2-(a+d)A+(ad-bc)E=\mathbf{0}$$

すなわち，A の固有多項式 $\Phi_A(t)$ に $t=A$ を「代入」すると，ゼロ行列になる，というのである．ただし定数項は，その定数に単位行列をかけたもの，と解釈するものとする．

証明　計算して確かめれば良い．A^2 は A に A 自身をかけた行列の積なので $A^2=$

$AA=\begin{pmatrix} a^2+bc & ab+bd \\ ac+cd & bc+d^2 \end{pmatrix}$ と計算できる．次に $(a+d)A=\begin{pmatrix} a^2+ad & ab+bd \\ ac+cd & ad+d^2 \end{pmatrix}$，最後に $(ad-bc)E=\begin{pmatrix} ad-bc & 0 \\ 0 & ad-bc \end{pmatrix}$ なので，これらを代入すると $A^2-(a+d)A+(ad-bc)E$ は確かに

$$\begin{pmatrix} a^2+bc-(a^2+ad)+ad-bc & ab+bd-(ab+bd) \\ ac+cd-(ac+cd) & bc+d^2-(ad+d^2)+ad-bc \end{pmatrix}=\begin{pmatrix} 0 & 0 \\ 0 & 0 \end{pmatrix}$$

となっている． □

今は計算ですませてしまったが，勉強が進めば，より概念的な証明も可能になる．定理7.4.2を参照のこと．この2×2の場合のケイリー・ハミルトンの定理は，ケイリーの発見である．あとで紹介する，一般のケイリー・ハミルトンの定理は，フロベニウスが最初に証明した．

ここでは応用として，A の逆行列公式がケイリー・ハミルトンの定理からも得られることを示そう．

考察 2.6.2

$A=\begin{pmatrix} a & b \\ c & d \end{pmatrix}$ が $\det A\neq 0$ を満たせば，

$$A^{-1}=\frac{1}{ad-bc}((a+d)E-A)$$

と表される．実際，ケイリー・ハミルトンの定理から $A^2-(a+d)A$ を移項して両辺を $ad-bc$ で割ると

$$E=\frac{1}{ad-bc}((a+d)A-A^2)$$

となる．右辺は

$$A\frac{1}{ad-bc}((a+d)E-A)=\frac{1}{ad-bc}((a+d)E-A)A$$

と積に表されるので，$\dfrac{1}{ad-bc}((a+d)E-A)$ は A の左逆行列かつ右逆行列になっていることが確かめられた． □

§2.7　直交行列，対称行列

定義 2.7.1

行列 $A=\begin{pmatrix} a & b \\ c & d \end{pmatrix}$ が直交行列であるとは，ベクトルの長さを変えないこと，すなわち任意のベクトル $\boldsymbol{x}=\begin{pmatrix} x \\ y \end{pmatrix}$ に対し，$\|\boldsymbol{x}\|=\|A\boldsymbol{x}\|$ が成り立つこと，と定義する．

考察 2.7.2

ベクトルの内積 $\boldsymbol{x}\cdot\boldsymbol{y}$ はベクトルの長さを使って

$$\boldsymbol{x}\cdot\boldsymbol{y}=\frac{1}{2}(\|\boldsymbol{x}\|^2+\|\boldsymbol{y}\|^2-\|\boldsymbol{x}-\boldsymbol{y}\|^2)$$

とあらわせるので，A が直交行列ならば，ベクトルの長さのみならずベクトルの内積，よって角度も変えないことがわかる．実際，ベクトル $\boldsymbol{x},\boldsymbol{y}\in\mathbb{R}^2$ に対し，$A\boldsymbol{x}-A\boldsymbol{y}=A(\boldsymbol{x}-\boldsymbol{y})$ なので

$$\begin{aligned}(A\boldsymbol{x})\cdot(A\boldsymbol{y})&=\frac{1}{2}\left(\|A\boldsymbol{x}\|^2+\|A\boldsymbol{y}\|^2-\|A(\boldsymbol{x}-\boldsymbol{y})\|^2\right)=\frac{1}{2}\left(\|\boldsymbol{x}\|^2+\|\boldsymbol{y}\|^2-\|\boldsymbol{x}-\boldsymbol{y}\|^2\right)\\&=\boldsymbol{x}\cdot\boldsymbol{y}\end{aligned}$$

となる．特に，ベクトル $\boldsymbol{x}$ と $\boldsymbol{y}$ が直交するならば，$A\boldsymbol{x}$ と $A\boldsymbol{y}$ も直交する．

直交行列 $A=\begin{pmatrix} a & b \\ c & d \end{pmatrix}$ の 1 列目 $\begin{pmatrix} a \\ c \end{pmatrix}$ はベクトル $\begin{pmatrix} 1 \\ 0 \end{pmatrix}$ の像なので，長さが 1 である．よって角度 θ を用いて $\begin{pmatrix} a \\ c \end{pmatrix}=\begin{pmatrix} \cos\theta \\ \sin\theta \end{pmatrix}$ とあらわすことができる．このとき，A の 2 列目 $\begin{pmatrix} b \\ d \end{pmatrix}$ はベクトル $\begin{pmatrix} 0 \\ 1 \end{pmatrix}$ の像なので，やはり長さが 1 であり，しかも $\begin{pmatrix} 1 \\ 0 \end{pmatrix}$ と $\begin{pmatrix} 0 \\ 1 \end{pmatrix}$ は直交しているので，$\begin{pmatrix} a \\ c \end{pmatrix}$ と $\begin{pmatrix} b \\ d \end{pmatrix}$ も直交している．$\begin{pmatrix} \cos\theta \\ \sin\theta \end{pmatrix}$ と直交してしかも長さが 1 のベクトルは，$\begin{pmatrix} -\sin\theta \\ \cos\theta \end{pmatrix}$ と $\begin{pmatrix} \sin\theta \\ -\cos\theta \end{pmatrix}$ しかない．よって直交行列は $A=\begin{pmatrix} \cos\theta & -\sin\theta \\ \sin\theta & \cos\theta \end{pmatrix}$ か $A=\begin{pmatrix} \cos\theta & \sin\theta \\ \sin\theta & -\cos\theta \end{pmatrix}$ のどちらかの形で書けることがわかった．$A=\begin{pmatrix} \cos\theta & -\sin\theta \\ \sin\theta & \cos\theta \end{pmatrix}$ は θ 回転の行列であり，確かに長さを保つ．もう一方の $A=\begin{pmatrix} \cos\theta & \sin\theta \\ \sin\theta & -\cos\theta \end{pmatrix}$ は，実は線対称の行列になっている．□

補題 2.7.3

ベクトル $\boldsymbol{v}=\begin{pmatrix}\cos\tau\\ \sin\tau\end{pmatrix}$ を含む直線 L に関する線対称変換をあらわす行列 B は，$B=\begin{pmatrix}\cos 2\tau & \sin 2\tau\\ \sin 2\tau & -\cos 2\tau\end{pmatrix}$ である．

証明　B は直線 L の上の点は動かさないので，$B\begin{pmatrix}\cos\tau\\ \sin\tau\end{pmatrix}=\begin{pmatrix}\cos\tau\\ \sin\tau\end{pmatrix}$ である．一方，L と直交するベクトル $\boldsymbol{w}=\begin{pmatrix}-\sin\tau\\ \cos\tau\end{pmatrix}$ を取ると（内積 $\boldsymbol{v}\cdot\boldsymbol{w}=0$ なので，$\boldsymbol{v}$ と $\boldsymbol{w}$ は確かに直交している），$B\boldsymbol{w}=-\boldsymbol{w}$ となるはずである．すなわち $B\begin{pmatrix}-\sin\tau\\ \cos\tau\end{pmatrix}=\begin{pmatrix}\sin\tau\\ -\cos\tau\end{pmatrix}$ である．系 2.2.8 により $B\begin{pmatrix}\cos\tau & -\sin\tau\\ \sin\tau & \cos\tau\end{pmatrix}=\begin{pmatrix}\cos\tau & \sin\tau\\ \sin\tau & -\cos\tau\end{pmatrix}$ が成り立つ．逆行列公式により（あるいは τ 回転の行列であることを見抜いて，$-\tau$ 回転の行列を求めて）$\begin{pmatrix}\cos\tau & -\sin\tau\\ \sin\tau & \cos\tau\end{pmatrix}^{-1}=\begin{pmatrix}\cos\tau & \sin\tau\\ -\sin\tau & \cos\tau\end{pmatrix}$ を右からかけて

$$
\begin{aligned}
B&=\begin{pmatrix}\cos\tau & \sin\tau\\ \sin\tau & -\cos\tau\end{pmatrix}\begin{pmatrix}\cos\tau & \sin\tau\\ -\sin\tau & cos\tau\end{pmatrix}=\begin{pmatrix}\cos^2\tau-\sin^2\tau & 2\sin\tau\cos\tau\\ 2\sin\tau\cos\tau & \sin^2\tau-\cos^2\tau\end{pmatrix}\\
&=\begin{pmatrix}\cos 2\tau & \sin 2\tau\\ \sin 2\tau & -\cos 2\tau\end{pmatrix}
\end{aligned}
$$

となる．　□

従って，第1列が $\begin{pmatrix}\cos\theta\\ \sin\theta\end{pmatrix}$ となる直交行列は θ の回転行列か，あるいは原点を通りベクトル $\begin{pmatrix}\cos(\theta/2)\\ \sin(\theta/2)\end{pmatrix}$ を含む直線 L に関して線対称変換をあらわす行列であることがわかった．特に，直交行列は図形を合同な図形にうつす合同変換を定める．

定義 2.7.4

2×2 行列 $A=\begin{pmatrix}a & b\\ c & d\end{pmatrix}$ に対し，その**転置** (transpose) を ${}^tA:=\begin{pmatrix}a & c\\ b & d\end{pmatrix}$ と定義する．

2×2 行列 $A=\begin{pmatrix}a & b\\ c & d\end{pmatrix}$ が**対称行列**であるとは，${}^tA=A$ となること，すなわち $b=c$ が成り立つこと，と定義する．

2×2 行列だと (1,2) 成分と (2,1) 成分を入れ替えただけだが，一般には対角線に

関して反転する，という操作になる（定義 3.4.1）．直交行列は，この転置を用いて面白い特徴付けをすることができる．

問 2.7.5 (1)　A が直交行列であるための必要十分条件は，その転置 ${}^tA$ が A の逆行列となることである．これを示せ．

(2)　A が対称行列ならば，任意のベクトル $\boldsymbol{x}, \boldsymbol{y} \in \mathbb{R}^2$ に対し $(A\boldsymbol{x}) \cdot \boldsymbol{y} = \boldsymbol{x} \cdot (A\boldsymbol{y})$ が成り立つことを示せ．

(3)　逆に行列 A が，任意のベクトル $\boldsymbol{x}, \boldsymbol{y} \in \mathbb{R}^2$ に対し $(A\boldsymbol{x}) \cdot \boldsymbol{y} = \boldsymbol{x} \cdot (A\boldsymbol{y})$ となるならば，A は対称行列となることを示せ．

第3章　n 次元数線型空間

これまでは幾何的な直感を背景に，どういう対象を扱っているのか，どのような現象が起こっているのか，を紹介してきた．この章からは代数的な取り扱いを背景に，幾何的な想像力が及ばないようなケースに対しても，これまでやってきたアイデアが通用することを確かめていこう．

§3.1　係数について

座標を定めれば2次元幾何ベクトルは $\begin{pmatrix} x \\ y \end{pmatrix}$ $(x, y \in \mathbb{R})$，3次元幾何ベクトルは $\begin{pmatrix} x \\ y \\ z \end{pmatrix}$ $(x, y, z \in \mathbb{R})$ とあらわされ，ベクトルの和は $\begin{pmatrix} x \\ y \end{pmatrix} + \begin{pmatrix} x' \\ y' \end{pmatrix} = \begin{pmatrix} x+x' \\ y+y' \end{pmatrix}$，スカラー倍は $c\begin{pmatrix} x \\ y \end{pmatrix} = \begin{pmatrix} cx \\ cy \end{pmatrix}$ というように簡明な代数式で表現できる．

幾何ベクトルなら実数成分のベクトルだが，これを例えば複素数成分にしてみても，ベクトルをあらわしたり和やスカラー倍を考えたりすることは全く同様にできそうだ．そこで，実数 $\mathbb{R}$ でも複素数 $\mathbb{C}$ でもパラレルな説明ができる話については，どちらとは特定せずに $\mathbb{K}$ という記号を用いることにしよう．気持ちとしては $\mathbb{K} = \mathbb{R}$ と思ってもらって良いが，次のリストにあげたような，実数も複素数も満たしている性質のみを使って議論することにする．そうすれば，実数のつもりで証明しておいた定理が，後で複素数についてもそのまま使える，という仕組みである．

定義 3.1.1

$\mathbb{K}$ が**係数**，あるいは**係数体**，あるいは単に**体**，であるとは，次の性質を満たすことであると定義する．

(0)　$\mathbb{K}$ は集合であり，$\mathbb{K}$ において足し算と掛け算が定義される．すなわち，任意の $a, b \in \mathbb{K}$ に対し $a+b \in \mathbb{K}$ と $a \times b \in \mathbb{K}$ がそれぞれただ一つずつ定まる．

(1)　（足し算の結合則）任意の $a, b, c \in \mathbb{K}$ に対し $(a+b)+c = a+(b+c)$ が成り立つ．

(2)　(足し算の単位元) $0\in\mathbb{K}$ という数が存在し，任意の $a\in\mathbb{K}$ に対して $0+a=a=a+0$ が成り立つ．

(3)　(足し算の逆元) 任意の $b\in\mathbb{K}$ に対し，$-b$ と書かれる $\mathbb{K}$ の元が存在し，$b+(-b)=0$ が成り立つ．$a+(-b)$ のことを単に $a-b$ と書くこともある．

(4)　(足し算の交換則) 任意の $a,b\in\mathbb{K}$ に対し $a+b=b+a$ が成り立つ．

(5)　(掛け算の結合則) 任意の $a,b,c\in\mathbb{K}$ に対し $(a\times b)\times c=a\times(b\times c)$ が成り立つ．

(6)　(掛け算の単位元) $1\in\mathbb{K}$ という元が存在し，任意の $a\in\mathbb{K}$ に対して $1\times a=a=a\times 1$ が成り立つ．また，$1\neq 0$ であると仮定する．

(7)　(掛け算の逆元) $b\in\mathbb{K}$ が $b\neq 0$ であれば，それに対して b^{-1} と書かれる $\mathbb{K}$ の元が存在し，$b\times b^{-1}=1$ が成り立つ．$a\times(b^{-1})$ のことを単に $a\div b$，a/b あるいは $\dfrac{a}{b}$ と書くこともある．

(8)　(掛け算の交換則) 任意の $a,b\in\mathbb{K}$ に対し $a\times b=b\times a$ が成り立つ．

(9)　(分配則)　任意の $a,b,c\in\mathbb{K}$ に対し $a\times(b+c)=(a\times b)+(a\times c)$ が成り立つ．また，$(a+b)\times c=(a\times c)+(b\times c)$ が成り立つ．

$\mathbb{K}=\mathbb{R}$，$\mathbb{K}=\mathbb{C}$ のいずれの場合もこれらの公理全てが成り立つことはよく知っているであろう．今後，実数 $\mathbb{R}$ にしても複素数 $\mathbb{C}$ にしても，定義 3.1.1 の条件を満たすことは公理として，議論の前提とすることにする．

注意 3.1.2　$\mathbb{K}$ という記号についてであるが，定義 3.1.1 の条件を満たすものをドイツ語で「Körper」(体) と呼ぶので，その頭文字を取ったものである．日本語で体 (タイ) と呼ぶのはその直訳で，Körper は数学の専門用語でもあるが，同時に普通の人間の体 (カラダ) も意味するドイツ語の単語である．英語では Field と呼ばれているが，これも数学の専門用語であると同時に普通の野原を意味する単語でもある．ドイツ語も英語も最初誰がどういうつもりでこのように呼ぶことにしたのか，筆者は知らない，申し訳ない．

$\mathbb{K}$ という記号を見たら，違和感がなければ「実数 $\mathbb{R}$ か，あるいは複素数 $\mathbb{C}$ のことだ」と思ってもらえば良いし，複素数もいやだな，と感じるのであれば「$\mathbb{K}$ とは実数 $\mathbb{R}$ のことだ」と思って読み進めてもらっても一向に構わない．(そして あとで必要になったら，「$\mathbb{K}$ として証明してあるから，複素数でも大丈夫」と思って使ってもらって良い．得した気分でしょ？）本書では $\mathbb{K}$ という記号を使っている限りは上記の条件 (0)〜(9) のみを用いて議論することを約束する．実際，代数の議論の中で，実数の特殊性とか複素数の特殊性とかがどうしても必要になるケースはそう多くはない．必要が生じた時のみ「ここは係数は実数」とか「ここは複素数」とか限定することにする．

本書のここまでで結合則や交換則や分配則の証明をうるさく感じていた読者にとって，これらを「公理」として前提条件に追いやってしまって一安心，と感じられるかもしれないが，実はそれ以上のメリットがある．実数，複素数以外にも，上記と同じ公理を満たす体系があるのだ．例えば有理数 $\mathbb{Q}=\{\dfrac{n}{m}\mid n,m\in\mathbb{Z},m\neq 0\}\subset\mathbb{R}$ も同じ公理を満たし，有理数を係数とする線型代数は，ガロア理論の強力な武器になる．もっとおかしな例は，$\{0,1\}$ という2つだけの元に対して，$0+0=1+1=0$, $0+1=1+0=1$, $0\times 0=0\times 1=1\times 0=0$, $1\times 1=1$ というように演算を定めると，公理 (0)〜(9) を全て満たす．「0とは偶数の意味であり，1とは奇数の意味である」という解釈があって，それを使うと (0)〜(6) と (8), (9) はだいたい辻褄が合うが，(7) で「$\text{奇数}^{-1}=\text{奇数}$ であり，$\dfrac{\text{奇数}}{\text{奇数}}=\text{奇数}$ とも書く」というところに違和感を感じる読者もあるだろう．一般に奇数を奇数で割り算しても，割り切れる場合は確かに奇数になるが，割り切れない場合は奇数どころか整数にもならないからだ．ここでは，「$\{0,1\}$ をスカラーとする線型代数は，乱数や符号などの現実世界への応用においても大活躍している」ということだけ指摘しておこう．公理 (7) は，割り算で書く書き方には違和感はあるかも知れないが，実際に主張している内容は「偶数か奇数かに奇数をかけて答が奇数になったら，実は元の数は奇数であった[1]」ということだけなので，少なくとも間違ってはいないのである．

公理 3.1.1 から，次の性質も成り立つことがわかる．実数や複素数の場合は当然成り立つので公理の一部だと思って自由に使ってもらって構わない．気になる読者は練習問題を解くか，あるいはその解答をこっそり見ていただきたい．

---

[1]「$a\div b$」とは「何に b をかけたら a になるか？」というなぞなぞだ，というのが割り算の定義である．ちなみに，0で割ってはいけない，というのはこの定義が理由である．「何に0をかけたら0になるか？」と言われたって，2でも3でも0をかけたら0なので，元の数がわかるわけがない．ましてや「ある数に0をかけたら1になった」って，変でしょ．

系 3.1.3

(1)　足し算の単位元 0 はただ一つしか存在しない．

(2)　それぞれの $a \in \mathbb{K}$ に対し，a の足し算に関する逆元 $-a$ はただ一つしか存在しない．

(3)　任意の $a \in \mathbb{K}$ に対し，$0 \times a = 0 = a \times 0$ が成り立つ．

(4)　任意の $a \in \mathbb{K}$ に対し，a の足し算に関する逆元 $-a$ は $(-1) \times a$ である．ここで -1 は，掛け算の単位元 1 の，足し算に関する逆元である．

問 3.1.4　系 3.1.3 を公理 3.1.1 を用いて証明せよ．

§3.2　n 次元数線型空間

n 次元数線型空間とは，係数を n 個縦に並べたもの全体がなすベクトル空間である．2 次元，3 次元に対しては平面や空間の直感が使えるが，4 次元以上に対してはもはやそのような直感は使えない．逆に言うと，「4 次元の世界」を考えるために異常な空想力や妄想力は必要ない．単に実数を 4 つ並べて $\begin{pmatrix} x \\ y \\ z \\ t \end{pmatrix}$ というベクトルを考えれば，それが 4 次元の点をあらわすのである．

定義 3.2.1

n 次元ベクトル空間とは，$\mathbb{K}^n$ のこと，すなわち係数を n 個縦に並べて作ったベクトル $\begin{pmatrix} x_1 \\ x_2 \\ \vdots \\ x_n \end{pmatrix}$ 全体がなす集合のことである．

$$\mathbb{K}^n = \left\{ \begin{pmatrix} x_1 \\ x_2 \\ \vdots \\ x_n \end{pmatrix} \middle| \, x_1, \ldots, x_n \in \mathbb{K} \right\}.$$

足し算は

$$\begin{pmatrix} x_1 \\ x_2 \\ \vdots \\ x_n \end{pmatrix} + \begin{pmatrix} y_1 \\ y_2 \\ \vdots \\ y_n \end{pmatrix} = \begin{pmatrix} x_1 + y_1 \\ x_2 + y_2 \\ \vdots \\ x_n + y_n \end{pmatrix}$$

スカラー倍は，ベクトル $\begin{pmatrix} x_1 \\ x_2 \\ \vdots \\ x_n \end{pmatrix}$ と係数 $r \in \mathbb{K}$ に対して，

$$r\begin{pmatrix} x_1 \\ x_2 \\ \vdots \\ x_n \end{pmatrix} = \begin{pmatrix} rx_1 \\ rx_2 \\ \vdots \\ rx_n \end{pmatrix}$$

と定義する．

つまり，ベクトルの足し算とスカラー倍を，成分毎の足し算，成分毎のスカラー倍として定義するのである．幾何ベクトルの足し算・スカラー倍（命題1.3.3）も同じ性質を持つので，これまでの定義を n 次元に拡張したことになっている．

ベクトルは太文字で $\boldsymbol{a}, \boldsymbol{b}, \boldsymbol{v}, \boldsymbol{x}$ などの記号であらわす．

また，時には係数が横に並んだベクトルを扱うこともあるが，その時には ${}^t\boldsymbol{a}$ のような記号で区別する．左側の肩に t をつけるのは，今は縦のものを横にする記号だ，と思ってもらって良い．$\boldsymbol{a} = \begin{pmatrix} 1 \\ 2 \end{pmatrix}$ ならば ${}^t\boldsymbol{a} = (1,2)$ となる．記号の正確な意味は，§3.4「行列の転置と実ベクトルの標準内積」をごらんいただきたい．縦に数が並んだベクトルを列ベクトル，横に数が並んだベクトルを行ベクトルと呼ぶ．

命題 3.2.2

ベクトルの足し算とスカラー倍について，次の性質が成り立つ．

(1) （足し算の結合則）$\boldsymbol{u}, \boldsymbol{v}, \boldsymbol{w} \in \mathbb{K}^n$ に対して $(\boldsymbol{u}+\boldsymbol{v})+\boldsymbol{w} = \boldsymbol{u}+(\boldsymbol{v}+\boldsymbol{w})$ が成り立つ．

(2) （ゼロベクトルの存在）ゼロベクトルと呼ばれるベクトル $\boldsymbol{0}$ が存在し，任意のベクトル $\boldsymbol{v}$ に対して $\boldsymbol{0}+\boldsymbol{v} = \boldsymbol{v}$ が成り立つ．ゼロベクトルとしては，全ての成分が0というベクトル $\boldsymbol{0} = \begin{pmatrix} 0 \\ 0 \\ \vdots \\ 0 \end{pmatrix}$ とすれば良い．

(3) （逆ベクトルの存在）任意のベクトル $\boldsymbol{v}$ に対してその逆ベクトルと呼ばれるベクトル $\boldsymbol{w}$ が存在し，$\boldsymbol{v}+\boldsymbol{w} = \boldsymbol{0}$ が成り立つ．$\boldsymbol{v}$ の -1 によるスカラー倍 $(-1)\boldsymbol{v}$ が $\boldsymbol{v}$ の逆ベクトルとなる．今後，簡単のため $(-1)\boldsymbol{v}$ のことを単に $-\boldsymbol{v}$ と書く．

(4) （足し算の交換則）$\boldsymbol{v}, \boldsymbol{w} \in \mathbb{K}^n$ に対して $\boldsymbol{v}+\boldsymbol{w} = \boldsymbol{w}+\boldsymbol{v}$ が成り立つ．

(5)（ベクトルの足し算についての分配則）任意のベクトル $\boldsymbol{v},\boldsymbol{w}\in\mathbb{K}^n$ とスカラー $r\in\mathbb{K}$ に対し $r(\boldsymbol{v}+\boldsymbol{w})=r\boldsymbol{v}+r\boldsymbol{w}$ が成り立つ.
(6)（スカラーの足し算についての分配則）任意のベクトル $\boldsymbol{v}\in\mathbb{K}^n$ とスカラー $r,s\in\mathbb{K}$ に対して $(r+s)\boldsymbol{v}=r\boldsymbol{v}+s\boldsymbol{v}$ が成り立つ.
(7)（スカラー倍の合成）任意のベクトル $\boldsymbol{v}\in\mathbb{K}^n$ とスカラー $r,s\in\mathbb{K}$ に対して $(rs)\boldsymbol{v}=r(s\boldsymbol{v})$ が成り立つ.
(8)（1 倍）任意のベクトル $\boldsymbol{v}\in\mathbb{K}^n$ を $1\in\mathbb{K}$ でスカラー倍しても不変である. すなわち $1\boldsymbol{v}=\boldsymbol{v}$ が成り立つ.

証明　定義通りにきちんと計算すると，公理 3.1.1 に帰着されることになる. 例えば (4) だと，$\boldsymbol{v}=\begin{pmatrix}x_1\\ \vdots\\ x_n\end{pmatrix}$，$\boldsymbol{w}=\begin{pmatrix}y_1\\ \vdots\\ y_n\end{pmatrix}$ とおくと，

$$\begin{aligned}\boldsymbol{v}+\boldsymbol{w}=\begin{pmatrix}x_1\\ \vdots\\ x_n\end{pmatrix}+\begin{pmatrix}y_1\\ \vdots\\ y_n\end{pmatrix}&=\begin{pmatrix}x_1+y_1\\ \vdots\\ x_n+y_n\end{pmatrix} && \text{(ベクトルの足し算の定義)}\\ &=\begin{pmatrix}y_1+x_1\\ \vdots\\ y_n+x_n\end{pmatrix} && \text{(公理 3.1.1(4))}\\ &=\begin{pmatrix}y_1\\ \vdots\\ y_n\end{pmatrix}+\begin{pmatrix}x_1\\ \vdots\\ x_n\end{pmatrix} && \text{(ベクトルの足し算の定義)}\\ &=\boldsymbol{w}+\boldsymbol{v}\end{aligned}$$

といった具合である. (1)〜(8) の証明は練習問題としておこう.　□

問 3.2.3　命題 3.2.2 の (1)〜(8) を，公理 3.1.1（それと必要に応じて系 3.1.3(4)）を用いて証明せよ.

定義 3.2.4

$\mathbb{K}^n$ のベクトル $\boldsymbol{e}_1=\begin{pmatrix}1\\0\\ \vdots\\0\end{pmatrix}$，$\boldsymbol{e}_2=\begin{pmatrix}0\\1\\ \vdots\\0\end{pmatrix}$，$\ldots$，$\boldsymbol{e}_n=\begin{pmatrix}0\\0\\ \vdots\\1\end{pmatrix}$ を $\mathbb{K}^n$ の n **項単位ベクトル**と呼ぶ. すなわち $i=1,2,\ldots,n$ に対して $\boldsymbol{e}_i$ は第 i 成分が 1 で他の成分が 0 となるようなベクトルとする. n が脈絡から明らかな場合，あるいは n をあまりはっきり言いたくない場合，n 項単位ベクトルのことを**標準単位ベクトル**とも呼ぶ.

定義 3.2.5

ベクトル $\boldsymbol{v}_1, \boldsymbol{v}_2, \ldots, \boldsymbol{v}_k \in \mathbb{K}^n$ に対して，$\boldsymbol{v}_1, \ldots, \boldsymbol{v}_k$ の**線型結合**とはスカラー $r_1, r_2, \ldots, r_k \in \mathbb{K}$ により $r_1\boldsymbol{v}_1 + r_2\boldsymbol{v}_2 + \cdots + r_k\boldsymbol{v}_k$ とあらわされるベクトルの表示のこと．

注意 3.2.6 うるさく言うと，定義 3.2.5 の「$r_1\boldsymbol{v}_1 + r_2\boldsymbol{v}_2 + \cdots + r_k\boldsymbol{v}_k$」のような表記ができる（つまりどの足し算から計算し始めるかを指定しない）というところで，足し算の結合則を用いている．今後，結合則のこのような使われ方については，特にことわらずに用いることにする．

補題 3.2.7

$\mathbb{K}^n$ の任意のベクトルは n 項単位ベクトルの線型結合としてただ一通りにあらわされる．

証明 $\boldsymbol{v} = \begin{pmatrix} x_1 \\ x_2 \\ \vdots \\ x_n \end{pmatrix}$ は

$$\boldsymbol{v} = \begin{pmatrix} x_1 \\ x_2 \\ \vdots \\ x_n \end{pmatrix} = x_1 \begin{pmatrix} 1 \\ 0 \\ \vdots \\ 0 \end{pmatrix} + x_2 \begin{pmatrix} 0 \\ 1 \\ \vdots \\ 0 \end{pmatrix} + \cdots + x_n \begin{pmatrix} 0 \\ 0 \\ \vdots \\ 1 \end{pmatrix} = x_1\boldsymbol{e}_1 + x_2\boldsymbol{e}_2 + \cdots + x_n\boldsymbol{e}_n$$

と，確かに n 項単位ベクトルの線型結合としてあらわされる．$\boldsymbol{v}$ を n 項単位ベクトルの線型結合としてあらわしたときの $\boldsymbol{e}_i$ の係数は $\boldsymbol{v}$ の x_i 成分に等しいので，線型結合してのあらわしかたはこの一通りに限られる． □

第2章で，2×2 行列を $\mathbb{R}^2$ から $\mathbb{R}^2$ への写像で，定数項がない1次式であらわされるもの，として定義した．それを次のように一般化することができる．

定義 3.2.8

括弧 () の中に，横に m 列，縦に n 行，計 nm 個の数を並べたものを**行列**，あるいは $n\times m$ **行列**と呼ぶ．上から i 行目，左から j 列目に入っている数をこの行列の (i,j) **成分**と呼ぶ．(i,j) 成分が $a_{i,j}$ となる行列

$$A = \begin{pmatrix} a_{1,1} & a_{1,2} & \cdots & a_{1,m} \\ a_{2,1} & a_{2,2} & \cdots & a_{2,m} \\ \vdots & \vdots & \ddots & \vdots \\ a_{n,1} & a_{n,2} & \cdots & a_{n,m} \end{pmatrix}$$

を，単に $A=(a_{i,j})$ と表記することもある．この表記 $A=(a_{i,j})$ を A の**成分表示**とよぶ．

また，この A から一列，例えば j 列目を取り出した $\boldsymbol{a}_j = \begin{pmatrix} a_{1,j} \\ \vdots \\ a_{n,j} \end{pmatrix}$ を，A の（第 j）**列ベクトル**と呼ぶ．これらの列ベクトルを用いて $A=(\boldsymbol{a}_1, \boldsymbol{a}_2, \ldots, \boldsymbol{a}_m)$ というようにあらわすことを，A の**列ベクトル表示**とよぶ．

また，A の上から i 行目 ${}^t\boldsymbol{b}_i = (a_{i,1}, \ldots, a_{i,m})$ を A の（第 i）**行ベクトル**と呼び，行列 A を $A = \begin{pmatrix} {}^t\boldsymbol{b}_1 \\ \vdots \\ {}^t\boldsymbol{b}_n \end{pmatrix}$ とあらわすことを，A の**行ベクトル表示**と呼ぶ．

$n \times m$ 行列 $A=(a_{i,j})$ と $\boldsymbol{v} = \begin{pmatrix} x_1 \\ \vdots \\ x_m \end{pmatrix} \in \mathbb{K}^m$ に対して $A\boldsymbol{v} \in \mathbb{K}^n$ を

$$A\boldsymbol{v} = \begin{pmatrix} a_{1,1}x_1 + a_{1,2}x_2 + \cdots + a_{1,m}x_m \\ \vdots \\ a_{n,1}x_1 + a_{n,2}x_2 + \cdots + a_{n,m}x_m \end{pmatrix}$$

と定義する．これにより，$n \times m$ 行列 A は $\boldsymbol{v} \in \mathbb{K}^m$ を $A\boldsymbol{v} \in \mathbb{K}^n$ へ送る写像であるとみなす．

注意 3.2.9　行列の (i,j) 成分と言ったら，まず i だけ下へ進み，それから j だけ右へ進む．国際的にそのように決まっているので，体で覚え込んで欲しい．

(i,j) 成分は、
まず i だけ下へ行き、
次に j だけ右へ行く

$$i=5 \quad \begin{pmatrix} 1 & 3 & 2 & 5 & 7 & 0 & 7 & 3 & 3 \\ 4 & 2 & 1 & 9 & 3 & 2 & 8 & 1 & 8 \\ 5 & 2 & 7 & 4 & 1 & 9 & 0 & 2 & 4 \\ 6 & 2 & 5 & 2 & 9 & 1 & 0 & 9 & 3 \\ 8 & 3 & 0 & 1 & 1 & 5 & 6 & 1 & 2 \\ 8 & 9 & 1 & 9 & 2 & 7 & 8 & 3 & 0 \end{pmatrix}$$

$j=8$

左の行列の
(5, 8) 成分は 1

行列が定める写像の計算は，次の図のようにあらわされる．線型代数におけるもっとも基本的な計算スキルであるので，定義を間違いなく適用して計算できるように，よく練習しておいてもらいたい．

行列が定める写像 $\begin{pmatrix} a_{1,1} & \cdots\cdots & a_{1,m} \\ a_{2,1} & \cdots\cdots & a_{2,m} \\ \vdots & & \vdots \\ a_{n,1} & \cdots\cdots & a_{n,m} \end{pmatrix}\begin{pmatrix} x_1 \\ \vdots \\ x_m \end{pmatrix}$ の計算

第1成分は $\begin{pmatrix} a_{1,1} & \cdots\cdots & a_{1,m} \\ a_{2,1} & \cdots\cdots & a_{2,m} \\ \vdots & & \vdots \\ a_{n,1} & \cdots\cdots & a_{n,m} \end{pmatrix}\begin{pmatrix} x_1 \\ \vdots \\ x_m \end{pmatrix}$ $a_{1,1}x_1+a_{1,2}x_2+\cdots+a_{1,m}x_m$

第2成分は $\begin{pmatrix} a_{1,1} & \cdots\cdots & a_{1,m} \\ a_{2,1} & \cdots\cdots & a_{2,m} \\ \vdots & & \vdots \\ a_{n,1} & \cdots\cdots & a_{n,m} \end{pmatrix}\begin{pmatrix} x_1 \\ \vdots \\ x_m \end{pmatrix}$ $a_{2,1}x_1+a_{2,2}x_2+\cdots+a_{2,\ m}x_m$

$\vdots$ $\vdots$ $\vdots$

第 n 成分は $\begin{pmatrix} a_{1,1} & \cdots\cdots & a_{1,m} \\ a_{2,1} & \cdots\cdots & a_{2,m} \\ \vdots & & \vdots \\ a_{n,1} & \cdots\cdots & a_{n,m} \end{pmatrix}\begin{pmatrix} x_1 \\ \vdots \\ x_m \end{pmatrix}$ $a_{n,1}x_1+a_{n,2}x_2+\cdots+a_{n,m}x_m$

問 3.2.10 次の計算を行え．

(1) $\begin{pmatrix} 2 & 1 & 3 \\ 4 & 1 & 5 \end{pmatrix}\begin{pmatrix} 2 \\ 3 \\ 1 \end{pmatrix}$ (2) $\begin{pmatrix} 2 & 1 \\ 3 & 2 \\ 4 & 3 \end{pmatrix}\begin{pmatrix} 5 \\ 1 \end{pmatrix}$ (3) $\begin{pmatrix} 1 & 2 & 3 & 4 & 5 \end{pmatrix}\begin{pmatrix} 5 \\ 4 \\ 3 \\ 2 \\ 1 \end{pmatrix}$

定義 3.2.11

m 次元ベクトル空間 $\mathbb{K}^m$ から n 次元ベクトル空間 $\mathbb{K}^n$ への写像 $F:\mathbb{K}^m\to\mathbb{K}^n$ が**線型写像**であるとは，F がベクトルの足し算とスカラー倍とを保つこと．すなわち，$\boldsymbol{v},\boldsymbol{w}\in\mathbb{K}^m$ に対し $F(\boldsymbol{v}+\boldsymbol{w})=F(\boldsymbol{v})+F(\boldsymbol{w})$ が成り立ち，またベクトル $\boldsymbol{v}\in\mathbb{K}^m$ とスカラー $r\in\mathbb{K}$ に対し $F(r\boldsymbol{v})=rF(\boldsymbol{v})$ が成り立つこと．

標語的に言い換えると，写像 $F:\mathbb{K}^m\to\mathbb{K}^n$ が線型写像であるとは，次の 2 条件を満たすことである．

(1) 2 つのベクトルを先に足してから F で送ったものと，先にそれぞれ F で送ってから足したものとが同じになる．
(2) ベクトルを先にスカラー倍してから F で送ったものと，先に F で送ってからスカラー倍したものとが同じになる．

定理 3.2.12

$n\times m$ 行列 A が定める写像 $A:\mathbb{K}^m\to\mathbb{K}^n$ は線型写像である．逆に $F:\mathbb{K}^m\to\mathbb{K}^n$ が線型写像であれば，F はある行列 A が定める線型写像に一致する．しかも F が与えられたとき，F をあらわす行列 A はただ一つに限られる．これにより，$\mathbb{K}^m$ から $\mathbb{K}^n$ への線型写像全体と $n\times m$ 行列全体とが一対一に対応する．

証明　まず，行列が定める写像が足し算とスカラー倍とを保つことを示す．

$A=\begin{pmatrix}a_{1,1}&\cdots&a_{1,m}\\ \vdots&\ddots&\vdots\\ a_{n,1}&\cdots&a_{n,m}\end{pmatrix}$，$\boldsymbol{v}=\begin{pmatrix}x_1\\ \vdots\\ x_m\end{pmatrix}$，$\boldsymbol{w}=\begin{pmatrix}y_1\\ \vdots\\ y_m\end{pmatrix}$ とおくと，

$$
\begin{aligned}
A(\boldsymbol{v}+\boldsymbol{w})&=\begin{pmatrix}a_{1,1}&\cdots&a_{1,m}\\ \vdots&\ddots&\vdots\\ a_{n,1}&\cdots&a_{n,m}\end{pmatrix}\begin{pmatrix}x_1+y_1\\ \vdots\\ x_m+y_m\end{pmatrix} && (A\text{ と }\boldsymbol{v}+\boldsymbol{w}\text{ の定義})\\
&=\begin{pmatrix}a_{1,1}(x_1+y_1)+\cdots+a_{1,m}(x_m+y_m)\\ \vdots\\ a_{n,1}(x_1+y_1)+\cdots+a_{n,m}(x_m+y_m)\end{pmatrix} && (\text{行列が定める写像の定義})\\
&=\begin{pmatrix}a_{1,1}x_1+\cdots+a_{1,m}x_m\\ \vdots\\ a_{n,1}x_1+\cdots+a_{n,m}x_m\end{pmatrix}+\begin{pmatrix}a_{1,1}y_1+\cdots+a_{1,m}y_m\\ \vdots\\ a_{n,1}y_1+\cdots+a_{n,m}y_m\end{pmatrix} && \begin{pmatrix}\text{公理 3.1.1(4),(9) とベ}\\ \text{クトルの和の定義}\end{pmatrix}\\
&=A\boldsymbol{v}+A\boldsymbol{w} && (\text{行列が定める写像の定義})
\end{aligned}
$$

により，足し算が保たれる．また，$r\in\mathbb{K}$ をスカラーとすると

$$
\begin{aligned}
A(r\boldsymbol{v})&=\begin{pmatrix}a_{1,1}&\cdots&a_{1,m}\\ \vdots&\ddots&\vdots\\ a_{n,1}&\cdots&a_{n,m}\end{pmatrix}\begin{pmatrix}rx_1\\ \vdots\\ rx_m\end{pmatrix} && (A\text{ と }r\boldsymbol{v}\text{ の定義})\\
&=\begin{pmatrix}a_{1,1}rx_1+\cdots+a_{1,m}rx_m\\ \vdots\\ a_{n,1}rx_1+\cdots+a_{n,m}rx_m\end{pmatrix} && (\text{行列 }A\text{ が定める写像の定義})\\
&=r\begin{pmatrix}a_{1,1}x_1+\cdots+a_{1,m}x_m\\ \vdots\\ a_{n,1}x_1+\cdots+a_{n,m}x_m\end{pmatrix} && \begin{pmatrix}\text{公理 3.1.1(5),(8),(9) と}\\ \text{ベクトルのスカラー倍の定義}\end{pmatrix}
\end{aligned}
$$

$$= r(A\boldsymbol{v}) \qquad \text{(行列 } A \text{ が定める写像の定義)}$$

となるので，スカラー倍も保たれる．よって，行列 A が定める写像 $\mathbb{K}^m \to \mathbb{K}^n$ は線型写像となる．

逆に $F: \mathbb{K}^m \to \mathbb{K}^n$ は線型写像であるとする．$\boldsymbol{e}_j \in \mathbb{K}^m$ は $\mathbb{K}^m$ の m 項単位ベクトル，$\boldsymbol{f}_i \in \mathbb{K}^n$ は $\mathbb{K}^n$ の n 項単位ベクトルであるとする．補題 3.2.7 により，$F(\boldsymbol{e}_j)$ は $\boldsymbol{f}_1, \ldots, \boldsymbol{f}_n$ の線型結合としてあらわされるので，その表示を

$$F(\boldsymbol{e}_j) = a_{1,j}\boldsymbol{f}_1 + a_{2,j}\boldsymbol{f}_2 + \cdots + a_{n,j}\boldsymbol{f}_n$$

と書くことによって，スカラー $a_{i,j} \in \mathbb{K}$ を定める $(i = 1, 2, \ldots, n,\ j = 1, 2, \ldots, m)$．行列 A を $A = (a_{i,j})$ と定めるとき，任意の $\boldsymbol{v} \in \mathbb{K}^m$ に対し $F(\boldsymbol{v}) = A\boldsymbol{v}$ となることを示そう．$\boldsymbol{v} = \begin{pmatrix} x_1 \\ \vdots \\ x_m \end{pmatrix}$ とすると，$\boldsymbol{v} = x_1\boldsymbol{e}_1 + \cdots + x_m\boldsymbol{e}_m$ なので

$$\begin{aligned}
F(\boldsymbol{v}) &= F(x_1\boldsymbol{e}_1 + \cdots + x_m\boldsymbol{e}_m) && (\boldsymbol{v} \text{ の表示}) \\
&= x_1F(\boldsymbol{e}_1) + x_2F(\boldsymbol{e}_2) + \cdots + x_mF(\boldsymbol{e}_m) && (F \text{ の線型性}) \\
&= x_1(a_{1,1}\boldsymbol{f}_1 + \cdots + a_{n,1}\boldsymbol{f}_n) + \cdots + x_m(a_{1,m}\boldsymbol{f}_1 + \cdots + a_{n,m}\boldsymbol{f}_n) && (a_{i,j} \text{ の定義}) \\
&= (a_{1,1}x_1 + \cdots + a_{1,m}x_m)\boldsymbol{f}_1 + \cdots + (a_{n,1}x_1 + \cdots + a_{n,m}x_m)\boldsymbol{f}_n \\
& && \text{(命題 3.2.2(1),(4),(5),(6),(7), 公理 3.1.1(8))} \\
&= \begin{pmatrix} a_{1,1}x_1 + \cdots + a_{1,m}x_m \\ \vdots \\ a_{n,1}x_1 + \cdots + a_{n,m}x_m \end{pmatrix} && (\boldsymbol{f}_i \text{ の定義とベクトルの和・スカラー倍の定義}) \\
&= A\boldsymbol{v} && (A \text{ が定める写像の定義})
\end{aligned}$$

以上により，線型写像 F は行列 A によってあらわされることがわかった．

最後に，F をあらわす行列がただ一つに限られることを示すには，2つの相異なる行列 A と B が，相異なる写像を定めることを言えば良い．$A = (a_{i,j}), B = (b_{i,j})$ と成分表示したとき，$A \neq B$ とは，ある (i,j) について $a_{i,j} \neq b_{i,j}$ が成り立っている，ということである．このとき，m 項単位ベクトル $\boldsymbol{e}_j$ をとって $A\boldsymbol{e}_j$ と $B\boldsymbol{e}_j$ を計算すると $A\boldsymbol{e}_j = \begin{pmatrix} a_{1,j} \\ \vdots \\ a_{n,j} \end{pmatrix}$, $B\boldsymbol{e}_j = \begin{pmatrix} b_{1,j} \\ \vdots \\ b_{n,j} \end{pmatrix}$ であり，その第 i 成分が相異なるので $A\boldsymbol{e}_j \neq B\boldsymbol{e}_j$ である．同じベクトルを相異なるベクトルへうつすので，A が定める写像と B が定める写像は相異なる． □

この定理により，$n \times m$ 行列 A と，$\mathbb{K}^m \to \mathbb{K}^n$ なる線型写像とは同一視できるこ

とがわかる．以下，A が行列であるときに，A が定める線型写像のことも同じ記号 A であらわすことにする．

命題 3.2.13

$n\times m$ 行列 A の第 i 行目は，$A\boldsymbol{v}$ の第 i 成分を $\boldsymbol{v}=\begin{pmatrix}x_1\\ \vdots\\ x_m\end{pmatrix}$ の成分 $x_1,\ldots,x_m$ の 1 次式と見て，その係数を並べたものである．一方，A の第 j 列は，A によって j 番目の m 項単位ベクトル $\boldsymbol{e}_j$ を送った像 $A\boldsymbol{e}_j$ に等しい．

より一般に，$n\times m$ 行列 A を $A=(\boldsymbol{a}_1,\boldsymbol{a}_2,\ldots,\boldsymbol{a}_m)$ と列ベクトル表示するとき，

$$A\begin{pmatrix}x_1\\ \vdots\\ x_m\end{pmatrix}=x_1\boldsymbol{a}_1+x_2\boldsymbol{a}_2+\cdots+x_m\boldsymbol{a}_m$$

が成り立つ．

証明　$A=(a_{i,j})$ のとき，$\boldsymbol{v}=\begin{pmatrix}x_1\\ \vdots\\ x_m\end{pmatrix}$ に対し $A\boldsymbol{v}$ の第 i 行目は定義より $a_{i,1}x_1+a_{i,2}x_2+\cdots+a_{i,m}x_m$ なので，その係数の列 $(a_{i,1},a_{i,2},\ldots,a_{i,m})$ は，まさに A の第 i 行である（というか，そもそもそのように定義した）．また，$A\boldsymbol{e}_j$ を計算すると，その第 i 成分は

$$a_{i,1}\times 0+a_{i,2}\times 0+\cdots+a_{i,j-1}\times 0+a_{i,j}\times 1+a_{i,j+1}\times 0+\cdots+a_{i,m}\times 0=a_{i,j}$$

となるので，$A\boldsymbol{e}_j=\begin{pmatrix}a_{1,j}\\ \vdots\\ a_{n,j}\end{pmatrix}$ となる．これはまさに A の第 j 列である．

$$\begin{pmatrix}x_1\\ x_2\\ \vdots\\ x_{m-1}\\ x_m\end{pmatrix}=\begin{pmatrix}x_1\\ 0\\ 0\\ \vdots\\ 0\end{pmatrix}+\begin{pmatrix}0\\ x_2\\ 0\\ \vdots\\ 0\end{pmatrix}+\cdots+\begin{pmatrix}0\\ 0\\ \vdots\\ 0\\ x_m\end{pmatrix}=x_1\boldsymbol{e}_1+\cdots+x_m\boldsymbol{e}_m$$

なので A の線型性を用いて次のように計算できる．

$$\begin{aligned}A\begin{pmatrix}x_1\\ \vdots\\ x_m\end{pmatrix}&=A(x_1\boldsymbol{e}_1+\cdots+x_m\boldsymbol{e}_m)\\ &=A(x_1\boldsymbol{e}_1)+\cdots+A(x_m\boldsymbol{e}_m)\qquad(A\text{ は和を保つ})\\ &=x_1A\boldsymbol{e}_1+\cdots+x_mA\boldsymbol{e}_m\qquad(A\text{ はスカラー倍を保つ})\end{aligned}$$

$$=x_1\boldsymbol{a}_1+\cdots+x_m\boldsymbol{a}_m \qquad \text{(この命題の前半)}$$ □

定理 3.2.12 の応用として，次のように自然に行列の積が定義できる．

系-定義 3.2.14

A が $n\times m$ 行列，B が $m\times\ell$ 行列のとき，線型写像 B と A の合成 $A\circ B$: $\mathbb{K}^\ell\to\mathbb{K}^n$ も線型写像である．写像の合成 $A\circ B$ は，ある $n\times\ell$ 行列によってあらわされ，しかもその行列はただ一つに限られる．$A\circ B$ をあらわす行列を AB とあらわし，A と B の**積**，と定義する．B の第 j 列を $\boldsymbol{b}_j$ とあらわす，すなわち，$B=(\boldsymbol{b}_1,\boldsymbol{b}_2,\ldots,\boldsymbol{b}_\ell)$ であるとするとき，AB の第 k 列は $A\boldsymbol{b}_k$ である．すなわち，$AB=(A\boldsymbol{b}_1,A\boldsymbol{b}_2,\ldots,A\boldsymbol{b}_\ell)$ である．$A=(a_{i,j})$，$B=(b_{j,k})$ と成分表示したとき，(i,j,k は $i\in\{1,2,\ldots,n\}$，$j\in\{1,2,\ldots,m\}$，$k\in\{1,2,\ldots,\ell\}$ の範囲で動く)，AB の (i,k) 成分は $\displaystyle\sum_{j=1}^{m}a_{i,j}b_{j,k}$ とあらわされる．

証明　$A\circ B$ が線型写像であることを示すには，$A\circ B$ が足し算とスカラー倍を保つことを示せば良い．A と B がそれぞれ足し算とスカラー倍を保つので，両方を合成してもやはり足し算とスカラー倍を保っている．式でちゃんと書くと，$\boldsymbol{v},\boldsymbol{w}\in\mathbb{K}^\ell$ に対して

$$\begin{aligned}(AB)(\boldsymbol{v}+\boldsymbol{w})&=A(B(\boldsymbol{v}+\boldsymbol{w}))=A((B\boldsymbol{v})+(B\boldsymbol{w}))=(A(B\boldsymbol{v}))+(A(B\boldsymbol{w}))\\&=(AB)\boldsymbol{v}+(AB)\boldsymbol{w}\end{aligned}$$

となり，足し算を保つ．また $r\in\mathbb{K}$ に対し

$$(AB)(r\boldsymbol{v})=A(B(r\boldsymbol{v}))=A(r(B\boldsymbol{v}))=r(A(B\boldsymbol{v}))=r((AB)\boldsymbol{v})$$

となり，スカラー倍も保つ．

定理 3.2.12 により，線型写像 $A\circ B:\mathbb{K}^\ell\to\mathbb{K}^n$ は，ある $n\times\ell$ 行列 AB によってあらわされ，しかも $A\circ B$ をあらわす行列 AB はただ 1 つに定まる．

行列 AB の第 k 列を求めるには，命題 3.2.13 により $(AB)\boldsymbol{e}_k$ を計算すれば良い．写像 AB は A と B の合成なので，$(AB)\boldsymbol{e}_k=A(B\boldsymbol{e}_k)=A\boldsymbol{b}_k$ である．行列 AB の (i,k) 成分とはこのベクトルの第 i 成分であり，

$$a_{i,1}b_{1,k}+a_{i,2}b_{2,k}+\cdots+a_{i,m}b_{m,k}=\sum_{j=1}^{m}a_{i,j}b_{j,k}$$

と計算される. □

特に $B=(\boldsymbol{b}_1,\boldsymbol{b}_2,\ldots,\boldsymbol{b}_\ell)$ と列ベクトル表示すれば $A(\boldsymbol{b}_1,\boldsymbol{b}_2,\ldots,\boldsymbol{b}_\ell)=(A\boldsymbol{b}_1,A\boldsymbol{b}_2,\ldots,A\boldsymbol{b}_\ell)$ という式により，行列とベクトルの積の計算ができれば，それを一列ずつ行うことによって，行列と行列の積も計算できる，というわけである．これも線型代数の基本的なスキルであるので，行列の掛け算をちゃんと計算できるようにしておいていただきたい．

問 3.2.15　次の計算をせよ．

(1) $\begin{pmatrix}1&2&3\\2&3&4\end{pmatrix}\begin{pmatrix}3&4\\4&5\\5&6\end{pmatrix}$　(2) $\begin{pmatrix}3&4\\4&5\\5&6\end{pmatrix}\begin{pmatrix}1&2&3\\2&3&4\end{pmatrix}$　(3) $\begin{pmatrix}5\\4\\3\\2\\1\end{pmatrix}\begin{pmatrix}1&2&3&4&5\end{pmatrix}$

系 3.2.16

行列の積は交換則は満たさないが，結合則を満たす．

証明　この章で導入した行列の積は，第 2 章で導入した 2×2 行列の積の一般化なので，注意 2.2.9 で与えた 2×2 行列での交換則に対する反例が，ここでも反例となる．結合則の証明も系 2.2.14 と同様であるが，重要なことであるので繰り返しておこう．

まず，行列の積は写像の合成として定義されているので，計算するまでもなく結合則が成り立つ．A は $n\times m$ 行列，B は $m\times\ell$ 行列，C は $\ell\times k$ 行列とするとき，$(AB)C$ は $\mathbb{K}^k$ から $\mathbb{K}^n$ への写像であって，$\boldsymbol{v}\in\mathbb{K}^k$ を，まず C で $\mathbb{K}^\ell$ へ送り，次に「まず B で $\mathbb{K}^m$ へ送り，その次に A で $\mathbb{K}^n$ へ送る」という写像を合成して $\mathbb{K}^n$ まで送る写像である．一方，$A(BC)$ は，同じ $\boldsymbol{v}\in\mathbb{K}^k$ を，まず，「まず C で $\mathbb{K}^\ell$ へ送り，次に B で $\mathbb{K}^m$ へ送る」という写像で送ってから，そのあとで A によって $\mathbb{K}^n$ へ送る，という写像である．いずれにせよ，$\boldsymbol{v}$ をまず C で送り，次に B で送り，最後に A で送る，という写像であるので，同じ写像である．

次にこの場合も念のため計算によっても確かめておこう．$A=(a_{p,q})$，$B=(b_{q,r})$, $C=(c_{r,s})$ とする．ただし，$p\in\{1,2,\ldots,n\}$, $q\in\{1,2,\ldots,m\}$, $r\in\{1,2,\ldots,\ell\}$, $s\in\{1,2,\ldots,k\}$ の範囲で動く．すると $AB=\left(\sum_{q=1}^{m}a_{p,q}b_{q,r}\right)$ であり，$(AB)C=\left(\sum_{r=1}^{\ell}\sum_{q=1}^{m}a_{p,q}b_{q,r}c_{r,s}\right)$ である．

一方，$BC = \left(\sum_{r=1}^{\ell} b_{q,r} c_{r,s} \right)$ なので，$A(BC) = \left(\sum_{q=1}^{m} a_{p,q} \sum_{r=1}^{\ell} b_{q,r} c_{r,s} \right)$ である．$(AB)C$ と $A(BC)$ とで，足し算の順番は異なるが，結局 $q \in \{1,2,\ldots,m\}$，$r \in \{1,2,\ldots,\ell\}$ という $m\ell$ 個の単項式 $a_{p,q}b_{q,r}c_{r,s}$ の和を取ったものが (p,s) 成分になっている，ということなので，$(AB)C$ と $A(BC)$ は同じ行列である． □

問 3.2.17 行列の和が結合則を満たすこと，また行列の和と積が分配則を満たすことを命題 2.2.4 および系 2.2.15 を真似して定式化し，証明せよ．また添え字を用いた直接計算も行って確かめよ．

□ ベクトルか行列か？

ベクトル $\boldsymbol{v} \in \mathbb{K}^n$ は $\boldsymbol{v} = \begin{pmatrix} x_1 \\ \vdots \\ x_n \end{pmatrix}$ と表記しているが，これでは $n \times 1$ 行列と同じ記号ではないか，と心配になる読者があるかもしれない．実際，問 3.2.10(3) の $\begin{pmatrix} 5 \\ 4 \\ 3 \\ 2 \\ 1 \end{pmatrix}$ は $\mathbb{K}^5$ のベクトルであったが，問 3.2.15(3) の $\begin{pmatrix} 5 \\ 4 \\ 3 \\ 2 \\ 1 \end{pmatrix}$ は 5×1 行列であった．どちらと解釈するかによって違いが生じるのではないか，という心配で，実際意味は2通りにとれてしまうのだが，それが深刻な問題になった，という経験は筆者にはない．ベクトル $\boldsymbol{v} \in \mathbb{K}^m$ を $m \times 1$ 行列とみなすと，これは $\mathbb{K} \to \mathbb{K}^m$ という写像で，スカラー r（ただし，このスカラーを1次元ベクトルと見なしている）を $r\boldsymbol{v}$ へ送る，という線型写像をあらわしている．特に $1 \in \mathbb{K}^1$ の行き先を見ることで，$\boldsymbol{v}$ を復元することができる．A が $n \times m$ 行列であるとき，A という写像による $\boldsymbol{v}$ の像 $A\boldsymbol{v}$ と，写像の合成（よって行列の積）$A\boldsymbol{v}$ とを比べると，ベクトル $A\boldsymbol{v}$ を行列と見なしたときに，これは r を $rA\boldsymbol{v}$ へ送る写像である．一方，行列の積 $A\boldsymbol{v}$ は r を $A(r\boldsymbol{v}) = r(A\boldsymbol{v})$ へ送る写像であり，ベクトルの写像解釈とぴったり一致するのである．

$\boldsymbol{v}$ を行列とみなすと，結合則により $(AB)\boldsymbol{v} = A(B\boldsymbol{v})$ が成り立つが，行列の積を写像の合成と定義すると，$(AB)\boldsymbol{v} = A(B\boldsymbol{v})$ は AB の定義そのものである．経験上，唯一混乱が生じたのは，「$(AB)\boldsymbol{v} = A(B\boldsymbol{v})$」という式が，定義から明らかか，それとも結合則を証明して初めてわかる非自明な式なのか，混乱してしまったことがあった，ということのみである．どちらの解釈でも正しい式であり，$\boldsymbol{v}$ をベクトルと見れば定義から明らか，$\boldsymbol{v}$ を $m \times 1$ 行列と見なせば，結合則から明らか．いずれにせよ正しい式なので，あまり深く気にする必要はないと思う．

定義 3.2.18

全ての成分が 0 であるような $n \times m$ 行列を**ゼロ行列**と呼び $\mathbf{0}$ と表す．また，縦と横が同じ $n \times n$ 行列で，(i,i) 成分が 1，その他の成分が 0 となるような行列を**単位行列**と呼び，E_n，あるいは n が脈絡からはっきりしている場合は単に E と表す．

$$\mathbf{0} = \begin{pmatrix} 0 & 0 & \cdots & 0 \\ 0 & 0 & \cdots & 0 \\ \vdots & \vdots & \ddots & \vdots \\ 0 & 0 & \cdots & 0 \end{pmatrix}, \qquad E = E_n = \begin{pmatrix} 1 & 0 & 0 & \cdots & 0 \\ 0 & 1 & 0 & \cdots & 0 \\ 0 & 0 & 1 & \cdots & 0 \\ \vdots & \vdots & \vdots & \ddots & \vdots \\ 0 & 0 & 0 & \cdots & 1 \end{pmatrix}$$

ゼロ行列は全てのベクトルをゼロベクトルへ送るような写像を表し，単位行列は全てのベクトルを自分自身へ送るような写像を表す．

§3.3　行列のブロック分け

行列 $A = \begin{pmatrix} a & 0 & 0 \\ 0 & b & c \\ 0 & d & e \end{pmatrix}$，$B = \begin{pmatrix} \alpha & 0 & 0 \\ 0 & \beta & \gamma \\ 0 & \delta & \varepsilon \end{pmatrix}$ に対し，積 AB を計算すると
$AB = \begin{pmatrix} a\alpha & 0 & 0 \\ 0 & b\beta + c\delta & b\gamma + c\varepsilon \\ 0 & d\beta + e\delta & d\gamma + e\varepsilon \end{pmatrix}$ となる．実際に計算してもらうと明らかだと思うが，A の右下隅の 2×2 部分を $A_1 = \begin{pmatrix} b & c \\ d & e \end{pmatrix}$ とおき，B の右下隅の 2×2 部分を $B_1 = \begin{pmatrix} \beta & \gamma \\ \delta & \varepsilon \end{pmatrix}$ とおくと，AB の右下隅の 2×2 部分は $A_1 B_1$ にぴったり一致する．2 列目と 3 列目をまとめてひとつのブロックだと思い，また 2 行目と 3 行目をひとつのブロックだと思って区分けすると

$$A = \left(\begin{array}{c|cc} a & 0 & 0 \\ \hline 0 & b & c \\ 0 & d & e \end{array}\right) = \left(\begin{array}{c|c} a & 0 \quad 0 \\ \hline 0 & \\ 0 & A_1 \end{array}\right), \qquad B = \left(\begin{array}{c|cc} \alpha & 0 & 0 \\ \hline 0 & \beta & \gamma \\ 0 & \delta & \varepsilon \end{array}\right) = \left(\begin{array}{c|c} \alpha & 0 \quad 0 \\ \hline 0 & \\ 0 & B_1 \end{array}\right)$$

に対して

$$AB=\left(\begin{array}{c|cc} a\alpha & 0 & 0 \\ \hline 0 & & \\ 0 & \multicolumn{2}{c}{A_1B_1} \end{array}\right)$$

というようにまとめて考えることができる．このように行列をいくつかの行または列に分けることを**区分け**，あるいは**ブロック分け**という．行列のサイズについて帰納法を使いたいような場合などに大変強力な道具となる．

上記の例では0があちこちに入っていたが，別にそうでなくてもブロック分けは有効である．例えば

$$A=\left(\begin{array}{c|c} a & (b\quad c) \\ \hline \begin{pmatrix} d \\ e \end{pmatrix} & A_1 \end{array}\right), \qquad B=\left(\begin{array}{c|c} \alpha & (\beta\quad \gamma) \\ \hline \begin{pmatrix} \delta \\ \varepsilon \end{pmatrix} & B_1 \end{array}\right)$$

に対しては

$$AB=\left(\begin{array}{c|c} a\alpha+(b\quad c)\begin{pmatrix} \delta \\ \varepsilon \end{pmatrix} & a(\beta\quad \gamma)+(b\quad c)B_1 \\ \hline \begin{pmatrix} d \\ e \end{pmatrix}\alpha+A_1\begin{pmatrix} \delta \\ \varepsilon \end{pmatrix} & \begin{pmatrix} d \\ e \end{pmatrix}(\beta\quad \gamma)+A_1B_1 \end{array}\right)$$

となることが，直接計算によって確かめられる．様々なサイズの行列の積が混在しているが，足し算は全てサイズがぴったり合って正しい式が得られていることがちょっと不思議な感じである．

ブロック分けは次の定理にまとめることができる．

定理 3.3.1

$n\times m$ 行列 A と $m\times k$ 行列 B が $n=n_1+n_2+\cdots+n_r$, $m=m_1+m_2+\cdots+m_s$, $k=k_1+k_2+\cdots+k_t$ というブロックに，下の図のようにブロック分けされているとする．

$$A=\begin{array}{c} n_1 \\ n_2 \\ \vdots \\ n_r \end{array}\left(\begin{array}{c|c|c|c} A_{1,1} & A_{1,2} & \cdots & A_{1,s} \\ \hline A_{2,1} & A_{2,2} & \cdots & A_{2,s} \\ \hline \vdots & \vdots & & \vdots \\ \hline A_{r,1} & A_{r,2} & \cdots & A_{r,s} \end{array}\right)\ (\text{列幅 } m_1, m_2, \ldots, m_s), \qquad B=\begin{array}{c} m_1 \\ m_2 \\ \vdots \\ m_s \end{array}\left(\begin{array}{c|c|c|c} B_{1,1} & B_{1,2} & \cdots & B_{1,t} \\ \hline B_{2,1} & B_{2,2} & \cdots & B_{2,t} \\ \hline \vdots & \vdots & & \vdots \\ \hline B_{s,1} & B_{s,2} & \cdots & B_{s,t} \end{array}\right)\ (\text{列幅 } k_1, k_2, \ldots, k_t)$$

このとき，AB は $(n_1+\cdots+n_r)\times(k_1+\cdots+k_t)$ にブロック分けされた行列

として次のようにあらわすことができる．

$$AB=\left(\begin{array}{c|c|c} A_{1,1}B_{1,1}+\cdots+A_{1,s}B_{s,1} & \cdots & A_{1,1}B_{1,t}+\cdots+A_{1,s}B_{s,t} \\ \hline \vdots & & \vdots \\ \hline A_{r,1}B_{1,1}+\cdots+A_{r,s}B_{s,1} & \cdots & A_{r,1}B_{1,t}+\cdots+A_{r,s}B_{s,t} \end{array}\right)$$

ここで上から I 番目，左から J 番目のブロックをきちんと書くと

$$A_{I,1}B_{1,J}+A_{I,2}B_{2,J}+\cdots+A_{I,s}B_{s,J}=\sum_{\ell=1}^{s}A_{I,\ell}B_{\ell,J}$$

となる．

証明　AB の (i,j) 成分は A の i 行目の成分 $a_{i,1},a_{i,2},\ldots,a_{i,m}$ と B の j 列目の成分 $b_{1,j},b_{2,j},\ldots,b_{m,j}$ により

$$a_{i,1}b_{1,j}+a_{i,2}b_{2,j}+\cdots+a_{i,m}b_{m,j}$$

とあらわされるが，A の i 行目は下の図のように A のどこかのブロック $A_{I,1},A_{I,2},\ldots,A_{I,s}$ を貫き，B の j 列目は B のどこかのブロック $B_{1,J},B_{2,J},\ldots,B_{s,J}$ を貫く．

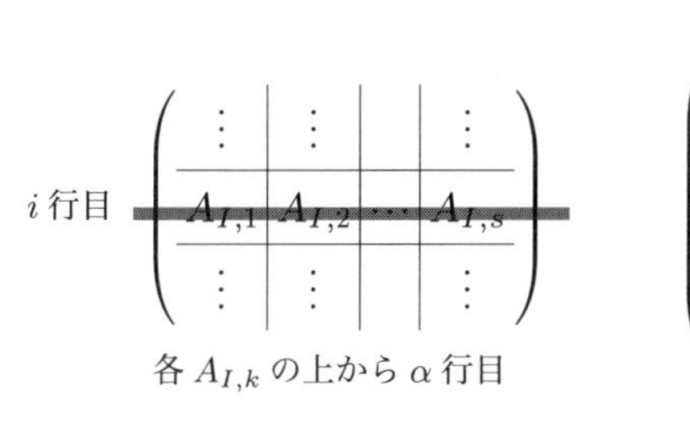

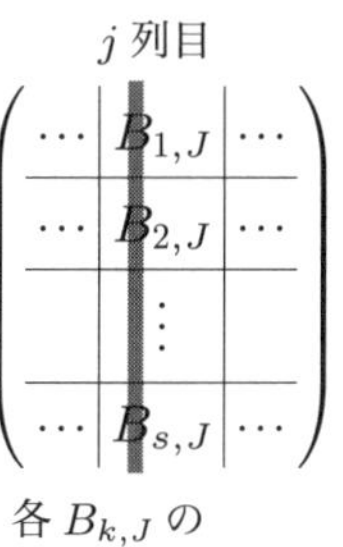

ここで，I は正確には $n_1+n_2+\cdots+n_{I-1}<i\le n_1+n_2+\cdots+n_{I-1}+n_I$ となるような I であり，J は正確には $k_1+k_2+\cdots+k_{J-1}<j\le k_1+k_2+\cdots+k_{J-1}+k_J$ となるような J である．このとき，$\alpha=i-(n_1+\cdots+n_{I-1})$，$\beta=j-(k_1+\cdots+k_{J-1})$ とおくと AB の (i,j) 成分は

$$\overbrace{a_{i,1}b_{1,j}+\cdots+a_{i,m_1}b_{m_1,j}}^{A_{I,1}B_{1,J}\text{ の }(\alpha,\beta)\text{ 成分}}+\overbrace{a_{i,m_1+1}b_{m_1+1,j}+\cdots+a_{i,m_1+m_2}b_{m_1+m_2,j}}^{A_{I,2}B_{2,J}\text{ の }(\alpha,\beta)\text{ 成分}}+\cdots$$

$$\cdots+\underbrace{a_{i,m_1+\cdots+m_{s-1}+1}b_{m_1+\cdots+m_{s-1}+1,j}+\cdots+a_{i,m}b_{m,j}}_{A_{I,s}B_{s,J}\text{ の }(\alpha,\beta)\text{ 成分}}$$

となり，これは $A_{I,1}B_{1,J}+A_{I,2}B_{2,J}+\cdots+A_{I,s}B_{s,J}$ の (α,β) 成分となって，ちょうど対応する成分が等しくなることが示された． □

ここでは全て計算で示したが，理念的な説明も可能である．「§6.5 線型空間の直和」を参照．

§3.4 行列の転置と実ベクトルの標準内積

定義 3.4.1

A は $n\times m$ 行列で，(i,j) 成分が $a_{i,j}$ であるとする．この行番号 i と列番号 j の役割を入れ替えて，(j,i) 成分が $a_{i,j}$ となるような $m\times n$ 行列を A の転置 (transpose) と言い，${}^tA$ という記号であらわす．

$$A=\begin{pmatrix} a_{1,1} & a_{1,2} & \cdots & & a_{1,m} \\ a_{2,1} & a_{2,2} & \cdots & & a_{2,m} \\ \vdots & \vdots & & & \vdots \\ a_{n,1} & a_{n,2} & \cdots & a_{n,n} & \cdots & a_{n,m} \end{pmatrix} \Longrightarrow {}^tA=\begin{pmatrix} a_{1,1} & a_{2,1} & \cdots & a_{n,1} \\ a_{1,2} & a_{2,2} & \cdots & a_{n,2} \\ \vdots & \vdots & & \vdots \\ a_{1,n} & a_{2,n} & \cdots & a_{n,n} \\ & & & \vdots \\ a_{1,m} & a_{2,m} & \cdots & a_{n,m} \end{pmatrix}$$

例 3.4.2

$A=\begin{pmatrix} 1 & 2 & 3 \\ 4 & 5 & 6 \end{pmatrix}$ なら，${}^tA=\begin{pmatrix} 1 & 4 \\ 2 & 5 \\ 3 & 6 \end{pmatrix}$ である．また，ベクトル $\boldsymbol{v}=\begin{pmatrix} x_1 \\ \vdots \\ x_n \end{pmatrix}$ に対しても，$\boldsymbol{v}$ を $n\times 1$ 行列と見なして ${}^t\boldsymbol{v}=(x_1,\ldots,x_n)$ とする． □

注意 3.4.3 文献によっては A の転置を A^{T} という記号であらわしているものもある．A の T 乗 A^T とまぎらわしいので，本書では ${}^tA$ という記号を用いることにする．他の文献で「A^{T}」のような表現を見たら，T のフォントが T になっているかどうかに気をつけること．

命題 3.4.4

A が $n\times m$ 行列，B が $m\times \ell$ 行列であれば，

$$ {}^t(AB) = {}^tB\,{}^tA $$

が成り立つ．

証明　$A=(a_{i,j}), B=(b_{j,k})$ とすると，AB の (i,k) 成分は $a_{i,1}b_{1,k}+a_{i,2}b_{2,k}+\cdots+a_{i,m}b_{m,k}$ なので，${}^t(AB)$ の (k,i) 成分は $a_{i,1}b_{1,k}+a_{i,2}b_{2,k}+\cdots+a_{i,m}b_{m,k}$ である．

一方，${}^tB$ の (k,j) 成分は $b_{j,k}$ であり，${}^tA$ の (j,i) 成分は $a_{i,j}$ なので，${}^tB\,{}^tA$ の (k,i) 成分は $b_{1,k}a_{i,1}+b_{2,k}a_{i,2}+\cdots+b_{m,k}a_{i,m}$ である．掛け算の順番を変えただけなので，${}^t(AB)$ の (k,i) 成分と ${}^tB\,{}^tA$ の (k,i) 成分は等しくなり，${}^t(AB)={}^tB\,{}^tA$ となることが確かめられた．□

係数が実係数，すなわち $\mathbb{K}=\mathbb{R}$ のときに，転置を使って n 次元ベクトル $\boldsymbol{v}\in\mathbb{R}^n$ の内積，長さ，角度などを定義し，その幾何を考えることができる．この節では以後 $\mathbb{K}=\mathbb{R}$ とする．複素数係数については，次の節で扱う．

定義 3.4.5

ベクトル $\boldsymbol{v},\boldsymbol{w}\in\mathbb{R}^n$ に対し ${}^t\boldsymbol{v}\boldsymbol{w}$ は 1×1 行列になるので成分を 1 つだけ持つが，その成分を $\boldsymbol{v}$ と $\boldsymbol{w}$ の**標準内積**と定義し，$\boldsymbol{v}\cdot\boldsymbol{w}$ とあらわす．言い換えると，$\boldsymbol{v}=\begin{pmatrix}x_1\\ \vdots\\ x_n\end{pmatrix}$，$\boldsymbol{w}=\begin{pmatrix}y_1\\ \vdots\\ y_n\end{pmatrix}$ に対し $\boldsymbol{v}\cdot\boldsymbol{w}=x_1y_1+x_2y_2+\cdots+x_ny_n$ である．

転置を使ってはいるが，命題 1.4.4 を考慮すると，平面ベクトルや空間ベクトルの内積の一般化になっていることがわかる．平面ベクトルや空間ベクトルでは，まずベクトルの長さと角度から内積を定義したが，$\mathbb{R}^n$ では逆に標準内積を使ってベクトルの長さや角度を定義していこう．

命題 3.4.6

標準内積は次のような性質を持つ．

(1)（分配則）ベクトル $\boldsymbol{v}_1,\boldsymbol{v}_2,\boldsymbol{w}\in\mathbb{R}^n$ に対して，

$$ (\boldsymbol{v}_1+\boldsymbol{v}_2)\cdot\boldsymbol{w}=(\boldsymbol{v}_1\cdot\boldsymbol{w})+(\boldsymbol{v}_2\cdot\boldsymbol{w}) $$

が成り立つ．

(2)（スカラー倍を保つ）$\boldsymbol{v},\boldsymbol{w}\in\mathbb{R}^n$ がベクトルで $c\in\mathbb{R}$ ならば

$$ (c\boldsymbol{v})\cdot\boldsymbol{w}=c(\boldsymbol{v}\cdot\boldsymbol{w}) $$

が成り立つ.

(3)（対称性）$\boldsymbol{v}, \boldsymbol{w} \in \mathbb{R}^n$ がベクトルならば

$$\boldsymbol{v} \cdot \boldsymbol{w} = \boldsymbol{w} \cdot \boldsymbol{v}$$

が成り立つ.

(4)（正値性）ベクトル $\boldsymbol{v} \in \mathbb{R}^n$ に対して $\boldsymbol{v} \cdot \boldsymbol{v} \geq 0$ が成り立つ．しかも，$\boldsymbol{v} \cdot \boldsymbol{v} = 0$ となるのは $\boldsymbol{v} = \boldsymbol{0}$ のとき，そしてそのときに限る.

(5)（**Schwarz の不等式**）ベクトル $\boldsymbol{v}, \boldsymbol{w} \in \mathbb{R}^n$ に対して

$$(\boldsymbol{v} \cdot \boldsymbol{w})^2 \leq (\boldsymbol{v} \cdot \boldsymbol{v})(\boldsymbol{w} \cdot \boldsymbol{w})$$

が成り立つ．しかも等号が成り立つのは，$\boldsymbol{v}, \boldsymbol{w}$ のうち一方がもう一方のスカラー倍になるとき，そしてそのときに限る.

証明

(1) $\boldsymbol{v}_1 = \begin{pmatrix} x_1 \\ \vdots \\ x_n \end{pmatrix}$, $\boldsymbol{v}_2 = \begin{pmatrix} y_1 \\ \vdots \\ y_n \end{pmatrix}$, $\boldsymbol{w} = \begin{pmatrix} z_1 \\ \vdots \\ z_n \end{pmatrix}$ とおくと,

$$\begin{aligned}(\boldsymbol{v}_1 + \boldsymbol{v}_2) \cdot \boldsymbol{w} &= (x_1 + y_1)z_1 + (x_2 + y_2)z_2 + \cdots + (x_n + y_n)z_n \\ &= (x_1 z_1 + x_2 z_2 + \cdots + x_n z_n) + (y_1 z_1 + y_2 z_2 + \cdots + y_n z_n) \\ &= \boldsymbol{v}_1 \cdot \boldsymbol{w} + \boldsymbol{v}_2 \cdot \boldsymbol{w}.\end{aligned}$$

(2) $\boldsymbol{v} = \begin{pmatrix} x_1 \\ \vdots \\ x_n \end{pmatrix}$, $\boldsymbol{w} = \begin{pmatrix} y_1 \\ \vdots \\ y_n \end{pmatrix}$ とおくと,

$$(c\boldsymbol{v}) \cdot \boldsymbol{w} = (cx_1)y_1 + \cdots + (cx_n)y_n = c(x_1 y_1 + \cdots + x_n y_n) = c(\boldsymbol{v} \cdot \boldsymbol{w}).$$

(3) $\boldsymbol{v} = \begin{pmatrix} x_1 \\ \vdots \\ x_n \end{pmatrix}$, $\boldsymbol{w} = \begin{pmatrix} y_1 \\ \vdots \\ y_n \end{pmatrix}$ とおくと,

$$\boldsymbol{v} \cdot \boldsymbol{w} = x_1 y_1 + \cdots + x_n y_n = y_1 x_1 + \cdots + y_n x_n = \boldsymbol{w} \cdot \boldsymbol{v}.$$

(4) $\boldsymbol{v} = \begin{pmatrix} x_1 \\ \vdots \\ x_n \end{pmatrix}$ とおくと，$\boldsymbol{v} \cdot \boldsymbol{v} = x_1^2 + x_2^2 + \cdots + x_n^2$ であり，x_i は実数なので $x_i^2 \geq 0$ となり，その和も 0 以上となる．0 以上の数をいくつか足して 0 になるためには全てが 0 であることが必要十分であり，$\boldsymbol{v} \cdot \boldsymbol{v} = 0$ ならば $x_1^2 = x_2^2 = \cdots = x_n^2 = 0$，つまり $x_1 = x_2 = \cdots = x_n = 0$，つまり $\boldsymbol{v} = \boldsymbol{0}$ となることが $\boldsymbol{v} \cdot \boldsymbol{v} = 0$ となるための必要十分条件である.

(5)　$\boldsymbol{v}=\boldsymbol{0}$ ならば $\boldsymbol{v}\cdot\boldsymbol{v}=\boldsymbol{v}\cdot\boldsymbol{w}=0$ なので，示すべき式の両辺が 0 となり，不等式が等号で成立する．このとき，$\boldsymbol{v}=0\boldsymbol{w}$ なので，$\boldsymbol{v}$ は確かに $\boldsymbol{w}$ のスカラー倍となっている．よってあとは，$\boldsymbol{v}\neq\boldsymbol{0}$ の場合に示せば良い．「$\boldsymbol{v},\boldsymbol{w}$ のうち一方がもう一方のスカラー倍になるとき」という等号成立条件は，$\boldsymbol{v}\neq\boldsymbol{0}$ なら「$\boldsymbol{w}$ が $\boldsymbol{v}$ のスカラー倍になるとき」と同値であることを注意しておく．

t を実変数として，関数 $F(t)=(t\boldsymbol{v}-\boldsymbol{w})\cdot(t\boldsymbol{v}-\boldsymbol{w})$ を考える．(4) により $F(t)\geq 0$ であり，$F(t)=0$ となるのは $\boldsymbol{w}=t\boldsymbol{v}$ となるとき，そしてそのときに限られる．特に，$\boldsymbol{w}$ が $\boldsymbol{v}$ のスカラー倍でなければ，任意の t に対して $F(t)>0$ となることがわかる．(1), (2), (3) を用いると，$F(t)$ は t に関する 2 次関数

$$F(t)=(\boldsymbol{v}\cdot\boldsymbol{v})t^2-2(\boldsymbol{v}\cdot\boldsymbol{w})t+(\boldsymbol{w}\cdot\boldsymbol{w})$$

であることがわかる．$\boldsymbol{v}\neq\boldsymbol{0}$ の場合を考えているので，(4) により t^2 の係数 $\boldsymbol{v}\cdot\boldsymbol{v}$ は正で，平方完成すると

$$F(t)=(\boldsymbol{v}\cdot\boldsymbol{v})\left(t-\frac{\boldsymbol{v}\cdot\boldsymbol{w}}{\boldsymbol{v}\cdot\boldsymbol{v}}\right)^2+\frac{(\boldsymbol{v}\cdot\boldsymbol{v})(\boldsymbol{w}\cdot\boldsymbol{w})-(\boldsymbol{v}\cdot\boldsymbol{w})^2}{\boldsymbol{v}\cdot\boldsymbol{v}}$$

とあらわされる．よって関数 $F(t)$ は $t=\dfrac{\boldsymbol{v}\cdot\boldsymbol{w}}{\boldsymbol{v}\cdot\boldsymbol{v}}$ のときに最小値

$$\frac{(\boldsymbol{v}\cdot\boldsymbol{v})(\boldsymbol{w}\cdot\boldsymbol{w})-(\boldsymbol{v}\cdot\boldsymbol{w})^2}{\boldsymbol{v}\cdot\boldsymbol{v}}$$

をとることがわかる．$F(t)\geq 0$ で $\boldsymbol{v}\cdot\boldsymbol{v}>0$ なので

$$(\boldsymbol{v}\cdot\boldsymbol{v})(\boldsymbol{w}\cdot\boldsymbol{w})-(\boldsymbol{v}\cdot\boldsymbol{w})^2\geq 0$$

となることが示された．移項すれば，示すべき不等式が得られる．さらに等号が成立するのは $F(t)=0$ となる t が存在すること，つまり $\boldsymbol{w}$ が $\boldsymbol{v}$ のスカラー倍になることが必要十分条件である．　□

定義 3.4.7

ベクトル $\boldsymbol{v}\in\mathbb{R}^n$ の**長さ** $\|\boldsymbol{v}\|\in\mathbb{R}$ を

$$\|\boldsymbol{v}\|=\sqrt{\boldsymbol{v}\cdot\boldsymbol{v}}$$

と定義する．また，$\boldsymbol{0}$ でないベクトル $\boldsymbol{v},\boldsymbol{w}\in\mathbb{R}^n$ に対し，この 2 つのベクトルがなす**角度** $\theta\in[0^\circ,180^\circ]$ を

$$\cos\theta=\frac{\boldsymbol{v}\cdot\boldsymbol{w}}{\|\boldsymbol{v}\|\cdot\|\boldsymbol{w}\|}$$

により定義する．命題 3.4.6(4) により，$\boldsymbol{v}\cdot\boldsymbol{v}\geq 0$ なので，$\|\boldsymbol{v}\|$ は確かに実数と

なる．また，命題 3.4.6(5) により，$\left|\dfrac{\boldsymbol{v}\cdot\boldsymbol{w}}{\|\boldsymbol{v}\|\cdot\|\boldsymbol{w}\|}\right|\leq 1$ なので，$\theta\in[0^\circ,180^\circ]$ を確かに取ることができる．

ベクトル $\boldsymbol{v}\in\mathbb{R}^n$ の長さ $\|\boldsymbol{v}\|$ を内積から定めたが，次の系で示すように．逆にベクトルの長さから内積を復元することもできる．

系 **3.4.8**

$\boldsymbol{v},\boldsymbol{w}\in\mathbb{R}^n$ に対し

$$\boldsymbol{v}\cdot\boldsymbol{w}=\frac{1}{2}(\|\boldsymbol{v}\|^2+\|\boldsymbol{w}\|^2-\|\boldsymbol{v}-\boldsymbol{w}\|^2)$$

が成り立つ．

証明 $\boldsymbol{v}={}^t(c_1,\dots,c_n)$, $\boldsymbol{w}={}^t(d_1,\dots,d_n)$ とおくと

$$\begin{aligned}\|\boldsymbol{v}-\boldsymbol{w}\|^2&=(c_1-d_1)^2+\cdots+(c_n-d_n)^2=c_1^2-2c_1d_1+d_2^2+\cdots+c_n^2-2c_nd_n+d_n^2\\&=(c_1^2+\cdots+c_n)^2+(d_1^2+\cdots+d_n)^2-2(c_1d_1+\cdots+c_nd_n)=\|\boldsymbol{v}\|^2+\|\boldsymbol{w}\|^2-2\boldsymbol{v}\cdot\boldsymbol{w}\end{aligned}$$

から従う． □

4次元以上の幾何学なんてSFのように聞こえるかもしれないが，例えばベクトル $\begin{pmatrix}x_1\\\vdots\\x_n\end{pmatrix}$ の長さを $\sqrt{x_1^2+\cdots+x_n^2}$ と定めるのは，次のように正当化できる．n について帰納法を使おう．$n=2,3$ の場合は，命題 1.4.2 で確かめた通りである．$n-1$ の場合には既に $\|{}^t(x_1,\dots,x_{n-1})\|=\sqrt{x_1^2+x_2^2+\cdots+x_{n-1}^2}$ になることはわかっているとして（例えば $n-1=3$ だと思って次の図をみてください）x_n 軸はそれまでの $x_1x_2\cdots x_{n-1}(n-1)$ 次元平面と直交する方向であることに注意して，帰納法の仮定より底辺の長さが $\sqrt{x_1^2+\cdots+x_{n-1}^2}$，高さが x_n の直角三角形の斜辺が $\begin{pmatrix}x_1\\\vdots\\x_n\end{pmatrix}$ になっているので，ピタゴラスの定理によりその長さは

$$\sqrt{\left(\sqrt{x_1^2+\cdots+x_{n-1}^2}\right)^2+x_n^2}=\sqrt{x_1^2+\cdots+x_n^2}$$

だと考えるのが自然なのである．

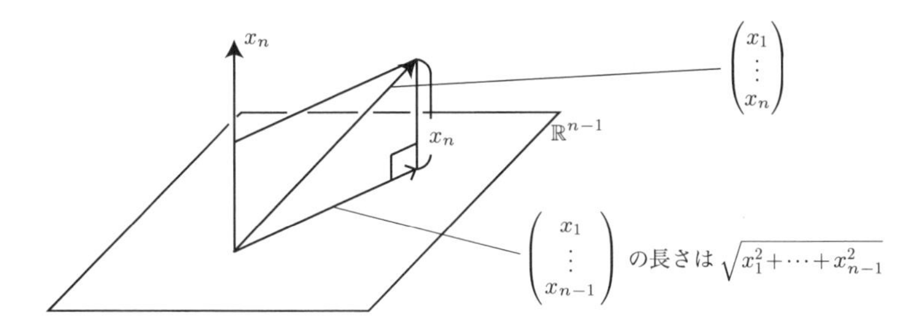

例 3.4.9

$\mathbb{R}^3$ の一辺の長さ 1 の立方体を，座標軸に沿って置くと，x 軸に沿った辺ベクトルが $\boldsymbol{v}=\begin{pmatrix}1\\0\\0\end{pmatrix}$，また対角線が $\boldsymbol{w}=\begin{pmatrix}1\\1\\1\end{pmatrix}$ となるので，その間の角度 θ は $\cos\theta=\dfrac{\boldsymbol{v}\cdot\boldsymbol{w}}{\|\boldsymbol{v}\|\cdot\|\boldsymbol{w}\|}=\dfrac{1}{\sqrt{3}}$ により求まる．（この θ はだいたい 54°44′08” である．）

4 次元立方体について同じように計算してみると，一辺が $\boldsymbol{v}=\begin{pmatrix}1\\0\\0\\0\end{pmatrix}$，対角線が $\boldsymbol{w}=\begin{pmatrix}1\\1\\1\\1\end{pmatrix}$ となるので，その間の角度 θ は $\cos\theta=\dfrac{\boldsymbol{v}\cdot\boldsymbol{w}}{\|\boldsymbol{v}\|\cdot\|\boldsymbol{w}\|}=\dfrac{1}{2}$ を満たすので $\theta=60^\circ$ となる．4 次元立方体では，一辺と対角線がなす角度はぴったり 60° になっているのである．　□

注意 3.4.10

§2.7 で見た直交行列は，$n\times n$ 行列に一般化することができる．A が直交行列であるとは任意のベクトル $\boldsymbol{x}\in\mathbb{R}^n$ に対し $\|A\boldsymbol{x}\|=\|\boldsymbol{x}\|$ を満たすことである，と定義すると A はベクトルの間の角度も保ち，ある意味で合同変換になっていることがわかる．また A が直交行列となるための必要十分条件は，${}^tAA=E_n$ となることである．

対称行列についても一般化できる．$n\times n$ 行列 A が対称行列であるとは ${}^tA=A$ となること，と定義されるが，任意のベクトル $\boldsymbol{x},\boldsymbol{y}\in\mathbb{R}^n$ に対し $(A\boldsymbol{x})\cdot\boldsymbol{y}=\boldsymbol{x}\cdot(A\boldsymbol{y})$ となること，と特徴付けすることもできる．§8.1，§8.2 で詳しく取り扱う．

§3.5 複素ベクトルのエルミート計量

複素ベクトルについても，一工夫すれば長さを考えることができ，直交行列，対称行列に対応するユニタリー行列，エルミート行列の理論をつくることができる．

定義 3.5.1

$\mathbb{C}^n$ のベクトル $\boldsymbol{v}=\begin{pmatrix} v_1 \\ \vdots \\ v_n \end{pmatrix}$ と $\boldsymbol{w}=\begin{pmatrix} w_1 \\ \vdots \\ w_n \end{pmatrix}$ のエルミート**内積**（あるいは単に**内積**）を

$$\boldsymbol{v}\cdot\boldsymbol{w} := \sum_{j=1}^{n} \overline{v_j} w_j = \overline{v_1} w_1 + \overline{v_2} w_2 + \cdots + \overline{v_n} w_n$$

と定義する．ただし実部 $x\in\mathbb{R}$ と虚部 $y\in\mathbb{R}$ の複素数 $z=x+yi=x+y\sqrt{-1}$ に対し，$\overline{z}:=x-yi$ はその複素共役である．

エルミート内積は，次のような基本的な性質を持つ．特に，ちょっと不自然に見える複素共役を入れたご利益は，(4) のようにベクトルの長さが 0 以上の実数として定まることである．

命題-定義 3.5.2

(1)（和を保つ）$\boldsymbol{u},\boldsymbol{v},\boldsymbol{w}\in\mathbb{C}^n$ に対し

$$(\boldsymbol{u}+\boldsymbol{v})\cdot\boldsymbol{w} = (\boldsymbol{u}\cdot\boldsymbol{w})+(\boldsymbol{v}\cdot\boldsymbol{w}), \qquad \boldsymbol{u}\cdot(\boldsymbol{v}+\boldsymbol{w}) = (\boldsymbol{u}\cdot\boldsymbol{v})+(\boldsymbol{u}\cdot\boldsymbol{w})$$

が成り立つ．

(2)（第2成分についてスカラー倍を保つ）$\boldsymbol{v},\boldsymbol{w}\in\mathbb{C}^n$ とスカラー $c\in\mathbb{C}$ に対し

$$\boldsymbol{v}\cdot(c\boldsymbol{w}) = c(\boldsymbol{v}\cdot\boldsymbol{w})$$

が成り立つ．

(2')（第1成分についてスカラー倍を共役を通して保つ）$\boldsymbol{v},\boldsymbol{w}\in\mathbb{C}^n$とスカラー $c\in\mathbb{C}$ に対し

$$(c\boldsymbol{v})\cdot\boldsymbol{w} = \overline{c}(\boldsymbol{v}\cdot\boldsymbol{w})$$

が成り立つ．

(3)（共役対称性）$\boldsymbol{v},\boldsymbol{w}\in\mathbb{C}^n$ に対し

$$\boldsymbol{w}\cdot\boldsymbol{v} = \overline{\boldsymbol{v}\cdot\boldsymbol{w}}$$

が成り立つ.

(4)（正値性）$\boldsymbol{v}\in\mathbb{C}^n$ に対し $\boldsymbol{v}\cdot\boldsymbol{v}$ は 0 以上の実数である．さらに，$\boldsymbol{v}\cdot\boldsymbol{v}=0$ が成り立つのは $\boldsymbol{v}=\boldsymbol{0}$ のとき，そしてそのときのみである．これにより，複素ベクトル $\boldsymbol{v}$ の長さを $\|\boldsymbol{v}\|:=\sqrt{\boldsymbol{v}\cdot\boldsymbol{v}}$ と定義する．$\boldsymbol{v}\in\mathbb{C}^n$ とスカラー $c\in\mathbb{C}$ に対し

$$\|c\boldsymbol{v}\|=|c|\cdot\|\boldsymbol{v}\|$$

が成り立つ.

(5)（**Schwarz の不等式**）ベクトル $\boldsymbol{v},\boldsymbol{w}\in\mathbb{C}^n$ に対し

$$|\boldsymbol{v}\cdot\boldsymbol{w}|\le\|\boldsymbol{v}\|\cdot\|\boldsymbol{w}\|$$

が成り立つ.

証明　(1) から (3) は練習問題としよう．(4) は複素数 $z=x+yi$ に対し $\overline{z}z=(x-yi)(x+yi)=x^2+y^2=|z|^2\ge 0$ より $\boldsymbol{v}=\begin{pmatrix}z_1\\ \vdots\\ z_n\end{pmatrix}=\begin{pmatrix}x_1+y_1i\\ \vdots\\ x_n+y_ni\end{pmatrix}$ に対し $\boldsymbol{v}\cdot\boldsymbol{v}=|z_1|^2+\cdots+|z_n|^2\ge 0$ であり，等号成立は $z_1=z_2=\cdots=z_n=0$ と同値であることからわかる．また，複素数 $c,z\in\mathbb{C}$ に対し $|cz|=|c|\cdot|z|$ なので $c\in\mathbb{C}$, $\boldsymbol{v}=\begin{pmatrix}z_1\\ \vdots\\ z_n\end{pmatrix}\in\mathbb{C}^n$ に対し

$$\|c\boldsymbol{v}\|=\sqrt{|c|^2|z_1|^2+\cdots+|c|^2|z_n|^2}=|c|\sqrt{|z_1|^2+\cdots+|z_n|^2}=|c|\cdot\|\boldsymbol{v}\|$$

と計算できる.

(5) は，$\boldsymbol{v}=\boldsymbol{0}$ ならば示すべき式は両辺が 0 になり成立するので，$\boldsymbol{v}\neq\boldsymbol{0}$ として良い．さらに $\boldsymbol{v},\boldsymbol{w}\in\mathbb{C}^n$ に対して，$\boldsymbol{v}\cdot\boldsymbol{w}=0$ ならば (4) より示すべき式が従うので，$\boldsymbol{v}\cdot\boldsymbol{w}\neq 0$ としてよい．$\boldsymbol{v}\cdot\boldsymbol{w}$ の極表示を $c(\cos\theta+i\sin\theta)$（ここで $c=|\boldsymbol{v}\cdot\boldsymbol{w}|\in\mathbb{R}_{\ge 0}$ は $\boldsymbol{v}\cdot\boldsymbol{w}$ の絶対値，$\theta\in[0,2\pi)$ は $\boldsymbol{v}\cdot\boldsymbol{w}$ の偏角）として $\alpha=\cos\theta+i\sin\theta$ とおくことで，複素数 α を $|\alpha|=1$ かつ $(\alpha\boldsymbol{v})\cdot\boldsymbol{w}=|\boldsymbol{v}\cdot\boldsymbol{w}|$ となるようにできる．このとき実数 $t\in\mathbb{R}$ に対して $f(t)=(t(\alpha\boldsymbol{v})-\boldsymbol{w})\cdot(t(\alpha\boldsymbol{v})-\boldsymbol{w})$ とおくと，(1), (2), (3) により

$$f(t)=\|\boldsymbol{v}\|^2t^2-2t(|\boldsymbol{v}\cdot\boldsymbol{w}|)+\|\boldsymbol{w}\|^2=\left(\|\boldsymbol{v}\|t-\frac{|\boldsymbol{v}\cdot\boldsymbol{w}|}{\|\boldsymbol{v}\|}\right)^2-\frac{|\boldsymbol{v}\cdot\boldsymbol{w}|^2}{\|\boldsymbol{v}\|^2}+\|\boldsymbol{w}\|^2$$

が従う．式変形に (4) より $\|\alpha\boldsymbol{v}\|=|\alpha|\cdot\|\boldsymbol{v}\|=\|\boldsymbol{v}\|$ が成り立つこと，また $(\alpha\boldsymbol{v})\cdot\boldsymbol{w}=|\boldsymbol{v}\cdot\boldsymbol{w}|$ から (3) より

$$\boldsymbol{w}\cdot(\alpha\boldsymbol{v})=\overline{(\alpha\boldsymbol{v})\cdot\boldsymbol{w}}=\overline{|\boldsymbol{v}\cdot\boldsymbol{w}|}=|\boldsymbol{v}\cdot\boldsymbol{w}|$$

を用いた．(4) より $f(t) \geq 0$ なので，特に $t = \dfrac{|\boldsymbol{v}\cdot\boldsymbol{w}|}{\|\boldsymbol{v}\|^2}$ のとき $\|\boldsymbol{w}\|^2 \geq \dfrac{|\boldsymbol{v}\cdot\boldsymbol{w}|^2}{\|\boldsymbol{v}\|^2}$ から求める不等式が得られる． □

問 3.5.3　定理 3.5.2 の (1), (2), (2'), (3) を示せ．

定義 3.5.4

$n \times m$ 複素行列 A に対して，その転置行列 ${}^tA$ を取り，さらに全ての成分の複素共役をとった行列 $\overline{{}^tA}$ を A の**随伴行列**とよび，A^* であらわす．つまり $A = (a_{i,j})$ と成分表示すると，$A^* = (\overline{a_{j,i}})$ である．

次の系は直接計算から容易に示される．

系 3.5.5

(1)　ベクトル $\boldsymbol{v}, \boldsymbol{w} \in \mathbb{C}^n$ に対して $\boldsymbol{v}$ を $n\times 1$ 行列とみて随伴行列を取ると，$\boldsymbol{v}^*\boldsymbol{w}$ は 1×1 行列となるが，その唯一の成分はエルミート内積 $\boldsymbol{v}\cdot\boldsymbol{w}$ である．

(2)　A が $n\times m$ 複素行列，B が $m\times k$ 複素行列ならば，

$$(AB)^* = B^*A^*$$

が成り立つ．

注意 3.5.6　直交行列，対称行列の複素係数版として，**ユニタリー行列** (unitary matrix)，**エルミート行列** (Hermitian matrix) を定義することができる．複素 $n\times n$ 行列 U がユニタリー行列であるとは，$U^*U = E_n$ となることである．また，複素 $n\times n$ 行列 A がエルミート行列であるとは，$A^* = A$ となることである．U がユニタリーであることと U がベクトルの長さを保つこととは同値であり，また A がエルミート行列であることと，任意の複素ベクトル $\boldsymbol{v}, \boldsymbol{w}$ に対し $(A\boldsymbol{v})\cdot\boldsymbol{w} = \boldsymbol{v}\cdot(A\boldsymbol{w})$ が成り立つこととは同値である．面白いことに，ユニタリー行列，エルミート行列の本書での最大の応用は，実係数の2次式によってあらわされる図形である（§8.6 参照）．実数の図形の話に，なぜか複素数が本質的な役割を果たすのである．

第4章　掃き出し法

「鶴と亀があわせて頭の数が**10**，足の数はあわせて**34**本でした．鶴と亀はそれぞれ何匹でしょう？」という古典的な算数の問題がある．同じ問題を，算数として解くこともできるし，中学校でやった連立方程式の問題として解くこともできる．あるいは第**2**章でやったように，逆行列の問題として解くこともできる．まずはそれぞれの解き方を比較してみよう．

(A) 算数としての解き方：**10**匹が全部鶴だったとすると，足の数は**20**本．実際にはそれよりも**14**本，足が多い．鶴が一匹亀に変わるごとに足が**2**本ずつ増えるので，$14\div 2=7$で，亀は**7**匹，鶴は残り**3**匹．

(B) 連立方程式による解き方：鶴がx匹，亀がy匹とすると，次の連立方程式を立てることができる．

$$\begin{cases} x+y = 10 & \cdots\cdots (1) \\ 2x+4y = 34 & \cdots\cdots (2) \end{cases}$$

(1)式の**2**倍を**(2)**式から引いて

$$2y = 14 \quad \cdots\cdots (3)$$

という式が得られるので，**(3)**を解いて（両辺を**2**で割って）$y=7$，これを**(1)**に代入して$x+7=10$よって$x=3$．よって鶴は**3**匹，亀は**7**匹である．

(C) 逆行列を用いた解き方：鶴がx匹，亀がy匹とすると，与えられた条件は次の式であらわされる：

$$\begin{pmatrix} 1 & 1 \\ 2 & 4 \end{pmatrix}\begin{pmatrix} x \\ y \end{pmatrix} = \begin{pmatrix} 10 \\ 34 \end{pmatrix}$$

行列$\begin{pmatrix} 1 & 1 \\ 2 & 4 \end{pmatrix}$の逆行列は

$$\begin{pmatrix} 1 & 1 \\ 2 & 4 \end{pmatrix}^{-1} = \frac{1}{1\times 4-2\times 1}\begin{pmatrix} 4 & -1 \\ -2 & 1 \end{pmatrix} = \begin{pmatrix} 2 & -1/2 \\ -1 & 1/2 \end{pmatrix}$$

なので，

$$\begin{pmatrix} x \\ y \end{pmatrix} = \begin{pmatrix} 2 & -1/2 \\ -1 & 1/2 \end{pmatrix}\begin{pmatrix} 10 \\ 34 \end{pmatrix} = \begin{pmatrix} 3 \\ 7 \end{pmatrix}$$

となり，鶴は**3**匹，亀は**7**匹である．

もちろん同じ答が出るが，それぞれの解き方の間に微妙に優劣がある．解いていて一番楽しいのは，何と言っても算数の解き方だし，行列を使えば，この特別な場合に限らず，一般公式が作れている．つまり，鶴と亀の頭の数と足の本数が与えられたら，

$$\begin{pmatrix} \text{鶴} \\ \text{亀} \end{pmatrix} = \begin{pmatrix} 2 & -1/2 \\ -1 & 1/2 \end{pmatrix}\begin{pmatrix} \text{頭} \\ \text{足} \end{pmatrix} = \begin{pmatrix} 2\,\text{頭} - \text{足}/2 \\ -\text{頭} + \text{足}/2 \end{pmatrix}$$

と，鶴と亀の公式が得られた．

連立方程式の解き方にも，メリットがある．鶴亀算ではなく，犬猫算を考えてみよう．「犬と猫があわせて，頭の数が **10**，足の数が **40**．犬と猫はそれぞれ何匹でしょう？」犬が x 匹，猫が y 匹として連立方程式を立てると

$$\begin{cases} x+y = 10 & \cdots\cdots(1) \\ 4x+4y = 40 & \cdots\cdots(2) \end{cases}$$

(2) 式から **(1)** 式の **4** 倍を引くと $0=0$ となり，結局 **(2)** は **(1)** を **4** 倍しただけだとわかる．よって，この場合は，あわせて **10** 匹，という以上のことはわからない．あるいは猫の数 y をパラメーターとして，**(1)** に代入して x を求めることで，犬 $10-y$ 匹，猫 y 匹，というようにあらわすことができる．

逆行列を使おうとすると，$\begin{pmatrix} 1 & 1 \\ 4 & 4 \end{pmatrix}$ は逆行列を持たないので，何も得られない．正確な犬猫の数はわからなくとも，連立方程式の方が，解のパラメーター表示を導ける，という意味で優秀である．せっかく大学へ入って行列を勉強しているのに，中学校でやった計算方法の方が優秀だった，というので終わってしまうのであれば残念だ．大丈夫，この章の主題は，連立方程式の解き方を行列の言葉に翻訳することができる，その計算方法の紹介である．実際に行う計算の内容は連立方程式の場合とほぼ同じでありながら，計算をシステマティックに進めるので，最終的にはより精密な結果が得られる．その計算方法を「掃き出し法」と言う．「実質，やっていることは，中学で勉強したのと同じだな」と納得しながら，その計算の威力を味わってほしい．この掃き出し法は，線型代数を勉強した学生が是非身につけるべき重要な計算アルゴリズムである．

§4.1 連立方程式の一般解

鶴亀算の場合に，中学で学んだ連立方程式の解法を，行列の言葉に翻訳していこう．最初に，「頭が 10，足が 34」という情報は

$$\begin{cases} x+y = 10 & \cdots\cdots(1) \\ 2x+4y = 34 & \cdots\cdots(2) \end{cases} \quad \vdots \quad \begin{pmatrix} 1 & 1 \\ 2 & 4 \end{pmatrix}\begin{pmatrix} x \\ y \end{pmatrix} = \begin{pmatrix} 10 \\ 34 \end{pmatrix}$$

というように，連立方程式と行列の言葉に翻訳される．

次に式 (1) の 2 倍を (2) から引いて，式 (3) を得る．

$$2y = 14 \qquad \cdots\cdots\ (3)$$

連立方程式の言葉で言うと，次のように式変形したと思って良い．

$$\begin{cases} x+y = 10 & \cdots\cdots(1) \\ 2x+4y = 34 & \cdots\cdots(2) \end{cases} \overset{(2)-2\times(1)}{\Longrightarrow} \begin{cases} x+y = 10 & \cdots\cdots(1) \\ 2y = 14 & \cdots\cdots(3) \end{cases}$$

これは，行列の言葉で言うと，次のような変形をしたことになる．

$$\overset{\text{2 行目に 1 行目の } (-2) \text{ 倍を加えた}}{\begin{pmatrix}1 & 1\\2 & 4\end{pmatrix}\begin{pmatrix}x\\y\end{pmatrix}=\begin{pmatrix}10\\34\end{pmatrix} \quad \Longrightarrow \quad \begin{pmatrix}1 & 1\\0 & 2\end{pmatrix}\begin{pmatrix}x\\y\end{pmatrix}=\begin{pmatrix}10\\14\end{pmatrix}}$$

「(1) と (2)」という式を「(1) と (3)」という式に書き換えたことになるので，(2) の式は以後使わない，と言っていることにもなるが，そうして良い理由については次の節で詳しく説明する．続いて，式 (3) を 2 で割って，

$$\begin{cases} x+y = 10 & \cdots\cdots(1) \\ 2y = 14 & \cdots\cdots(3) \end{cases} \overset{(3)\div 2}{\Longrightarrow} \begin{cases} x+y = 10 & \cdots\cdots(1) \\ y = 7 & \cdots\cdots(4) \end{cases}$$

となる．これは行列の言葉で言うと，次のような変形をしたことになる．

$$\overset{\text{2 行目を 2 で割った}}{\begin{pmatrix}1 & 1\\0 & 2\end{pmatrix}\begin{pmatrix}x\\y\end{pmatrix}=\begin{pmatrix}10\\14\end{pmatrix} \quad \Longrightarrow \quad \begin{pmatrix}1 & 1\\0 & 1\end{pmatrix}\begin{pmatrix}x\\y\end{pmatrix}=\begin{pmatrix}10\\7\end{pmatrix}}$$

最後に，(1) 式から (4) 式を引き算して $x=3$ を得た．

$$\begin{cases} x+y = 10 & \cdots\cdots(1) \\ y = 7 & \cdots\cdots(4) \end{cases} \overset{(1)-(4)}{\Longrightarrow} \begin{cases} x = 3 & \cdots\cdots(5) \\ y = 7 & \cdots\cdots(4) \end{cases}$$

行列の言葉で言うと

$$\overset{\text{2 行目の } (-1) \text{ 倍を 1 行目に加えた}}{\begin{pmatrix}1 & 1\\0 & 1\end{pmatrix}\begin{pmatrix}x\\y\end{pmatrix}=\begin{pmatrix}10\\7\end{pmatrix} \quad \Longrightarrow \quad \begin{pmatrix}1 & 0\\0 & 1\end{pmatrix}\begin{pmatrix}x\\y\end{pmatrix}=\begin{pmatrix}3\\7\end{pmatrix}} \text{ つまり } x=3,\ y=7$$

限られたパターンの変形の繰り返しで，連立方程式が解けていることがわかる．ここまでで実際に出てきた変形は，次の 2 通りである．(i) ある行に他の行の定数倍を加える．(ii) ある行を（0 倍でない）定数倍する．

行列 $\begin{pmatrix}1 & 1\\2 & 4\end{pmatrix}$ に，上記 2 つの変形を行なっていくことによって，$\begin{pmatrix}1 & 0\\0 & 1\end{pmatrix}$，つまり単位行列に変形できたので，それで方程式が解けた，ということになったわけである．なぜそう考えて良いかの分析は次の節で詳しく説明しよう．連立方程式を解くプロセスを行列であらわしたのであるから，当然そうなっているはずなのである．

次に，犬猫算の場合にどうなるかを調べてみよう．でて来る行列の変形は，鶴亀算と同じである．

$$\begin{cases} x+y = 10 & \cdots\cdots(1) \\ 4x+4y = 40 & \cdots\cdots(2) \end{cases} \overset{(2)-4\times(1)}{\Longrightarrow} \begin{cases} x+y = 10 & \cdots\cdots(1) \\ 0 = 0 & \cdots\cdots(3) \end{cases}$$

$$\begin{pmatrix}1&1\\4&4\end{pmatrix}\begin{pmatrix}x\\y\end{pmatrix}=\begin{pmatrix}10\\40\end{pmatrix}\quad\overset{\text{2行目に1行目の}(-4)\text{倍を加えた}}{\Longrightarrow}\quad\begin{pmatrix}1&1\\0&0\end{pmatrix}\begin{pmatrix}x\\y\end{pmatrix}=\begin{pmatrix}10\\0\end{pmatrix}$$

$0=0$ という方程式は意味を持たないので，これを捨てると，結局元の方程式は $x+y=10$ という1つの式と同じ意味だ，ということになる．

犬猫算に，次のようなパターンがある．「犬と猫がいて，頭の数があわせて10，足の数があわせて41．犬と猫はそれぞれ何匹か？」

$$\begin{cases}x+y&=10\quad\cdots\cdots(1)\\4x+4y&=41\quad\cdots\cdots(2)\end{cases}\overset{(2)-4\times(1)}{\Longrightarrow}\begin{cases}x+y&=10\quad\cdots\cdots(1)\\0&=1\quad\cdots\cdots(3)\end{cases}$$

与えられた条件が正しいとすると，$0=1$ という式が成り立ってしまうので，矛盾である．つまりこの場合は解なしとなる．

行列の言葉で言うと

$$\begin{pmatrix}1&1\\4&4\end{pmatrix}\begin{pmatrix}x\\y\end{pmatrix}=\begin{pmatrix}10\\41\end{pmatrix}\quad\overset{\text{2行目に1行目の}(-4)\text{倍を加えた}}{\Longrightarrow}\quad\begin{pmatrix}1&1\\0&0\end{pmatrix}\begin{pmatrix}x\\y\end{pmatrix}=\begin{pmatrix}10\\1\end{pmatrix}$$

となる．

右辺の式を連立方程式の言葉で書き換えると

$$\begin{cases}x+y&=10\\0&=1\end{cases}$$

なので，特に2行目が $0=1$ となり，行列の言葉でも解がないことが一目で見て取れる．

以上をまとめて

(1) 連立方程式の解法を行列の言葉に翻訳すると，行列に関して次の2種類の変形を施すことと同値になっている．
  (i) ある行に別の行の定数倍を加える．
  (ii) ある行を（0でない）定数倍する．

(2) 上記の変形によって，行列が単位行列に変形されれば，連立方程式は解がひとつ求まることになる．一方，行列のある行が0だけになることがあって，その場合は「$0=0$」という式が得られる場合，解がパラメーターを持って与えられ，また「$0=1$」という式が得られる場合は解なし，となる．

この節では行列の変形が2種類しか出てこなかったが，実はもうひとつ便利な行列の変形がある．つまり，2つの行を取り替えることができる．これは方程式の順番を並べ替えることにあたるので，連立方程式で式に番号をつけて足したり引いたりして変数を消去していく場合には不要な操作であるが，行列を操作する際には重要な役割を果たす．

§4.2　3つの行基本変形

鶴亀算の連立方程式に対して，ある式の定数倍を他の式に加えて，次のように変形を行った．

$$\begin{cases} x+y = 10 & \cdots\cdots(1) \\ 2x+4y = 34 & \cdots\cdots(2) \end{cases} \overset{(2)-2\times(1)}{\Longrightarrow} \begin{cases} x+y = 10 & \cdots\cdots(1) \\ 2y = 14 & \cdots\cdots(3) \end{cases}$$

このとき，「(1) と (2) の連立方程式」と「(1) と (3) の連立方程式」は同値である．つまり，(3) を得てしまったら，(2) を捨てて良い．それはなぜかと言うと，必要があれば (1) と (3) の式から，(2) が復元できるからである．実際，(3) の式は $(3)=(2)-2\times(1)$ であるが，逆に (3) の式に (1) の2倍を加えると元に戻って (2) になるのである．

この操作を行列の言葉で

$$\begin{pmatrix} 1 & 1 \\ 2 & 4 \end{pmatrix}\begin{pmatrix} x \\ y \end{pmatrix} = \begin{pmatrix} 10 \\ 34 \end{pmatrix} \quad \overset{\text{2行目に1行目の}(-2)\text{倍を加えた}}{\Longrightarrow} \quad \begin{pmatrix} 1 & 1 \\ 0 & 2 \end{pmatrix}\begin{pmatrix} x \\ y \end{pmatrix} = \begin{pmatrix} 10 \\ 14 \end{pmatrix}$$

というように表現できた．この「2行目に1行目の (−2) 倍を加える」という操作が，実は次のように表現できる．

考察 4.2.1

A が 2×2 行列ならば，$\begin{pmatrix} 1 & 0 \\ -2 & 1 \end{pmatrix}$ という行列を A に左からかけると，A の1行目はそのままで，2行目は A の2行目に A の1行目の (−2) 倍を加えたものになっている．同様に，$\boldsymbol{b}$ が $\mathbb{K}^2$ に含まれるベクトルであれば，$\begin{pmatrix} 1 & 0 \\ -2 & 1 \end{pmatrix}\boldsymbol{b}$ は $\boldsymbol{b}$ と同じ1行目を持ち，2行目は $\boldsymbol{b}$ の2行目に1行目の (−2) 倍を加えたものになっている．

証明は，実際に計算してみれば良い．

証明　$A=\begin{pmatrix} a & b \\ c & d \end{pmatrix}$ とおくと，

$$\begin{pmatrix}1 & 0\\ -2 & 1\end{pmatrix}\begin{pmatrix}a & b\\ c & d\end{pmatrix}=\begin{pmatrix}a & b\\ -2a+c & -2b+d\end{pmatrix}$$

となり，この右辺の1行目は A と同じ，2行目は A の2行目に A の1行目の (-2) 倍を加えたものになっている．同様に，$\boldsymbol{b}=\begin{pmatrix}e\\ f\end{pmatrix}$ とおくと

$$\begin{pmatrix}1 & 0\\ -2 & 1\end{pmatrix}\begin{pmatrix}e\\ f\end{pmatrix}=\begin{pmatrix}e\\ -2e+f\end{pmatrix}$$

となり，これも $\boldsymbol{b}$ と同じ1行目で，2行目は $\boldsymbol{b}$ の2行目に $\boldsymbol{b}$ の1行目の (-2) 倍を加えたものになっている． □

この考察により，連立方程式 $A\boldsymbol{x}=\boldsymbol{b}$ を解きたいときに，これを変形して $A,\boldsymbol{b}$ の2行目にそれぞれ1行目の (-2) 倍を加えて良い理由がはっきりするであろう．つまり，$A\boldsymbol{x}=\boldsymbol{b}$ の両辺に $\begin{pmatrix}1 & 0\\ -2 & 1\end{pmatrix}$ という行列を左からかけたのである．

そしてそれが同値変形であるという理由も簡単に説明できる．$\begin{pmatrix}1 & 0\\ 2 & 1\end{pmatrix}$ という行列が逆行列になるので，それをかければ元に戻る，つまり元の方程式の情報を何一つ失っていないのである．

1行目はそのままで，2行目だけ2で割る，という操作も，同様に行列の掛け算によって実現できる．つまり $\begin{pmatrix}1 & 0\\ 0 & 1/2\end{pmatrix}$ という行列を左からかければ良い．

考察 4.2.2

A が 2×2 行列ならば，$\begin{pmatrix}1 & 0\\ 0 & 1/2\end{pmatrix}$ という行列を A に左からかけると，A の1行目はそのままで，2行目は A の2行目を2で割ったものになっている．同様に，$\boldsymbol{b}$ が $\mathbb{K}^2$ に含まれるベクトルであれば，$\begin{pmatrix}1 & 0\\ 0 & 1/2\end{pmatrix}\boldsymbol{b}$ は $\boldsymbol{b}$ と同じ1行目を持ち，2行目は $\boldsymbol{b}$ の2行目を2で割ったものになっている．

証明　$A=\begin{pmatrix}a & b\\ c & d\end{pmatrix}$ とおくと，

$$\begin{pmatrix}1 & 0\\ 0 & 1/2\end{pmatrix}\begin{pmatrix}a & b\\ c & d\end{pmatrix}=\begin{pmatrix}a & b\\ c/2 & d/2\end{pmatrix}$$

となり，確かに1行目は A と同じで2行目が半分になっている．また，$\boldsymbol{b}=\begin{pmatrix}e\\ f\end{pmatrix}$ とおくと

$$\begin{pmatrix}1 & 0\\0 & 1/2\end{pmatrix}\begin{pmatrix}e\\f\end{pmatrix}=\begin{pmatrix}e\\f/2\end{pmatrix}$$

となり，1行目は $\boldsymbol{b}$ と同じで2行目が半分になっている． □

この行列 $\begin{pmatrix}1 & 0\\0 & 1/2\end{pmatrix}$ は，逆行列 $\begin{pmatrix}1 & 0\\0 & 2\end{pmatrix}$ を持つので，それを左からかけることによって元に戻すことができる．

もうひとつ，1行目と2行目を入れ替える操作も，行列の掛け算によって実現されることをご紹介しておこう．

考察 4.2.3

A が 2×2 行列ならば，$\begin{pmatrix}0 & 1\\1 & 0\end{pmatrix}$ という行列を A に左からかけると，A の1行目と2行目とを入れ替えた行列になる．同様に，ベクトル $\boldsymbol{b}\in\mathbb{K}^2$ に対して，行列 $\begin{pmatrix}0 & 1\\1 & 0\end{pmatrix}$ を $\boldsymbol{b}$ に左からかけると $\boldsymbol{b}$ の第1成分と第2成分とを入れ替えたものになる．

証明　$A=\begin{pmatrix}a & b\\c & d\end{pmatrix}$ とおくと，

$$\begin{pmatrix}0 & 1\\1 & 0\end{pmatrix}\begin{pmatrix}a & b\\c & d\end{pmatrix}=\begin{pmatrix}c & d\\a & b\end{pmatrix}$$

なので，確かに1行目と2行目とが入れ替わっている．また $\boldsymbol{b}=\begin{pmatrix}e\\f\end{pmatrix}$ とおくと，

$$\begin{pmatrix}0 & 1\\1 & 0\end{pmatrix}\begin{pmatrix}e\\f\end{pmatrix}=\begin{pmatrix}f\\e\end{pmatrix}$$

なので，確かに1行目と2行目とが入れ替わっている． □

$\begin{pmatrix}0 & 1\\1 & 0\end{pmatrix}$ は，自分自身が逆行列になっている．

一般に，2行の行列であれば，列が何列あろうが同じような現象が起こることに注意しよう．例えば

$$\begin{pmatrix}0 & 1\\1 & 0\end{pmatrix}\begin{pmatrix}A & B & C & D & E\\a & b & c & d & e\end{pmatrix}=\begin{pmatrix}a & b & c & d & e\\A & B & C & D & E\end{pmatrix}$$

といった具合である．

$\begin{pmatrix}1 & 0\\2 & 1\end{pmatrix}$ や $\begin{pmatrix}1 & 0\\0 & 2\end{pmatrix}$ などについても同様だ．

$$\begin{pmatrix}1 & 0\\2 & 1\end{pmatrix}\begin{pmatrix}A & B & C & D & E\\a & b & c & d & e\end{pmatrix}=\begin{pmatrix}A & B & C & D & E\\2A+a & 2B+b & 2C+c & 2D+d & 2E+e\end{pmatrix}$$

$$\begin{pmatrix}1&0\\0&2\end{pmatrix}\begin{pmatrix}A&B&C&D&E\\a&b&c&d&e\end{pmatrix}=\begin{pmatrix}A&B&C&D&E\\2a&2b&2c&2d&2e\end{pmatrix}$$

となる．

定義 4.2.4

A が $n\times n$ 行列のとき，$n\times n$ 行列 A^{-1} が A の**逆行列**であるとは，$A^{-1}A$ も AA^{-1} も $n\times n$ 単位行列 E_n になることである．

逆行列について，定義 4.4.3，注意 4.4.4 でより詳しく考察する．ここでは A^{-1} が A の逆行列であれば，A を左からかけるという操作と A^{-1} を左からかけるという操作が互いに逆操作になっている，よって逆行列を持つ行列 A を左からかけるという操作が可逆な操作である，という性質のみを用いる．

以上の考察を踏まえて，次の3種類の行列を定義しよう．

定義 4.2.5

$c\in\mathbb{K}$, $i,j\in\{1,2,\ldots,n\}$, $i\neq j$ に対して，$n\times n$ 行列 $P_n(i,j;c)=(p_{k,\ell})$ を

$$p_{k,\ell}=\begin{cases}1 & (k=\ell)\\ c & (k=i,\ \ell=j)\\ 0 & (\text{上記以外})\end{cases}$$

と定義する．すなわち次の図のように定義する．

$$P_n(i,j;c)=\begin{pmatrix}1 & & & \\ & \ddots & c & \\ & & \ddots & \\ & & & 1\end{pmatrix}$$

（c は j 列目，i 行目）

$0\neq c\in\mathbb{K}$, $i\in\{1,2,\ldots,n\}$ に対して $n\times n$ 行列 $Q(i;c)=(q_{k,\ell})$ を

$$q_{k,\ell}=\begin{cases}1 & (k=\ell\neq i)\\ c & (k=\ell=i)\\ 0 & (k\neq\ell)\end{cases}$$

と定義する．すなわち，次の図のように定義する．

$$Q_n(i;c)=\begin{pmatrix} 1 & & & & \\ & \ddots & & 0 & \\ & & c & & \\ & 0 & & \ddots & \\ & & & & 1 \end{pmatrix} \quad (i,i)\text{ 成分のみ } c$$

$i,j\in\{1,2,\ldots,n\}$, $i\neq j$ に対して $n\times n$ 行列 $R(i,j)=(r_{k,\ell})$ を

$$r_{k,\ell}=\begin{cases} 1 & (k=\ell,\ k\neq i,\ k\neq j) \\ 1 & (k=i,\ \ell=j) \\ 1 & (k=j,\ \ell=i) \\ 0 & (\text{上記以外}) \end{cases}$$

と定義する．すなわち次の図のように定義する．

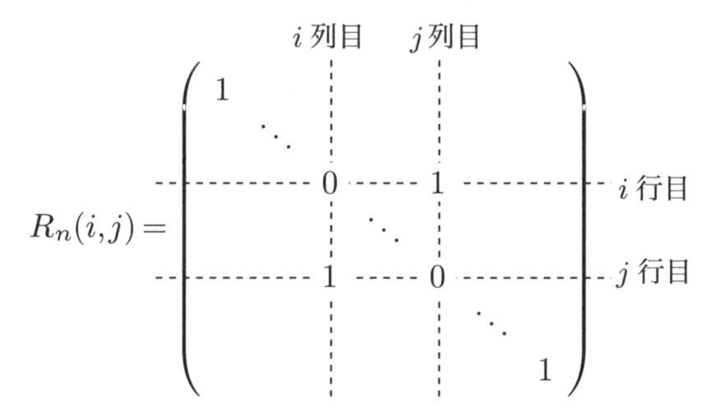

定理 4.2.6

A が $n\times m$ 行列で，A の i 行目を ${}^t\boldsymbol{a}_i$ とする．このとき，次が成り立つ．

(1) $P_n(i,j;c)A$ は i 行目を除いて A と同じであり，i 行目は A の i 行目に A の j 行目の c 倍を加えたもの（つまり ${}^t\boldsymbol{a}_i+c\,{}^t\boldsymbol{a}_j$）となる．

(2) $Q_n(i;c)A$ は i 行目を除いて A と同じであり，i 行目は A の i 行目を c 倍したもの（つまり $c\,{}^t\boldsymbol{a}_i$）となる．

(3) $R_n(i,j)A$ は i 行目と j 行目を除いて A と同じであり，$R_n(i,j)A$ の i 行目は A の j 行目，$R_n(i,j)A$ の j 行目は A の i 行目となる．

しかも $P_n(i,j;c)$ の逆行列は $P_n(i,j;-c)$，$Q_n(i;c)$ の逆行列は $Q_n(i;1/c)$，$R(i,j)$ の逆行列は $R(i,j)$ 自身となる．

行列の掛け算の定義を直接用いて次の補題を示すことができる．

補題 4.2.7

$k\times n$ 行列 X の p 行目が $(c_1,c_2,\ldots,c_n)$ であったとすると，i 行目が ${}^t\boldsymbol{a}_i$ となる $n\times m$ 行列 $A=\begin{pmatrix} {}^t\boldsymbol{a}_1 \\ \vdots \\ {}^t\boldsymbol{a}_n \end{pmatrix}$ に対し XA の p 行目は $c_1{}^t\boldsymbol{a}_1+c_2{}^t\boldsymbol{a}_2+\cdots+c_n{}^t\boldsymbol{a}_n$ となる．特に X の p 行目が ${}^t\boldsymbol{e}_\ell$，すなわち第 ℓ 成分のみが 1 で他が 0 となるような行ベクトルであれば，XA の第 p 行目は ${}^t\boldsymbol{a}_\ell$ となる．

証明（補題 4.2.7 の証明） $A=(a_{i,j})$ とすると, A の i 行目は ${}^t\boldsymbol{a}_i=(a_{i,1},a_{i,2},\ldots,a_{i,m})$ となる．このとき，各 $j\in\{1,2,\ldots,m\}$ に対して XA の (p,j) 成分を計算すると $c_1a_{1,j}+c_2a_{2,j}+\cdots+c_na_{n,j}$ となる．一方，$c_1{}^t\boldsymbol{a}_1+c_2{}^t\boldsymbol{a}_2+\cdots+c_n{}^t\boldsymbol{a}_n$ の第 j 成分を計算すると，$c_1a_{1,j}+c_2a_{2,j}+\cdots+c_na_{n,j}$ となる．よって XA の第 p 行目の第 j 成分と，行ベクトル $c_1{}^t\boldsymbol{a}_1+c_2{}^t\boldsymbol{a}_2+\cdots+c_n{}^t\boldsymbol{a}_n$ の第 j 成分とが等しいので，XA の第 p 行が $c_1{}^t\boldsymbol{a}_1+c_2{}^t\boldsymbol{a}_2+\cdots+c_n{}^t\boldsymbol{a}_n$ となることがわかった．

特に X の第 p 行目が ${}^t\boldsymbol{e}_\ell=(0,0,\ldots,\overset{\ell\text{番目}}{1},\ldots,0)$ ならば $c_\ell=1$，それ以外は 0 なので XA の p 行目は ${}^t\boldsymbol{a}_\ell$，つまり A の ℓ 行目となる．（補題 4.2.7 の証明終） □

証明（定理 4.2.6 の証明）

(1) $P_n(i,j;c)$ の p 行目は $p\neq i$ なら ${}^t\boldsymbol{e}_p$ なので，i 行目を除いて $P_n(i,j;c)A$ の p 行目は A の p 行目 ${}^t\boldsymbol{a}_p$ に等しい．一方，$P_n(i,j;c)$ の i 行目は ${}^t\boldsymbol{e}_i+c{}^t\boldsymbol{e}_j$ なので，$P_n(i,j;c)A$ の i 行目は A の i 行目に A の j 行目の c 倍を加えた ${}^t\boldsymbol{a}_i+c{}^t\boldsymbol{a}_j$ に等しい．

(2) $Q_n(i;c)$ の p 行目は $p\neq i$ なら ${}^t\boldsymbol{e}_p$ なので，i 行目を除いて $Q_n(i;c)A$ の p 行目は A の p 行目 ${}^t\boldsymbol{a}_p$ に等しい．一方，$Q_n(i;c)$ の i 行目は $c{}^t\boldsymbol{e}_i$ なので，$Q_n(i;c)A$ の i 行目は A の i 行目の c 倍 $c{}^t\boldsymbol{a}_i$ に等しい．

(3) $R_n(i,j)$ の p 行目は $p\neq i$ かつ $p\neq j$ なら ${}^t\boldsymbol{e}_p$ に等しいので，$R_n(i,j)A$ の p 行目は A の p 行目 ${}^t\boldsymbol{a}_p$ に等しい．一方，$R_n(i,j)$ の i 行目は ${}^t\boldsymbol{e}_j$ なので，$R_n(i,j)A$ の i 行目は A の j 行目に等しく，$R_n(i,j)$ の j 行目は ${}^t\boldsymbol{e}_i$ なので，$R_n(i,j)A$ の j 行目は A の i 行目に等しい．

$P_n(i,j;c)P_n(i,j;-c)$ は，上記の (1) を用いて計算でき， $P_n(i,j;-c)$ の i 行目に $P_n(i,j;-c)$ の j 行目，つまり ${}^t\boldsymbol{e}_j$ の c 倍を加えたものになるが，そうすると i 行目も ${}^t\boldsymbol{e}_i$ になるので，$P_n(i,j;c)P_n(i,j;-c)=E_n$，つまり単位行列になる．$c$ は任意であったので c のところに $-c$ を代入すると $P_n(i,j;-c)P_n(i,j;c)=E_n$ が得られ，逆

の順番で積をとっても単位行列となることがわかる．よって $P_n(i,j;c)$ の逆行列は $P_n(i,j;-c)$ であることが確かめられた．

次に $Q_n(i;c)Q_n(i;1/c)$ を上記の (2) を用いて計算すると，$Q_n(i;1/c)$ の第 i 行目を c 倍すれば良いが，そうすると i 行目も ${}^t\boldsymbol{e}_i$ となるので $Q_n(i;c)Q_n(i;1/c)=E_n$，つまり単位行列となる．c のところに $1/c$ を代入すると $Q_n(i;1/c)Q_n(i;c)=E_n$ も得られるので，$Q_n(i;1/c)$ が $Q_n(i;c)$ の逆行列であることが確かめられた．

最後に $R_n(i,j)^2$ を上記の (3) を用いて計算すると，i 行目と j 行目を交換すれば良いので $R_n(i,j)^2=E_n$ となる．よって $R_n(i,j)$ の逆行列は $R_n(i,j)$ 自身であることが確かめられた．　□

定義 4.2.8

$n\times m$ 行列 A に対して，次の 3 つの変形を，**行基本変形**と呼ぶ．

(1)　$i,j\in\{1,2,\ldots,n\}$, $i\neq j$, $c\in\mathbb{K}$ に対し，A の j 行目の c 倍を i 行目に加える．（つまり $P_n(i,j;c)$ を左からかける）

(2)　$i\in\{1,2,\ldots,n\}$, $c\in\mathbb{K}$, $c\neq 0$ に対し，A の i 行目を c 倍する．（つまり $Q_n(i;c)$ を左からかける）

(3)　$i,j\in\{1,2,\ldots,n\}$, $i\neq j$ に対し，A の i 行目と j 行目とを入れ替える．（つまり $R_n(i,j)$ を左からかける）

また $P_n(i,j;c)$，$Q_n(i;c)$，$R_n(i,j)$ の 3 種類の行列を**基本変形の行列**と呼ぶ．3 種類のうちどれであるかを特定したくない場合，基本変形の行列を $\mathcal{E}$ という記号であらわすことがある．

定理 4.2.6 により，行基本変形は全て可逆な操作である．与えられた方程式 $A\boldsymbol{x}=\boldsymbol{b}$ に対して，行基本変形を順序立てて行っていくことで A をより簡単な行列に変形し，それによって連立方程式の一般解を求める，という計算方法を理解することが，この章の目標である．次の節では，行基本変形を用いて，どのような行列を目標に変形していくのかを解説する．

§4.3　階段行列

階段行列とは，例えば次のような形の行列である．（$*$ 印のところは，どんな数が入っていても良い．）

$$A = \begin{pmatrix} 0 & 0 & 1 & * & * & 0 & * & * & 0 & * & * & 0 & 0 & * & * \\ 0 & 0 & 0 & 0 & 0 & 1 & * & * & 0 & * & * & 0 & 0 & * & * \\ 0 & 0 & 0 & 0 & 0 & 0 & 0 & 0 & 1 & * & * & 0 & 0 & * & * \\ 0 & 0 & 0 & 0 & 0 & 0 & 0 & 0 & 0 & 0 & 0 & 1 & 0 & * & * \\ 0 & 0 & 0 & 0 & 0 & 0 & 0 & 0 & 0 & 0 & 0 & 0 & 1 & * & * \\ 0 & 0 & 0 & 0 & 0 & 0 & 0 & 0 & 0 & 0 & 0 & 0 & 0 & 0 & 0 \\ 0 & 0 & 0 & 0 & 0 & 0 & 0 & 0 & 0 & 0 & 0 & 0 & 0 & 0 & 0 \\ 0 & 0 & 0 & 0 & 0 & 0 & 0 & 0 & 0 & 0 & 0 & 0 & 0 & 0 & 0 \end{pmatrix}$$

言葉で説明すると，次のように言い表すことができる．

定義 4.3.1

$n \times m$ 行列 A が**階段行列**であるとは，次の3つの条件を満たすことである．

(1) $k \in \{0,1,2,\ldots,n\}$ が存在し，$k < n$ であれば $k+1$ 行目から n 行目までは全て0である．$k > 0$ であれば，1行目から k 行目までは0行ではなく，すなわち0でない成分が少なくとも1つはあり，しかもそれぞれの行の中で0でない成分のうちもっとも左の成分は1である．1行目から k 行目までの，この k 個の1を，この行列の**ピボット** (Pivot) と呼ぶ．また，k をこの階段行列の**ランク**と呼ぶ．

(2) ピボットが1つ入っている列は，そのピボット以外の成分は全て0である．特にピボットはそれぞれの列に高々1つしかない．

(3) ピボットの位置は，上の行ほど左にある．

例 4.3.2

$n \times n$ 単位行列 $\begin{pmatrix} 1 & 0 & 0 & \cdots & 0 \\ 0 & 1 & 0 & \cdots & 0 \\ 0 & 0 & 1 & \cdots & 0 \\ \vdots & \vdots & \vdots & \ddots & \vdots \\ 0 & 0 & 0 & \cdots & 1 \end{pmatrix}$ は階段行列である．対角線上の1が全てピボットとなっている．

また，$n \times m$ のゼロ行列 $\begin{pmatrix} 0 & 0 & \cdots & 0 \\ \vdots & \vdots & \ddots & \vdots \\ 0 & 0 & \cdots & 0 \end{pmatrix}$ も階段行列である．この階段行列はピボットを持たない．

1行目の左端が1で2行目以降が全て0となる $n\times m$ 行列 $\begin{pmatrix}1 & * & \cdots & * \\ 0 & 0 & \cdots & 0 \\ 0 & \vdots & & \vdots \\ 0 & 0 & \cdots & 0\end{pmatrix}$ は，(1,1) 成分の1を唯一のピボットとして持つ階段行列である．

この節の最初にあげた階段行列の例では，ピボットは次のようになる．

$$A=\begin{pmatrix}
0 & 0 & \textcircled{1} & * & * & 0 & * & * & 0 & * & * & 0 & 0 & * & * \\
0 & 0 & 0 & 0 & 0 & \textcircled{1} & * & * & 0 & * & * & 0 & 0 & * & * \\
0 & 0 & 0 & 0 & 0 & 0 & 0 & 0 & \textcircled{1} & * & * & 0 & 0 & * & * \\
0 & 0 & 0 & 0 & 0 & 0 & 0 & 0 & 0 & 0 & 0 & \textcircled{1} & 0 & * & * \\
0 & 0 & 0 & 0 & 0 & 0 & 0 & 0 & 0 & 0 & 0 & 0 & \textcircled{1} & * & * \\
0 & 0 & 0 & 0 & 0 & 0 & 0 & 0 & 0 & 0 & 0 & 0 & 0 & 0 & 0 \\
0 & 0 & 0 & 0 & 0 & 0 & 0 & 0 & 0 & 0 & 0 & 0 & 0 & 0 & 0 \\
0 & 0 & 0 & 0 & 0 & 0 & 0 & 0 & 0 & 0 & 0 & 0 & 0 & 0 & 0
\end{pmatrix}$$

ピボット

□

定義 4.3.3

連立方程式 $A\boldsymbol{x}=\boldsymbol{b}$ において A が階段行列であるとき，$\boldsymbol{x}=\begin{pmatrix}x_1\\ \vdots \\ x_n\end{pmatrix}$ にあらわれる変数のうちで，積 $A\boldsymbol{x}$ において A のピボットのどれか一つと掛け算される変数を，**ピボットに対応する変数**と呼ぶ．どのピボットとも掛け算されない変数を，**自由変数**と呼ぶ．

例 4.3.4

A が単位行列であれば，全ての変数がピボットに対応する．A が0行列であれば，全ての変数が自由変数である．連立方程式

$$\begin{pmatrix}0 & 1 & 0 & 2 & 0 & 3 \\ 0 & 0 & 1 & 4 & 0 & 5 \\ 0 & 0 & 0 & 0 & 1 & 6 \\ 0 & 0 & 0 & 0 & 0 & 0\end{pmatrix}\begin{pmatrix}x_1\\ x_2\\ x_3\\ x_4\\ x_5\\ x_6\end{pmatrix}=\begin{pmatrix}b_1\\ b_2\\ b_3\\ b_4\end{pmatrix}$$

において，ピボットは2列目，3列目，5列目にあるので，x_2,x_3,x_5 がピボットに対応する変数であり，x_1,x_4,x_6 が自由変数である．　□

次の定理がこの章の主定理である．

定理 4.3.5

(1) どんな行列 A も，行基本変形を施していくことによって階段行列に変形することができる．

(2) n 行の階段行列 A に対し，連立方程式 $A\boldsymbol{x}=\boldsymbol{b}$ は，次のように一般解を書き出すことができる．

- A の $k+1$ 行目から n 行目までが 0 であるとき，$\boldsymbol{b}$ の $k+1$ 行目から n 行目までの間で 0 でない成分が一つでもあれば，この方程式は解を持たない．
- 逆に A の 1 行目から k 行目までは 0 でなく，$k+1$ 行目から n 行目までが 0 であるとして，$\boldsymbol{b}$ の $k+1$ 行目から n 行目までも 0 であるならば，この方程式は必ず解を持つ．より正確には，自由変数をパラメーターとして，A の 0 でない各行を，ピボットに対応する変数の値を定める定義式だと解釈すると，これが必要にして十分な自由パラメーターを含んだ $A\boldsymbol{x}=\boldsymbol{b}$ の一般解を与える．すなわち $A\boldsymbol{x}=\boldsymbol{b}$ のそれぞれの解が，自由変数の値を適切に与えることによってあらわされ，しかもその自由変数の与え方はただ一通りしかない．

(1) は，連立方程式を解く際に行っていた操作を行列の言葉に言い換えれば，それは行列を階段行列に変形することにちょうど対応しているのだ，ということをきちんと述べると証明になる．(2) は，A が階段行列になっていれば，連立方程式 $A\boldsymbol{x}=\boldsymbol{b}$ を正しく解釈すれば，既に解は得られているのだ，という内容である．要するに，上記の定理は，中学で学んだ連立方程式の解法を行列の言葉に翻訳しただけなのである．一方，上記の定理は単に連立方程式を解けるようになったというだけではなく，理論的な応用も様々ある，非常に便利かつ強力な定理であることが今後わかってくるであろう．

証明の前に，具体的な連立方程式を，通常の方法と上記の定理の方法で並行して解くことによって，定理が言わんとすることを納得していただくことにしよう．連立方程式を解く操作が自然に行列の変形に言い換えられる様子を味わっていただきたい．

例として，

$$\begin{cases} x+2y+3z = 4 & \cdots\cdots (1) \\ 2x+3y+4z = 5 & \cdots\cdots (2) \\ 3x+4y+5z = 6 & \cdots\cdots (3) \end{cases} \qquad \begin{pmatrix} 1 & 2 & 3 \\ 2 & 3 & 4 \\ 3 & 4 & 5 \end{pmatrix}\begin{pmatrix} x \\ y \\ z \end{pmatrix} = \begin{pmatrix} 4 \\ 5 \\ 6 \end{pmatrix}$$

という連立方程式（と，その行列表示）を考える．

連立方程式として考えると，(1) を使って (2) から x を消去するために，(2) 式から (1) 式の 2 倍を引く．行列としてみると，2 行目に 1 行目の (-2) 倍を加えて（つまり両辺に $\begin{pmatrix} 1 & 0 & 0 \\ -2 & 1 & 0 \\ 0 & 0 & 1 \end{pmatrix} = P_3(2,1;-2)$ を左からかけて）

$$-y-2z=-3 \quad \cdots\cdots (4) \qquad \begin{pmatrix} 1 & 2 & 3 \\ 0 & -1 & -2 \\ 3 & 4 & 5 \end{pmatrix}\begin{pmatrix} x \\ y \\ z \end{pmatrix} = \begin{pmatrix} 4 \\ -3 \\ 6 \end{pmatrix}$$

次に，再び (1) を使って (3) から x を消去するために，(3) 式から (1) 式の 3 倍を引く．行列として見ると，3 行目に 1 行目の (-3) 倍を加えて（つまり両辺に $\begin{pmatrix} 1 & 0 & 0 \\ 0 & 1 & 0 \\ -3 & 0 & 1 \end{pmatrix} = P_3(3,1;-3)$ を左からかけて）

$$-2y-4z=-6 \quad \cdots\cdots (5) \qquad \begin{pmatrix} 1 & 2 & 3 \\ 0 & -1 & -2 \\ 0 & -2 & -4 \end{pmatrix}\begin{pmatrix} x \\ y \\ z \end{pmatrix} = \begin{pmatrix} 4 \\ -3 \\ -6 \end{pmatrix}$$

(4) 式の y の係数を 1 にするために (4) に (-1) をかける．行列として見ると，2 行目に -1 をかけて（つまり両辺に $\begin{pmatrix} 1 & 0 & 0 \\ 0 & -1 & 0 \\ 0 & 0 & 1 \end{pmatrix} = Q_3(2;-1)$ を左からかけて）

$$y+2z=3 \quad \cdots\cdots (6) \qquad \begin{pmatrix} 1 & 2 & 3 \\ 0 & 1 & 2 \\ 0 & -2 & -4 \end{pmatrix}\begin{pmatrix} x \\ y \\ z \end{pmatrix} = \begin{pmatrix} 4 \\ 3 \\ -6 \end{pmatrix}$$

(5) 式から y を消去するために (6) 式の 2 倍を加える．（ついでに z も消えてしまう）．行列として見ると，3 行目に 2 行目の 2 倍を加えて（つまり両辺に $\begin{pmatrix} 1 & 0 & 0 \\ 0 & 1 & 0 \\ 0 & 2 & 1 \end{pmatrix} = P_3(3,2;2)$ を左からかけて）

$$0=0 \qquad \begin{pmatrix} 1 & 2 & 3 \\ 0 & 1 & 2 \\ 0 & 0 & 0 \end{pmatrix}\begin{pmatrix} x \\ y \\ z \end{pmatrix} = \begin{pmatrix} 4 \\ 3 \\ 0 \end{pmatrix}$$

最後に，(1) 式から y を消去するために (6) 式の (-2) 倍を加える．行列として見ると，1行目に2行目の (-2) 倍を加えて (つまり両辺に $\begin{pmatrix} 1 & -2 & 0 \\ 0 & 1 & 0 \\ 0 & 0 & 1 \end{pmatrix} = P_3(1,2;-2)$ を左からかけて)

$$x - z = -2 \qquad \cdots\cdots (7) \qquad\qquad \begin{pmatrix} 1 & 0 & -1 \\ 0 & 1 & 2 \\ 0 & 0 & 0 \end{pmatrix}\begin{pmatrix} x \\ y \\ z \end{pmatrix} = \begin{pmatrix} -2 \\ 3 \\ 0 \end{pmatrix}$$

となる．z の値を自由に定めると，(7) 式から $x = z-2$，(6) 式から $y = -2z+3$ とすれば良いことがわかるので，一般解は

$$\begin{pmatrix} x \\ y \\ z \end{pmatrix} = \begin{pmatrix} z-2 \\ -2z+3 \\ z \end{pmatrix} = \begin{pmatrix} -2 \\ 3 \\ 0 \end{pmatrix} + z\begin{pmatrix} 1 \\ -2 \\ 1 \end{pmatrix}$$

というように，z をパラメーターとする直線となることがわかる．

一方，行列も階段行列に変形されているので，まずは定理 4.3.5(2) に従ってこの解 $\begin{pmatrix} 1 & 0 & -1 \\ 0 & 1 & 2 \\ 0 & 0 & 0 \end{pmatrix}\begin{pmatrix} x \\ y \\ z \end{pmatrix} = \begin{pmatrix} -2 \\ 3 \\ 0 \end{pmatrix}$ を解釈していくと，変数 x,y がピボットに対応しているので，自由変数は z である．1行目は $x-z=-2$ なので，x について解くと $x=z-2$，次に2行目は $y+2z=3$ なので，これを y について解くと $y=-2z+3$. これらをベクトル形式に整理すると

$$\begin{pmatrix} x \\ y \\ z \end{pmatrix} = \begin{pmatrix} z-2 \\ -2z+3 \\ z \end{pmatrix} = \begin{pmatrix} -2 \\ 3 \\ 0 \end{pmatrix} + z\begin{pmatrix} 1 \\ -2 \\ 1 \end{pmatrix}$$

となり，連立方程式の一般解のパラメーター表示に一致していることが見て取れる．

証明（定理 4.3.5 の証明） まず，後半の (2) を証明する．$n \times m$ 行列 A が階段行列で，変数ベクトル $\boldsymbol{x} = \begin{pmatrix} x_1 \\ \vdots \\ x_m \end{pmatrix}$ に対して $A\boldsymbol{x} = \boldsymbol{b}$ という連立方程式が与えられているとする．A は階段行列なので，$k \in \{0,1,2,\ldots,n\}$ が存在し，$k<n$ であれば A の $k+1$ 行目から n 行目までは全て 0 である．そのような $i \in \{k+1,\ldots,n\}$ の中で $\boldsymbol{b}_i \neq 0$ という成分があったとしよう．すると $A\boldsymbol{x} = \boldsymbol{b}$ の第 i 行目は

$$0x_1 + 0x_2 + \cdots + 0x_m = \boldsymbol{b}_i$$

と読み取れるので，$\boldsymbol{b}_i \neq 0$ なら，この式を満たす $\boldsymbol{x}$ は存在しえない．よって，A の i 行目が 0 で $b_i \neq 0$ となるような行 i があれば，$A\boldsymbol{x} = \boldsymbol{b}$ は解なしである．

次に，$\boldsymbol{b}_{k+1} = \boldsymbol{b}_{k+2} = \cdots = \boldsymbol{b}_n = 0$ となる場合を考える．まず，ピボットに対応し

ない自由変数の値を全て任意に定めておく．1行目からk行目まではピボットがあるので，1行目のピボットはj_1列目，2行目の ピボットはj_2列目，…，k行目のピボットはj_k列目にあるとする．このとき，各$\ell\in\{1,2,\ldots,k\}$に対して第ℓ行目があらわす式は$x_{j_\ell}+\cdots=\boldsymbol{b}_\ell$という形になる，ここで$\cdots$の部分には自由変数しか現れない．これを移項すれば$x_{j_\ell}=-(\cdots)+\boldsymbol{b}_{j_\ell}$という式になるので，このピボットに対応する変数$x_{j_\ell}$の値をこれに従って定めれば（そしてそのように定めた場合にのみ），第ℓ行目の等式が成り立つことになる．Aが階段行列であるので，Aの第j_ℓ列目の成分はℓ行目を除いて0である．すなわち，x_{j_ℓ}の値をどう定めても，それがℓ行目以外の式に影響を与えることはない．よって，1行目からk行目まで，それぞれのピボットに対応する変数の値を適切に定めれば，そして適切に定めたときにのみ，方程式$A\boldsymbol{x}=\boldsymbol{b}$が成立することがわかった．従って，ピボットに対応しない変数の値を自由変数として（あるいはパラメーターとして）任意に与えたとき，ピボットに対応する変数の値をそれに応じて定めることで，方程式の一般解がえられた．

続いて(1)，すなわち任意の$n\times m$行列Aが，行基本変形をうまく施すことによって階段行列に変形できることを証明する．Aの行数nについて帰納法を用いる．まず$n=1$のとき，$A=(a_1,a_2,\ldots,a_m)$という形をしている．Aが0行列ならそのまま階段行列なので，$A\neq 0$であるとしてよい．Aの成分のうち，0でないもっとも左の成分をa_ℓとする．すなわち，$a_1=a_2=\cdots=a_{\ell-1}=0$, $a_\ell\neq 0$である．このとき，Aの1行目を$\dfrac{1}{a_\ell}$倍すれば，階段行列になる．

nが一般のとき，Aが0行列なら何もしなくても階段行列であるので，$A\neq 0$であるとしてよい．Aを列表示して$A=(\boldsymbol{a}_1,\boldsymbol{a}_2,\ldots,\boldsymbol{a}_m)$とおく．$A$の列のうち，0でないもっとも左の列を$\boldsymbol{a}_\ell$とする．すなわち，$\boldsymbol{a}_1=\boldsymbol{a}_2=\cdots=\boldsymbol{a}_{\ell-1}=\boldsymbol{0}$であり，$\boldsymbol{a}_\ell\neq\boldsymbol{0}$とする．このとき，$\boldsymbol{a}_\ell$のどれかの成分が0でないので，例えば$\boldsymbol{a}_\ell$の第$p$行目が0でないとしてよい．そこで，$A$の1行目と$p$行目を交換して，次の2条件が成り立つように変形できる．

(i)　Aのℓ列目より左は全ての成分が0.

(ii)　Aの$(1,\ell)$成分は0でない．

そこで，Aの1行目を$(1,\ell)$成分で割ることで，Aの$(1,\ell)$成分が1になるとしてよい．その上で， 各$q>1$に対して，Aのq行目からAの1行目の定数倍を引くことで，Aのℓ列目は1行目を除いて0になるようにできる．ここまで変形した

Aから1行目を取り除いた行列をBとする．作り方より，Bは$(n-1)\times m$行列であり，1列目からℓ列目までは$\mathbf{0}$である．帰納法の仮定より，Bに対して行基本変形を施していくことによって階段行列$\overline{B}$にすることができる．Bに対してのその変形を，1行目に対しては手を触れないAへの行基本変形だとみなすことによって，Aの2行目以下は階段行列になるように変形できる．$\overline{B}$が階段行列で，Aの1行目が第ℓ列にピボットを持つので，ある行から下は全て0で，その上の行は全てピボットを持つ．$\overline{B}$は第ℓ列より左が全て0となる行列に行基本変形を行ったものなので，やはり第ℓ列より左は全て0である．特に2行目以下のピボットは全て$\ell+1$列かあるいはそれより右にある．$\overline{B}$ではピボットは上の行ほど左にあるので，A全体でも，ピボットは上の行ほど左にある．2行目以下の各ピボットの列は，Bが階段行列であるので2行目以下はピボット以外全て0であるが，1行目の成分は0ではないかもしれない．そこで 必要なら1行目からピボット行の定数倍を引くことで，1行目もピボットの列は0になるようにできる．以上の変形を終えると，ピボットの列はピボットを除いて他の成分が全て0という階段行列の条件も満たされ，Aが階段行列に変形された． □

※　**行基本変形で0以外の行列を階段行列に変形する手順**

$$\begin{pmatrix} 0 & \cdots & 0 & a_{1,\ell} & \cdots & \cdots \\ \vdots & & \vdots & \vdots & & \\ 0 & \cdots & 0 & a_{n,\ell} & \cdots & \cdots \end{pmatrix}$$

↑ 0でない一番左の列

$a_{1,\ell}=0$かもしれないが$a_{i,\ell}\neq 0$として，i行目と1行目を入れ替える．

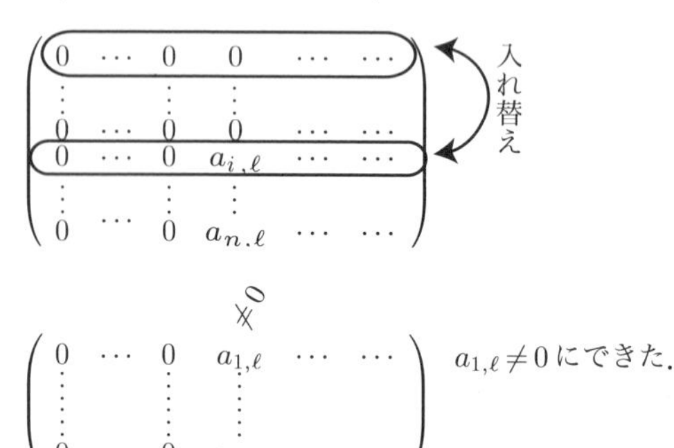

1 行目を $a_{1,\ell}$ で割って，$a_{1,\ell}=1$ にできる．

$$\begin{pmatrix} 0 & \cdots & 0 & 1 & \cdots & \cdots \\ \vdots & & \vdots & \vdots & & \\ 0 & \cdots & 0 & a_{n,\ell} & \cdots & \cdots \end{pmatrix}$$

2 行目から 1 行目の $a_{2,\ell}$ 倍を引く．
3 行目から 1 行目の $a_{3,\ell}$ 倍を引く．
⋮
n 行目から 1 行目の $a_{n,\ell}$ 倍を引く．

ℓ 列目を，$a_{1,\ell}$ を除いてゼロにできる．

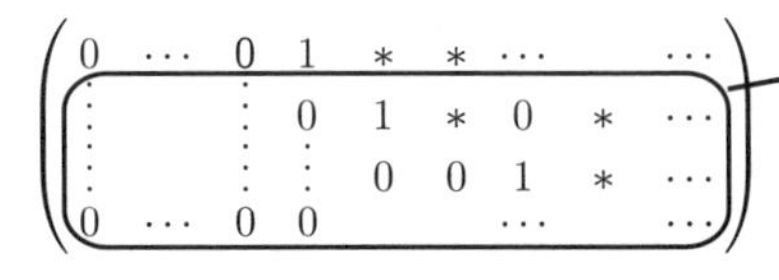

2 行目以下を B とおく．
B は $n-1$ 行なので帰納法の仮定により
行基本変形で階段行列 $\overline{B}$ に変形できる．
また，作り方により左 ℓ 列は全て 0．

$\overline{B}$ のピボットは j_2 行目，j_3 行目，$\cdots$として

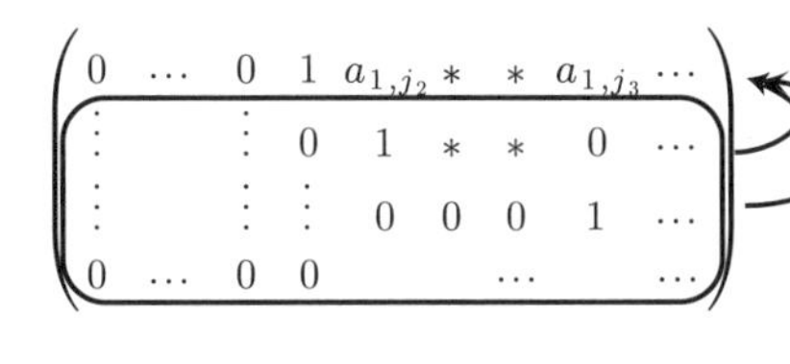

A の 2 行目の $-a_{1,j_2}$ 倍を 1 行目に加える．
A の 3 行目の $-a_{1,j_3}$ 倍を 1 行目に加える．
⋮

$$\begin{pmatrix} 0 & \cdots & 0 & 1 & 0 & * & * & 0 & \cdots \\ \vdots & & \vdots & 0 & 1 & * & * & 0 & \cdots \\ \vdots & & \vdots & \vdots & 0 & 0 & 0 & 1 & \cdots \\ 0 & \cdots & 0 & 0 & & & \cdots & & \cdots \end{pmatrix}$$

階段行列完成！

注意 4.3.6　方程式 $A\boldsymbol{x}=\boldsymbol{b}$ が与えられたとき，定理 4.3.5 (1) により基本変形の行列 $\mathcal{E}_1,\mathcal{E}_2,\ldots,\mathcal{E}_k$ が存在して $\mathcal{E}_k\mathcal{E}_{k-1}\cdots\mathcal{E}_2\mathcal{E}_1A$ が階段行列になるようにできる．このとき，方程式 $A\boldsymbol{x}=\boldsymbol{b}$ は方程式 $\mathcal{E}_k\mathcal{E}_{k-1}\cdots\mathcal{E}_2\mathcal{E}_1A\boldsymbol{x}=\mathcal{E}_k\mathcal{E}_{k-1}\cdots\mathcal{E}_2\mathcal{E}_1\boldsymbol{b}$ と同値であるが，行列 $\mathcal{E}_k\mathcal{E}_{k-1}\cdots\mathcal{E}_2\mathcal{E}_1A$ が階段行列なので，定理 4.3.5 (2) によりこの方程式に解があるかどうかを判定でき，解がある場合はその一般解を $\boldsymbol{x}_0+t_1\boldsymbol{x}_1+\cdots+t_s\boldsymbol{x}_s$ という形であらわすことができる．階段行列 $\mathcal{E}_k\mathcal{E}_{k-1}\cdots\mathcal{E}_2\mathcal{E}_1A$ を「A の階段行列」と呼び，$\boldsymbol{x}_0+t_1\boldsymbol{x}_1+\cdots+t_s\boldsymbol{x}_s$ という一般解の表記を「方程式 $A\boldsymbol{x}=\boldsymbol{b}$ を掃き出し法で解いた一般解」と呼ぶことにする．あとで定理 4.5.8 で示されるとおり，A の階段行列 $\mathcal{E}_k\mathcal{E}_{k-1}\cdots\mathcal{E}_2\mathcal{E}_1A$ は途中の計算手順によらずただ一通りであり，従って方程式 $A\boldsymbol{x}=\boldsymbol{b}$ を掃き出し法で解いた一般解 $\boldsymbol{x}_0+t_1\boldsymbol{x}_1+\cdots+t_s\boldsymbol{x}_s$ も定理 4.3.5 のレシピに従うならば，階段行列を求める計算手順によらずただ一通りであることがわかる．$A\boldsymbol{x}=\boldsymbol{b}$ の任意の解 $\boldsymbol{v}$ が与えられたとき，その解を $\boldsymbol{v}=\boldsymbol{x}_0+t_1\boldsymbol{x}_1+\cdots+t_s\boldsymbol{x}_s$ とあらわす $t_1,t_2,\ldots,t_s$ もただ一通りであることが示される．

例 4.3.7

定理 4.3.5 のアルゴリズムにそって，行列

$$A=\begin{pmatrix}1&2&3&4&5\\2&4&5&6&7\\2&3&4&5&6\\3&4&5&6&7\end{pmatrix}$$

を階段行列に変形してみる．

$$\begin{pmatrix}1&2&3&4&5\\2&4&5&6&7\\2&3&4&5&6\\3&4&5&6&7\end{pmatrix}\xrightarrow[(4)-3\times(1)]{\substack{(2)-2\times(1)\\(3)-2\times(1)}}\begin{pmatrix}1&2&3&4&5\\0&0&-1&-2&-3\\0&-1&-2&-3&-4\\0&-2&-4&-6&-8\end{pmatrix}\xrightarrow{(2)\leftrightarrow(3)}\begin{pmatrix}1&2&3&4&5\\0&-1&-2&-3&-4\\0&0&-1&-2&-3\\0&-2&-4&-6&-8\end{pmatrix}$$

$$\xrightarrow{-1\times(2)}\begin{pmatrix}1&2&3&4&5\\0&1&2&3&4\\0&0&-1&-2&-3\\0&-2&-4&-6&-8\end{pmatrix}\xrightarrow[(4)+2\times(2)]{(1)-2\times(2)}\begin{pmatrix}1&0&-1&-2&-3\\0&1&2&3&4\\0&0&-1&-2&-3\\0&0&0&0&0\end{pmatrix}$$

$$\xrightarrow{-1\times(3)}\begin{pmatrix}1&0&-1&-2&-3\\0&1&2&3&4\\0&0&1&2&3\\0&0&0&0&0\end{pmatrix}\xrightarrow[(2)-2\times(3)]{(1)+(3)}\begin{pmatrix}1&0&0&0&0\\0&1&0&-1&-2\\0&0&1&2&3\\0&0&0&0&0\end{pmatrix}\quad\square$$

アルゴリズムの方法に必ずしも従う必要はない．例えば割り算を避けるために，一番左の列に，行の足し引き（ある行の定数倍を他の行に加える）をうまく使って1という成分が出てくるようにしてからそれを一番上へ持っていくなど工夫すると，分数が出てくるのを避けることができる．あとで定理4.5.8で示すとおり，最終的に得られる階段行列は変形の手順によらない．

例 4.3.8

$A=\begin{pmatrix}5&4&3\\4&3&2\\3&2&1\end{pmatrix}$ を，工夫した方法で階段行列に変形すると

$$\begin{pmatrix}5&4&3\\4&3&2\\3&2&1\end{pmatrix}\xrightarrow{(1)-(2)}\begin{pmatrix}1&1&1\\4&3&2\\3&2&1\end{pmatrix}\xrightarrow[(3)-3\times(1)]{(2)-4\times(1)}\begin{pmatrix}1&1&1\\0&-1&-2\\0&-1&-2\end{pmatrix}$$

$$\xrightarrow{-1\times(2)}\begin{pmatrix}1&1&1\\0&1&2\\0&-1&-2\end{pmatrix}\xrightarrow[(3)+1\times(2)]{(1)-(2)}\begin{pmatrix}1&0&-1\\0&1&2\\0&0&0\end{pmatrix}$$

というように分数なしで計算できる．これをアルゴリズム通りにやっていると

$$\begin{pmatrix}5&4&3\\4&3&2\\3&2&1\end{pmatrix}\xrightarrow{(1/5)\times(1)}\begin{pmatrix}1&4/5&3/5\\4&3&2\\3&2&1\end{pmatrix}\xrightarrow[(3)-3\times(1)]{(2)-4\times(1)}\begin{pmatrix}1&4/5&3/5\\0&-1/5&-2/5\\0&-2/5&-4/5\end{pmatrix}$$

$$\xrightarrow{-5\times(2)} \begin{pmatrix} 1 & 4/5 & 3/5 \\ 0 & 1 & 2 \\ 0 & -2/5 & -4/5 \end{pmatrix} \xrightarrow[(3)+2/5\times(2)]{(1)-4/5\times(2)} \begin{pmatrix} 1 & 0 & -1 \\ 0 & 1 & 2 \\ 0 & 0 & 0 \end{pmatrix}$$

となり，分数が嫌いだとかなり計算が大変になる． □

A が階段行列であるときに，方程式 $A\boldsymbol{x}=\boldsymbol{b}$ の解のありなしの判定，そして解がある場合の一般解の書き出し方は，定理 4.3.5 の (2) で説明している通りであるが，より具体的に詳しく見ておこう．

定義 4.3.9

連立線型方程式 $A\boldsymbol{x}=\boldsymbol{b}$ は，$\boldsymbol{b}=\boldsymbol{0}$ のとき**斉次方程式**と言い，そうでないとき，**非斉次方程式**と言う．$\boldsymbol{c}_0$ が方程式 $A\boldsymbol{x}=\boldsymbol{b}$ の**特殊解**であるとは，$\boldsymbol{c}_0$ が方程式の解のうちのひとつになっていること．すなわち，$A\boldsymbol{c}_0=\boldsymbol{b}$ が成り立つことを言う．パラメーター $t_1,t_2.\dots,t_s$ によってパラメーター表示された $\boldsymbol{c}_0+t_11\boldsymbol{c}_1+t_2\boldsymbol{c}_2+\cdots+t_s\boldsymbol{c}_s$ が方程式 $A\boldsymbol{x}=\boldsymbol{b}$ の一般解であるとは，任意のパラメーター $t_1,t_2,\dots,t_s$ に対して $\boldsymbol{v}=\boldsymbol{c}_0+t_1\boldsymbol{c}_1+t_2\boldsymbol{c}_2+\cdots+t_s\boldsymbol{c}_s$ は $A\boldsymbol{v}=\boldsymbol{b}$ を満たし，逆にベクトル $\boldsymbol{w}$ が $A\boldsymbol{w}=\boldsymbol{b}$ を満たすならば，パラメーター $t_1,t_2,\dots,t_s$ をうまく選ぶことで $\boldsymbol{w}=\boldsymbol{c}_0+t_1\boldsymbol{c}_1+t_2\boldsymbol{c}_2+\cdots+t_s\boldsymbol{c}_s$ とあらわすことができることである．

命題 4.3.10

$\boldsymbol{c}_0$ が非斉次方程式 $A\boldsymbol{x}=\boldsymbol{b}$ の特殊解であり，$t_1\boldsymbol{c}_1+t_2\boldsymbol{c}_2+\cdots+t_s\boldsymbol{c}_s$ が同じ係数の斉次方程式 $A\boldsymbol{x}=\boldsymbol{0}$ の一般解であれば，$\boldsymbol{c}_0+t_1\boldsymbol{c}_1+t_2\boldsymbol{c}_2+\cdots+t_s\boldsymbol{c}_s$ はもとの非斉次方程式 $A\boldsymbol{x}=\boldsymbol{b}$ の一般解である．

証明　$\boldsymbol{v}=t_1\boldsymbol{c}_1+t_2\boldsymbol{c}_2+\cdots+t_s\boldsymbol{c}_s$ は $A\boldsymbol{x}=\boldsymbol{0}$ の一般解なので，$A\boldsymbol{v}=\boldsymbol{0}$ を満たす．線型性より $A(\boldsymbol{c}_0+\boldsymbol{v})=A\boldsymbol{c}_0+A\boldsymbol{v}=\boldsymbol{b}$ となるので，$\boldsymbol{c}_0+\boldsymbol{v}$ は $A\boldsymbol{x}=\boldsymbol{b}$ の解である．逆に $\boldsymbol{w}$ が $A\boldsymbol{w}=\boldsymbol{b}$ を満たせば，線型性より $A(\boldsymbol{w}-\boldsymbol{c}_0)=A\boldsymbol{w}-A\boldsymbol{c}_0=\boldsymbol{b}-\boldsymbol{b}=\boldsymbol{0}$ となるので，$\boldsymbol{w}-\boldsymbol{c}_0$ は斉次方程式 $A\boldsymbol{x}=\boldsymbol{0}$ の解である．よって一般解のパラメーター $t_1,t_2,\dots,t_s$ をうまく選ぶことで $\boldsymbol{w}-\boldsymbol{c}_0=t_1\boldsymbol{c}_1+\cdots+t_s\boldsymbol{c}_s$ とあらわすことができる．すなわち $\boldsymbol{w}=\boldsymbol{c}_0+t_1\boldsymbol{c}_1+\cdots+t_s\boldsymbol{c}_s$ であり，これが一般解となる． □

以上を踏まえて，定理 4.3.5(2) の一般解は，次の命題のように具体的に書き下される．

命題 4.3.11 (階段行列による線型方程式の一般解)

ピボットの個数が r 個の $n\times m$ 階段行列 $A=(a_{i,j})$ は $j_1,j_2,\ldots,j_r$ 列目にピボットがあるとし(ただし $1\le j_1<j_2<\cdots<j_r$), 一方ピボットがなく自由変数に対応する列は $k_1,k_2,\ldots,k_s$ 列目, ただし $s=m-r$, とする. このとき, $\boldsymbol{b}=\begin{pmatrix} b_1 \\ \vdots \\ b_m \end{pmatrix}$ に対し方程式 $A\boldsymbol{x}=\boldsymbol{b}$ が解を持つための必要十分条件は $b_{r+1}=b_{r+2}=\cdots=b_m=0$ となることであり, このとき, $A\boldsymbol{x}=\boldsymbol{b}$ の特殊解 $\boldsymbol{c}_0$ として, $\boldsymbol{c}_0$ の ピボットに対応する j_i 成分は b_i, それ以外は 0, というベクトルが取れる. また斉次方程式 $A\boldsymbol{x}=\boldsymbol{0}$ の一般解を $t_1\boldsymbol{c}_1+t_2\boldsymbol{c}_2+\cdots+t_s\boldsymbol{c}_s$ として, $\boldsymbol{c}_\ell$ はピボットに対応する j_i 行目の成分が $-a_{i,k_\ell}$, k_ℓ 行目の自由変数に対応する成分が 1, 他の自由変数に対応する行は 0 となる. しかも $j_i>k_\ell$ なら $a_{i,k_\ell}=0$ である. これらの $\boldsymbol{c}_0,\boldsymbol{c}_1,\ldots,\boldsymbol{c}_s$ を用いて $A\boldsymbol{x}=\boldsymbol{b}$ の一般解は $\boldsymbol{c}_0+t_1\boldsymbol{c}_1+t_2\boldsymbol{c}_2+\cdots+t_s\boldsymbol{c}_s$ と書ける. しかも解 $\boldsymbol{w}$ に対して, $\boldsymbol{w}=\boldsymbol{c}_0+t_1\boldsymbol{c}_1+t_2\boldsymbol{c}_2+\cdots+t_s\boldsymbol{c}_s$ とあらわすパラメーター $t_1,t_2,\ldots,t_s$ は一意である.

階段行列 A, 特殊解 $\boldsymbol{c}_0$, 一般解のためのベクトル $\boldsymbol{c}_\ell$ の具体的な形は下の図の通りである.

k 列 (自由変数)

$$A=\begin{pmatrix} 0 & \cdots & 0 & 1 & * & 0 & a_{1,k} & * & * & 0 & \cdots \\ \vdots & & \vdots & 0 & 0 & 1 & a_{2,k} & * & * & 0 & \cdots \\ \vdots & & \vdots & \vdots & \vdots & & \vdots & & 0 & 1 & \cdots \\ 0 & \cdots & 0 & 0 & 0 & 0 & 0 & & \cdots & & \cdots \end{pmatrix}, \qquad \boldsymbol{b}=\begin{pmatrix} b_1 \\ b_2 \\ \vdots \\ b_m \end{pmatrix}$$

j_1 列 j_2 列 j_r 列

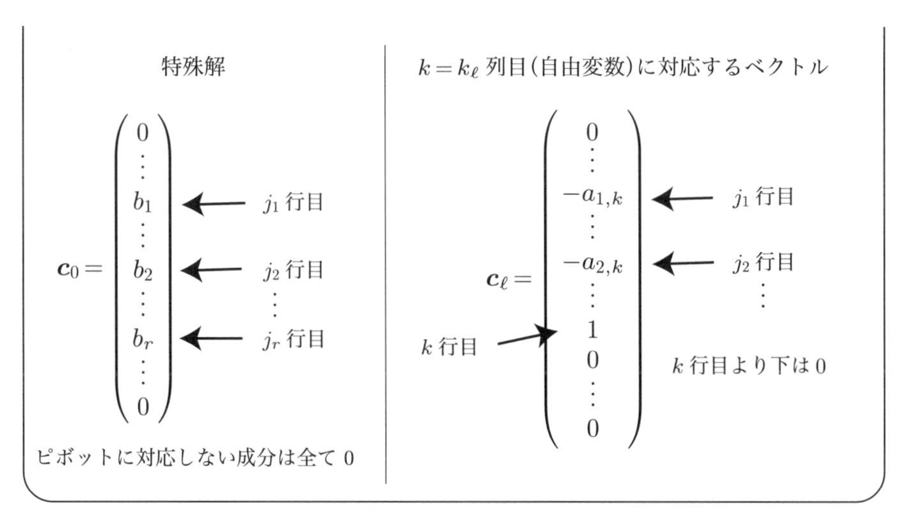

証明　$b_{r+1}=\cdots=b_m=0$ が解を持つための必要十分条件であることは，既に定理 4.3.5(2) で示されている．$A\boldsymbol{x}=\boldsymbol{b}$ を掃き出し法で解き，全ての自由変数を 0 とおくと i 行目が与える式は $i\leq r$ のとき $x_{j_i}=b_i$ であり，$i>r$ のとき $0=b_i$ なので，この特殊解は図の $\boldsymbol{c}_0$ である．また，$k=k_\ell$ に対応する自由変数 x_k のみ 1 とし，他の自由変数を 0 とすると，斉次方程式 $A\boldsymbol{x}=\boldsymbol{0}$ の i 行目が与える式は $i\leq r$ のとき $x_{j_i}+a_{i,k}=0$，$i>r$ のとき $0=0$ なので，図の $\boldsymbol{c}_\ell$ がこの特殊解となる．階段行列のピボットより左側は全て 0 なので $k_\ell<j_i$ ならば $a_{i,k_\ell}=0$ となり，このことから $\boldsymbol{c}_\ell$ の k_ℓ 行目の 1 より下の行は全て 0 となる．

定理 4.3.5 により，方程式 $A\boldsymbol{x}=\boldsymbol{b}$ の一般解は $\boldsymbol{c}_0+t_1\boldsymbol{c}_1+\cdots+t_s\boldsymbol{c}_s$ により与えられる．解 $\boldsymbol{w}$ を $\boldsymbol{w}=\boldsymbol{c}_0+t_1\boldsymbol{c}_1+\cdots+t_s\boldsymbol{c}_s$ とあらわしたとき，上記の $\boldsymbol{c}_\ell$ の記述により，$\boldsymbol{w}$ の k_ℓ 番目の成分が t_ℓ に等しいので，係数 $t_1=w_{k_1}$, $t_2=w_{k_2}$, …, $t_s=w_{k_s}$ が $\boldsymbol{w}$ によって一意に定まる．□

系 4.3.12

A が $n\times m$ 行列で $n<m$ ならば，$A\boldsymbol{x}=\boldsymbol{0}$ は $\boldsymbol{x}\neq\boldsymbol{0}$ となるような解（このような解を**非自明な解**と言う）を持つ．

証明　A の階段行列のピボットは各行に高々 1 つなので n 個以下であり，$n<m$ なのでピボットを持たない列，よって自由変数がある．その自由変数の値を 1 として求めた解は $\boldsymbol{0}$ でない解になっている．□

例 4.3.13

次の連立方程式を解いてみる.

$$\begin{pmatrix} 0 & 1 & 1 & 0 & 0 & -1 & 0 & -5 \\ 0 & 0 & 0 & 1 & 0 & 3 & 0 & -4 \\ 0 & 0 & 0 & 0 & 1 & -1 & 0 & -3 \\ 0 & 0 & 0 & 0 & 0 & 0 & 1 & -2 \\ 0 & 0 & 0 & 0 & 0 & 0 & 0 & 0 \end{pmatrix} \begin{pmatrix} x_1 \\ x_2 \\ x_3 \\ x_4 \\ x_5 \\ x_6 \\ x_7 \\ x_8 \end{pmatrix} = \begin{pmatrix} 10 \\ 11 \\ 12 \\ 13 \\ a \end{pmatrix}$$

まず，$a \neq 0$ ならば解なしである．$a = 0$ の場合，ピボットに対応する変数は x_2, x_4, x_5, x_7 なので，特殊解は 2,4,5,7 行目の成分のみあらわれ，　他の成分は 0 である．また，自由変数は残りの x_1, x_3, x_6, x_8 なので，それぞれのうちひとつだけ 1 として残りを 0 とした場合の斉次方程式の解を求めてパラメーターをつけることによって，一般解は次のようにあらわされる．

$$\begin{pmatrix} 0 \\ 10 \\ 0 \\ 11 \\ 12 \\ 0 \\ 13 \\ 0 \end{pmatrix} + t_1 \begin{pmatrix} 1 \\ 0 \\ 0 \\ 0 \\ 0 \\ 0 \\ 0 \\ 0 \end{pmatrix} + t_2 \begin{pmatrix} 0 \\ -1 \\ 1 \\ 0 \\ 0 \\ 0 \\ 0 \\ 0 \end{pmatrix} + t_3 \begin{pmatrix} 0 \\ 1 \\ 0 \\ -3 \\ 1 \\ 1 \\ 0 \\ 0 \end{pmatrix} + t_4 \begin{pmatrix} 0 \\ 5 \\ 0 \\ 4 \\ 3 \\ 0 \\ 2 \\ 1 \end{pmatrix}$$

特殊解の数字の並びと方程式の $\boldsymbol{b}$ の形，そして t_4 がかかっている部分のベクトルと，元の方程式の 8 列目との対応を見れば，パターンが感じ取れると思う．　□

§4.4　掃き出し法の応用

前の節で，連立方程式の一般解を求める方法を行基本変形の言葉に書き換えることによって，行列を階段行列に変形できること（このアルゴリズムを掃き出し法と呼んだ），それによって連立方程式の一般解を求めることができること，を紹介した．しかし，掃き出し法の威力は，連立方程式が解ける，というだけにとどまらない．このセクションでは，よりシステマティックな連立方程式の一般解の求め方を含む，掃き出し法の応用をご紹介しよう．重要な応用として，逆行列の計算がある．$n \times n$ 行列 A が逆行列を持つならば，A に行基本変形を施していくことによって単位行列 E_n に変形することができるが，その同じ行基本変形を $(A \mid E_n)$ という

$n\times 2n$ 行列に対して施すと $(E_n\,|\,A^{-1})$ となり，これによって A の逆行列が計算できるのである．

命題 4.4.1

$n\times m$ 行列 A を係数に持つ連立方程式 $A\boldsymbol{x}=\boldsymbol{b}$ が与えられたとき，A の行数と $\boldsymbol{b}$ の行数は同じなので，A の右端に $\boldsymbol{b}$ を付け足して作った $n\times(m+1)$ 行列を $\widetilde{A}$ と書くことにする．$\widetilde{A}=(A,\boldsymbol{b})$ であり，方程式の係数と定数項とを区別するために $\widetilde{A}=(A\,|\,\boldsymbol{b})$ のような表し方をすることもある．さて，このように $\widetilde{A}$ を定めると，連立方程式 $A\boldsymbol{x}=\boldsymbol{b}$ を解くには，$\widetilde{A}$ に行基本変形を施して階段行列にすれば良い．$\widetilde{A}$ を階段行列に変形したものが $(\overline{A}\,|\,\overline{\boldsymbol{b}})$ であれば，$A\boldsymbol{x}=\boldsymbol{b}$ は $\overline{A}\boldsymbol{x}=\overline{\boldsymbol{b}}$ と同値であり，しかも $\overline{A}$ は階段行列であるので定理 4.3.5(2) に従って直接一般解を読み取ることができる．$A\boldsymbol{x}=\boldsymbol{b}$ が解を持つための必要十分条件は，$\widetilde{A}=(A\,|\,\boldsymbol{b})$ を階段行列に変形したときに，一番右端の列がピボットを持たないことである．

「$A\boldsymbol{x}=\boldsymbol{b}$ の両辺に行基本変形を施していく」と思っていると，A と $\boldsymbol{b}$ の両方に同じ行基本変形を施す，というところで計算ミスをしやすいが（一方を変形し忘れてしまうなど），この命題の方法であれば，一つの行列に行基本変形を施していくので，計算ミスが少なくなる．

証明　行列 $\mathcal{E}_1,\ldots,\mathcal{E}_k$ は $P(i,j;c),Q(i;c),R(i,j)$ のどれかとする．行基本変形を行うとは，$A\boldsymbol{x}=\boldsymbol{b}$ の両辺に $S=\mathcal{E}_k\cdots\mathcal{E}_1$ をかけて $(SA)\boldsymbol{x}=S\boldsymbol{b}$ と変形することだ，と考えられる．ここで，$\widetilde{A}=(A\,|\,\boldsymbol{b})$ に左から S をかけると $S\widetilde{A}=(SA\,|\,S\boldsymbol{b})$ となるので，同じ変形を行うことになっている．$\widetilde{A}$ が階段行列 $(\overline{A}|\overline{\boldsymbol{b}})=S\widetilde{A}=(SA|S\boldsymbol{b})$ に変形されたとき，右端 1 列にピボットがある場合とない場合いずれの場合でも，右端 1 列を取り除いた行列 $\overline{A}=SA$ がやはり階段行列になり，$SA\boldsymbol{x}=S\boldsymbol{b}$ から一般解を読み取ることができる．$S\widetilde{A}=(SA\,|\,S\boldsymbol{b})$ の一番右端の列がピボットを持つということは，SA の $k+1$ 行目が 0 なのに $S\boldsymbol{b}$ の $k+1$ 行目が 0 でない，ということなので，このときは定理 4.3.5(2) により $SA\boldsymbol{x}=S\boldsymbol{b}$ は解を持たない．逆に $S\widetilde{A}=(S\cdot A\,|\,S\boldsymbol{b})$ の一番右端の列がピボットを持たないときは，SA が 0 となる行は全て $S\boldsymbol{b}$ も成分が 0 である，ということなので，$SA=S\boldsymbol{b}$ の解が存在する．　□

$A\boldsymbol{x}=\boldsymbol{b}$ という方程式と $\widetilde{A}\begin{pmatrix} x_1 \\ \vdots \\ x_n \\ -1 \end{pmatrix}=\boldsymbol{0}$ という方程式とが同値であることを使っても別証明を与えることができる.

命題 4.4.1 の方法は，同じ係数で別の定数項を持ついくつかの方程式を同時に解きたい時に有効に使うことができる.

命題 4.4.2

$n\times m$ 行列 A を係数に持つ連立方程式が k 個，$A\boldsymbol{x}=\boldsymbol{b}_1, A\boldsymbol{x}=\boldsymbol{b}_2,\ldots,A\boldsymbol{x}=\boldsymbol{b}_k$ というように与えられたとき，$\widetilde{A}=(A\,|\,\boldsymbol{b}_1,\boldsymbol{b}_2,\ldots,\boldsymbol{b}_k)$ という行列に掃き出し法を用いることによって k 個の式を同時に解くことができる．しかも，掃き出し法は左 m 列が階段行列になるところまでで止めて構わない.

証明 $\widetilde{A}$ の左 m 列が階段行列になるところまで掃き出し法を行った時点で，ある正則行列 S を見つけて SA が階段行列になったことになっており，このとき $\widetilde{A}$ は $(SA\,|\,S\boldsymbol{b}_1,S\boldsymbol{b}_2,\ldots,S\boldsymbol{b}_k)$ という形に変形されている．$SA\boldsymbol{x}=S\boldsymbol{b}_j$ は $A\boldsymbol{x}=\boldsymbol{b}_j$ と同値だが，解をすぐに書き出せる形にまで変形されている. □

掃き出し法によって，A の逆行列を求めることもできる．まず逆行列の厳密な定義と基本的な性質とを調べておこう.

定義 4.4.3

A が $n\times m$ 行列であるとき，行列 B が A の**左逆行列**であるとは $BA=E_m$ となることであり，行列 C が A の**右逆行列**であるとは $AC=E_n$ となることである．行列 D が A の**逆行列**であるとは，D が A の左逆行列であり，かつ右逆行列でもあることである．行列 A が正則であるとは，逆行列を持つことである．A の逆行列を A^{-1} と書く．次の注意により，A が逆行列を持つならば，逆行列はただ一つしか存在せず，よって A^{-1} という記号は well-defined である.

注意 4.4.4 B が $n\times m$ 行列 A の左逆行列なら，BA が定義されるために B の列の数は n であり，BA が E_m，つまり m 行持つので B の行の数は m でなくてはならない．つまり $n\times m$ 行列 A の左逆行列は $m\times n$ 行列である．同様に，$n\times m$ 行列 A の右逆行列も $m\times n$ 行列である．従って $n\times m$ 行列 A の逆行列も $m\times n$ 行列であるが，次の定理によりこのとき $n=m$ となる．A が正則行列なら，その逆行列はただ一つしか存在しない．実際，B も C も A の逆行列ならば，

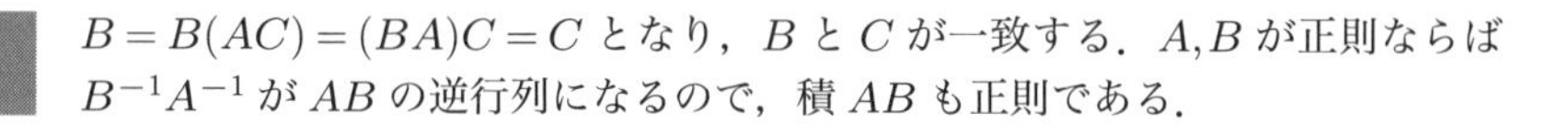

$B=B(AC)=(BA)C=C$ となり，B と C が一致する．A,B が正則ならば $B^{-1}A^{-1}$ が AB の逆行列になるので，積 AB も正則である．

定理 4.4.5

$n\times m$ 行列 A が逆行列を持つための必要十分条件は，$n=m$ で，A を階段行列に変形したときに単位行列 E_n になることである．A が逆行列を持つとき，A を E_n に変形する行基本変形を $n\times 2n$ 行列 $(A|E_n)$ に対して施すと $(E_n|S)$ という形になるが，この右半分 S が A の逆行列である．

証明　$n\times m$ 行列 A が逆行列 B を持つならば，任意のベクトル $\boldsymbol{b}\in\mathbb{K}^n$ に対し $A\boldsymbol{x}=\boldsymbol{b}$ を満たす $\boldsymbol{x}\in\mathbb{K}^m$ がただ一つ存在しなくてはならない．実際，$A\boldsymbol{x}=\boldsymbol{b}$ ならば，$BA=E_m$ なので $\boldsymbol{x}=BA\boldsymbol{x}=B\boldsymbol{b}$ となり，解 $\boldsymbol{x}$ は $B\boldsymbol{b}$ ひとつしかない．一方，$AB=E_n$ であるので，$\boldsymbol{x}=B\boldsymbol{b}$ とおけば $A\boldsymbol{x}=AB\boldsymbol{b}=\boldsymbol{b}$ となり，$\boldsymbol{x}=B\boldsymbol{b}$ は確かに解である．よって，A が逆行列を持てば任意の $\boldsymbol{b}$ に対して $A\boldsymbol{x}=\boldsymbol{b}$ という方程式がただ一つ解を持つ，という状況になるわけだが，それを掃き出し法の状況に言い換えてみよう．

$A\boldsymbol{x}=\boldsymbol{b}$ を掃き出し法で解くと，可逆な行列 S が存在して SA が階段行列となり，$SA\boldsymbol{x}=S\boldsymbol{b}$ という表現から解を直接読み取れるわけだが，もし階段行列 SA にピボットがない列があるなら，それは一般解が自由変数を含むことを意味するので，解がただ一つではなくなってしまい，A が逆行列を持つという仮定に反する．よって，A が逆行列を持つならば，階段行列 SA の全ての列にピボットがないといけない．一方，SA に 0 となる行ができてしまうと，例えば SA の $k+1$ 行目が 0 であるとして，$\boldsymbol{e}_{k+1}\in\mathbb{K}^n$ は 第 $k+1$ 成分のみが 1 で他は 0 というベクトルとすると，$SA\boldsymbol{x}=\boldsymbol{e}_{k+1}$ は解を持たない．よって $A\boldsymbol{x}=S^{-1}\boldsymbol{e}_{k+1}$ は解なしとなり，やはり A が逆行列を持つという仮定に反するので，SA には 0 となる行はない．すなわち，A が逆行列を持つならば，A を階段行列に変形した SA は，全ての列，全ての行にピボットを持つことが確かめられた．

全ての行と列がピボットを持つので，行の数と列の数は一致する．また，それぞれの列でピボット以外の成分は 0 となるので，階段行列 SA はピボットのみ 1 で他は全て 0 となるような行列である．ピボットは上の行ほど左にあるので，SA は単位行列とならざるを得ない．よって，A が逆行列を持てば，$n=m$ で，A を階段行列に変形した SA は単位行列 E_n となる．

次に，逆に $n=m$ で，A に行基本変形を施して（つまり適当な正則行列 S をかけて）$SA=E_n$ となるのであれば（この時点では，S は A の左逆行列としかわからない），S が A の右逆行列でもあり，よって A の逆行列であることを示す．S は正則行列なので，S の左逆行列 B が存在し，$BS=E_n$ が成り立つ．すると，$B=BE_n=B(SA)=(BS)A=E_nA=A$ となるので，S の左逆行列 B は A に一致する．すなわち $AS=E_n$ も成り立つので，S は A の逆行列であることが示された．よって特にこの条件のもと，A は逆行列 S を持つ．

A が逆行列を持つとき，A に行基本変形を施して $SA=E_n$ にできるので，同じ変形を行列 $(A|E_n)$ に対して施すと $(E_n|S)$ となる．上で見たとおり，この右半分 S が A の逆行列である． □

系 4.4.6

$n\times n$ 行列 A が正則であるための必要十分条件は，A が行基本変形をあらわす 3 種類の行列いくつかの積としてあらわされることである．

証明 基本変形の行列はすべて正則なので，注意 4.4.4 によりその積も正則である．逆に A が正則であれば，A^{-1} の逆行列を定理 4.4.5 の方法で求めることができる．このとき，E に行基本変形をあらわす行列を順にかけていって，最後に A^{-1} の逆行列，すなわち A が得られるので，A は行基本変形をあらわす行列の積としてあらわされた． □

$n\times m$ 行列 A が右逆行列のみ，あるいは左逆行列のみを持つための条件は定理 4.6.8 で詳しく調べる．この場合，右逆行列あるいは左逆行列は無数に存在する．

第 1 章で，直線や平面の，定義方程式表示とパラメーター表示の間の書き換えについて説明した．掃き出し法は，高次元の場合での，定義方程式表示からパラメーター表示への書き換えになっていることに注意しよう．実際，$A=(a_{i,j})$ が $n\times m$ 行列で，変数ベクトル $\boldsymbol{x}=\begin{pmatrix} x_1 \\ \vdots \\ x_m \end{pmatrix}$ と定数ベクトル $\boldsymbol{b}=\begin{pmatrix} b_1 \\ \vdots \\ b_n \end{pmatrix}$ に対し，$A\boldsymbol{x}=\boldsymbol{b}$ という方程式は

$$
\left\{
\begin{array}{rcl}
a_{1,1}x_1+a_{1,2}x_2+\cdots+a_{1,m}x_m & = & b_1 \\
a_{2,1}x_1+a_{2,2}x_2+\cdots+a_{2,m}x_m & = & b_2 \\
\vdots & \vdots & \vdots \\
a_{n,1}x_1+a_{n,2}x_2+\cdots+a_{n,m}x_m & = & b_n
\end{array}
\right.
$$

という連立方程式を満たすベクトル $\boldsymbol{x}$ の集合を見つけよ，という問題であり，掃き出し法はこの問題に対して，解のあるなしを判定し，解がある場合には各自由変数に対応する $\boldsymbol{c}_1,\ldots,\boldsymbol{c}_k$ と定数ベクトル $\boldsymbol{c}_0$ が得られて，方程式 $A\boldsymbol{x}=\boldsymbol{b}$ の一般解は

$$\{\boldsymbol{x}\in\mathbb{K}^m \mid \boldsymbol{x}=\boldsymbol{c}_0+t_1\boldsymbol{c}_1+t_2\boldsymbol{c}_2+\cdots+t_k\boldsymbol{c}_k,\ t_1,t_2,\ldots,t_k\in\mathbb{K}\}$$

である，という形の表記を与えるからである．

パラメーター表記から定義方程式表記に書き換える方法は 6 章の最後の定理で紹介する．

§4.5　階段行列の一意性

行基本変形を用いて行列を階段行列に変形する方法は，定理 4.3.5 の証明の中で少なくとも 1 つは存在することを証明したけれども，必ずしもその方法に従わなくてはならない，というわけではない．やみくもにでも行基本変形を行っていって，最終的に階段行列になっていれば，例えば連立方程式を解く，という目標は達成できるわけである．分数を避けるように行基本変形を工夫すれば，より簡単な階段行列が得られそうな気がするかもしれない．このセクションの目標は，それにもかかわらず，行基本変形を施していって最終的に階段行列になったなら，途中経過がどうであっても得られる階段行列は同じだ，という事実の証明である．特にこのことから，行列を階段行列に変形したときのピボットの個数が，行列だけから定まることがわかる．ピボットの個数は行列の「大きさ」を図る重要な尺度であり，行列の「ランク」と呼ばれ，今後重要な場所で大活躍する概念である．

平面や空間の中のベクトルに対して，一次独立の概念を定義 1.5.1 で定めた．その自然な拡張として，$\mathbb{K}^n$ の中のベクトルに対しても，一次独立の概念を定めることができる．

定義 4.5.1

$\mathbb{K}^n$ のベクトル $\boldsymbol{v}_1,\boldsymbol{v}_2,\ldots,\boldsymbol{v}_k$ が**一次独立**（あるいは**線型独立**）であるとは，スカラー $c_1,c_2,\cdots,c_k$ が $c_1\boldsymbol{v}_1+c_2\boldsymbol{v}_2+\cdots+c_k\boldsymbol{v}_k=\boldsymbol{0}$ を満たすならば $c_1=c_2=\cdots=c_k=0$ が成り立つことである．

問 4.5.2　$\boldsymbol{v}_1,\ldots,\boldsymbol{v}_k$ が一次独立であることと，次の条件が同値であることを示せ：「ベクトル $\boldsymbol{w}$ が $\boldsymbol{w}=c_1\boldsymbol{v}_1+\cdots+c_k\boldsymbol{v}_k$ とあらわされるならば，その表し方は一意である．すなわち，$c_1\boldsymbol{v}_1+\cdots+c_k\boldsymbol{v}_k=d_1\boldsymbol{v}_1+d_2\boldsymbol{v}_2+\cdots+d_k\boldsymbol{v}_k$ ならば $c_1=d_1$, $c_2=$

d_2, …, $c_k = d_k$ が成り立つ.」

ベクトル $\boldsymbol{v}_1,\dots,\boldsymbol{v}_k \in \mathbb{K}^n$ が与えられたとき，それらが一次独立であるかどうかは，次の命題により，掃き出し法を用いて判定することができる.

命題 4.5.3

$\boldsymbol{v}_1,\dots,\boldsymbol{v}_k \in \mathbb{K}^n$ というベクトルが与えられたとき，$\boldsymbol{v}_1,\dots,\boldsymbol{v}_k$ が一次独立であるための必要十分条件は，$A = (\boldsymbol{v}_1, \boldsymbol{v}_2, \dots, \boldsymbol{v}_k)$ という $n \times k$ 行列を行基本変形で階段行列に変形したとき，上の $k \times k$ が単位行列で，その下に $(n-k) \times k$ 個の 0 が並ぶ行列 $\begin{pmatrix} 1 & 0 & \cdots & 0 \\ 0 & 1 & & \vdots \\ \vdots & & \ddots & 0 \\ 0 & \cdots & \cdots & 1 \\ 0 & \cdots & \cdots & 0 \\ \vdots & & & \vdots \\ 0 & \cdots & \cdots & 0 \end{pmatrix}$ となることである.

証明　$A = (\boldsymbol{v}_1, \boldsymbol{v}_2, \dots, \boldsymbol{v}_k)$ であるとき，$A\begin{pmatrix} c_1 \\ \vdots \\ c_k \end{pmatrix} = c_1\boldsymbol{v}_1 + \cdots + c_k\boldsymbol{v}_k$ なので，$\boldsymbol{v}_1,\dots,\boldsymbol{v}_k$ が一次独立であるとは，$\boldsymbol{x} = \begin{pmatrix} c_1 \\ \vdots \\ c_k \end{pmatrix}$ とおいて，$A\boldsymbol{x} = \boldsymbol{0}$ という連立方程式が $c_1 = c_2 = \cdots = c_k = 0$ という解しか持たないことである. 掃き出し法により，行基本変形で A を階段行列 SA に変形したとき，SA にピボットを持たない列が存在すれば，$SA\boldsymbol{x} = \boldsymbol{0}$ の解は自由変数を持ち，よって解は一つではなくなる. よって A の階段行列 SA は全ての列にピボットを持つことになる. ピボットを持つ行はピボット以外の成分は 0 なので，階段行列 SA はピボットの 1 以外は全て 0 であり，上の行の方が左にピボットを持つことから，SA は上に $k \times k$ 単位行列，その下の成分は全て 0，という形しか持ち得ない.

逆に $n \times k$ 行列 A を変形した階段行列の上 k 行が単位行列であれば，全ての列がピボットを持ち自由変数が存在しないので方程式 $A\boldsymbol{x} = \boldsymbol{0}$ の解は $\boldsymbol{x} = \boldsymbol{0}$ のみとなり，A の列ベクトルは一次独立である. □

系 4.5.4

(1) $\mathbb{K}^n$ の中には高々 n 本しか一次独立なベクトルが取れない.

(2) $\boldsymbol{v}_1,\ldots,\boldsymbol{v}_n \in \mathbb{K}^n$ が一次独立ならば，これらの列ベクトルを並べて作った行列 $P=(\boldsymbol{v}_1,\ldots,\boldsymbol{v}_n)$ は正則行列である．

証明　(1) $k>n$ ならば，命題 4.5.3 のような階段行列が存在しない．実際，$k>n$ として $\mathbb{K}^n$ の中に k 本の一次独立なベクトル $\boldsymbol{v}_1,\ldots,\boldsymbol{v}_k \in \mathbb{K}^n$ が取れたならば，$n\times k$ 行列 $A=(\boldsymbol{v}_1,\ldots,\boldsymbol{v}_k)$ は全ての列がピボットを持つので k 個のピボットを持つが，一つの行に高々一つしかピボットを持てないので，行の数が足りず，そのような階段行列が作れない．
(2) $n=k$ の場合，$P=(\boldsymbol{v}_1,\ldots,\boldsymbol{v}_n)$ の階段行列は命題 4.5.3 により単位行列になる．つまり正則な行変形の行列 $\mathcal{E}_1,\mathcal{E}_2,\ldots,\mathcal{E}_s$ を左から順次かけていくことで単位行列に変形できるので，$\mathcal{E}_s\mathcal{E}_{s-1}\cdots\mathcal{E}_2\mathcal{E}_1 P = E_n$ となり，$P=\mathcal{E}_1^{-1}\mathcal{E}_2^{-1}\cdots\mathcal{E}_s^{-1}$ は正則行列の積なので，正則行列である．　□

一次独立なベクトルが何本か与えられれば，次の命題からわかる通り，それにさらにベクトルを付け足して n 本の一次独立なベクトルの組に拡張することができる．この命題は実際に拡張するアルゴリズムを与えているが，計算アルゴリズムというよりも証明の中などで理論的に便利に使われることが多い．

命題 4.5.5
一次独立なベクトル $\boldsymbol{v}_1,\boldsymbol{v}_2,\ldots,\boldsymbol{v}_d \in \mathbb{K}^n$ が与えられたとき，$\boldsymbol{v}_{d+1},\ldots,\boldsymbol{v}_n \in \mathbb{K}^n$ をうまく選んで $\boldsymbol{v}_1,\ldots,\boldsymbol{v}_d,\boldsymbol{v}_{d+1},\ldots,\boldsymbol{v}_n$ が一次独立になるようにできる．

証明　$A=(\boldsymbol{v}_1,\ldots,\boldsymbol{v}_d)$ とし，A に対し掃き出し法を適用することで，すなわち正則な行基本行列 $\mathcal{E}_1,\mathcal{E}_2,\ldots,\mathcal{E}_s$ を順次左からかけていくことで，階段行列に変形できる． $S=\mathcal{E}_s\mathcal{E}_{s-1}\cdots\mathcal{E}_2\mathcal{E}_1$ とおくと S は正則で，SA が階段行列である．このとき，A の列ベクトルが全て一次独立なので命題 4.5.3 により SA は上の $d\times d$ が単位行列で，その下に $(n-d)\times d$ 個の 0 が並ぶ行列になっている．このとき，$S\boldsymbol{v}_i=\boldsymbol{e}_i$ なので，$S^{-1}\boldsymbol{e}_i=\boldsymbol{v}_i$ である．すなわち，S^{-1} の左の d 列は $\boldsymbol{v}_1,\ldots,\boldsymbol{v}_d$ である．S^{-1} の残り $n-d$ 列を $\boldsymbol{v}_{d+1},\ldots,\boldsymbol{v}_n$ とおく．これらの列ベクトルを並べた行列 S^{-1} は逆行列 S を持つので正則である．また $c_1\boldsymbol{v}_1+\cdots+c_n\boldsymbol{v}_n=\boldsymbol{0}$ ならば命題 3.2.13 により $S^{-1}\begin{pmatrix} c_1 \\ \vdots \\ c_n \end{pmatrix}=\boldsymbol{0}$ となるが，この両辺に S をかけて $\begin{pmatrix} c_1 \\ \vdots \\ c_n \end{pmatrix}=S\boldsymbol{0}=\boldsymbol{0}$，すなわち $c_1=c_2=\cdots=c_n=0$ となることがわかり，確かに $\boldsymbol{v}_1,\boldsymbol{v}_2,\ldots,\boldsymbol{v}_n$ は一次独立である．　□

さて，Aの階段行列表示がただ一通りしかないことの証明にとりかかろう．補題を2つ準備する．

補題 4.5.6

(1) $A=(\boldsymbol{a}_1,\ldots,\boldsymbol{a}_m)$と列ベクトル表示された行列$A$について，列ベクトルの間に線型関係

$$c_1\boldsymbol{a}_1+c_2\boldsymbol{a}_2+\cdots+c_m\boldsymbol{a}_m=\boldsymbol{0}$$

が成り立つことと，

$$A\begin{pmatrix}c_1\\ \vdots\\ c_m\end{pmatrix}=\boldsymbol{0}$$

となることとは同値である．

(2) $A=(\boldsymbol{a}_1,\ldots,\boldsymbol{a}_m)$と列ベクトル表示された行列$A$について，$\boldsymbol{a}_{j_1},\boldsymbol{a}_{j_2},\ldots,\boldsymbol{a}_{j_s}$が一次独立であるための必要十分条件は，$A\boldsymbol{x}=\boldsymbol{0}$であって$j_1,j_2,\ldots,j_s$行目を除いて全て0となるようなベクトル$\boldsymbol{x}$が$\boldsymbol{x}=\boldsymbol{0}$に限られることである．

(3) $A=(\boldsymbol{a}_1,\ldots,\boldsymbol{a}_m)$と列ベクトル表示された行列$A$について，$\boldsymbol{a}_k$が$\boldsymbol{a}_1,\boldsymbol{a}_2,\ldots,\boldsymbol{a}_{k-1}$の線型結合としてあらわせないことと，方程式$A\boldsymbol{x}=\boldsymbol{0}$が$k+1$行目以下は全て0で，$k$行目の成分$x_k$が0でないような解$\boldsymbol{x}=\begin{pmatrix}x_1\\ \vdots\\ x_{k-1}\\ x_k\\ 0\\ \vdots\\ 0\end{pmatrix}$ $(x_k\neq 0)$を持たないこととは同値である．

(4) $A=(\boldsymbol{a}_1,\ldots,\boldsymbol{a}_m)$が階段行列であるとき，$k$列目$\boldsymbol{a}_k$がピボットを持つ列であるための必要十分条件は，$\boldsymbol{a}_k$が$\boldsymbol{a}_1,\boldsymbol{a}_2,\ldots,\boldsymbol{a}_{k-1}$の線型結合としてあらわせないことである．

(5) Aが$n\times m$行列，Sが$n\times n$正則行列であるとき，方程式$A\boldsymbol{x}=\boldsymbol{0}$の解集合と方程式$SA\boldsymbol{y}=\boldsymbol{0}$の解集合とは一致する．

(6) $A=(\boldsymbol{a}_1,\ldots,\boldsymbol{a}_m)$がランク$r$の$n\times m$階段行列で，ピボットを持つ列が$j_1,j_2,\ldots,j_r$列目であるとする，ただし$1\leq j_1<\cdots<j_r\leq m$とする．$A$の$k$列目にピボットがない場合，$\boldsymbol{a}_k=\begin{pmatrix}a_{1,k}\\ \vdots\\ a_{n,k}\end{pmatrix}$とすると，$\boldsymbol{a}_k=a_{1,k}\boldsymbol{a}_{j_1}+a_{2,k}\boldsymbol{a}_{j_2}+$

$\cdots + a_{r,k}\boldsymbol{a}_{j_r}$ という線型関係がある．

証明　(1) 命題 3.2.13 により $A=(\boldsymbol{a}_1,\ldots,\boldsymbol{a}_m)$ に対して $A\begin{pmatrix} c_1 \\ \vdots \\ c_m \end{pmatrix}=c_1\boldsymbol{a}_1+\cdots+c_m\boldsymbol{a}_m$ なので，$c_1\boldsymbol{a}_1+\cdots+c_m\boldsymbol{a}_m=\boldsymbol{0}$ となるための必要十分条件は $A\begin{pmatrix} c_1 \\ \vdots \\ c_m \end{pmatrix}=\boldsymbol{0}$ である．

(2)　(1) により，$\boldsymbol{a}_{j_1},\ldots,\boldsymbol{a}_{j_s}$ が $c_1\boldsymbol{a}_{j_1}+\cdots+c_s\boldsymbol{a}_{j_s}=\boldsymbol{0}$ を満たすための必要十分条件は，ベクトル $\boldsymbol{x}$ を j_1 行目が c_1，j_2 行目が c_2，…，j_s 行目が c_s でその他の成分が全て 0 となるベクトルとして $A\boldsymbol{x}=\boldsymbol{0}$ となることである．よって，$\boldsymbol{a}_{j_1},\ldots,\boldsymbol{a}_{j_s}$ が一次独立とは，$j_1,j_2,\ldots,j_s$ 行目を除いて全て 0 となる $\boldsymbol{x}$ に対して $A\boldsymbol{x}=\boldsymbol{0}$ が成り立てば $\boldsymbol{x}=\boldsymbol{0}$ が成り立つ，と言い換えることができる．

(3)　対偶を示す．$\boldsymbol{a}_k$ が $\boldsymbol{a}_1,\ldots,\boldsymbol{a}_{k-1}$ の線型結合としてあらわされると仮定すると，$c_1,\ldots,c_{k-1}$ をうまくとって $\boldsymbol{a}_k=c_1\boldsymbol{a}_1+\cdots+c_{k-1}\boldsymbol{a}_{k-1}$ と書ける．すなわち $c_1\boldsymbol{a}_1+\cdots+c_{k-1}\boldsymbol{a}_{k-1}+(-1)\boldsymbol{a}_k+0\boldsymbol{a}_{k+1}+\cdots+0\boldsymbol{a}_m=\boldsymbol{0}$ が成り立ち，(1) により

$\boldsymbol{x}=\begin{pmatrix} c_1 \\ \vdots \\ c_{k-1} \\ -1 \\ 0 \\ \vdots \\ 0 \end{pmatrix}$ とおけば $A\boldsymbol{x}=\boldsymbol{0}$ となる．

逆に $A\boldsymbol{x}=\boldsymbol{0}$ で $\boldsymbol{x}$ の $k+1$ 行目以下が全て 0 であり，k 行目の成分 x_k が 0 でないようなものがあれば，$\boldsymbol{x}$ のかわりに $-\dfrac{1}{x_k}\boldsymbol{x}$ を考えることで $x_k=-1$ となるものがとれる．(1) により $x_1\boldsymbol{a}_1+\cdots+x_{k-1}\boldsymbol{a}_{k-1}=\boldsymbol{a}_k$ となり，$\boldsymbol{a}_k$ は $\boldsymbol{a}_1,\ldots,\boldsymbol{a}_{k-1}$ の線型結合としてあらわされる．

(6)　先に (6) を示す．$A=(\boldsymbol{a}_1,\ldots,\boldsymbol{a}_m)$ と列ベクトル表示すると，ピボットを持つ列はピボットのみが 1 で他の成分が 0 なので n 項単位ベクトルとなる．より具体的に，$1\leq j_1<\cdots<j_r\leq m$ なので $\boldsymbol{a}_{j_1}=\boldsymbol{e}_1$, $\boldsymbol{a}_{j_2}=\boldsymbol{e}_2$, …, $\boldsymbol{a}_{j_r}=\boldsymbol{e}_r$ である．また，A のランクが r なので，A の全ての列ベクトルは $r+1$ 行目以下の成分が 0 となる．従って $\boldsymbol{a}_k$ も $r+1$ 行目以下は全て 0 であり，

$$\boldsymbol{a}_k = \begin{pmatrix} a_{1,k} \\ \vdots \\ a_{n,k} \end{pmatrix} = \begin{pmatrix} a_{1,k} \\ \vdots \\ a_{r,k} \\ 0 \\ \vdots \\ 0 \end{pmatrix} = a_{1,k}\boldsymbol{e}_1 + \cdots + a_{r,k}\boldsymbol{e}_r = a_{1,k}\boldsymbol{a}_{j_1} + \cdots + a_{r,k}\boldsymbol{a}_{j_r}$$

となる．

(4)　(6) により，$\boldsymbol{a}_k = \begin{pmatrix} a_{1,k} \\ \vdots \\ a_{n,k} \end{pmatrix}$ が ピボットを持たなければ，$\boldsymbol{a}_k = a_{1,k}\boldsymbol{a}_{j_1} + \cdots + a_{r,k}\boldsymbol{a}_{j_r}$ とあらわされる．$j_t < k < j_{t+1}$ となるように t を取る，つまり $\boldsymbol{a}_k$ より左にある ピボット列のうちもっとも右にあるものが $\boldsymbol{a}_{j_t}$ であるとする．ただし $k < j_1$ のときは $t=0$, また $j_r < k$ のときは $t=r$ とする．各 ピボットはそれぞれの行ベクトルのうち 0 でないもっとも左の成分であるので，$\boldsymbol{a}_k$ の $t+1$ 行目以下の成分は全て 0 である．すなわち $\boldsymbol{a}_k = a_{1,k}\boldsymbol{a}_{j_1} + \cdots + a_{t,k}\boldsymbol{a}_{j_t}$ とあらわせ，$j_1 < j_2 < \cdots < j_t < k$ なので，$\boldsymbol{a}_k$ は $\boldsymbol{a}_1, \ldots, \boldsymbol{a}_{k-1}$ の線型結合としてあらわされている．

逆に $\boldsymbol{a}_k$ が ピボットを持つ列であるとき，そのピボットは i 行目にあるとする，すなわち $a_{i,k}=1$ がピボットであるとする．ピボットはそれぞれの行の 0 でない最も左の成分なので，$\boldsymbol{a}_1, \ldots, \boldsymbol{a}_{k-1}$ の i 行目の成分は 0 である．つまり $A=(a_{i,j})$ と成分表示すると $a_{i,1} = a_{i,2} = \cdots = a_{i,k-1} = 0$ である．よって $\boldsymbol{a}_1, \ldots, \boldsymbol{a}_{k-1}$ の線型結合 $c_1\boldsymbol{a}_1 + \cdots + c_{k-1}\boldsymbol{a}_{k-1}$ の i 行目の成分も 0 となり，$\boldsymbol{a}_k$ の i 行目の成分 1 に等しくなりえない．つまり，$\boldsymbol{a}_k$ は $\boldsymbol{a}_1, \ldots, \boldsymbol{a}_{k-1}$ の線型結合にならない．

(5)　$A\boldsymbol{x} = \boldsymbol{0}$ ならば左から S をかけて $SA\boldsymbol{x} = \boldsymbol{0}$ が成り立つ．逆に $SA\boldsymbol{y} = \boldsymbol{0}$ ならば，左から S^{-1} をかけて $A\boldsymbol{y} = \boldsymbol{0}$ が成り立つ．　□

補題 4.5.7

$n \times m$ 行列 $A = (\boldsymbol{a}_1, \boldsymbol{a}_2, \ldots, \boldsymbol{a}_m)$ に行基本変形を施して，すなわち基本変形の行列 $\mathcal{E}_1, \mathcal{E}_2, \ldots, \mathcal{E}_k$ を順に左からかけて，$S = \mathcal{E}_k\mathcal{E}_{k-1}\cdots\mathcal{E}_2\mathcal{E}_1$ とおき，SA が階段行列になるようにあらわしたとする．j_1 列目，j_2 列目，…，j_r 列目がピボットになるのであれば，$\boldsymbol{a}_{j_1}, \boldsymbol{a}_{j_2}, \ldots, \boldsymbol{a}_{j_r}$ は一次独立である．

証明　まず，階段行列において，ピボットを持つ列全体が一次独立であることを示す．階段行列のピボットを持つ列はピボットが 1 で他の成分は 0 であり，例えば $1 \leq j_1 < j_2 < \cdots < j_r \leq m$ という順番で並べれば，$\boldsymbol{a}_{j_t} = \boldsymbol{e}_t$，すなわちピボットを持

つ列は互いに相異なる n 項単位ベクトルとなる．$c_1\boldsymbol{a}_{j_1}+\cdots+c_r\boldsymbol{a}_{j_r}=\begin{pmatrix}c_1\\ \vdots\\ c_r\\ 0\\ \vdots\\ 0\end{pmatrix}$ となる

ので $c_1\boldsymbol{a}_{j_1}+\cdots+c_r\boldsymbol{a}_{j_r}=\boldsymbol{0}$ ならば $c_1=c_2=\cdots=c_r=0$ となり，確かに ピボットを持つ列は一次独立である．

従って，補題 4.5.6(2) により，方程式 $SA\boldsymbol{x}=\boldsymbol{0}$ の $j_1,j_2,\ldots,j_r$ 行目以外が 0 になる解は $\boldsymbol{x}=\boldsymbol{0}$ しかないが，補題 4.5.6(5) ににより，$A\boldsymbol{x}=\boldsymbol{0}$ の $j_1,j_2,\ldots,j_r$ 行目以外が 0 になる解も $\boldsymbol{x}=\boldsymbol{0}$ しかない．再び補題 4.5.6(2) により，これは A の $j_1,j_2,\ldots,j_r$ 列目が一次独立であることを意味している．□

定理 4.5.8

$n\times m$ 行列 A が与えられたとき，S,T が $n\times n$ 正則行列で SA も TA も階段行列であれば $SA=TA$ が成り立つ．特に A を行基本変形して得られる階段行列は，基本変形の計算のしかたによらず，ただ一つに定まる．

証明　まず SA が階段行列であれば，SA のどの列がピボットを含むかが A の情報だけで定まることを示す．$A=(\boldsymbol{a}_1,\ldots,\boldsymbol{a}_m)$, $SA=(\boldsymbol{b}_1,\ldots,\boldsymbol{b}_m)$ をそれぞれ列ベクトル表示とする．SA の k 列目 $\boldsymbol{b}_k$ がピボットを持つための必要十分条件は補題 4.5.6 (4) により，$\boldsymbol{b}_k$ が $\boldsymbol{b}_1,\ldots,\boldsymbol{b}_{k-1}$ の線型結合として書けないこと，そのための必要十分条件は補題 4.5.6 (3) により $SA\boldsymbol{x}=\boldsymbol{0}$ の解 $\boldsymbol{x}$ で $k+1$ 行目以下が全て 0 で，しかも k 行目が 0 でないようなものが存在しないこと，補題 4.5.6(5) により，その必要十分条件は $A\boldsymbol{x}=\boldsymbol{0}$ の解 $\boldsymbol{x}$ で $k+1$ 行目以下が全て 0 で，しかも k 行目が 0 でないようなものが存在しないことであり，補題 4.5.6(3) によりそれは $\boldsymbol{a}_k$ が $\boldsymbol{a}_1,\ldots,\boldsymbol{a}_{k-1}$ の線型結合として書けないことである．最後の 2 つの条件は A だけを見れば判定できるので，SA あるいは TA のどの列がピボットになっているかは，階段行列の作り方によらない．

A を変形した階段行列 SA の $j_1,j_2,\ldots,j_r$ 列目がピボットを持っているとする．ただし $1\leq j_1<j_2<\cdots<j_r\leq m$ とする．前半により，TA も同じ $j_1,j_2,\ldots,j_r$ 列目にピボットがある．SA,TA ともに階段行列なので，SA,TA の j_i 列目は n 項単位ベクトル $\boldsymbol{e}_i$ である．特に ピボットを持つ $j_1,j_2,\ldots,j_r$ 列目については SA と TA は等しい．

次に SA の k 列目 $\boldsymbol{b}_k = \begin{pmatrix} b_{1,k} \\ \vdots \\ b_{n,k} \end{pmatrix}$ がピボットを持っていないとすると，補題 4.5.6(6) により

$$\boldsymbol{b}_k = b_{1,k}\boldsymbol{b}_{j_1} + b_{2,k}\boldsymbol{b}_{j_2} + \cdots + b_{r,k}\boldsymbol{b}_{j_r}$$

という線型関係を持つ．$\boldsymbol{x}$ を $i = 1,2,\ldots,r$ に対して j_i 行目の成分が $b_{i,k}$，k 行目の成分が -1，その他の成分が 0 となるようなベクトルとすると，補題 4.5.6(1) により $SA\boldsymbol{x} = \boldsymbol{0}$ となる．正則行列 TS^{-1} を SA にかけると TA になることから補題 4.5.6(5) により $TA\boldsymbol{x} = \boldsymbol{0}$ となる．$TA = (\boldsymbol{c}_1, \ldots, \boldsymbol{c}_m)$ と列ベクトル表示すると補題 4.5.6(1) により $\boldsymbol{c}_k = b_{1,k}\boldsymbol{c}_{j_1} + b_{2,k}\boldsymbol{c}_{j_2} + \cdots + b_{r,k}\boldsymbol{c}_{j_r}$ となるが，$\boldsymbol{c}_{j_i} = \boldsymbol{e}_i = \boldsymbol{b}_{j_i}$ なので，$\boldsymbol{c}_k = b_{1,k}\boldsymbol{e}_{j_1} + b_{2,k}\boldsymbol{e}_{j_2} + \cdots + b_{r,k}\boldsymbol{e}_{j_r} = \boldsymbol{b}_k$ となる．よってピボットを持たない列についても SA と TA が同じ列ベクトルとなるので，$SA = TA$ となることが確かめられた． □

定義 4.5.9

$n \times m$ 行列 A に行基本変形を施して得られる階段行列を，A の**階段行列**とよぶ．定理 4.5.8 により，A の階段行列はただ一つに定まる．

注意 4.5.10 定理 4.5.8 において，階段行列 SA と TA については $SA = TA$ が成り立つが，$S = T$ となるとは限らない．例えば A がゼロ行列であれば任意の正則行列 S,T に対し SA も TA もゼロ行列となり，これが A の階段行列である．

注意 4.5.11 定理 4.5.8 の証明により，$A = (\boldsymbol{a}_1, \ldots, \boldsymbol{a}_k, \ldots, \boldsymbol{a}_m)$ と列ベクトル表示された行列 A の階段行列において k 列目がピボットを持つための必要十分条件は，$\boldsymbol{a}_k$ が $\boldsymbol{a}_1, \ldots, \boldsymbol{a}_{k-1}$ の線型結合としてあらわせないことであることがわかる．さらに，A の階段行列 SA の k 列目が ピボットを持たなければ，SA の ピボットが $j_1, j_2, \ldots, j_r$ 列目にあるとして，$\boldsymbol{a}_k$ は $\boldsymbol{a}_{j_1}, \boldsymbol{a}_{j_2}, \ldots, \boldsymbol{a}_{j_r}$ の線型結合としてあらわされる．さらに $1 \leq j_1 < j_2 < \cdots < j_r \leq m$ という順番に並べておいて $k < j_{t+1}$ ならば，$\boldsymbol{a}_k$ は $\boldsymbol{a}_{j_1}, \boldsymbol{a}_{j_2}, \ldots, \boldsymbol{a}_{j_t}$ の線型結合としてあらわされる．

系 4.5.12

$n \times m$ 行列 A,B について，$n \times n$ 正則行列 S が存在して $SA = B$ とできるための必要十分条件は，A を変形してできる階段行列と B を変形してできる階段行列が等しくなることである．また，$m \times m$ 正則行列 T が存在して $AT = B$ とできるための必要十分条件は ${}^tA$ を変形してできる階段行列と ${}^tB$ を変形して

できる階段行列が等しくなることである.

証明　定理 4.5.8 により $SA=B$ であれば，B を変形して得られる階段行列 $TB=TSA$ は A を変形して得られる階段行列でもある．逆に A に正則行列 Q を左からかけて変形して作った階段行列 QA が，B に正則行列 R を左からかけて変形して作った階段行列 RB に等しければ，$QA=RB$ に左から R^{-1} をかけて $R^{-1}QA=B$ となるので $S=R^{-1}Q$ とおけば $SA=B$ が成り立つ.

正則行列 T により $AT=B$ とできるための必要十分条件は，正則行列 ${}^tT$ により ${}^tT{}^tA={}^tB$ とできることであるので，前半により，これは ${}^tA$ を変形してできる階段行列と ${}^tB$ を変形してできる階段行列が等しくなることと同値である．□

定義 4.5.13

行列 A に行基本変形を施して階段行列 SA に変形したとき，階段行列 SA のランク，すなわち SA のピボットの個数を A の**ランク**（rank，**階数**とも呼ぶ）と定義し，$\mathrm{rk}\,A$ という記号であらわす.

定理 4.5.8 により A の階段行列が計算手順によらずただ一通りに定まるので，A のランクは well-defined である．さらに，定理 4.5.8 から次の系が得られる.

系 4.5.14

A が $n\times m$ 行列，S が $n\times n$ 正則行列ならば，$\mathrm{rk}\,A=\mathrm{rk}\,SA$ が成り立つ.

証明　系 4.5.12 により A を変形した階段行列と SQA を変形した階段行列は等しいので，そのランクも等しい．すなわち $\mathrm{rk}\,A=\mathrm{rk}\,SA$ が成り立つ．□

命題-定義 4.5.15

A が $n\times m$ 行列のとき，$\boldsymbol{b}\in\mathbb{K}^n$ に対し方程式 $A\boldsymbol{x}=\boldsymbol{b}$ を，SA が階段行列になるように正則 $n\times n$ 行列 S を選んで $SA\boldsymbol{x}=S\boldsymbol{b}$ と変形する．これを命題 4.3.11 の方法で解いて得られる一般解 $\boldsymbol{c}_0+t_1\boldsymbol{c}_1+\cdots+t_s\boldsymbol{c}_s$ は S の取り方によらない．この一般解を，「方程式 $A\boldsymbol{x}=\boldsymbol{b}$ を掃き出し法で解いて得られる一般解」とよぶ．この一般解において $s=m-\mathrm{rk}\,A$ で，$\boldsymbol{c}_1,\ldots,\boldsymbol{c}_s$ は一次独立である．解 $\boldsymbol{v}$ が与えられたとき，$\boldsymbol{v}=\boldsymbol{c}_0+t_1\boldsymbol{c}_1+\cdots+t_s\boldsymbol{c}_s$ とあらわすあらわしかたはただ一通りである.

証明　$A\boldsymbol{x}=\boldsymbol{b}$ を解くために $n\times n$ 正則行列 S を左からかけて $SA\boldsymbol{x}=S\boldsymbol{b}$ に変形したとき，定理 4.5.8 により階段行列 SA は一意である．解が存在しない場合は，どのように計算しようが解なしと判定されるので，解が存在する場合に，一般解の形が同じであることを示す．$\boldsymbol{c}_1,\boldsymbol{c}_2,\ldots,\boldsymbol{c}_s$ は斉次方程式 $SA\boldsymbol{x}=\boldsymbol{0}$ のみによって定まるので，SA によって一意に定まる．命題 4.4.1 により $(A\,|\,\boldsymbol{b})$ を階段行列に変形したときに，最後の $m+1$ 列目はピボットにならない，よって $\boldsymbol{b}$ は A のピボット列の線型結合として書け，補題 4.5.7 によりその書き方は一意である．すなわち $A\boldsymbol{x}=\boldsymbol{b}$ が解を持つならば $S\boldsymbol{b}$ も一意であり，特殊解 $\boldsymbol{c}_0$ も一意に定まる．□

ランクには，次のような意味づけもできる．

命題 4.5.16

行列 $A=(\boldsymbol{a}_1,\boldsymbol{a}_2,\ldots,\boldsymbol{a}_m)$ から列ベクトルを取り出して一次独立になるようにしたとき，その最大個数は $\mathrm{rk}\,A$ 個である．特に，A の列ベクトルを並べる順番を変えてもランクは変わらない．

証明　A に行基本変形を施して階段行列にしたときに，ピボットに対応する列ベクトルは補題 4.5.7 により一次独立になる．よって，$\mathrm{rk}\,A$ 個の一次独立な列ベクトルが確かに存在する．$\mathrm{rk}\,A$ よりも多くの列ベクトルを取ると，一次独立にならないことを示そう．$N>\mathrm{rk}\,A$ とし，$\boldsymbol{a}_{j_1},\boldsymbol{a}_{j_2},\ldots,\boldsymbol{a}_{j_N}$ という A の列ベクトルを取ってくる．SA は A を行基本変形によって階段行列に変形したものとすると，$S\boldsymbol{a}_j$ は SA の第 j 行である．階段行列とランクの定義より，$S\boldsymbol{a}_j$ は $\mathrm{rk}\,A+1$ 行目以下は全て 0 である．そこで，$(S\boldsymbol{a}_{j_1},S\boldsymbol{a}_{j_2},\ldots,S\boldsymbol{a}_{j_N})$ の $\mathrm{rk}\,A+1$ 行目以下を全て消した $r\times N$ 行列 B を考える（つまり，$r=\mathrm{rk}\,A$ として，$B=(E_r\,|\,\boldsymbol{0})(S\boldsymbol{a}_{j_1},S\boldsymbol{a}_{j_2},\ldots,S\boldsymbol{a}_{j_N})$ である）．ベクトル $\boldsymbol{y}={}^t(y_1,y_2,\ldots,y_N)$ に対して $(S\boldsymbol{a}_{j_1},S\boldsymbol{a}_{j_2},\ldots,S\boldsymbol{a}_{j_N})\boldsymbol{y}$ の $r+1$ 行目以下は全て 0 であり，$B\boldsymbol{y}$ はその 0 となる $r+1$ 行目以下を取り除いたベクトルなので，$(S\boldsymbol{a}_{j_1},S\boldsymbol{a}_{j_2},\ldots,S\boldsymbol{a}_{j_N})\boldsymbol{y}=\boldsymbol{0}$ と $B\boldsymbol{y}=\boldsymbol{0}$ とは同値である．ところが $B\boldsymbol{y}=\boldsymbol{0}$ を掃き出し法を用いて解くと，行の数 r は列の数 N よりも少ないので，系 4.3.12 により $B\boldsymbol{y}=\boldsymbol{0}$ の解 $\boldsymbol{y}$ で $\boldsymbol{0}$ でないものが存在する．よって，$(S\boldsymbol{a}_{j_1},S\boldsymbol{a}_{j_2},\ldots,S\boldsymbol{a}_{j_N})\boldsymbol{y}=\boldsymbol{0}$ という方程式も全てが 0 でない解 $\boldsymbol{y}$ を持ち，正則行列 S^{-1} をかけて，その $\boldsymbol{y}$ が $(\boldsymbol{a}_{j_1},\ldots,\boldsymbol{a}_{j_N})\boldsymbol{y}=y_1\boldsymbol{a}_{j_1}+y_2\boldsymbol{a}_{j_2}+\cdots+y_N\boldsymbol{a}_{j_N}=\boldsymbol{0}$ という方程式の全てが 0 でない解になっている．つまり，$\boldsymbol{a}_{j_1},\boldsymbol{a}_{j_2},\ldots,\boldsymbol{a}_{j_N}$ は一次独立ではない．

$A=(\boldsymbol{a}_1,\ldots,\boldsymbol{a}_m)$ の列ベクトルの並べ順を変えて作った行列を C と置くと，$\mathrm{rk}\,C$

は C の列ベクトル（よって A の列ベクトル）から一次独立なものを取り出した最大個数に等しいので，$\mathrm{rk}\,A$ と一致する． □

この命題から，次のような結果も得られる．

命題 4.5.17

$\boldsymbol{a}_1,\ldots,\boldsymbol{a}_r$ はベクトルであるとし，$\boldsymbol{b}_1,\boldsymbol{b}_2,\ldots,\boldsymbol{b}_s$ は $\boldsymbol{a}_1,\ldots,\boldsymbol{a}_r$ の線型結合として書けるベクトルであるとする．$A=(\boldsymbol{a}_1,\ldots,\boldsymbol{a}_r)$ とおくと，$\boldsymbol{b}_1,\boldsymbol{b}_2,\ldots,\boldsymbol{b}_s$ の中から $\mathrm{rk}\,A$ 本より多く一次独立なベクトルを取ることはできない．特に r 本より多く一次独立なベクトルを取ることはできない．

証明 行列 B を，$B=(\boldsymbol{a}_1,\boldsymbol{a}_2,\ldots,\boldsymbol{a}_r,\boldsymbol{b}_1,\boldsymbol{b}_2,\ldots,\boldsymbol{b}_s)$ とおくと，注意 4.5.11 により，B の階段行列のピボットは左の r 列に含まれ，その右 s 列はピボットを持たず，よって $\mathrm{rk}\,B=\mathrm{rk}\,A\leq r$ である．命題 4.5.16 により，B の列ベクトル $\{\boldsymbol{a}_1,\ldots,\boldsymbol{a}_r,\boldsymbol{b}_1,\ldots,\boldsymbol{b}_s\}$ の中から列ベクトルを取り出して一次独立にできるのは，最大 $\mathrm{rk}\,A$ 個である．$\boldsymbol{a}_1,\ldots,\boldsymbol{a}_r$ は使わないことにして，$\boldsymbol{b}_1,\ldots,\boldsymbol{b}_s$ からしか列ベクトルを取らないことにしても，やはり $\mathrm{rk}\,A$ 本より多く一次独立な列ベクトルを取ることはできない． □

§4.6 列基本変形と転置行列のランク

この節では，$\mathrm{rk}\,A=\mathrm{rk}\,{}^t\!A$ という等式を証明し，その応用をいくつか紹介することにする．

定理 4.6.1

$n\times m$ 行列 A に対し，等式 $\mathrm{rk}\,A=\mathrm{rk}\,{}^t\!A$ が成り立つ．

証明 正則行列 S をうまくとって SA が階段行列になるようにする．$r=\mathrm{rk}\,A$ とおくと，その転置行列 ${}^t(SA)={}^t\!A\,{}^t\!S$ は左の r 列 $\boldsymbol{b}_1,\ldots,\boldsymbol{b}_r$ のみが $\boldsymbol{0}$ ベクトルでなく，その右 $n-r$ 列は $\boldsymbol{0}$ ベクトルとなる．A の転置行列 ${}^t\!A={}^t(SA)({}^t\!S)^{-1}$ の第 i 列目は，$({}^t\!S)^{-1}$ の第 i 列目を ${}^t(s_1,s_2,\ldots,s_r,s_{r+1},\ldots,s_n)$ とすると $s_1\boldsymbol{b}_1+s_2\boldsymbol{b}_2+\cdots+s_r\boldsymbol{b}_r$ となる．すなわち A の各列は $\boldsymbol{b}_1,\ldots,\boldsymbol{b}_r$ の一次結合となる．命題 4.5.17 により，${}^t\!A$ の列ベクトルの中から一次独立なものをとると r 本以下しか取れない．命題 4.5.16 により，$\mathrm{rk}\,A=r\geq\mathrm{rk}\,{}^t\!A$ となることがわかった．${}^t({}^t\!A)=A$ なので，同じ議論を ${}^t\!A$ に対して適用すると $\mathrm{rk}\,{}^t\!A\geq\mathrm{rk}\,{}^t({}^t\!A)=\mathrm{rk}\,A$ となることもわかるので，合わせて

$\mathrm{rk}\,A = \mathrm{rk}\,{}^t\!A$ となることが示された. □

命題 4.6.2

A は $n \times m$ 行列とし, B は $m \times \ell$ 行列であるとすると, $\mathrm{rk}\,AB \leq \mathrm{rk}\,A$ 及び $\mathrm{rk}\,AB \leq \mathrm{rk}\,B$ が成り立つ.

証明 $A = (\boldsymbol{a}_1, \ldots, \boldsymbol{a}_m)$ とし, B の i 列目を ${}^t(b_{1,i}, \ldots, b_{m,i})$ とすると AB の第 i 列目は $b_{1,i}\boldsymbol{a}_1 + \cdots + b_{m,i}\boldsymbol{a}_m$ となり, これは A の列ベクトルの線型結合なので, 命題 4.5.17 により AB の列ベクトルの中から $\mathrm{rk}\,A$ より多くの一次独立なベクトルを取ることはできない. 命題 4.5.16 より, $\mathrm{rk}\,AB \leq \mathrm{rk}\,A$ が成り立つ. この不等号 $\mathrm{rk}\,AB \leq \mathrm{rk}\,A$ と定理 4.6.1 を用いて $\mathrm{rk}\,AB = \mathrm{rk}\,{}^t\!B\,{}^t\!A \leq \mathrm{rk}\,{}^t\!B = \mathrm{rk}\,B$ も得られる. □

行列 A に右から正則行列をかけて変形することを考えると, 次のような手順を考えることができる.

定義 4.6.3

$n \times m$ 行列 A に対して, 定義 4.2.5 で与えられた行列 $P_m(i,j;c), Q_m(i;c), R_m(i,j)$ のどれかを右からかける変形を, **列基本変形**と呼ぶ. 具体的には, 次のような操作を, 列基本変形と呼ぶ.

(1) 行列 A の j 列目に A の i 列目の c 倍を加える.

(2) 行列 A の i 列目を c 倍する.

(3) 行列 A の i 列目と j 列目を交換する.

基本変形の行列 $P_m(i,j;c), Q_m(i;c), R_m(i,j)$ を右からかけると上記のような変形になることは, ${}^t(AP_m(i,j;c)) = {}^tP_m(i,j;c)\,{}^t\!A = P(j,i;c)\,{}^t\!A$, ${}^t(AQ_m(i;c)) = {}^tQ_m(i;c)\,{}^t\!A = Q_m(i;c)\,{}^t\!A$, ${}^t(AR_m(i,j)) = {}^tR_m(i,j)\,{}^t\!A = R_m(i,j)\,{}^t\!A$ となることから容易にわかる.

命題 4.6.4

行列 A のランクを r とすると，正則行列 S と T が存在して，

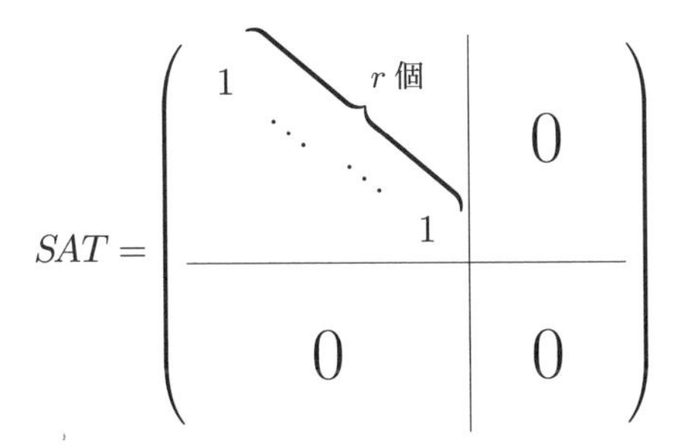

という形にあらわすことができる．

証明　まず A に行基本変形を施して階段行列に変形する．すなわち，正則行列 S をとって SA が階段行列になるようにする．この転置を取ると，${}^tA{}^tS$ は階段行列を転置したものになる．すなわち，r を A のランクとして，第 $r+1$ 列から右は全て 0 であり，1 列目から r 列目はそれぞれ 0 でない一番上の成分が 1 で（この 1 をピボットの転置という意味で ^{t}ピボット と書こう)，しかもそれらの ^{t}ピボット が入っている行は，^{t}ピボット 以外の成分は 0 である．そのような行列に行基本変形を施して階段行列にすると，各列の ^{t}ピボット を使って ^{t}ピボット 以外の成分を全て掃き出すことができるので，1 が対角線上に左上から r 個だけ並び，それ以外は全て 0，という階段行列に変形される．これが ${}^tT{}^tA{}^tS$ であるので，その転置を取れば SAT が求める形になっている．□

命題 4.6.4 を踏まえて，次のように定義する．

定義 4.6.5

行列 $E(n,m;r)$ は $n \times m$ 行列で，$i=j \leq r$ ならば (i,j) 成分が 1，その他の成分は全て 0，という行列とする．すなわち次の図のように定義する．

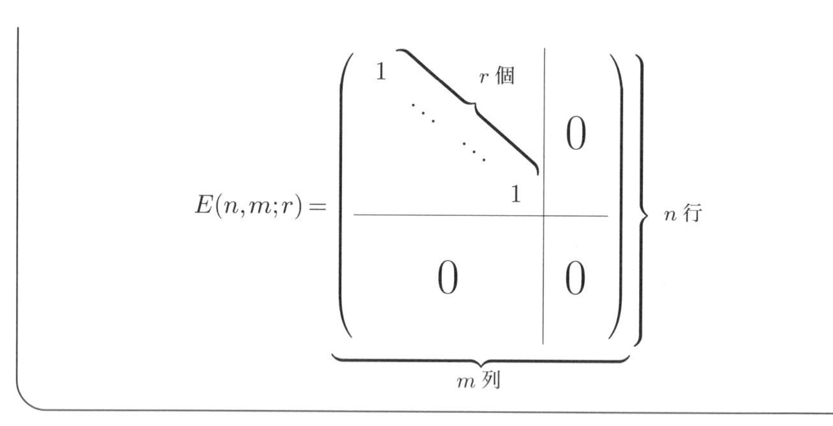

補題 4.6.6

A が $n\times m$ 行列，S は $n\times n$ 正則行列，T は $m\times m$ 正則行列とすると，$\mathrm{rk}\,SAT=\mathrm{rk}\,A$ が成り立つ．

証明 系 4.5.14 により，$\mathrm{rk}\,A=\mathrm{rk}\,SA$ なので，左から正則行列をかけてもランクは変わらない．あとは右から正則行列をかけてもランクが変わらないことを言えば良いので $\mathrm{rk}\,A=\mathrm{rk}\,AT$ を示す．定理 4.6.1 により $\mathrm{rk}\,AT=\mathrm{rk}\,{}^t(AT)=\mathrm{rk}({}^tT\,{}^tA)$ であるが，${}^t(T^{-1})$ が ${}^tT$ の逆行列になるので ${}^tT$ も正則となり，再び系 4.5.14 により $\mathrm{rk}({}^tT\,{}^tA)=\mathrm{rk}\,{}^tA$ となり，定理 4.6.1 によりこれは $\mathrm{rk}\,A$ に等しい． □

定理 4.6.7

(1) A は $n\times m$ 行列，S は $n\times n$ 正則行列，T は $m\times m$ 正則行列で，$SAT=E(n,m;r)$ という形になるとする．このとき，1 の個数 r は $\mathrm{rk}\,A$ に一致する．

(2) $n\times m$ 行列 A,B について，正則行列 S と T が存在して $SAT=B$ とあらわすことができるための必要十分条件は $\mathrm{rk}\,A=\mathrm{rk}\,B$ が成り立つことである．

証明 (1) 補題 4.6.6 により $\mathrm{rk}\,A=\mathrm{rk}\,SAT=\mathrm{rk}\,E(n,m;r)$ であるが，$E(n,m;r)$ はそのままでピボットを r 個持つ階段行列なので $\mathrm{rk}\,E(n,m;r)=r$ である．よって $\mathrm{rk}\,A=r$ である．

(2) 補題 4.6.6 により，$\mathrm{rk}\,SAT=\mathrm{rk}\,A$ なので，$\mathrm{rk}\,A=\mathrm{rk}\,B$ の条件は確かに必要である．逆に $\mathrm{rk}\,A=\mathrm{rk}\,B$ であれば，命題 4.6.4 により正則 $n\times n$ 行列 S_A,S_B と正則 $m\times m$ 行列 T_A,T_B が存在して $S_AAT_A=E(n,m;r)=S_BBT_B$ となる．従って $(S_B)^{-1}(S_A)AT_A(T_B)^{-1}=B$ となるので，$S=(S_B)^{-1}(S_A)$，$T=T_A(T_B)^{-1}$ とおけ

ば良い. □

定理 4.6.1 により，左逆行列，右逆行列の存在条件についても詳しく調べることができる.

定理 4.6.8

A は $n\times m$ 行列であるとする.

(1) 次の 4 条件は同値である.

(i) A は右逆行列 B を持つ.

(ii) $\mathrm{rk}\,A=n$ が成り立つ.

(iii) A が定める線型写像は全射である.

(iv) A の列ベクトルは $\mathbb{K}^n$ を張る.

(2) 次の 5 条件は同値である.

(i) 行列 A は左逆行列 C を持つ.

(ii) $\mathrm{rk}\,A=m$ が成り立つ.

(iii) A が定める線型写像は単射である.

(iv) $A\boldsymbol{x}=\boldsymbol{0}$ を満たすベクトル $\boldsymbol{x}$ は $\boldsymbol{x}=\boldsymbol{0}$ しかない.

(v) A の列ベクトルは一次独立である.

(3) $n<m$ ならば A は左逆行列を持たない．このとき，A が右逆行列を持てば右逆行列は無数に存在する（ただし $\mathbb{K}=\mathbb{R}$ または $\mathbb{K}=\mathbb{C}$ と仮定する).

(4) $n>m$ ならば A は右逆行列を持たない．このとき，A が左逆行列を持てば左逆行列は無数に存在する.

(5) $n=m$ ならば，A が (1) の 3 条件のうちどれか一つ（よって全て）を満たすことと，(2) の 4 条件のうちどれか一つ（よって全て）を満たすこととは同値である.

証明　(1) $\mathrm{rk}\,A=n$ ならば，A の階段行列は 0 行を持たず，掃き出し法の解法から考えると任意の $\boldsymbol{b}\in\mathbb{K}^n$ に対して $A\boldsymbol{x}=\boldsymbol{b}$ が解 $\boldsymbol{x}\in\mathbb{K}^m$ を持つ．すなわち A が定める線型写像は全射である．つまり (ii) $\Longrightarrow$ (iii) が成り立つ．(iii) が成り立つとき，$A=(\boldsymbol{a}_1,\ldots,\boldsymbol{a}_m)$, $\boldsymbol{x}={}^t(x_1,\ldots,x_m)$ とおくと $A\boldsymbol{x}=x_1\boldsymbol{a}_1+\cdots+x_m\boldsymbol{a}_m$ なので，$\mathbb{K}^n$ の任意の元が A の列ベクトルの線型結合として書けるので，(iv) が成り立つ．逆に (iv) が成り立てば，$\mathbb{K}^n$ の任意のベクトルは $x_1\boldsymbol{a}_1+\cdots+x_m\boldsymbol{a}_m=A\boldsymbol{x}$ と書けるので (iii) が成り立つ．(iii) が成り立つとき，$\boldsymbol{e}_1,\ldots,\boldsymbol{e}_n\in\mathbb{K}^n$ を標準単位

ベクトルとすると，各 $1 \leq i \leq n$ に対し $A\boldsymbol{x}_i = \boldsymbol{e}_i$ を満たす $\boldsymbol{x}_i \in \mathbb{K}^m$ が存在するので $B = (\boldsymbol{x}_1, \ldots, \boldsymbol{x}_n)$ とおくと $AB = (\boldsymbol{e}_1, \ldots, \boldsymbol{e}_n) = E_n$ となり，B は A の右逆行列となる，すなわち (iii) $\Longrightarrow$ (i) が成り立つ．(i) が成り立つとき，命題 4.6.2 により $n = \mathrm{rk}\, E_n = \mathrm{rk}\, AB \leq \mathrm{rk}\, A \leq n$ となるので，$\mathrm{rk}\, A = n$ が従い，(i) $\Longrightarrow$ (ii) も示された．

(2) ${}^t\!A$ に対して (1) を適用して，(i) と (ii) が同値であることがわかる．$CA = E_m$ なら，$A\boldsymbol{x} = A\boldsymbol{y}$ のとき

$$\boldsymbol{x} = E_m\boldsymbol{x} = (CA)\boldsymbol{x} = C(A\boldsymbol{x}) = C(A\boldsymbol{y}) = (CA)\boldsymbol{y} = E_m\boldsymbol{y} = \boldsymbol{y}$$

なので A は単射である．$A\boldsymbol{0}$ はゼロベクトルなので，A が単射なら $A\boldsymbol{x} = \boldsymbol{0}$ の解はゼロベクトルのみである．掃き出し法の計算により，$A\boldsymbol{x} = \boldsymbol{0}$ の解がゼロベクトルのみになるのは A を階段行列に変形した時に自由変数がないとき，すなわち全ての列にピボットがあるとき，すなわち $\mathrm{rk}\, A = m$ となるときのみであるので，(i) $\Longrightarrow$ (iii) $\Longrightarrow$ (iv) $\Longrightarrow$ (ii) が示された．また問 4.5.2 により条件 (iii) と条件 (v) は同値である．

(3) $m > n$ ならば $m > n \geq \mathrm{rk}\, A$ なので A は左逆行列を持たない．$n = \mathrm{rk}\, A$ のときに A の右逆行列が存在するが，このとき A の階段行列には $n - m > 0$ 個の自由変数があり，$\mathbb{K}$ が無限集合であれば（特に $\mathbb{K}$ が $\mathbb{R}$ あるいは $\mathbb{C}$ であれば）$A\boldsymbol{x}_i = \boldsymbol{e}_i$ を満たす $\boldsymbol{x}_i$ は無数にあり，どの $\boldsymbol{x}_i$ を選んでも $(\boldsymbol{x}_1, \ldots, \boldsymbol{x}_n)$ は A の右逆行列になるので A の右逆行列は無数に存在する．これを ${}^t\!A$ に対して適用すれば (4) が従う．$n = m$ のときは $\mathrm{rk}\, A = n$ と $\mathrm{rk}\, A = m$ が同値なので (5) が従う． □

第5章　行列式

2×2 行列 $A=\begin{pmatrix} a & b \\ c & d \end{pmatrix}$ に対して行列式 $\det A = ad-bc$ が定義され，

(1) $|\det A|$ は A が定める写像の面積の比である．

(2) A が図形の向きを保つための必要十分条件は，$\det A > 0$ である．

という **2** つの基本的な性質を持っていた．$n\times n$ 行列に対しても行列式が定義され，2×2 行列の行列式の一般化になっていることが確かめられる．性質 **(1)**, **(2)** も成り立つ…と言いたいところだが，特に n 次元図形の「向き」は，逆に行列式によって定義される，というのが正直な感覚だ．性質 **(1)** も，「n 次元体積とは一体何か？」と真剣に議論を始めると，線型代数学の講義の枠からはみ出してしまう．ここは，おおよその感触だけの説明にとどめておこう．

この章では $n\times n$ 行列の行列式を定義し，その基本的な性質を学び，行列式の値が計算できるようになることを目標とする．理論的にも重要であるが，行列式の計算は掃き出し法と並んで最重要計算スキルであるので，きちんと身につけてほしい．定義のために導入した「置換とあみだくじ」の節が思ったよりも長引いてしまった．行列式の基本的性質の証明に用いたあとは本書では使わないので，先を急ぐ読者はとりあえずこの節の結果は認めてしまってもいいかもしれない．

§5.1　置換とあみだくじ

定義 5.1.1

自然数 n に対し，$\underline{\mathbf{n}}$ とは集合 $\{1,2,\ldots,n\}$ のことと定義する．また，$n=0$ ならば $\underline{\mathbf{0}}=\emptyset$ と解釈する．自然数 n に対し，**n 次対称群** (n-th symmetric group) とは $\underline{\mathbf{n}}$ から $\underline{\mathbf{n}}$ の全単射全体がなす集合のこととし，$\mathfrak{S}_n$ という記号であらわす．$\sigma\in\mathfrak{S}_n$ が $i\in\underline{\mathbf{n}}$ を $\sigma(i)$ にうつすとき，$\sigma=\begin{pmatrix} 1 & 2 & \cdots & n \\ \sigma(1) & \sigma(2) & \cdots & \sigma(n) \end{pmatrix}$ という表記であらわす．また，$\underline{\mathbf{n}}$ から自分自身への恒等写像 $\begin{pmatrix} 1 & 2 & \cdots & n \\ 1 & 2 & \cdots & n \end{pmatrix}$ を id_n とも書く．$\mathfrak{S}_n$ の元を，「**$\underline{\mathbf{n}}$ の置換** (permutation)」と呼ぶこともある．

注意 5.1.2　n 次対称群の元の表記は行列と同じ形をしているが，行列は $\mathbb{K}^n\to\mathbb{K}^m$ という写像であり，$\mathfrak{S}_n$ の元は $\{1,2,\ldots,n\}\to\{1,2,\ldots,n\}$ という写像なので，脈絡から区別ができるはずである．混同しないよう，注意されたい．困ったことに，どちらも標準的に使われる表記である．

例 5.1.3

$\mathfrak{S}_1 = \left\{ \mathrm{id}_1 = \begin{pmatrix} 1 \\ 1 \end{pmatrix} \right\}$ である．また，$\mathfrak{S}_2 = \left\{ \mathrm{id}_2 = \begin{pmatrix} 1 & 2 \\ 1 & 2 \end{pmatrix}, \begin{pmatrix} 1 & 2 \\ 2 & 1 \end{pmatrix} \right\}$ である．

$$\mathfrak{S}_3 = \left\{ \mathrm{id}_3 = \begin{pmatrix} 1 & 2 & 3 \\ 1 & 2 & 3 \end{pmatrix}, \begin{pmatrix} 1 & 2 & 3 \\ 1 & 3 & 2 \end{pmatrix}, \begin{pmatrix} 1 & 2 & 3 \\ 2 & 1 & 3 \end{pmatrix}, \begin{pmatrix} 1 & 2 & 3 \\ 2 & 3 & 1 \end{pmatrix}, \begin{pmatrix} 1 & 2 & 3 \\ 3 & 1 & 2 \end{pmatrix}, \begin{pmatrix} 1 & 2 & 3 \\ 3 & 2 & 1 \end{pmatrix} \right\}$$

である．一般に，$\mathfrak{S}_n$ において，1の行き先が n 通りあり，1の行き先を固定すると次に2の行き先が $(n-1)$ 通りあり，$\cdots$ と順に定めていくことができるので，$\mathfrak{S}_n$ の元は $n!$ 個ある． □

□ $\mathfrak{S}_0$ について

マニアックな話なので本書ではほとんど顔を出さないが，$\mathfrak{S}_0$ は空集合ではなく $\mathfrak{S}_0 = \{\mathrm{id}_{\underline{0}}\}$ と考えられるべきである．ここで $\mathrm{id}_{\underline{0}}$ は空集合から空集合への恒等写像である．簡単に説明しておこう．f が集合 X から Y への写像であるとは，「X の任意の元 $x \in X$ に対して Y の元 $f(x) \in Y$ がただ一つ定まっていること」ということである．X が空集合ならば，$x \in X$ を取ることができないので，何も定められないように思えるかもしれないが，写像の定義を次のように読み替えることができる．「x が集合 X の元であれば，Y の元 $f(x) \in Y$ がただ一つ定まっていること．」すると，仮定「x が集合 X の元である」がどんな x に対しても偽なので，$f(x)$ を定める必要はない．すなわち，「何も定めない」という写像がただ一つ存在し，それがまさに $\mathrm{id}_{\underline{0}}$ である，というわけである．写像のもう一つの同値な定義として，写像をそのグラフと同一視して，「f が集合 X から Y への写像であるとは，積集合 $X \times Y$ の部分集合 Γ_f であって，任意の $x \in X$ に対して $(x,y) \in \Gamma_f$ となるような $y \in Y$ がただ一つ存在するもの」という言い方もある．この定義の中で，ただ一つ存在する y が $f(x)$ である，とみなすのである．すると X が空集合であれば，$X \times Y$ も空集合であり，空集合はただ一つ，空集合自身を部分集合として持ち，これをグラフとみなすと，「何も定めない」という写像が一つだけ存在する，ということになる．結論として，$\mathfrak{S}_0$ のみならず，任意の集合 Y に対して，空集合から Y への写像がただ一つ存在し，その写像は「定義域が元を含まないので，何も定めない」という写像だ，ということになる．

考察 5.1.4

n 本の縦棒があるあみだくじに対して，$\mathfrak{S}_n$ の元を一つ定めることができる．具体的には，あみだくじの上の欄に，左から順に $1,2,\ldots,n$ と書き入れ，それぞれの行き先をあみだくじでたどっていき，ついた先の所に番号を書き入れる．上下に1

から n まで番号を書き入れ終わったところで，あみだくじを消す（あるいは無視する）と，上の欄に左から順に $1,2,\ldots,n$ が，下の欄に 1 から n までが順番を並べ替えられて，全ての数がちょうど一度ずつあらわれているので，それをそのまま括弧(　)で囲んで，$\mathfrak{S}_n$ の元の表記と見なせばよい．全ての $\mathfrak{S}_n$ の元が，この対応によってあるあみだくじであらわされる．

例えば，置換 $\begin{pmatrix} 1 & 2 & 3 \\ 2 & 3 & 1 \end{pmatrix}$ は，次のあみだくじであらわされる．

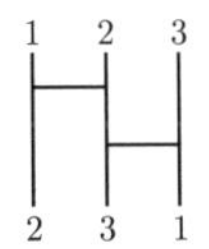

また，置換 $\begin{pmatrix} 1 & 2 & 3 \\ 3 & 2 & 1 \end{pmatrix}$ は，次のように横線 3 本のあみだくじで 2 通りにあらわすことができる．

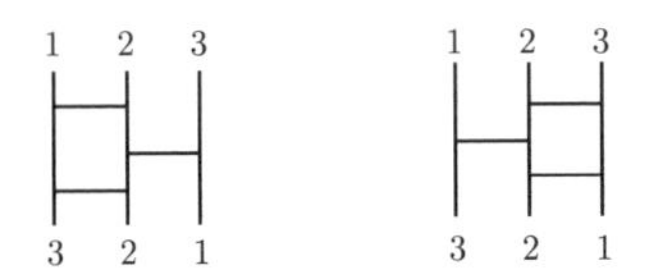

全ての $\mathfrak{S}_n$ の元があみだくじであらわせる理由について，もう少し説明しておこう．例として $\sigma = \begin{pmatrix} 1 & 2 & 3 & 4 & 5 \\ 4 & 5 & 1 & 3 & 2 \end{pmatrix}$ をあらわすあみだくじの構成方法を紹介する．まず，$\sigma(1) = 4$ なので，4 が左から 1 番に来るまで移動させる．以降は，一番左の棒にはさわらないことにする．次に右 4 本の部分に着目し，2 の下に 5 が来ないといけないので，5 が 2 番目に来るまで移動させる．移動させたら，あとは左 2 本にはさわらないことにする．以下同様に続ければ，$\sigma = \begin{pmatrix} 1 & 2 & 3 & 4 & 5 \\ 4 & 5 & 1 & 3 & 2 \end{pmatrix}$ となるあみだくじを作ることができる．

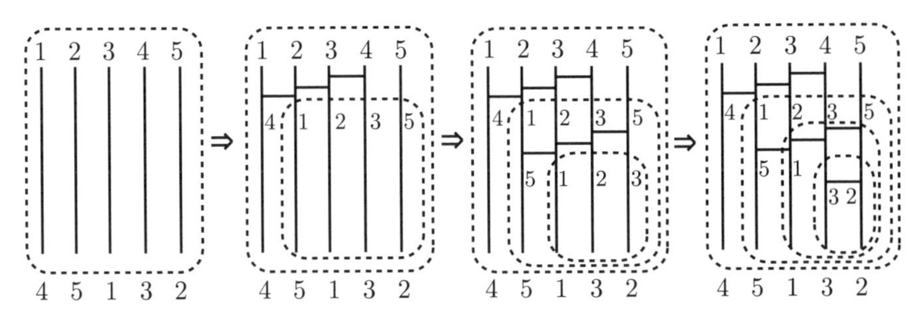

このように，左から順番にあわせていくことで，次のようなあみだくじが完成する．

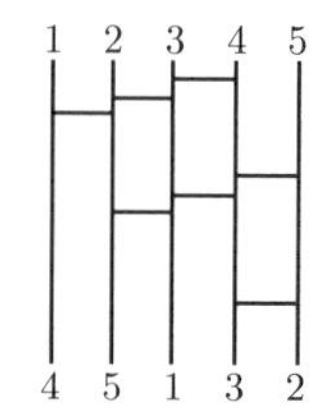

一般の置換の場合も，同様に左から順にあわせていけば，あみだくじとして実現することができる． □

注意 5.1.5 $\begin{pmatrix} 1 & 2 & 3 \\ 2 & 3 & 1 \end{pmatrix}$ をあらわす前ページのあみだくじを見ると，1をたどっていくと3番目に動き，2をたどっていくと1番目に動き，3をたどっていくと2番目に動いていくので，$1 \mapsto 3$，$2 \mapsto 1$，$3 \mapsto 2$ という写像，すなわち $\begin{pmatrix} 1 & 2 & 3 \\ 3 & 1 & 2 \end{pmatrix}$ という置換に対応させたくなるかもしれない．それも自然な発想で，そういう行き先対応の流儀もあるが，本書では「あみだくじから，置換の表記を計算しやすい」という理由で，「1の下に2があり，2の下に3があり，3の下に1があるので $\begin{pmatrix} 1 & 2 & 3 \\ 2 & 3 & 1 \end{pmatrix}$ を対応させる」という対応で一貫させる．行き先対応の流儀との関係は，次の命題によって，逆写像にあたることがわかる．

命題 5.1.6

(1) あるあみだくじが $\underline{\mathbf{n}}$ の置換 σ に対応するとき，あみだくじで，左から i 番目のところから出発してくじをたどっていくと $\sigma^{-1}(i)$ 番目にたどりつく．

(2) あみだくじが置換 σ に対応するならば，あみだくじを上下反転させたものは逆写像 σ^{-1} に対応する．

(3) σ に対応するあみだくじの下に τ に対応するあみだくじをつぎたすと，そのあみだくじは合成写像 $\sigma \circ \tau$ に対応する．

証明 (1) i からたどっていって j 番目のところにたどりついたとすると，表記の定義より $\sigma(j) = i$ である．両辺に σ^{-1} を作用させて $j = \sigma^{-1}(i)$ であることがわかる．

先に (3) を示す．i 番目から出発して，σ のあみだくじをたどっていくと，(1) により $\sigma^{-1}(i)$ 番目にたどりつく．次に τ のあみだくじをたどっていくと，$\tau^{-1}(\sigma^{-1}(i))$ 番目にたどりつく．$\tau^{-1}(\sigma^{-1}(i)) = (\sigma \circ \tau)^{-1}(i)$ であり，あみだくじ全体では i からたどると $(\sigma \circ \tau)^{-1}(i)$ へたどりつくので，(1) によりあみだくじをつなげたものは $\sigma \circ \tau$ をあらわしていることがわかる．

(2) σ をあらわしたあみだくじの下に，上下反転したあみだくじをつなげると，i 番目からたどっていって $\sigma^{-1}(i)$ に着いた後，今通った道順を逆行して元の i 番目の場所に戻ることがわかる．反転したあみだくじを上につなげても同じことになるので，元のあみだくじと反転したあみだくじとは互いに逆写像をあらわしていることがわかる．□

さて，こうしてあみだくじであらわすことができる置換に対して，あみだくじの横棒の本数の偶奇に応じて，偶置換と奇置換に区別したい．イメージとして言うと，偶置換は「向きを変えない」置換であり，奇置換は，「向きを反転させる」置換である．まず例として，$\mathfrak{S}_3$ と，正三角形の操作との関係を見てみよう．机の上に正三角形を描いて，その 3 つの頂点に 1,2,3 と番号をつけ，それに重ねて厚紙を切り抜いた正三角形を置く．そして，$\sigma = \begin{pmatrix} 1 & 2 & 3 \\ \sigma(1) & \sigma(2) & \sigma(3) \end{pmatrix}$ という置換は，i のところにある頂点が $\sigma(i)$ のところへ移るように，厚紙の正三角形を動かそう，というのである．$\mathfrak{S}_3$ の 6 つの元全てについて，あみだくじ表示と，正三角形の動かし方とを見てみよう．

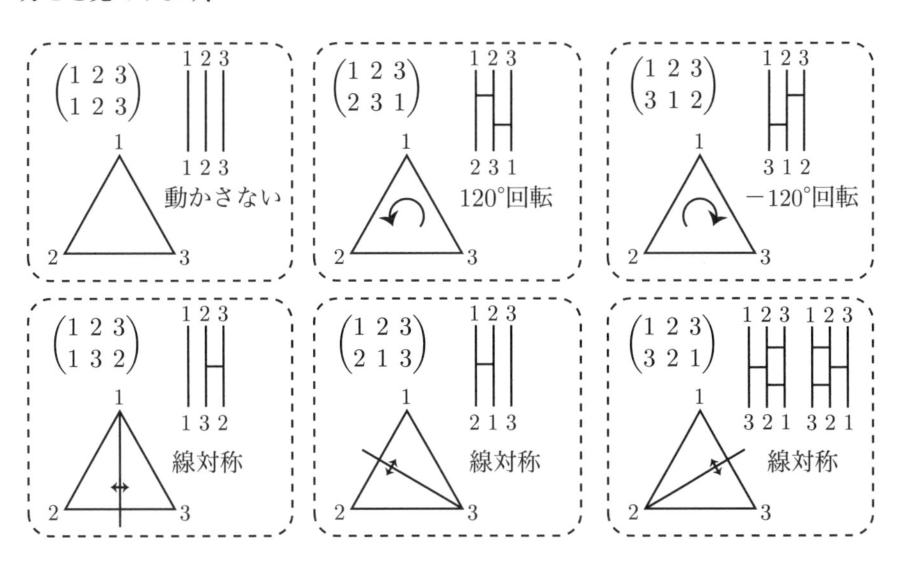

上の 3 つは，横棒が偶数本（左から順に 0 本，2 本，2 本）で，厚紙の正三角形は表裏の向きを変えない．厚紙の表と裏の色が違っても，上の 3 つでは動かしたあとで色が変わらない．一方，下の 3 つは，横棒が奇数本（左から順に，1 本，1 本，3 本）で，厚紙の正三角形の向きを変えてしまう．厚紙の表と裏の色が違うと，動

かしたあとで表と裏が反転したことが一目瞭然だ．

同様のことを，正四面体でもやってみることができる．$4! = 24$ 通りの絵を描くのは大変なので，3 つだけ例を見よう．上の 2 つは横棒が偶数本（左が 2 本，右が 6 本）で，四面体の回転としてあらわされるが，下の面対称は，四面体を裏返さないと実現できない動きである！

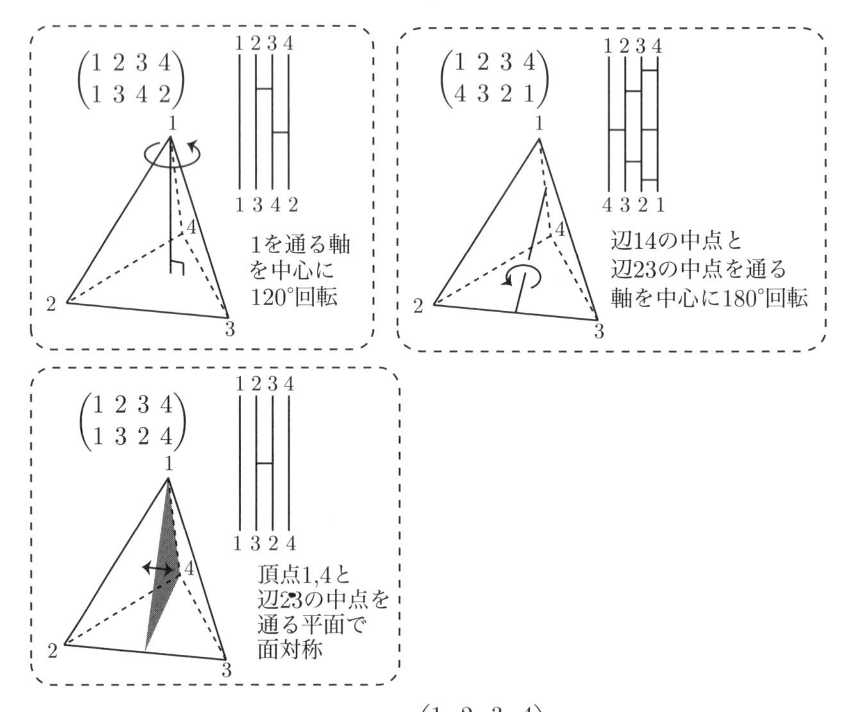

描くのが難しいので絵は省略したが，$\begin{pmatrix}1 & 2 & 3 & 4\\2 & 3 & 4 & 1\end{pmatrix}$ というような操作がある．これはまず $\begin{pmatrix}1 & 2 & 3 & 4\\2 & 3 & 1 & 4\end{pmatrix}$ で，頂点 4 を通る軸を中心に 120° 回転してから，次に 1 と 4 を面対称でひっくり返すことで実現できる．最初の回転では向きを変えないが，次の面対称で向きを反転しているので，$\begin{pmatrix}1 & 2 & 3 & 4\\2 & 3 & 4 & 1\end{pmatrix}$ は向きを変える操作になっていることがわかる．下で見る通り，あみだくじとしては 3 本の横棒で実現できるので（あるいは他のいろいろなやり方でも）横棒は奇数本だ．

置換をあみだくじであらわすときに，何通りもの表し方がある．例えばどこでも 2 本の縦棒の間に横棒を 2 本無駄に付け足すことができるので，横棒の本数は 2 本単位でいくらでも増やすことができる．

$\begin{pmatrix}1&2&3&4\\2&3&4&1\end{pmatrix}$ をあみだくじであらわす.

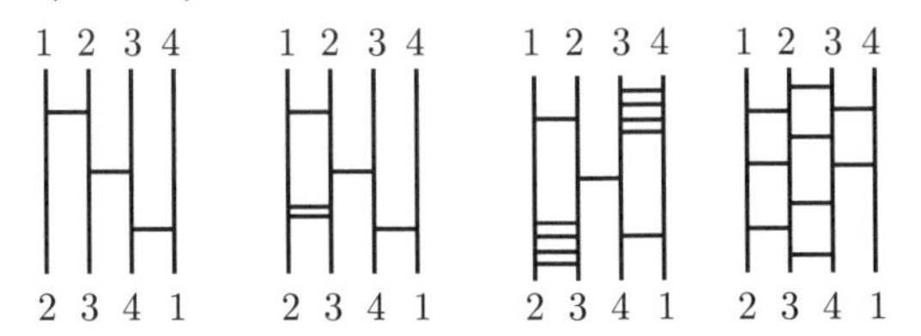

どんな表し方をしても横棒は奇数本.

横棒の本数の偶奇があみだくじによらなさそうだ，ということは反例を探そうと色々試みると実感として納得できると思うが,「いくら探しても反例が見つかりませんでした」では証明にならない．きちんと証明をつけるために，次の概念を使おう.

定義 5.1.7

$\sigma\in\mathfrak{S}_n$ は置換とする．$i\neq j\in\{1,2,\ldots,n\}$ のペア $[i,j]$ が σ の**転倒ペア**であるとは,「i と j の大小関係」と,「$\sigma(i)$ と $\sigma(j)$ の大小関係」が逆転していることと定義する．i と j の順番を交換したペアは同じペアとみなすことにして，つまり $[i,j]$ と $[j,i]$ とは同じだと思うことにして，置換 $\sigma\in\mathfrak{S}_n$ の転倒ペアの個数を，σ の**転倒数**と定義し，$t(\sigma)$ とあらわす.

例 5.1.8

置換 $\begin{pmatrix}1&2&3\\2&3&1\end{pmatrix}$ は $\{[2,3],[1,3]\}$ のふた組を転倒ペアとして持つので，転倒数は 2 である．また，置換 $\begin{pmatrix}1&2&3&4\\3&2&4&1\end{pmatrix}$ は $\{[1,2],[2,4],[1,4],[3,4]\}$ という 4 組の転倒ペアを持つので，転倒数は 4 である．置換 $\begin{pmatrix}1&2&3&4&5&6\\6&5&4&3&2&1\end{pmatrix}$ は $\{1,2,3,4,5,6\}$ からペアを取り出す取り出し方 15 通り全てが転倒ペアであるので，転倒数は 15 である．任意の n に対して，転倒数が 0 となる置換は，$1<2<\cdots<n$ の大小関係を全く変えないので，$\mathrm{id}_n=\begin{pmatrix}1&2&\cdots&n\\1&2&\cdots&n\end{pmatrix}$ ただ一つに限られる. □

補題 5.1.9

置換 $\sigma\in\mathfrak{S}_n$ があるあみだくじであらわされているとする．そのあみだくじの i 番目と $i+1$ 番目の縦棒の間の一番下に一本横棒を加えたあみだくじであらわされる置換を τ とする．$\sigma(i)<\sigma(i+1)$ なら $t(\tau)=t(\sigma)+1$ であり，$\sigma(i)>\sigma(i+1)$ なら $t(\tau)=t(\sigma)-1$ である.

証明　τ の作り方より，$k\in\{1,2,\ldots,n\}$ に対し

$$\begin{cases} \tau(i) &= \sigma(i+1) \\ \tau(i+1) &= \sigma(i) \\ \tau(k) &= \sigma(k) \quad (k\notin\{i,i+1\}) \end{cases}$$

となる．すると，$k,\ell\notin\{i,i+1\}$ に対しては，$[k,\ell]$ が σ の転倒ペアであるとき，そしてそのときに限り τ の転倒ペアでもある．また，$k\notin\{i,i+1\}$ に対して，$[k,i]$ が σ の転倒ペアであるとき，そしてそのときに限り $[k,i+1]$ が τ の転倒ペアであり，また $[k,i+1]$ が σ の転倒ペアであるとき，そしてそのときに限り $[k,i]$ が τ の転倒ペアである．最後に，$[i,i+1]$ が σ の転倒ペアであるとき，そしてそのときに限り $[i,i+1]$ は τ の転倒ペアでない．以上より，$[i,i+1]$ が σ の転倒ペアなら τ の転倒ペアの個数は σ より $[i,i+1]$ の1個分だけ少なくなり，逆に $[i,i+1]$ が σ の転倒ペアでなければ，τ の転倒ペアの個数は σ より $[i,i+1]$ の1個分だけ多くなる．　□

系 5.1.10

置換 $\sigma\in\mathfrak{S}_n$ をあらわすあみだくじの横棒の本数の偶奇は，σ の転倒数の偶奇に一致する．よって特に，σ をあみだくじであらわすときの横棒の本数の偶奇は，あみだくじの作り方によらない．しかも，σ をあらわすあみだくじの横棒の本数の最小値は σ の転倒数に一致する．

証明　考察5.1.4により，置換 σ は必ずあみだくじによってあらわすことができる．その横棒を t 本とすると，σ をあらわすあみだくじは，横棒0本のあみだくじ（つまり id_n をあらわすあみだくじ）に上から順に t 本の横棒を付け加えることで作ることができる（つまり，それぞれの横棒は，ひとつ手前のステップでできたあみだくじの一番下に付け加えられる）．補題5.1.9により，横棒を1本付け加えるたびに転倒数の偶奇がいれかわるので，最終的に σ の転倒数 $t(\sigma)$ の偶奇は，あみだくじの横棒の偶奇に等しい．

σ をあらわすあみだくじの作り方として，次のようにすることができる．あみだくじの一番下に，1から n を送る送り先の目標を書いておいて，左から順番に見て，順序が逆転している隣接する縦棒2本の間に横棒を書き入れていく．補題5.1.9により，1本横棒を書き入れるたびに転倒数が1ずつ減っていくので，$t(\sigma)$ 本の横棒を書き入れた時点で転倒数が0になり，出発点の並びになる．つまり，ちょうど $t(\sigma)$ 本の横棒で σ をあらわすあみだくじを実現することができる．再び補題5.1.9

により，1 本の横棒で転倒数は 1 しか変化しないので，少なくとも $t(\sigma)$ 本の横棒が必要であることもわかる．以上をあわせて，σ をあらわすあみだくじの横棒の本数の最小値はちょうど $t(\sigma)$ 本である．□

例 5.1.11

置換 $\begin{pmatrix} 1 & 2 & 3 & 4 & 5 \\ 4 & 5 & 1 & 3 & 2 \end{pmatrix}$ の転倒ペアは $\{[1,3],[1,4],[1,5],[2,3],[2,4],[2,5],[4,5]\}$ の 7 個なので，横棒 7 本のあみだくじが最も簡単である．下の図のようにあみだくじの下から順に横棒を足していくことによって（それぞれの段で，左から順に見て順序が逆転している場所を見つけて，そこに横棒を足す），ちょうど 7 本のあみだくじを実際に作ることができる．

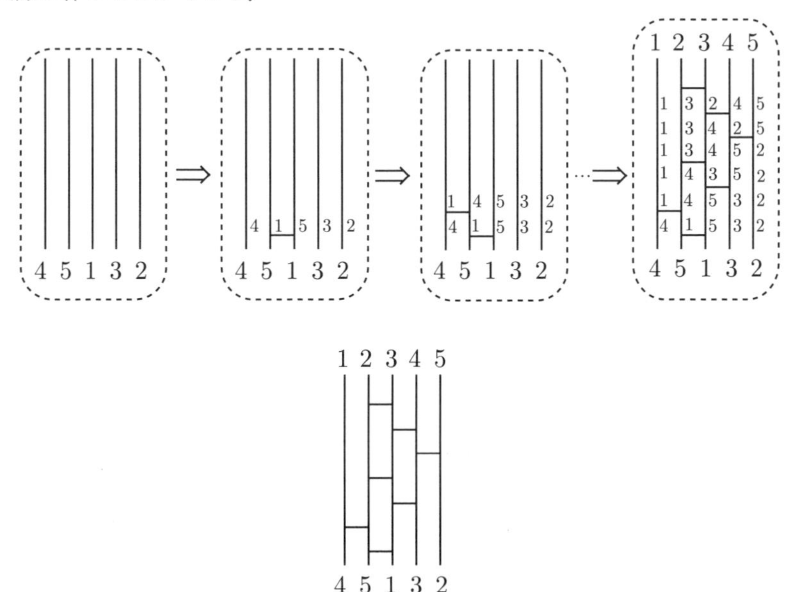

□

定義 5.1.12

置換 $\sigma \in \mathfrak{S}_n$ の符号 (signature) $\mathrm{sgn}(\sigma)$ を，

$$\mathrm{sgn}(\sigma) = \begin{cases} 1 & (\text{転倒数 } t(\sigma) \text{ が偶数}) \\ -1 & (\text{転倒数 } t(\sigma) \text{ が奇数}) \end{cases}$$

と定義する．つまり，$\mathrm{sgn}(\sigma) = (-1)^{t(\sigma)}$ である．符号が 1 となる置換を**偶置換**と呼び，符号が -1 となる置換を**奇置換**と呼ぶ．

命題 5.1.13

(1) 置換 $\sigma,\tau\in\mathfrak{S}_n$ に対して，その積 $\sigma\tau$ を写像の合成 $\sigma\circ\tau$ と定義すると，$\mathrm{sgn}(\sigma\tau)=\mathrm{sgn}(\sigma)\mathrm{sgn}(\tau)$ となる．

(2) 置換 $\sigma\in\mathfrak{S}_n$ に対して $\mathrm{sgn}(\sigma^{-1})=\mathrm{sgn}(\sigma)$ となる．

(3) n 以下の相異なる自然数 i,j に対して置換 $(i,j)\in\mathfrak{S}_n$ を，i と j だけ入れ替えて他は動かさない置換と定義すると，$\mathrm{sgn}((i,j))=-1$ である．

(4) 任意の $\tau\in\mathfrak{S}_n$ が与えられたとき，σ が $\mathfrak{S}_n$ の元全体を1回ずつ動くと，写像の合成 $\sigma\circ\tau$ も $\mathfrak{S}_n$ の元全体を1回ずつ動く．

証明　(1) 系 5.1.10 により，置換の符号は，その置換をあみだくじであらわして，その横棒の本数を数えれば良い．命題 5.1.6 (3) により，置換の写像としての合成は，あみだくじをつぎたすことであらわすことができる．σ,τ が両方とも偶置換，あるいは両方とも奇置換なら $\sigma\tau$ は偶置換だし，一方が偶置換でもう一方が奇置換なら $\sigma\tau$ は奇置換である．つまり $\mathrm{sgn}(\sigma\tau)=\mathrm{sgn}(\sigma)\mathrm{sgn}(\tau)$ が成り立つ．

(2) 命題 5.1.6 (2) により，置換の逆写像はあみだくじの上下反転に対応する．よって，横棒の本数は変わらず，$\mathrm{sgn}(\sigma^{-1})=\mathrm{sgn}(\sigma)$ である．

(3) 一般性を失わず $i<j$ として良い．置換 (i,j) の転倒ペアは $i<k<j$ なる自然数 k に対して $[i,k],[k,j]$ の計 $2(j-i-1)$ 個と，$[i,j]$ の合わせて $2(j-i)-1$ 個と奇数個なので，(i,j) は奇置換である．あるいは，次のあみだくじのように，$2(j-i)-1$ 本の横棒を持つあみだくじであらわされるので，(i,j) は奇置換である．

(4) 写像 $\varphi:\mathfrak{S}_n\to\mathfrak{S}_n$ を $\varphi(\mu)=\mu\circ\tau^{-1}$ と定義する．この写像が $\sigma\mapsto\sigma\circ\tau$ の逆写像になることがわかる．実際，$\varphi(\sigma\circ\tau)=(\sigma\circ\tau)\circ\tau^{-1}=\sigma$ であり，よって φ は左逆写像，特に $\sigma_1\circ\tau=\sigma_2\circ\tau$ ならば $\sigma_1=\varphi(\sigma_1\circ\tau)=\varphi(\sigma_2\circ\tau)=\sigma_2$ となるので，σ が $\mathfrak{S}_n$ の元を1回ずつ動けば，$\sigma\circ\tau$ も高々1回ずつしかあらわれない．逆に $\varphi(\sigma)\circ\tau=(\sigma\circ\tau^{-1})\circ\tau=\sigma$ なので，φ は右逆写像，特に全ての σ が $\varphi(\sigma)\circ\tau$ として少なくとも1回はあらわれる，ということになる．□

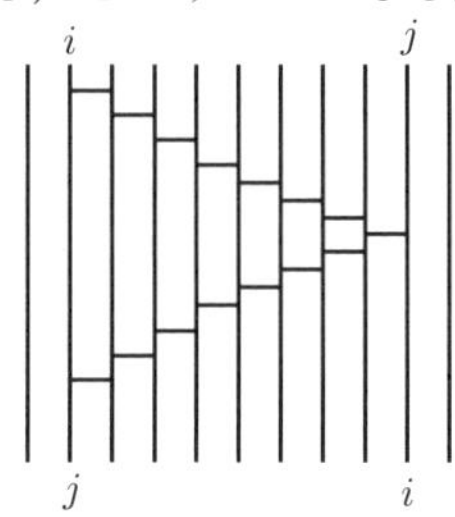

§5.2　行列式の定義と基本性質

$A=\begin{pmatrix} a & b \\ c & d \end{pmatrix}$ は，図形の面積を $|\det(A)|=|ad-bc|$ 倍にする，という性質を持っていた．特に面積 1 の正方形を，ベクトル $\begin{pmatrix} a \\ c \end{pmatrix}, \begin{pmatrix} b \\ d \end{pmatrix}$ を 2 辺とする平行四辺形にうつすのでこの平行四辺形の面積は $|ad-bc|$ である．

3 次元のベクトル $\boldsymbol{u}=\begin{pmatrix} a \\ b \\ c \end{pmatrix}$, $\boldsymbol{v}=\begin{pmatrix} d \\ e \\ f \end{pmatrix}$ の外積 $\boldsymbol{u}\times\boldsymbol{v}$ は $\begin{pmatrix} bf-ce \\ -(af-cd) \\ ae-bd \end{pmatrix}$ と計算されるが，その長さは 2 辺 $\boldsymbol{u},\boldsymbol{v}$ が張る平行四辺形の面積と同じであり，その方向は $\boldsymbol{u},\boldsymbol{v}$ と直交していた．よって，この外積 $\boldsymbol{u}\times\boldsymbol{v}$ とベクトル $\boldsymbol{w}=\begin{pmatrix} g \\ h \\ i \end{pmatrix}$ との内積の絶対値は，$\boldsymbol{u},\boldsymbol{v},\boldsymbol{w}$ を 3 辺とする平行六面体の体積に一致する．（$\boldsymbol{w}$ と $\boldsymbol{u}\times\boldsymbol{v}$ との角度を θ とおくと，平行六面体の底面積は $\|\boldsymbol{u}\times\boldsymbol{v}\|$ であり，高さは $\|\boldsymbol{w}\|\cdot|\cos\theta|$ なので，次の図により

$$\text{平行六面体の体積}=\text{底面積}\times\text{高さ}=\|\boldsymbol{u}\times\boldsymbol{v}\|\cdot\|\boldsymbol{w}\|\cdot|\cos\theta|=|(\boldsymbol{u}\times\boldsymbol{v})\cdot\boldsymbol{w}|$$

となる．）

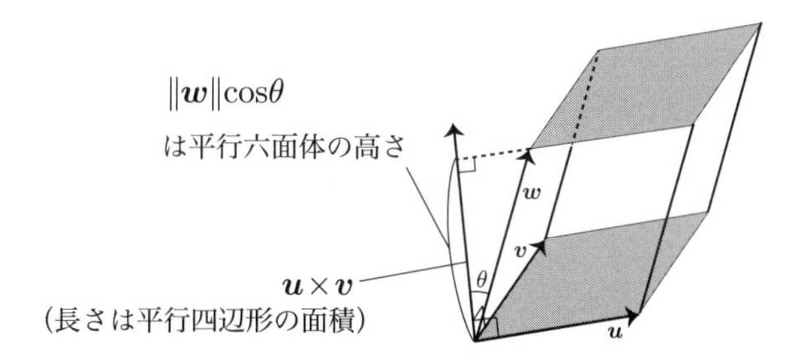

計算してみると，内積 $(\boldsymbol{u}\times\boldsymbol{v})\cdot\boldsymbol{w}=aei+dhc+gbf-gec-ahf-dbi$ となる．行列 $\begin{pmatrix} a & d & g \\ b & e & h \\ c & f & i \end{pmatrix}$ は，体積 1 の立方体を，体積 $|aei+dhc+gbf-gec-ahf-dbi|$ の平行六面体へうつすので，一般に図形の体積を $|aei+dhc+gbf-gec-ahf-dbi|$ 倍することになる．

以上を踏まえて，3×3 行列 $A=\begin{pmatrix} a & d & g \\ b & e & h \\ c & f & i \end{pmatrix}$ の**行列式** (determinant) を

$$\det(A)=aei+dhc+gbf-gec-ahf-dbi$$

と定義する．この定義の簡単な覚え方として**サラスの公式**というものが知られている．

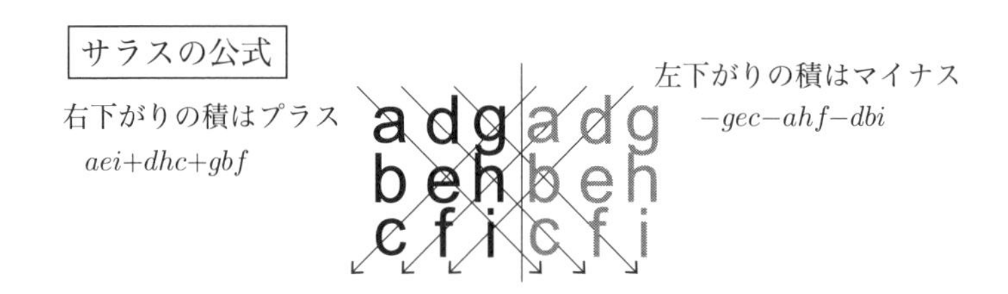

ただし注意！ 4×4 以上ではサラスの公式にあたるようなものはない．

さて，3×3 行列の行列式の 6 つの項は，各行各列から 1 つずつ，計 3 つの成分の積になっていて，その並びに従ってプラスまたはマイナスの符号がついている．例えば 2 番目の項 dhc は 1 行目は第 2 列，2 行目は第 3 列，3 行目は第 1 列の成分を選んできてかける，という形をしている．$i=1,2,3$ に対して，「第 i 行目は第 $\sigma(i)$ 列から選ぶ，というように写像 σ に対応させることにすると，項 dhc は $\sigma=\begin{pmatrix}1&2&3\\2&3&1\end{pmatrix}$ という写像に対応することになる．1 列目，2 列目，3 列目の全てがちょうど一度ずつ出てくるので，σ は $\underline{\mathbf{3}}$ から $\underline{\mathbf{3}}$ 自身への全単射となることがわかる．6 つの項をこのようにして置換表示して，符号がプラスの項とマイナスの項とがどうわけられているかを観察してみよう．

まず，符号がプラスになる項を並べてみると

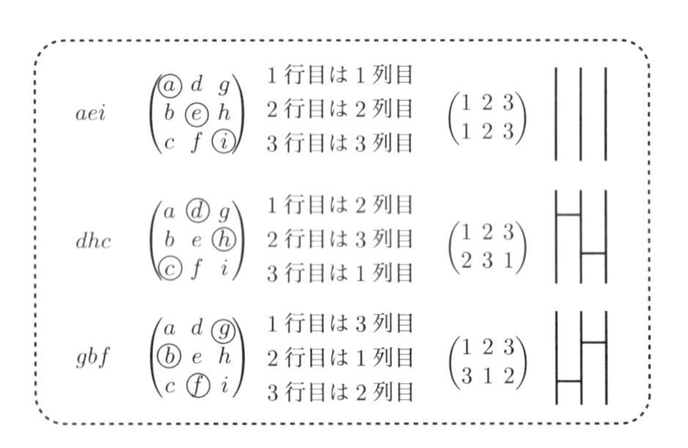

となる．次に，符号がマイナスになる項を並べると

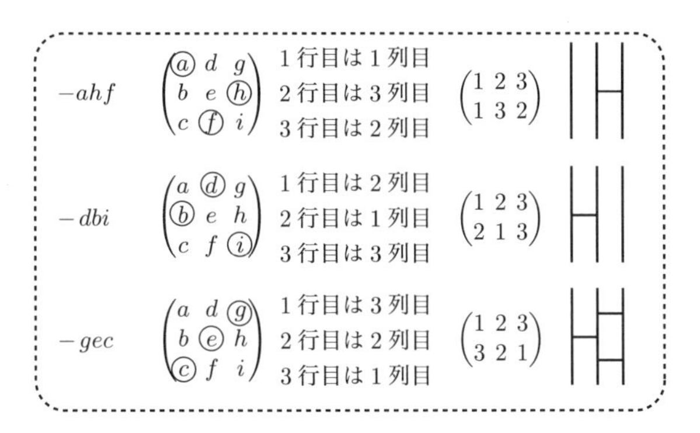

となる．符号がプラスの項が偶置換に，符号がマイナスの項が奇置換に対応していることが見て取れる．より簡単なケースに戻って 2×2 行列 $A=\begin{pmatrix} a & b \\ c & d \end{pmatrix}$ に対しては $\det A = ad - bc$ であったが，同様に考察すると

ad	$\begin{pmatrix} ⓐ & b \\ c & ⓓ \end{pmatrix}$	1 行目は 1 列目 2 行目は 2 列目	$\begin{pmatrix} 1 & 2 \\ 1 & 2 \end{pmatrix}$	
$-bc$	$\begin{pmatrix} a & ⓑ \\ ⓒ & d \end{pmatrix}$	1 行目は 2 列目 2 行目は 1 列目	$\begin{pmatrix} 1 & 2 \\ 2 & 1 \end{pmatrix}$	

となり，偶置換 $\begin{pmatrix} 1 & 2 \\ 1 & 2 \end{pmatrix}$ に対応する項 ad の符号がプラス，奇置換 $\begin{pmatrix} 1 & 2 \\ 2 & 1 \end{pmatrix}$ に対応する項 bc の符号がマイナスとなって，3×3 の場合に考えたことと辻褄があう．

そこで，偶置換に対応する積に対しては符号がプラス，奇置換に対応する積に対してはマイナスとして足し合わせたものとして $n\times n$ 行列に対しても行列式を定義し，期待通りの性質を持つかどうか調べよう．(i,j) 成分が $a_{i,j}$ となる $n\times n$ 行列 A に対して，i 行目からは $\sigma(i)$ 列をとってかけた項，というのは

$$a_{1,\sigma(1)}a_{2,\sigma(2)}\cdots a_{n,\sigma(n)}$$

とあらわされることに注意して，次のように定義する．

定義 5.2.1

$n\times n$ 行列

$$A=(a_{i,j})=\begin{pmatrix} a_{1,1} & a_{1,2} & \cdots & a_{1,n} \\ a_{2,1} & a_{2,2} & \cdots & a_{2,n} \\ \vdots & \vdots & \ddots & \vdots \\ a_{n,1} & a_{n,2} & \cdots & a_{n,n} \end{pmatrix}$$

に対して，その行列式 $\det A$ を

$$\det A = \sum_{\sigma \in \mathfrak{S}_n} \operatorname{sgn}(\sigma) a_{1,\sigma(1)} a_{2,\sigma(2)} \cdots a_{n,\sigma(n)}$$

と定義する．$\sum$ の下に「$\sigma \in \mathfrak{S}_n$」と書いてあるのは，$\sigma$ を $\mathfrak{S}_n$ の $n!$ 個の元全体に動かして和を取る，という操作である．積 $a_{1,\sigma(1)} a_{2,\sigma(2)} \cdots a_{n,\sigma(n)}$ を $\prod_{i=1}^{n} a_{i,\sigma(i)}$ とあらわすと

$$\det A = \sum_{\sigma \in \mathfrak{S}_n} \operatorname{sgn}(\sigma) \prod_{i=1}^{n} a_{i,\sigma(i)}$$

ともあらわすことができる．

注意 5.2.2　定義は数式で書いているけれども，$n \geq 4$ のときは成分に特に特徴がなければ，普通は掃き出し法に似た方法（後述の系 5.2.8）で計算をするのが早い．定義通りに計算すると，例えば 4×4 だったら $4! = 24$ 個の項が出てくるし，5×5 だと $5! = 120$ 個の項が出てきて大変である．

定理 5.2.3

$n \times n$ 行列 $A = \begin{pmatrix} {}^t\boldsymbol{a}_1 \\ {}^t\boldsymbol{a}_2 \\ \vdots \\ {}^t\boldsymbol{a}_n \end{pmatrix} = (a_{i,j})$ に対して，行列式 $\det A$ は次の性質を持つ．

(1)　$c \in \mathbb{K}$ は定数とする．$A = \begin{pmatrix} {}^t\boldsymbol{a}_1 \\ {}^t\boldsymbol{a}_2 \\ \vdots \\ {}^t\boldsymbol{a}_n \end{pmatrix}$ の i 行目だけ c 倍した行列を $B = \begin{pmatrix} {}^t\boldsymbol{a}_1 \\ \vdots \\ c\,{}^t\boldsymbol{a}_i \\ \vdots \\ {}^t\boldsymbol{a}_n \end{pmatrix}$ とおくと，$\det B = c \det A$ が成り立つ．

(2)　$A = \begin{pmatrix} {}^t\boldsymbol{a}_1 \\ {}^t\boldsymbol{a}_2 \\ \vdots \\ {}^t\boldsymbol{a}_n \end{pmatrix}$ の i 行目が ${}^t\boldsymbol{a}_i = {}^t\boldsymbol{c} + {}^t\boldsymbol{d}$ というように，2つのベクトル ${}^t\boldsymbol{c}$ と ${}^t\boldsymbol{d}$ の和として書けているとする．A の i 行目を ${}^t\boldsymbol{c}$ で置き換えた行列を $C = \begin{pmatrix} {}^t\boldsymbol{a}_1 \\ \vdots \\ {}^t\boldsymbol{c} \\ \vdots \\ {}^t\boldsymbol{a}_n \end{pmatrix}$（$i$ 行目）とし，A の i 行目を ${}^t\boldsymbol{d}$ で置き換えた行列を $D = \begin{pmatrix} {}^t\boldsymbol{a}_1 \\ \vdots \\ {}^t\boldsymbol{d} \\ \vdots \\ {}^t\boldsymbol{a}_n \end{pmatrix}$（${}^t\boldsymbol{d}$ は i 行目）とすると，$\det A = \det C + \det D$ が成り立つ．

(3) A の i 行目と j 行目を入れ替えて作った行列 $F=\begin{pmatrix} {}^t\boldsymbol{a}_1 \\ \vdots \\ {}^t\boldsymbol{a}_j \\ \vdots \\ {}^t\boldsymbol{a}_i \\ \vdots \\ {}^t\boldsymbol{a}_n \end{pmatrix}\begin{matrix} \\ \\ (i\text{ 行目}) \\ \\ (j\text{ 行目}) \\ \\ \\ \end{matrix}$ をとると，$\det F=-\det A$ が成り立つ．

(4) A の相異なる行 i 行目と j 行目とが等しければ，つまり $A=\begin{pmatrix} {}^t\boldsymbol{a}_1 \\ {}^t\boldsymbol{a}_2 \\ \vdots \\ {}^t\boldsymbol{a}_n \end{pmatrix}$ において $\boldsymbol{a}_i=\boldsymbol{a}_j$, $i\neq j$ であるなら，$\det A=0$ である．

(5) $i\neq j$ とし，$c\in\mathbb{K}$ とするとき，A の i 行目に A の j 行目の c 倍を加えて作った行列 $G=\begin{pmatrix} {}^t\boldsymbol{a}_1 \\ \vdots \\ {}^t\boldsymbol{a}_i+c\,{}^t\boldsymbol{a}_j \\ \vdots \\ {}^t\boldsymbol{a}_n \end{pmatrix}(i\text{ 行目})$ の行列式は A の行列式に等しい，つまり $\det G=\det A$ が成り立つ．

(6) 単位行列 $E=\begin{pmatrix} 1 & & 0 \\ & \ddots & \\ 0 & & 1 \end{pmatrix}$ に対し，$\det E=1$ が成り立つ．

(7) A の転置行列 ${}^tA$ に対し，$\det {}^tA=\det A$ が成り立つ．

(8) 上三角行列 $A=\begin{pmatrix} a_{1,1} & \cdots & * \\ & \ddots & \\ 0 & & a_{n,n} \end{pmatrix}$ に対し，$\det A=a_{1,1}a_{2,2}\cdots a_{n,n}$ が成り立つ．

定理の証明のために，余因子というものを定義しよう．ここでは少し不自然な添え字の付け方をするが，あとで再利用する時にそのほうが便利であるため，今は多少違和感があっても，そういうものだと思って読み進めてほしい．

定義 5.2.4

$A=(a_{i,j})$ は (i,j) 成分が $a_{i,j}$ となる $n\times n$ 行列であるとする．このとき，A の (i,j) 余因子 $\widetilde{A}_{i,j}$ を

$$\widetilde{A}_{i,j} := \sum_{\substack{\sigma\in\mathfrak{S}_n \\ \sigma(j)=i}} \operatorname{sgn}(\sigma) a_{1,\sigma(1)} a_{2,\sigma(2)} \cdots a_{j-1,\sigma(j-1)} a_{j+1,\sigma(j+1)} \cdots a_{n,\sigma(n)}$$
$$= \sum_{\substack{\sigma\in\mathfrak{S}_n \\ \sigma(j)=i}} \operatorname{sgn}(\sigma) \prod_{\substack{1\le k\le n \\ k\ne j}} a_{k,\sigma(k)}$$

と定義する.

注意 5.2.5 $\displaystyle\sum_{\substack{\sigma\in\mathfrak{S}_n \\ \sigma(j)=i}}$ というのは, $n!$ 個の $\sigma\in\mathfrak{S}_n$ のうち $\sigma(j)=i$ となるような σ についてのみ ($(n-1)!$ 個あるのがわかりますか?) 足し算をする, という意味である. また, $\displaystyle\prod_{\substack{1\le k\le n \\ k\ne j}}$ は $1\le k\le n$ となる k のうちで j 以外の $n-1$ 個のものについて積を取る, という意味である.

系 5.2.6

(i) $\widetilde{A}_{i,j}$ は A の成分の多項式であり, しかも A の j 行目以外, そして i 列目以外の成分しか出てこない. (普通は添え字が i,j という順であれば i が行をあらわし, j が列をあらわすのに, ここでは逆転しているので, そこが不自然である.)

(ii) 各 $i\in\{1,2,\dots,n\}$ に対し

$$\det A = a_{i,1}\widetilde{A}_{1,i} + a_{i,2}\widetilde{A}_{2,i} + \cdots + a_{i,n}\widetilde{A}_{n,i}$$

が成り立つ.

証明 (i) は $\widetilde{A}_{i,j}$ の定義式をよく見ればそうなっている. 具体的に言うと, まず j 行目が出てこないことは, 各項 $a_{1,\sigma(1)}a_{2,\sigma(2)}\cdots a_{j-1,\sigma(j-1)}a_{j+1,\sigma(j+1)}\cdots a_{n,\sigma(n)}$ において, わざわざ j 行目の成分のみをとばしていることからわかる. 実際, 1 行目の成分 $a_{1,\sigma(1)}$, 2 行目の成分 $a_{2,\sigma(2)}$, $\cdots$, $j-1$ 行目の成分 $a_{j-1,\sigma(j-1)}$ まで掛けて, その次に j 行目をとばして $j+1$ 行目の成分 $a_{j+1,\sigma(j+1)}$ に進むので, どの項にも j 行目の成分があらわれない.

また, $\sigma\in\mathfrak{S}_n$ については $\sigma(j)=i$ となるような σ についてのみの和をとっているので, とばされた j 行目の成分 $a_{j,\sigma(j)}$ は $a_{j,i}$, つまり i 列目の成分である. 他の $a_{k,\sigma(k)}$ は i 列目以外の成分になるので, i 列目の成分も一つもでてこない.

以上をあわせて, $\widetilde{A}_{i,j}$ は A の成分の多項式であって, しかも j 行目の成分も i 列

目の成分も出てこない，ということがわかった．

(ii) は，$\det(A) = \sum_{\sigma\in\mathfrak{S}_n} \operatorname{sgn}(\sigma) a_{1,\sigma(1)}a_{2,\sigma(2)}\cdots a_{n,\sigma(n)}$ において $a_{i,j}$ が出てくる項というのは $\sigma(i)=j$ となるような σ についての和なので，そういう項を $a_{i,j}$ でくくると，

$$a_{i,j}\left(\sum_{\substack{\sigma\in\mathfrak{S}_n\\ \sigma(i)=j}} \operatorname{sgn}(\sigma) a_{1,\sigma(1)}a_{2,\sigma(2)}\cdots a_{i-1,\sigma(i-1)}a_{i+1,\sigma(i+1)}\cdots a_{n,\sigma(n)}\right) = a_{i,j}\widetilde{A}_{j,i}$$

になっている．すなわち $\widetilde{A}_{j,i}$ の定義は「$\det A$ における $a_{i,j}$ の係数」ということになっているわけである．一方，$\det A = \sum_{\sigma\in\mathfrak{S}_n} \operatorname{sgn}(\sigma)\prod_{i=1}^{n} a_{i,\sigma(i)}$ において $\sigma(i)$ の値が $1,2,\ldots,n$ の n 通りあるので，それで場合分けしてバラバラに足すと

$$\det A = \sum_{\substack{\sigma\in\mathfrak{S}_n\\ \sigma(i)=1}} \operatorname{sgn}(\sigma)\prod_{k=1}^{n} a_{k,\sigma(k)} + \cdots + \sum_{\substack{\sigma\in\mathfrak{S}_n\\ \sigma(i)=n}} \operatorname{sgn}(\sigma)\prod_{k=1}^{n} a_{k,\sigma(k)}$$

と n 個の和に分けられるが，その j 番目 $\sum_{\sigma\in\mathfrak{S}_n,\sigma(i)=j} \operatorname{sgn}(\sigma)\prod_{k=1}^{n} a_{k,\sigma(k)}$ は $a_{i,j}$ でくくれて，$a_{i,j}\widetilde{A}_{j,i}$ となっているので，それで書き換えると

$$\det A = a_{i,1}\widetilde{A}_{1,i} + a_{i,2}\widetilde{A}_{2,i} + \cdots + a_{i,n}\widetilde{A}_{n,i}$$

となり，(ii) が示された．　□

注意 5.2.7　次の節で紹介する通り，余因子 $\widetilde{A}_{i,j}$ はさらに A から作られる $(n-1)\times(n-1)$ 行列の行列式の ±1 倍，という説明をつけることもできる．

証明（定理 5.2.3 の証明）

系 5.2.6 により，$\det A$ は A の (i,j) 余因子 $\widetilde{A}_{i,j}$ を用いて $\det A = a_{i,1}\widetilde{A}_{1,i}+a_{i,2}\widetilde{A}_{2,i}+\cdots+a_{i,n}\widetilde{A}_{n,i}$ とあらわされる．ここで，$\widetilde{A}_{j,i}$ は A の成分の多項式で，しかも i 行目の成分には関係がない式である．

(1)　行列 A の i 行目だけを c 倍した行列 B の行列式を考える．系 5.2.6(i) より B の (j,i) 余因子 $\widetilde{B}_{j,i}$ には i 行目の成分が出てこず，B の i 行目以外は A と同じなので，$\widetilde{B}_{j,i} = \widetilde{A}_{j,i}$（ただし $j=1,2,\ldots,n$）である．従って系 5.2.6(ii) により

$$\det B = ca_{i,1}\widetilde{B}_{1,i} + \cdots + ca_{i,n}\widetilde{B}_{n,i} = c(a_{i,1}\widetilde{A}_{1,i} + \cdots + a_{i,n}\widetilde{A}_{n,i}) = c\det A$$

となり，(1) が従う．

(2) 行列 C と D は i 行目を除いて A と同じ成分なので，系 5.2.6(i) によりそれらの (j,i) 余因子は $\widetilde{C}_{j,i}=\widetilde{D}_{j,i}=\widetilde{A}_{j,i}$（ただし $j\in\{1,2,\dots,n\}$）となる．従って系 5.2.6(ii) により ${}^t\boldsymbol{c}=(c_1,c_2,\dots,c_n)$, ${}^t\boldsymbol{d}=(d_1,d_2,\dots,d_n)$ とおくと

$$\begin{aligned}\det A &= (c_1+d_1)\widetilde{A}_{1,i}+\cdots+(c_n+d_n)\widetilde{A}_{n,i}\\ &= (c_1\widetilde{C}_{1,i}+\cdots+c_n\widetilde{C}_{n,i})+(d_1\widetilde{D}_{1,i}+\cdots+d_n\widetilde{D}_{n,i})\\ &= \det C+\det D\end{aligned}$$

となり，(2) が示された．

(3) i と j だけを入れ替えて，他の数は動かさない置換

$$\tau=\begin{pmatrix}1 & \cdots & i & \cdots & j & \cdots & n\\ 1 & \cdots & j & \cdots & i & \cdots & n\end{pmatrix}=(i,j)$$

を取る[1]と，$\det F$ は，$\det A$ を定義する式の $a_{1,\sigma(1)}a_{2,\sigma(2)}\cdots a_{n,\sigma(n)}$ という項の $a_{i,\sigma(i)}$ が出てきたところに $a_{j,\sigma(i)}=a_{j,\sigma\tau(j)}$ を代入し，逆に $a_{j,\sigma(j)}$ が出てきたところには $a_{i,\sigma(j)}=a_{i,\sigma\tau(i)}$ を代入したものになっているので，これは $a_{1,\sigma\tau(1)}a_{2,\sigma\tau(2)}\cdots a_{n,\sigma\tau(n)}$ と書き換えることができる．ただし，$\sigma\tau$ は写像 σ と写像 τ とを合成したものである．このとき，命題 5.1.13 (4) により σ が $\mathfrak{S}_n$ の元全体を 1 回ずつ動くときに $\mu=\sigma\tau$ も $\mathfrak{S}_n$ の元全体を 1 回ずつ動く．また，命題 5.1.13(3) により $\mathrm{sgn}(\tau)=\mathrm{sgn}(i,j)=-1$ であり，命題 5.1.13(1) により $\mathrm{sgn}(\mu)=-\mathrm{sgn}(\sigma)$ なので

$$\det F=\sum_{\sigma\in\mathfrak{S}_n}\mathrm{sgn}(\sigma)\prod_{k=1}^{n}a_{k,\sigma\tau(k)}=\sum_{\mu\in\mathfrak{S}_n}-\mathrm{sgn}(\mu)\prod_{k=1}^{n}a_{k,\mu(k)}=-\det A$$

となり，(3) が示された．

(4) A の i 行目と j 行目が等しければ，本定理の (3) により A の i 行目と j 行目を取りかえて作った行列 F の行列式 $\det F$ は $\det A$ の -1 倍となるが，一方 $F=A$ なので $\det F=\det A$ も成り立つ．すなわち $\det A=-\det A$ なので $2\det A=0$ より $\det A=0$ が従う[2]．

(5) 行列 A の i 行目を A の j 行目で置き換え，その他の行は j 行目も含めて A と

---

[1] 命題 5.1.13(3) で導入した記号を使えば $\tau=(i,j)$ である．

[2] $\mathbb{R}$ や $\mathbb{C}$ のみならず一般の $\mathbb{K}$ に対して成り立つ話，と言いながら，ここでは $1+1\neq 0$ という仮定を暗黙のうちに使っている．$1+1=0$ の場合にちゃんと証明するには，$\mathfrak{S}_n$ の $n!$ 個の元を偶置換と奇置換とにわけ，証明中にあらわれた置換 $\tau=(i,j)$ を置換 σ に右からかけることで偶置換全体と奇置換全体の間の全単射が作れることを示し，その上で $\det A$ の定義式の和について，偶置換 σ について $\prod_{k=1}^{n}a_{k,\sigma(k)}$ の和と $\sigma\tau$ について $\prod_{k=1}^{n}a_{k,\sigma\tau(k)}$ の和とが等しくなること（$1+1=0$ と仮定しているので，よってこれらの項が互いにキャンセルすること）を示せば良い．

同じ，として作った行列を $H=\begin{pmatrix} {}^t\boldsymbol{a}_1 \\ \vdots \\ {}^t\boldsymbol{a}_j \\ \vdots \\ {}^t\boldsymbol{a}_n \end{pmatrix}$ (i 行目) とおくと，本定理の (2) と (1) とにより $\det G=\det A+c\det H$ となるが，本定理の (4) により $\det H=0$ となるので，$\det G=\det A$ が成り立つ．

(6)　$E=(e_{i,j})$ とおくと，$e_{i,j}=\begin{cases} 1 & (i=j) \\ 0 & (i\neq j) \end{cases}$ である．$\sigma\in\mathfrak{S}_n$ が恒等写像 $\mathrm{id}_{\underline{\mathbf{n}}}$ でなければ，ある $i\in\underline{\mathbf{n}}$ に対し $\sigma(i)\neq i$ となるので $e_{i,\sigma(i)}=0$ となる．よって行列式の定義式 $\det E=\sum_{\sigma\in\mathfrak{S}_n}\mathrm{sgn}(\sigma)e_{1,\sigma(1)}e_{2,\sigma(2)}\cdots e_{n,\sigma(n)}$ において $\sigma\neq\mathrm{id}_{\underline{\mathbf{n}}}$ の項は全て 0 となり，$\det E=\mathrm{sgn}(\mathrm{id}_{\underline{\mathbf{n}}})e_{1,1}e_{2,2}\cdots e_{n,n}=\mathrm{sgn}(\mathrm{id}_{\underline{\mathbf{n}}})$ となる．$\mathrm{id}_{\underline{\mathbf{n}}}$ は横棒が一本もないあみだくじであらわされるので，横棒が 0 本，特に偶数本であることから $\mathrm{sgn}(\mathrm{id}_{\underline{\mathbf{n}}})=1$ となり，$\det E=1$ となる．

(7)　i が $1,2,\ldots,n$ を 1 回ずつ動くとき，$k=\sigma(i)$ も $1,2,\ldots,n$ を 1 回ずつ動くので，

$$\det{}^tA=\sum_{\sigma\in\mathfrak{S}_n}\mathrm{sgn}(\sigma)\prod_{i=1}^{n}a_{\sigma(i),i}=\sum_{\sigma\in\mathfrak{S}_n}\mathrm{sgn}(\sigma)\prod_{k=1}^{n}a_{k,\sigma^{-1}(k)}$$

が成り立つ．命題 5.1.13(2) により $\mathrm{sgn}(\sigma)=\mathrm{sgn}(\sigma^{-1})$ が成り立ち，また写像 $\sigma\mapsto\sigma^{-1}$ が自分自身の逆写像であることから σ が $\mathfrak{S}_n$ の元全体を 1 回ずつ動くときに σ^{-1} も $\mathfrak{S}_n$ の元全体を 1 回ずつ動くので，

$$\sum_{\sigma\in\mathfrak{S}_n}\mathrm{sgn}(\sigma)\prod_{k=1}^{n}a_{k,\sigma^{-1}(k)}=\sum_{\sigma^{-1}\in\mathfrak{S}_n}\mathrm{sgn}(\sigma^{-1})\prod_{k=1}^{n}a_{k,\sigma^{-1}(k)}=\sum_{\sigma\in\mathfrak{S}_n}\mathrm{sgn}(\sigma)\prod_{k=1}^{n}a_{k,\sigma(k)}=\det A$$

となり，$\det{}^tA=\det A$ が成り立つ．

(8)　$\sigma\in\mathfrak{S}_n$ が恒等写像 $\mathrm{id}_{\underline{\mathbf{n}}}$ でなければ，ある $i\in\{1,2,\ldots,n\}$ に対して $\sigma(i)<i$ となることを示そう．対偶をとって，もし全ての $i\in\{1,2,\ldots,n\}$ に対して $\sigma(i)\geq i$ であると仮定すると $\sigma=\mathrm{id}_{\underline{\mathbf{n}}}$ となることを示せば良い．実際このとき

$$\sigma(1)+\sigma(2)+\cdots+\sigma(n)\geq 1+2+\cdots+n$$

となるが，両辺とも $1,2,\ldots,n$ を並べ替えただけなので，等号が成立するはずである．しかし不等号 $\sigma(i)\geq i$ において一箇所でも等号が成立しなければその和についても等号が成立しないはずなので，矛盾．よって $\sigma(i)=i$ が $i=1,2,\ldots,n$ の全てに対して成立し，$\sigma=\mathrm{id}_{\underline{\mathbf{n}}}$ である．このとき，(6) の証明と同様に，$\det A$ において

$\sigma \neq \mathrm{id}_{\underline{n}}$ の項では少なくとも一つの i について $\sigma(i) < i$ となり，$a_{i,\sigma(i)} = 0$ となるので，上三角行列に対しては $\det A = \mathrm{sgn}(\mathrm{id}_{\underline{n}}) a_{1,1}a_{2,2}\cdots a_{n,n} = a_{1,1}a_{2,2}\cdots a_{n,n}$ が成り立つ． □

系 5.2.8

$n \times n$ 行列 A に行基本変形を行って階段行列に変形すれば，（より正確には階段行列まで変形しなくても，上三角行列にまで変形すれば）その計算手順から $\det A$ を求めることができる．

より詳しく，A に行基本変形を行うとき，

(1) $P_n(i,j;c)$ を左からかけても行列式の値は変わらない．つまり $\det(P_n(i,j;c)A) = \det A$ である．

(2) $Q_n(i;c)$ を左からかけると行列式の値は c 倍になる．つまり $\det(Q_n(i;c)A) = c \det A$ である．

(3) $R_n(i,j)$ を左からかけると行列式の値は -1 倍になる．つまり $\det(R_n(i,j)A) = -\det A$ である．

(4) $n \times n$ 階段行列 SA の行列式は，SA が単位行列なら $\det(SA) = 1$ であり，それ以外なら $\det(SA) = 0$ である．

証明 (1) は定理 5.2.3 (5), (2) は定理 5.2.3 (1), (3) は定理 5.2.3 (3) である．また，定理 5.2.3 (6) により，単位行列の行列式は 1 である．一方，A の階段行列 SA が単位行列でなければ，ピボットの個数が n より少なくなるので SA の n 行目は 0 行である．0 行は 0 倍しても 0 行のままで不変なので，定理 5.2.3 の性質 (1) により $\det(SA) = 0 \times \det(SA) = 0$ となる． □

例 5.2.9

$A = \begin{pmatrix} 1 & 1 & 1 & 1 \\ 1 & 2 & 3 & 4 \\ 1 & 2 & 4 & 8 \\ 1 & 3 & 9 & 27 \end{pmatrix}$ の行列式を，掃き出し法を使って求めてみよう．

$$\det \begin{pmatrix} 1 & 1 & 1 & 1 \\ 1 & 2 & 3 & 4 \\ 1 & 2 & 4 & 8 \\ 1 & 3 & 9 & 27 \end{pmatrix} \overset{\substack{②-① \\ ③-① \\ ④-①}}{=\!=\!=} \det \begin{pmatrix} 1 & 1 & 1 & 1 \\ 0 & 1 & 2 & 3 \\ 0 & 1 & 3 & 7 \\ 0 & 2 & 8 & 26 \end{pmatrix} \overset{\substack{③-② \\ ④-2\times②}}{=\!=\!=} \det \begin{pmatrix} 1 & 1 & 1 & 1 \\ 0 & 1 & 2 & 3 \\ 0 & 0 & 1 & 4 \\ 0 & 0 & 4 & 20 \end{pmatrix}$$

$$\xlongequal{④-4\times③}\det\begin{pmatrix}1&1&1&1\\0&1&2&3\\0&0&1&4\\0&0&0&4\end{pmatrix}\xlongequal{\text{定理 5.2.3 (8)}}4$$ □

例 5.2.10

$A=\begin{pmatrix}4&3&2&1\\1&1&1&1\\1&4&9&16\\1&8&27&64\end{pmatrix}$ の行列式を掃き出し法で求める.

$$\det\begin{pmatrix}4&3&2&1\\1&1&1&1\\1&4&9&16\\1&8&27&64\end{pmatrix}\xlongequal{①\Leftrightarrow②}-\det\begin{pmatrix}1&1&1&1\\4&3&2&1\\1&4&9&16\\1&8&27&64\end{pmatrix}\xlongequal[④-①]{②-4\times①\\③-①}-\det\begin{pmatrix}1&1&1&1\\0&-1&-2&-3\\0&3&8&15\\0&7&26&63\end{pmatrix}$$

$$\xlongequal{②\times(-1)}\det\begin{pmatrix}1&1&1&1\\0&1&2&3\\0&3&8&15\\0&7&26&63\end{pmatrix}\xlongequal[④-7\times②]{③-3\times②}\det\begin{pmatrix}1&1&1&1\\0&1&2&3\\0&0&2&6\\0&0&12&42\end{pmatrix}$$

$$\xlongequal{④-6\times③}\det\begin{pmatrix}1&1&1&1\\0&1&2&3\\0&0&2&6\\0&0&0&6\end{pmatrix}\xlongequal{\text{定理 5.2.3 (8)}}12$$ □

系 5.2.11

$n\times n$ 行列 A,B に対して $\det(AB)=(\det A)(\det B)$ が成り立つ.

証明　まず, A が基本変形の行列であれば, 定理 5.2.3(5), (6) により $\det P_n(i,j;c)=1$, 定理 5.2.3(1), (6) により $\det Q_n(i;c)=c$, 定理 5.2.3 (3), (6) により $\det R_n(i,j)=-1$ である. 系 5.2.8 により（あるいは直接定理 5.2.3 により）A がこれらのいずれかである場合は確かに $\det(AB)=(\det A)(\det B)$ が成り立っている.

A が一般の場合, A に行基本変形を行なっていくことにより, 階段行列 C に変形できる. 行なっていく基本変形の行列を $\mathcal{E}_1,\mathcal{E}_2,\ldots,\mathcal{E}_k$ とすると, $C=\mathcal{E}_k\mathcal{E}_{k-1}\cdots\mathcal{E}_2\mathcal{E}_1A$ とあらわされ, 逆行列をかけると $A=\mathcal{E}_1^{-1}\mathcal{E}_2^{-1}\cdots\mathcal{E}_k^{-1}C$ となる. 基本変形の行列の逆行列はやはり基本変形の行列であり, その場合はこの系が既に示されているので, $\det A=(\det\mathcal{E}_1^{-1})(\det\mathcal{E}_2^{-1})\cdots(\det\mathcal{E}_k^{-1})(\det C)$ が成り立つ.

A が正則なら, A の階段行列は $C=E_n$ であり, $\det C=1$ なので $\det A=(\det\mathcal{E}_1^{-1})(\det\mathcal{E}_2^{-1})\cdots(\det\mathcal{E}_k^{-1})$ である. 一方 $A=\mathcal{E}_1^{-1}\mathcal{E}_2^{-1}\cdots\mathcal{E}_k^{-1}$ なので $AB=\mathcal{E}_1^{-1}\mathcal{E}_2^{-1}\cdots\mathcal{E}_k^{-1}B$ となり, 再び行基本変形に対してはこの系が既に示されているこ

とを使って $\det(AB) = (\det \mathcal{E}_1^{-1})(\det \mathcal{E}_2^{-1}) \cdots (\det \mathcal{E}_k^{-1})(\det B) = (\det A)(\det B)$ が成り立つ．つまり正則行列 A に対しては $\det(AB) = (\det A)(\det B)$ が証明された．

一方，A が正則でなければ，A の階段行列 C は単位行列ではないので，系 5.2.8(4) により $\det C = 0$ である．$\det A = (\det \mathcal{E}_1^{-1})(\det \mathcal{E}_2^{-1}) \cdots (\det \mathcal{E}_k^{-1})(\det C)$ により，正則でない A に対しては $\det A = 0$ となることがわかる．A が正則でなければ，$\mathrm{rk} A < n$ であり，命題 4.6.2 により $\mathrm{rk} AB < n$ となるので AB も正則ではない，よって $\det(AB) = 0$ も成り立つ．よってこの場合も $\det(AB)$ と $(\det A)(\det B)$ はともに 0 となり，$\det(AB) = (\det A)(\det B)$ が成り立つことがわかった．□

系 5.2.12

$n \times n$ 行列 A が正則であるための必要十分条件は $\det A \neq 0$ となることである．

証明 A が正則行列ならば，B をその逆行列とするとき系 5.2.11 と定理 5.2.3 (6) により $(\det A)(\det B) = \det E = 1$ となるので，$\det A \neq 0$ である．一方 A が正則行列でなければ，A の階段行列 SA は単位行列にならず，系 5.2.8 (4) により $\det(SA) = 0$ となるので，系 5.2.11 により $\det A = \det S^{-1} \det(SA) = 0$ となる．□

系 5.2.13

$\mathbb{K}$ 係数 $n \times n$ 行列 A に対して $\mathbb{K}$ の元を対応させる写像 φ が，定理 5.2.3 の性質 (1), (2), (3), (6) を満たせば，$\varphi(A) = \det A$ である．すなわち，性質 (1), (2), (3), (6) が行列式を特徴付ける．

証明 性質 (4) は (3) から従い，性質 (5) は (1), (2), (4) から従うので，φ は性質 (1), (2), (5), (6) を満たす．系 5.2.8 において，A の行列式は性質 (1), (3), (5), (6) のみを用いて計算されているので，$\varphi(A)$ の計算は $\det A$ の計算と全く同様に進み，同じ値になる．□

§5.3 余因子行列

系 5.2.6(ii) では，$n \times n$ 行列 $A = (a_{i,j})$ の行列式は i 行目の成分 $a_{i,j}$ と i 行目以外の成分のみの式としてあらわされる余因子 $\widetilde{A}_{j,i}$ によって

$$\det A = a_{i,1}\widetilde{A}_{1,i} + a_{i,2}\widetilde{A}_{2,i} + \cdots + a_{i,n}\widetilde{A}_{n,i}$$

とあらわされることを示した．この節では，まず余因子 $\widetilde{A}_{i,j}$ を行列式としてあらわす．また，余因子の応用として，逆行列公式とクラメルの公式を紹介する．

定理 5.3.1

$n\times n$ 行列 $A=(a_{i,j})$ の余因子 $\widetilde{A}_{i,j}$ は A の i 列目と j 行目を取り除いて作った $(n-1)\times(n-1)$ 行列の行列式の $(-1)^{i+j}$ 倍である．

証明　まず $\widetilde{A}_{n,n}$ を調べよう．$\sigma(n)=n$ となるような $\sigma\in\mathfrak{S}_n$ に対し $\sigma'\in\mathfrak{S}_{n-1}$ を $\sigma'(i):=\sigma(i)$（ただし $i\in\{1,2,\ldots,n-1\}$）と定義すると，余因子の定義より

$$\widetilde{A}_{n,n}=\sum_{\substack{\sigma\in\mathfrak{S}_n\\ \sigma(n)=n}}\mathrm{sgn}(\sigma)a_{1,\sigma(1)}a_{2,\sigma(2)}\cdots a_{n-1,\sigma(n-1)}$$
$$=\sum_{\sigma'\in\mathfrak{S}_{n-1}}\mathrm{sgn}(\sigma)a_{1,\sigma'(1)}a_{2,\sigma'(2)}\cdots a_{n-1,\sigma'(n-1)}$$

となる．σ と σ' のあみだくじは，下図のようにあらわすことができる．

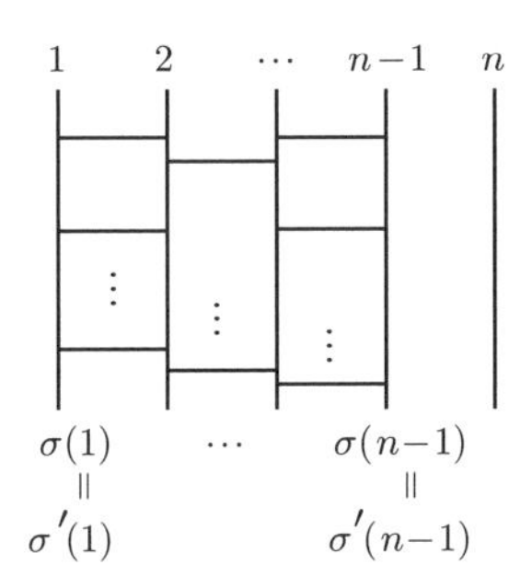

ところが，図により σ のあみだくじの横棒の本数と σ' のあみだくじの横棒の本数は同じであり，特にその偶奇も等しい．つまり $\mathrm{sgn}(\sigma)=\mathrm{sgn}(\sigma')$ である．よって

$$\widetilde{A}_{n,n}=\sum_{\sigma'\in\mathfrak{S}_{n-1}}\mathrm{sgn}(\sigma')a_{1,\sigma'(1)}a_{2,\sigma'(2)}\cdots a_{n-1,\sigma'(n-1)}$$

となり，この右辺はまさに A から n 行目と n 列目を取り除いた $(n-1)\times(n-1)$ 行列の行列式の定義式に等しい．$(-1)^{n+n}=1$ なので，$\widetilde{A}_{n,n}$ に対しては定理は証明された．

次に $j<n$ として $\widetilde{A}_{n,j}$ について調べる．A の j 行目を n 行目へうつし，n 行目から $j+1$ 行目までを 1 行ずつ上へ移動して作った行列を A' とおく．この行の入れ替えは，次のようなあみだくじであらわされる．

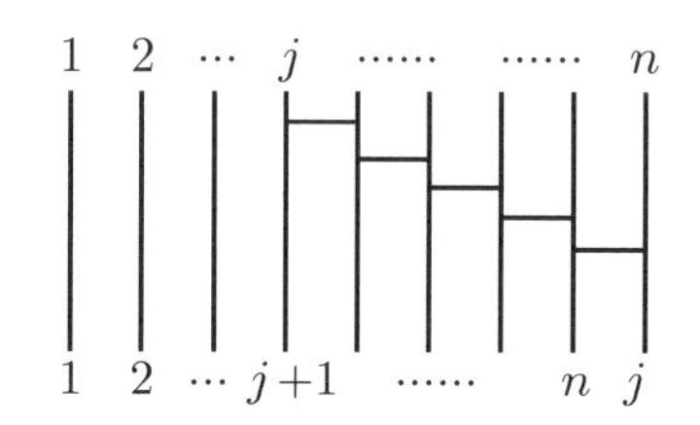

このあみだくじには $n-j$ 本の横棒があらわれるが，それはまさに A を A' に変換するために，次のような行の入れ替えをすれば良い，ということをあらわしている．

(1番目) j 行目と $j+1$ 行目を入れ替える．(2番目) $j+1$ 行目と $j+2$ 行目を入れ替える．$\cdots$ ($n-j$ 番目) $n-1$ 行目と n 行目を入れ替える．

2つの行の入れ替えは定理5.2.3 (3) により行列式を (-1) 倍にするので，$\det A' = (-1)^{n-j}\det A = (-1)^{n+j}\det A$ となる．

$a_{j,n}$ は A' の (n,n) 成分なので，既に示された通り $\widetilde{A}'_{n,n}$（すなわち $\det A' = (-1)^{n+j}\det A$ における $a_{j,n}$ の係数）は A' の n 行目と n 列目を取り除いた $(n-1)\times(n-1)$ 行列の行列式の $(-1)^{n+n}$ 倍である．ところが A' の n 行目を取り除いた行列は A の j 行目を取り除いた行列に他ならないので，$\det A$ における $a_{j,n}$ の係数（すなわち $\widetilde{A}_{n,j}$）は A の j 行目と n 列目を取り除いた $(n-1)\times(n-1)$ 行列の行列式の $(-1)^{n+n+n+j} = (-1)^{n+j}$ 倍に等しい，よって $\widetilde{A}_{n,j}$ に対しても定理が証明できた．

列の入れ替えについても同様に議論できるので，$\widetilde{A}_{i,j}$ は A の j 行目と i 列目を取り除いた $(n-1)\times(n-1)$ 行列の行列式の $(-1)^{i+j}$ 倍である． □

定義 5.3.2

$n\times n$ 行列 A に対して，(i,j) 成分が $\widetilde{A}_{i,j}$ となるような行列 $\widetilde{A}$ を A の余因子行列と呼ぶ．

注意 5.3.3 添え字がちょっと不自然であることに注意しよう．例えば 5×5 行列 A の余因子行列 $\widetilde{A}$ の $(4,2)$ 成分は，その転置にあたる $(2,4)$ 成分を含む行と列を取り除いて残った 4×4 行列の行列式の $(-1)^{2+4}$ 倍になっている．

$$\widetilde{A} = \begin{pmatrix} \widetilde{A}_{1,1} & \widetilde{A}_{1,2} & \widetilde{A}_{1,3} & \widetilde{A}_{1,4} & \widetilde{A}_{1,5} \\ \widetilde{A}_{2,1} & \widetilde{A}_{2,2} & \widetilde{A}_{2,3} & \widetilde{A}_{2,4} & \widetilde{A}_{2,5} \\ \widetilde{A}_{3,1} & \widetilde{A}_{3,2} & \widetilde{A}_{3,3} & \widetilde{A}_{3,4} & \widetilde{A}_{3,5} \\ \widetilde{A}_{4,1} & \widetilde{A}_{4,2} & \widetilde{A}_{4,3} & \widetilde{A}_{4,4} & \widetilde{A}_{4,5} \\ \widetilde{A}_{5,1} & \widetilde{A}_{5,2} & \widetilde{A}_{5,3} & \widetilde{A}_{5,4} & \widetilde{A}_{5,5} \end{pmatrix} \quad \widetilde{A}_{4,2} = (-1)^{2+4} \det \begin{pmatrix} a_{1,1} & a_{1,2} & a_{1,3} & a_{1,4} & a_{1,5} \\ a_{2,1} & a_{2,2} & a_{2,3} & a_{2,4} & a_{2,5} \\ a_{3,1} & a_{3,2} & a_{3,3} & a_{3,4} & a_{3,5} \\ a_{4,1} & a_{4,2} & a_{4,3} & a_{4,4} & a_{4,5} \\ a_{5,1} & a_{5,2} & a_{5,3} & a_{5,4} & a_{5,5} \end{pmatrix}$$

定理 5.3.4

A は $n \times n$ 行列，$\widetilde{A}$ はその余因子行列であるとする．

(1) 各 $i \in \{1,2,\ldots,n\}$ に対し

$$a_{i,1}\widetilde{A}_{1,i} + a_{i,2}\widetilde{A}_{2,i} + \cdots + a_{i,n}\widetilde{A}_{n,i} = \det A$$

が成り立つ．

(2) A の転置行列の余因子行列は余因子行列の転置行列である．すなわち $\widetilde{({}^tA)} = {}^t(\widetilde{A})$ が成り立つ．

(3) 次が成り立つ．

$$A\widetilde{A} = \widetilde{A}A = (\det A)E_n = \begin{pmatrix} \det A & 0 & \cdots & 0 \\ 0 & \det A & \cdots & 0 \\ \vdots & \vdots & \ddots & \vdots \\ 0 & \cdots & \cdots & \det A \end{pmatrix}$$

注意 5.3.5 定理 5.3.4 (1) にあらわれる $\det A$ の式は，定理 5.3.1 により，i 行目に着目して，$a_{i,k}$ を含む行と列を取り除いた $(n-1)\times(n-1)$ 行列の行列式と $a_{i,k}$ をかけて，それに符号をつけて $k=1,2,\ldots,n$ と加えれば $\det A$ になる，と読み取ることができる．これを，**行列式の展開**と言う．例えば 1 行目について行列式 $\det A$ を展開した式は，下の図のようになる．

$$\det A = a_{1,1} \det \begin{pmatrix} a_{1,1} & a_{1,2} & \cdots & a_{1,n} \\ a_{2,1} & a_{2,2} & \cdots & a_{2,n} \\ \vdots & \vdots & \ddots & \vdots \\ a_{n,1} & a_{n,2} & \cdots & a_{n,n} \end{pmatrix} - a_{1,2} \det \begin{pmatrix} a_{1,1} & a_{1,2} & \cdots & a_{1,n} \\ a_{2,1} & a_{2,2} & \cdots & a_{2,n} \\ \vdots & \vdots & \ddots & \vdots \\ a_{n,1} & a_{n,2} & \cdots & a_{n,n} \end{pmatrix}$$

$$+ \cdots + (-1)^{1+n} a_{1,n} \det \begin{pmatrix} a_{1,1} & a_{1,2} & \cdots & a_{1,n} \\ a_{2,1} & a_{2,2} & \cdots & a_{2,n} \\ \vdots & \vdots & \ddots & \vdots \\ a_{n,1} & a_{n,2} & \cdots & a_{n,n} \end{pmatrix}$$

$\det A = \det {}^tA$ なので，$\det A$ は行だけでなく，列で展開することもできる．

行列式の展開は，0 が多い行または列がある行列の場合は，計算にも有効である．ただし，一般の行列の行列式を行列式の展開を使ってサイズを一つ一つ

下げていくのは，計算効率は良くない．

証明 (1) は系 5.2.6 (ii) で証明されている．

(2) A の転置行列の余因子行列 $\widetilde{({}^tA)}$ の (i,j) 成分は ${}^tA$ の j 行と i 列を取り除いた $(n-1)\times(n-1)$ 行列の行列式の $(-1)^{i+j}$ 倍であるが，${}^tA$ の j 行と i 列を取り除いた行列とは，A の j 列と i 行を取り除いた行列の転置である．定理 5.2.3 (7) により転置しても行列式は変わらないので，これは A の j 列と i 行を取り除いた $(n-1)\times(n-1)$ 行列の行列式の $(-1)^{i+j}$ 倍，すなわち $\widetilde{A}_{j,i}$ に等しい．$\widetilde{({}^tA)}$ の (i,j) 成分と $\widetilde{A}$ の (j,i) 成分が等しいので $\widetilde{({}^tA)}={}^t(\widetilde{A})$ が成り立つ．

(3) $A\widetilde{A}$ の (i,i) 成分は $a_{i,1}\widetilde{A}_{1,i}+\cdots+a_{i,n}\widetilde{A}_{n,i}$ で，これは (1) により $\det A$ に等しい．一方，$i\neq j$ のとき，$A\widetilde{A}$ の (i,j) 成分 $a_{i,1}\widetilde{A}_{1,j}+a_{i,2}\widetilde{A}_{2,j}+\cdots+a_{i,n}\widetilde{A}_{n,j}$ を計算するために，次のような行列 B をとる．$B=(b_{k,\ell})$ と成分表示すると，$b_{k,\ell}=\begin{cases}a_{k,\ell} & (k\neq j)\\ a_{i,\ell} & (k=j)\end{cases}$，すなわち B は j 行目を除いて A と同じで，j 行目は A の i 行目と同じ，という行列とする．すると $\widetilde{B}_{k,j}$ には j 行目の項は出てこないので $\widetilde{B}_{k,j}=\widetilde{A}_{k,j}$ であり，一方 $b_{j,\ell}=a_{i,\ell}$ なので

$$\begin{aligned}\det B &= b_{j,1}\widetilde{B}_{1,j}+\cdots+b_{j,n}\widetilde{B}_{n,j} && \text{((1) による)}\\ &= a_{i,1}\widetilde{A}_{1,j}+\cdots+a_{i,n}\widetilde{A}_{n,j} && \text{(上記の注意)}\end{aligned}$$

となる．定理 5.2.3(4) より $\det B=0$ なので $i\neq j$ のとき，$A\widetilde{A}$ の (i,j) 成分は 0 となる．以上より，$A\widetilde{A}=(\det A)E_n$ となることがわかった．

特に $C={}^tA$ に対しても，$C\widetilde{C}=(\det C)E_n$ であり，定理 5.2.3(7) により $\det C=\det A$ であるので $C\widetilde{C}=(\det A)E_n$ となる．両辺の転置を取ると ${}^t(\widetilde{C}){}^tC=(\det A)E_n$ となるが，(2) により ${}^t(\widetilde{C})=\widetilde{({}^tC)}=\widetilde{A}$ となり，${}^tC=A$ なので，$\widetilde{A}A=(\det A)E_n$ も示された． □

例 5.3.6

3×3 行列 A を列ベクトル表示で $A=(\boldsymbol{x},\boldsymbol{v},\boldsymbol{w})$ とおき，1 列目を $\boldsymbol{x}=\begin{pmatrix}x\\y\\z\end{pmatrix}$ とするとき，$\det A$ を 1 列目で展開すると $\det A=x\widetilde{A}_{1,1}+y\widetilde{A}_{1,2}+z\widetilde{A}_{1,3}$ となる．ここでベクトル $\boldsymbol{u}$ を $\boldsymbol{u}=\begin{pmatrix}\widetilde{A}_{1,1}\\\widetilde{A}_{1,2}\\\widetilde{A}_{1,3}\end{pmatrix}$，つまり ${}^t(\widetilde{A})$ の 1 列目，と定義すると，$\mathbb{K}=\mathbb{R}$ のときの

標準内積 $\boldsymbol{x}\cdot\boldsymbol{u}$ が $\det A$ になる．§5.2 の最初と見比べてもらうと（あるいは直接計算によって），$\boldsymbol{u}$ は $\boldsymbol{v}$ と $\boldsymbol{w}$ の外積，つまり $\boldsymbol{u}=\boldsymbol{v}\times\boldsymbol{w}$ となることがわかる．□

一般に $\boldsymbol{v}_1,\ldots,\boldsymbol{v}_{n-1}\in\mathbb{K}^n$ が与えられると，$\boldsymbol{x}=\begin{pmatrix}x_1\\ \vdots\\ x_n\end{pmatrix}$ に対して $B=(\boldsymbol{x},\boldsymbol{v}_1,\ldots,\boldsymbol{v}_{n-1})$ とおいて，$\det B=x_1\widetilde{B}_{1,1}+\cdots+x_n\widetilde{B}_{1,n}$ となる．$\mathbb{K}=\mathbb{R}$ のとき，${}^t(\widetilde{B})$ の 1 列目を $\boldsymbol{u}$ とおくと，$\det B=\boldsymbol{x}\cdot\boldsymbol{u}$ となる．この $\boldsymbol{u}$ を $\boldsymbol{v}_1,\ldots,\boldsymbol{v}_{n-1}$ の関数と考えると，3 次元の場合の外積の一般化となっている．3 次元ならちょうど 2 つのベクトルの「積」なので自然に見えるが，n 次元だと $n-1$ 本のベクトルが与えられて初めてその「外積」が定義できるのである．

例 5.3.7

行列式の展開を用いた計算例として，次のような $n\times n$ 行列を考える．

$$A_n=\begin{pmatrix}1&-1&0&\cdots&\cdots&0\\1&1&-1&0&\cdots&\vdots\\0&1&1&-1&\ddots&\vdots\\\vdots&\ddots&\ddots&\ddots&\ddots&0\\\vdots&&\ddots&1&1&-1\\0&\cdots&\cdots&0&1&1\end{pmatrix}$$

つまり，A_n の (i,j) 成分 $(a_n)_{i,j}$ は

$$(a_n)_{i,j}=\begin{cases}1&(i=j\text{ または }i=j+1\text{ のとき})\\-1&(i=j-1\text{ のとき})\\0&(\text{それ以外})\end{cases}$$

とする．$\det A_1=\det(1)=1$，$\det A_2=\det\begin{pmatrix}1&-1\\1&1\end{pmatrix}=2$，$\det A_3=\det\begin{pmatrix}1&-1&0\\1&1&-1\\0&1&1\end{pmatrix}=3$ となる．一般の n の場合，$\det A_n$ を 1 行目について展開すると，$\det A_n=\widetilde{(A_n)}_{1,1}+(-1)\widetilde{(A_n)}_{2,1}$ となるので，A_n から 1 行目と 1 列目を取り除いた行列と，A_n から 1 行目と 2 列目を取り除いた行列の行列式が分かれば良い．

A_n から 1 行目と 1 列目を取り除いた行列は，A_{n-1} である．そして A_n から 1 行目と 2 列目を取り除いた行列は

$$\left(\begin{array}{c|ccc}1&-1&0&\cdots\\\hline0&&&\\\vdots&&A_{n-2}&\\0&&&\end{array}\right)$$

なので，その行列式は，1列目で展開すると $\det A_{n-2}$ に等しいことがわかる．よって $\det A_n = \widetilde{(A_n)}_{1,1} + (-1)\widetilde{(A_n)}_{2,1} = \det A_{n-1} + \det A_{n-2}$ となる．これはフィボナッチ数列の漸化式であり，$\det A_k = f_{k+1}$（$k=1,2$）が成り立っていることから，$\det A_n = f_{n+1}$ となることがわかった． □

例 5.3.8　（ファンデルモンドの行列式）

$x_1, x_2, \ldots, x_n \in \mathbb{K}$ とし，$n \times n$ 行列 $V(x_1, \ldots, x_n)$ を

$$V(x_1,\ldots,x_n) = \begin{pmatrix} 1 & x_1 & x_1^2 & \cdots & x_1^{n-1} \\ 1 & x_2 & x_2^2 & \cdots & x_2^{n-1} \\ \vdots & \vdots & \vdots & & \vdots \\ \vdots & \vdots & \vdots & & \vdots \\ 1 & x_n & x_n^2 & \cdots & x_n^{n-1} \end{pmatrix}$$

と定義する．この行列 $V(x_1, \ldots, x_n)$ の行列式は，まず全ての $i > 1$ に対して i 行目から1行目を引いて

$$\begin{aligned} \det V(x_1,\ldots,x_n) &= \det \begin{pmatrix} 1 & x_1 & x_1^2 & \cdots & x_1^{n-1} \\ 0 & x_2 - x_1 & x_2^2 - x_1^2 & \cdots & x_2^{n-1} - x_1^{n-1} \\ \vdots & \vdots & \vdots & & \vdots \\ 0 & x_n - x_1 & x_n^2 - x_1^2 & \cdots & x_n^{n-1} - x_1^{n-1} \end{pmatrix} \\ &= (x_2 - x_1)(x_3 - x_1)\cdots(x_n - x_1) \\ &\quad \times \det \begin{pmatrix} 1 & x_1 & x_1^2 & x_1^3 & \cdots & x_1^{n-1} \\ 0 & 1 & x_1 + x_2 & x_1^2 + x_1 x_2 + x_2^2 & \cdots & \displaystyle\sum_{i+j=n-2} x_1^i x_2^j \\ 0 & 1 & x_1 + x_3 & x_1^2 + x_1 x_3 + x_3^2 & \cdots & \displaystyle\sum_{i+j=n-2} x_1^i x_3^j \\ \vdots & \vdots & \vdots & & & \vdots \\ 0 & 1 & x_1 + x_n & x_1^2 + x_1 x_n + x_n^2 & \cdots & \displaystyle\sum_{i+j=n-2} x_1^i x_n^j \end{pmatrix} \end{aligned}$$

最後の行列式は1列目で展開して

$$\det \begin{pmatrix} 1 & x_1 + x_2 & x_1^2 + x_1 x_2 + x_2^2 & \cdots & \displaystyle\sum_{i+j=n-2} x_1^i x_2^j \\ 1 & x_1 + x_3 & x_1^2 + x_1 x_3 + x_2^3 & \cdots & \displaystyle\sum_{i+j=n-2} x_1^i x_3^j \\ \vdots & \vdots & \vdots & & \vdots \\ 1 & x_1 + x_n & x_1^2 + x_1 x_n + x_n^2 & \cdots & \displaystyle\sum_{i+j=n-2} x_1^i x_n^j \end{pmatrix}$$

となるが，この行列の k 列目から $k-1$ 列目の x_1 倍を引くと $\begin{pmatrix} x_2^{k-1} \\ \vdots \\ x_n^{k-1} \end{pmatrix}$ になる

ことがわかる．すなわち右から $A=\begin{pmatrix}1 & -x_1 & 0 & \cdots & 0\\ 0 & 1 & -x_1 & \ddots & \vdots\\ \vdots & \ddots & \ddots & \ddots & 0\\ \vdots & & \ddots & 1 & -x_1\\ 0 & \cdots & \cdots & 0 & 1\end{pmatrix}$ をかけると $V(x_2,x_3,\cdots,x_n)$ になる． A は対角成分が 1 の上三角行列なので行列式が 1 であり，

$$\det V(x_1,\ldots,x_n)=\prod_{k>1}(x_k-x_1)\det V(x_2,\ldots,x_n)$$
$$=\prod_{k>1}(x_k-x_1)\prod_{k>2}(x_k-x_2)\det V(x_3,\ldots,x_n)$$
$$=\cdots=\prod_{k>j}(x_k-x_j)\det V(x_n)=\prod_{k>j}(x_k-x_j)$$

となることがわかった．

計算の途中で列基本変形をいくつか同時に行う操作を，「行列 A を右からかけると」というやり方で一発で表現したが，このとき A が上三角だから，と確認したことに注意．一般に　掃き出し法においていくつかの行基本変形や列基本変形を同時に行うと，相互作用でうまくいかないことがある．

今はこの行列式はファンデルモンド (Vandermonde) の名前で知られているが，ファンデルモンドの論文のどこを探しても出てこないらしい．誰かの勘違いでファンデルモンドの名前がついてしまったのだという（Jean-Pierre Tignol, *Galois's theory of algebraic equations* のファンデルモンドの章のイントロによる）． □

系 5.3.9 （逆行列公式）

A が $n\times n$ 行列で $\det A\neq 0$ ならば A の逆行列は

$$A^{-1}=\frac{1}{\det A}\widetilde{A}$$

とあらわされる．

証明　定理 5.3.4(3) により， $A\dfrac{1}{\det A}\widetilde{A}=E_n=\dfrac{1}{\det A}\widetilde{A}A$ なので， $\dfrac{1}{\det A}\widetilde{A}$ は A の右逆行列かつ左逆行列となり，よって A の逆行列である． □

例 5.3.10

2×2 行列 $A=\begin{pmatrix}a & b\\ c & d\end{pmatrix}$ に対しては $\widetilde{A}=\begin{pmatrix}d & -b\\ -c & a\end{pmatrix}$ である．よってこの公式は

2×2 正則行列の逆行列公式 $A^{-1}=\dfrac{1}{\det A}\begin{pmatrix} d & -b \\ -c & a \end{pmatrix}$ の一般化になっている. □

系 5.3.11 (クラメルの公式)

A が $n\times n$ 行列で $\det A\neq 0$, $\boldsymbol{b}\in\mathbb{K}^n$ とし, 行列 B は行列 A の i 列目を $\boldsymbol{b}$ で置き換えた行列であるとする. すると方程式 $A\boldsymbol{x}=\boldsymbol{b}$ の解 $\boldsymbol{x}=\begin{pmatrix} x_1 \\ \vdots \\ x_n \end{pmatrix}$ の第 i 成分 x_i は $x_i=\dfrac{\det B}{\det A}$ とあらわされる.

証明 $\boldsymbol{b}=\begin{pmatrix} b_1 \\ \vdots \\ b_n \end{pmatrix}$ とおく. 逆行列公式により $\boldsymbol{x}=A^{-1}\boldsymbol{b}=\dfrac{1}{\det A}\widetilde{A}\boldsymbol{b}$ であり, その第 i 成分は $\dfrac{1}{\det A}(\widetilde{A}_{i,1}b_1+\cdots+\widetilde{A}_{i,n}b_n)$ となる. 定理 5.2.3 (7) により $\det B=\det{}^tB$ であるが, ${}^tB$ の行列式を定理 5.3.4 (1) により i 行目について展開すると, A と B は i 列目以外は同じなので $\det{}^tB=b_1\widetilde{B}_{i,1}+\cdots+b_n\widetilde{B}_{i,n}=b_1\widetilde{A}_{i,1}+b_2\widetilde{A}_{i,2}+\cdots+b_n\widetilde{A}_{i,n}$ となり, $x_i=\dfrac{\det B}{\det A}$ となることが確かめられた. □

第6章　抽象線型空間

第**1**章でみた通り，**2**次元，あるいは**3**次元の幾何ベクトルには，そのままで和やスカラー倍が定義される．一方座標を取れば数線型空間としてあらわされるので，第**4**章で研究した掃き出し法など，代数的計算も使えるようになる．幾何ベクトルに限らず，座標なしで足し算やスカラー倍が定義されて意味を持ち，しかも座標を定めれば線型代数の手法が使える（しかも，線型代数を通して幾何的な直感が使えることさえある）体系が数多くある．そのような体系を抽象線型空間と名付けて，性質を調べていくのがこの章の目標である．掃き出し法などの数線型空間に対する強力な計算手法も，抽象線型空間でどういう意味を持つか（つまり座標の取り方によらないどういう性質を計算で求めたことになっているのか）という問題を考えて初めてその意味がはっきりわかる，ということもある．具体的には次のような内容を扱うことになる．

- どういう体系であれば線型代数の手法が使えるか？（抽象線型空間の定義）
- 抽象線型空間にはどうやって座標を入れることができるのか？（基底を取れば良い）
- 座標を取り替えたら，何がどう変わるのか？（基底取り替え行列）
- 抽象線型空間の部分集合が再び抽象線型空間になるのはどのようなときか？（部分空間判定条件）
- 部分空間のパラメーター表示，定義方程式表示は抽象線型空間の枠組みではどう見えるか？（線型写像の像と核）
- 行列のランクは，抽象線型空間の言葉ではどう表現できるか？（線型写像の像の次元）
- 行列のブロック分けは，抽象線型空間の言葉ではどう表現できるか？（線型空間の直和分解）
- 転置行列は？（双対写像）

§6.1　例と定義

2次元あるいは3次元の幾何ベクトルは，足し算やスカラー倍が定義され，自然な性質を満たす．座標を取れば，それがデカルト直交座標[1]でも斜交座標でも，ベ

[1] 今，日本の高校までで学ぶ普通の座標系，という意味でデカルト直交座標という言い方をしたが，実はデカルト (1596 – 1650) 本人は直交座標は使っていない．身分にかかわらず有能な国民全てに高い教育を授けるべくフランス革命中に設立されたエコールポリテクニク大学で，モンジュ (1746 – 1818) が誰でも土木設計の計算ができるよう教育の工夫をする中で，現在学ばれている直交座標系が編み出され，標準となった．（佐々木力著「科学革命の歴史構

クトルの足し算やスカラー倍を数ベクトルとして計算することができるようになる．幾何ベクトル以外にも，次のような例が，座標に関係なく自然な足し算やスカラー倍が定義される体系になっている．

例 6.1.1

集合 X 全体を定義域とする $\mathbb{K}$ 値関数 $R(X)$ は，値ごとに足し算とスカラー倍が定義される．すなわち関数 $f(x), g(x) \in R(X)$ に対し $(f+g)(x) := f(x)+g(x)$，またスカラー $r \in \mathbb{K}$ に対し $(rf)(x) := r(f(x))$ とおくと，$f+g$ も rf も X 全体で定義された $\mathbb{K}$ 値関数になる．足し算の結合則や分配則など，通常成り立つべき性質は成り立ちそうである． □

例 6.1.2

$\mathbb{K}$ 係数3次以下の多項式全体，$V = \{a+bx+cx^2+dx^3 \mid a,b,c,d \in \mathbb{K}\}$ を集合 $\mathbb{K}$ 上定義された関数とみなすと，これは例 6.1.1 の $R(\mathbb{K})$ の部分集合で[2]，$R(\mathbb{K})$ と同じ足し算とスカラー倍が V の中で定義されている．値ごとの足し算，スカラー倍は，多項式の係数の足し算，スカラー倍と思うこともできる：$(a+bx+cx^2+dx^3)+(e+fx+gx^2+hx^3) = (a+e)+(b+f)x+(c+g)x^2+(d+h)x^3$ であり，また $r(a+bx+cx^2+dx^3) = (ra)+(rb)x+(rc)x^2+(rd)x^3$ となる． □

例 6.1.3

ちょっと毛色を変えて，日本全国300箇所の降水量のデータを考える．7月と8月の降水量を加えて，6月の降水量の2倍と比較する（あるいは6月の降水量の (-2) 倍を加える）なんて操作をする際には，自然な足し算やスカラー倍が出てくる． □

例 6.1.4

$\mathbb{K}$ に値を持つ数列 $\{a_0, a_1, a_2, a_3, \ldots\}$ 全体は項ごとの和とスカラー倍が定義されていて，自然な性質は全て成り立ちそうだ． □

例 6.1.5

実等差数列全体 $\{k, k+d, k+2d, k+3d, \ldots\}$ は複素数列の部分集合だが，和と，

造（上）」（講談社学術文庫）第3章フランス革命と科学思想　第3節科学の制度化と専門職業化を参照した．）

[2] 正確には，ここでは暗黙のうちに $\mathbb{K}$ が4個以上元を持っていることを仮定している．例えば定義 3.1.1 直後にあげた例 $\mathbb{K} = \{0,1\}$ では，$x(x-1)$ と定数関数0は $\mathbb{K}$ 上同じ関数を定義し，$R(\mathbb{K})$ の中では同じ元になってしまうので，部分集合ではない．

実数についてならスカラー倍が定義される．和やスカラー倍は，初項と公差の和やスカラー倍だと思うこともできる：$\{k,k+d,k+2d,k+3d,\ldots\}+\{\ell,\ell+e,\ell+2e,\ell+3e,\ldots\}=\{(k+\ell),(k+\ell)+(d+e),(k+\ell)+2(d+e),(k+\ell)+3(d+e),\ldots\}$，また $r\{k,k+d,k+2d,k+3d,\ldots\}=\{(rk),(rk)+(rd),(rk)+2(rd),(rk)+3(rd),\ldots\}$ である．□

例 6.1.6

$\mathbb{K}$ 係数 $n\times m$ 行列全体は，行列の足し算が定義されている．また，スカラー $r\in\mathbb{K}$ に対して，行列 A の r 倍とは $(rE_n)A$，あるいは $A(rE_m)$，あるいは A の全ての成分を r 倍したもの，として定義する．この和とスカラー倍が，結合則や分配則などの自然な性質を持つことは練習問題 3.2.17 からわかる．□

以上の例は，全て座標によらない「自然な」和とスカラー倍を持ち，しかも次にあげる「自然な」性質を満たす．

定義 6.1.7

集合 V が（$\mathbb{K}$ 係数の）**抽象線型空間**，あるいは単に（$\mathbb{K}$ 係数の）**線型空間** (linear space)，あるいは（$\mathbb{K}$ 係数の）**ベクトル空間** (vector space) であるとは，次の (0) から (8) までの 9 つの条件をすべて満たすことである．

(0)　（演算の存在）V には，和とスカラー倍とが定義されている．すなわち，$\boldsymbol{v},\boldsymbol{w}\in V$ に対して和 $\boldsymbol{v}+\boldsymbol{w}\in V$ がただ一つ定まる．また，$\boldsymbol{v}\in V$ とスカラー $c\in\mathbb{K}$ に対して**スカラー倍** $c\boldsymbol{v}\in V$ がただ一つ定まる．

(1)　（和の結合則）任意の $\boldsymbol{u},\boldsymbol{v},\boldsymbol{w}\in V$ に対して

$$(\boldsymbol{u}+\boldsymbol{v})+\boldsymbol{w}=\boldsymbol{u}+(\boldsymbol{v}+\boldsymbol{w})$$

が成り立つ．

(2)　（ゼロベクトルの存在）**ゼロベクトル**と呼ばれるベクトル $\mathbf{0}\in V$ が存在し，任意のベクトル $\boldsymbol{v}\in V$ に対して

$$\boldsymbol{v}+\mathbf{0}=\boldsymbol{v}$$

が成り立つ．

(3)　（逆ベクトルの存在）任意のベクトル $\boldsymbol{v}\in V$ に対してその**逆ベクトル**と呼ばれるベクトル $\boldsymbol{w}\in V$ が存在して，

$$\boldsymbol{v}+\boldsymbol{w}=\mathbf{0}$$

が成り立つ．

(4) （和の交換則）任意のベクトル $\boldsymbol{v},\boldsymbol{w}\in V$ に対して

$$\boldsymbol{v}+\boldsymbol{w}=\boldsymbol{w}+\boldsymbol{v}$$

が成り立つ．

(5) （スカラーの和の分配則）任意のスカラー $c,d\in\mathbb{K}$ と任意のベクトル $\boldsymbol{v}\in V$ に対して

$$(c+d)\boldsymbol{v}=(c\boldsymbol{v})+(d\boldsymbol{v})$$

が成り立つ．

(6) （ベクトルの和の分配則）任意のスカラー $c\in\mathbb{K}$ と任意のベクトル $\boldsymbol{v},\boldsymbol{w}\in V$ に対して

$$c(\boldsymbol{v}+\boldsymbol{w})=(c\boldsymbol{v})+(c\boldsymbol{w})$$

が成り立つ．

(7) （スカラー倍の合成）任意のスカラー $c,d\in\mathbb{K}$ と任意のベクトル $\boldsymbol{v}\in V$ に対して

$$(cd)\boldsymbol{v}=c(d\boldsymbol{v})$$

が成り立つ．

(8) （1倍）任意のベクトル $\boldsymbol{v}\in V$ に対し

$$1\boldsymbol{v}=\boldsymbol{v}$$

が成り立つ．

命題3.2.2により，数ベクトル空間は抽象線型空間である．例6.1.3の和とスカラー倍は，$\mathbb{R}$ 係数で考えて，数ベクトル空間 $\mathbb{R}^{300}$ と同じなので，やはり抽象線型空間である．例6.1.1, 例6.1.4の和とスカラー倍は値ごと，項ごとに定義されているので，例6.1.1では $\mathbb{K}$ 係数，例6.1.4では $\mathbb{C}$ 係数で考えて，係数 $\mathbb{K}$ が定義3.1.1の条件を満たすことから，性質(0)から(8)までの全てが従う．例えば例6.1.1の(6)ベクトルの和の分配則であれば，$c\in\mathbb{K}$ と $f,g\in R(X)$ に対し，任意の $x\in X$ に対して

$$\begin{aligned}(c(f+g))(x)&=c((f+g)(x)) &&\text{（スカラー倍は値ごとに定義）}\\&=c(f(x)+g(x)) &&\text{（和も値ごとに定義）}\end{aligned}$$

$$
\begin{aligned}
&= c(f(x)) + c(g(x)) && \text{(定義 3.1.1 (7))} \\
&= (cf)(x) + (cg)(x) && \text{(スカラー倍は値ごとに定義)} \\
&= (cf + cg)(x) && \text{(和も値ごとに定義)}
\end{aligned}
$$

全ての $x \in X$ に対して $c(f+g)$ と $cf+cg$ の x での値が等しいので，$c(f+g) = cf+cg$ が成り立つ，すなわち性質 (6) が成り立つ．例 6.1.6 は，和もスカラー倍も成分ごとであるので，数ベクトル空間 $\mathbb{K}^{nm}$ と同一視することができて，たしかに抽象線型空間となる．例 6.1.2, 例 6.1.5 については例 6.1.1, 例 6.1.4 の部分集合になっていることを用いて，あとで定理 6.4.3 を用いて抽象線型空間になっていることを証明する．一旦大きい母集合，例 6.1.1 や例 6.1.4 が線型空間になることを示しておけば，その部分集合については上記の 9 つもある条件のチェックの大部分を省略することができるのである．

抽象線型空間の定義から，さらに次の性質が成り立つことを示すことができる．頭の体操として証明を試みても良いし，あるいは単に公理の一部として認めてしまっても構わない．

問 6.1.8 V は抽象線型空間であるとする．このとき，以下が成り立つことを示せ．

(1) V のゼロベクトルはただ一つしかない．すなわち，$\mathbf{0}$ と $\mathbf{0}'$ がともにゼロベクトルの条件 (2) を満たしていれば，$\mathbf{0} = \mathbf{0}'$ である．

(2) ベクトル $\boldsymbol{v} \in V$ に対して，その逆ベクトル $\boldsymbol{w}$ はただ一つしかない．すなわち，$\boldsymbol{w}, \boldsymbol{w}' \in V$ が $\boldsymbol{v} + \boldsymbol{w} = \mathbf{0} = \boldsymbol{v} + \boldsymbol{w}'$ を満たすならば，$\boldsymbol{w} = \boldsymbol{w}'$ である．

(3) 任意のベクトル $\boldsymbol{v} \in V$ に対し，スカラー 0 によるスカラー倍 $0\boldsymbol{v}$ はゼロベクトルである．

(4) 任意のベクトル $\boldsymbol{v} \in V$ に対し，スカラー -1 によるスカラー倍 $(-1)\boldsymbol{v}$ は $\boldsymbol{v}$ の逆ベクトルである．

(5) 任意のスカラー $c \in \mathbb{K}$ とゼロベクトル $\mathbf{0}$ に対し，$c\mathbf{0} = \mathbf{0}$ である．

問 6.1.9 例 6.1.1 が定義 6.1.7 の条件 (1), (2), (3), (4), (5), (7), (8) を満たすことを，上記の性質 (6) の証明を真似して証明せよ．

□ 定義 6.1.7 の 9 つの条件の十分性

天下り的に線型空間が満たすべき条件を定義 6.1.7 (0)〜(8) で並べた．これが本当に必要なのか，そしてこれで十分なのか，という疑問が自然に起こると思う（というか，そういうことを気にしながら数学書を読んでいくと，力がつくと思う）．全部必要なのか，という疑問はあとまわしにして，十分だという説明をしておこう．その正当化は，あとで定理 6.2.3 で，「基底を持つ」という比較的ゆるい（本当にゆるいのか，ということも気にしてほしいが）条件のもとで，条件を満たす線型空間 V が $\mathbb{K}^n$ と同一視できる，ということがあげられる．つまり，抽象的な条件をあげてみたけれども，出てくるものは実はもうよくわかっている数ベクトル空間 $\mathbb{K}^n$ と本質的に同じものだけで，変なものは出てこないことが保証されるのである．

定義 6.1.10

V と W が $\mathbb{K}$ 抽象線型空間であるとき，写像 $\varphi: V \to W$ が**線型写像** (linear map)，あるいは $\mathbb{K}$ **線型写像** ($\mathbb{K}$ linear map) であるとは，φ が和とスカラー倍を保つこと．すなわち次の2条件が成り立つことである．

(1) 任意の $\boldsymbol{v}_1, \boldsymbol{v}_2 \in V$ に対し

$$\varphi(\boldsymbol{v}_1 + \boldsymbol{v}_2) = \varphi(\boldsymbol{v}_1) + \varphi(\boldsymbol{v}_2)$$

が成り立つ．

(2) 任意の $\boldsymbol{v} \in V$ と $c \in \mathbb{K}$ に対し

$$\varphi(c\boldsymbol{v}) = c\varphi(\boldsymbol{v})$$

が成り立つ．

$\mathbb{K}$ 線型写像 $\varphi: V \to W$ がさらに全単射であるとき，$\varphi: V \to W$ は $\mathbb{K}$ **線型同型写像**であるという．

注意 6.1.11 $\mathbb{K}$ 線型同型写像 $\varphi: V \to W$ があるとき，$\mathbb{K}$ 抽象線型空間として，V と W は（φ を通して）事実上同じものであると考えて良い．実際，次の補題 6.1.12 により V の中で $\boldsymbol{v}_1 + \boldsymbol{v}_2 = \boldsymbol{v}_3$ になることと W の中で $\varphi(\boldsymbol{v}_1) + \varphi(\boldsymbol{v}_1) = \varphi(\boldsymbol{v}_3)$ になることとは同値であり，V の中で $c\boldsymbol{v}_1 = \boldsymbol{v}_2$ になることと W の中で $c\varphi(\boldsymbol{v}_1) = \varphi(\boldsymbol{v}_2)$ がなることとも同値なので，集合 V の中で和やスカラー倍の計算を行おうが，W の中で和やスカラー倍の計算を行おうが同じだからである．特に $\mathbb{K}$ 抽象線型空間 V から $\mathbb{K}$ 係数数ベクトル空間 $\mathbb{K}^n$ への $\mathbb{K}$ 線型同型写像 $\varphi: V \to \mathbb{K}^n$ が与えられると，V における和やスカラー倍などの計算は全て $\mathbb{K}^n$ での計算に帰着されることになる．

補題 6.1.12

V, W が $\mathbb{K}$ 抽象線型空間で $\varphi: V \to W$ が $\mathbb{K}$ 線型同型写像であれば，φ の逆写像 $\varphi^{-1}: W \to V$ も $\mathbb{K}$ 線型同型写像である．

証明　$\varphi: V \to W$ が全単射なので，集合としてその逆写像 $\varphi^{-1}: W \to V$ が存在する．$\boldsymbol{w}_1, \boldsymbol{w}_2 \in W$ に対して，$\varphi^{-1}(\boldsymbol{w}_1) = \boldsymbol{v}_1, \varphi^{-1}(\boldsymbol{w}_2) = \boldsymbol{v}_2$ とおくと，$\varphi \circ \varphi^{-1}$ は恒等写像なので $\varphi(\boldsymbol{v}_1) = \boldsymbol{w}_1, \varphi(\boldsymbol{v}_2) = \boldsymbol{w}_2$ が成り立つことに注意して

$$\begin{aligned}
\varphi^{-1}(\boldsymbol{w}_1 + \boldsymbol{w}_2) &= \varphi^{-1}(\varphi(\boldsymbol{v}_1) + \varphi(\boldsymbol{v}_2)) \\
&= \varphi^{-1}(\varphi(\boldsymbol{v}_1 + \boldsymbol{v}_2)) && (\varphi \text{ は和を保つ}) \\
&= \boldsymbol{v}_1 + \boldsymbol{v}_2 && (\varphi^{-1} \circ \varphi \text{ は恒等写像}) \\
&= \varphi^{-1}(\boldsymbol{w}_1) + \varphi^{-1}(\boldsymbol{w}_2) && (\boldsymbol{v}_1, \boldsymbol{v}_2 \text{ の定義})
\end{aligned}$$

により φ^{-1} は確かに和を保つ．また $\boldsymbol{w} \in W$ と $c \in K$ に対し，

$$\begin{aligned}
\varphi(c\varphi^{-1}(\boldsymbol{w})) &= c\varphi(\varphi^{-1}(\boldsymbol{w})) && (\varphi \text{ はスカラー倍を保つ}) \\
&= c\boldsymbol{w} && (\varphi \circ \varphi^{-1} \text{ は恒等写像})
\end{aligned}$$

の両辺を φ^{-1} で送って $c\varphi^{-1}(\boldsymbol{w}) = \varphi^{-1}(c\boldsymbol{w})$ となる，すなわち φ^{-1} はスカラー倍も保つ．　□

注意 6.1.11 を踏まえて，次のように定義する．

定義 6.1.13

$\mathbb{K}$ 抽象線型空間 V に**座標を与える**とは，$\mathbb{K}$ 線型同型写像 $\varphi: V \to \mathbb{K}^n$ を与えることである，と定義する．

§6.2　座標と基底

定義 6.2.1

$\mathbb{K}$ 係数抽象線型空間 V の元 $\boldsymbol{v}_1, \ldots, \boldsymbol{v}_n$ が与えられたとする．

(1)　$\boldsymbol{v}_1, \ldots, \boldsymbol{v}_n$ が**一次独立**（あるいは**線型独立**，linearly independent）であるとは，スカラー $c_1, c_2, \ldots, c_n \in \mathbb{K}$ が $c_1\boldsymbol{v}_1 + \cdots + c_n\boldsymbol{v}_n = \boldsymbol{0}$ を満たすならば $c_1 = c_2 = \cdots = c_n = 0$ が成り立つことである，と定義する．

(2)　$\boldsymbol{v}_1, \ldots, \boldsymbol{v}_n$ が V を**張る**（span）とは，任意のベクトル $\boldsymbol{v} \in V$ がある $c_1, c_2, \ldots, c_n \in \mathbb{K}$ による $\boldsymbol{v}_1, \ldots, \boldsymbol{v}_n$ の線型結合として

$$\boldsymbol{v} = c_1\boldsymbol{v}_1 + \cdots + c_n\boldsymbol{v}_n$$

とあらわされることである．

(3)　$\boldsymbol{v}_1,\ldots,\boldsymbol{v}_n$ が V の**基底** (basis) であるとは，$\boldsymbol{v}_1,\ldots,\boldsymbol{v}_n$ が一次独立であり，かつ V を張ることである．

問 6.2.2　V が抽象線型空間で $\boldsymbol{v}_1,\ldots,\boldsymbol{v}_n$ が一次独立であるとする．ベクトル $\boldsymbol{v}\in V$ が $\boldsymbol{v}=c_1\boldsymbol{v}_1+\cdots+c_n\boldsymbol{v}_n$ と表されるならば，その表し方は一意であることを抽象線型空間の定義 6.1.7 から示せ．

定理-定義 6.2.3

$\mathbb{K}$ 抽象線型空間 V が基底 $\boldsymbol{v}_1,\ldots,\boldsymbol{v}_n$ を持てば，$\boldsymbol{v}=c_1\boldsymbol{v}_1+c_2\boldsymbol{v}_2+\cdots+c_n\boldsymbol{v}_n$ とあらわされる V の元 $\boldsymbol{v}$ に対して $\begin{pmatrix} c_1 \\ \vdots \\ c_n \end{pmatrix}$ という座標を対応させることで V の座標が定義される．この座標を，基底 $\boldsymbol{v}_1,\ldots,\boldsymbol{v}_n$ が定める V の**座標**と呼ぶことにする．逆に $\varphi: V\to\mathbb{K}^n$ が V の座標であれば，n 項標準単位ベクトル $\boldsymbol{e}_i$ の φ^{-1} による像 $\boldsymbol{v}_i=\varphi^{-1}\boldsymbol{e}_i$ $(i=1,2,\ldots,n)$ を取ると，$\boldsymbol{v}_1,\ldots,\boldsymbol{v}_n$ は V の基底になり，この基底が定める V の座標は φ に一致する．

証明　$\boldsymbol{v}_1,\ldots,\boldsymbol{v}_n$ は V の基底であるとする．補題 6.1.12 により，$\mathbb{K}$ 線型同型写像 $\psi: \mathbb{K}^n\to V$ を与えれば，その逆写像 ψ^{-1} も $\mathbb{K}$ 線型同型写像になる．$\psi(\begin{pmatrix} c_1 \\ \vdots \\ c_n \end{pmatrix})=c_1\boldsymbol{v}_1+\cdots+c_n\boldsymbol{v}_n$ と定義すると，$\boldsymbol{v}_1,\ldots,\boldsymbol{v}_n$ が V を張ることから ψ は全射である．また $\boldsymbol{v}_1,\ldots,\boldsymbol{v}_n$ が一次独立であるので，問 6.2.2 により ψ は単射である．ψ が $\mathbb{K}$ 線型写像になることを示す必要があるが，

$$
\begin{aligned}
\psi(\begin{pmatrix} c_1 \\ \vdots \\ c_n \end{pmatrix}+\begin{pmatrix} d_1 \\ \vdots \\ d_n \end{pmatrix}) &= \psi(\begin{pmatrix} c_1+d_1 \\ \vdots \\ c_n+d_n \end{pmatrix}) && (\mathbb{K}^n \text{ での和の定義}) \\
&= (c_1+d_1)\boldsymbol{v}_1+\cdots+(c_n+d_n)\boldsymbol{v}_n && (\psi \text{ の定義}) \\
&= c_1\boldsymbol{v}_1+d_1\boldsymbol{v}_1+\cdots+c_n\boldsymbol{v}_n+d_n\boldsymbol{v}_n && (\text{定義 6.1.7 (5) スカラーの和の分配則}) \\
&= c_1\boldsymbol{v}_1+\cdots+c_n\boldsymbol{v}_n+d_1\boldsymbol{v}_1+\cdots+d_n\boldsymbol{v}_n && (\text{定義 6.1.7(4) 和の交換則}) \\
&= \psi(\begin{pmatrix} c_1 \\ \vdots \\ c_n \end{pmatrix})+\psi(\begin{pmatrix} d_1 \\ \vdots \\ d_n \end{pmatrix}) && (\psi \text{ の定義})
\end{aligned}
$$

により，ψ は和を保つ．また $r\in\mathbb{K}$, $\begin{pmatrix} c_1 \\ \vdots \\ c_n \end{pmatrix}\in\mathbb{K}^n$ に対し

$$\begin{aligned}
\psi(r\begin{pmatrix} c_1 \\ \vdots \\ c_n \end{pmatrix}) &= \psi(\begin{pmatrix} rc_1 \\ \vdots \\ rc_n \end{pmatrix}) && (\mathbb{K}^n \text{ でのスカラー倍の定義}) \\
&= (rc_1)\boldsymbol{v}_1+\cdots+(rc_n)\boldsymbol{v}_n && (\psi \text{ の定義}) \\
&= r(c_1\boldsymbol{v}_1)+\cdots+r(c_n\boldsymbol{v}_n) && (\text{定義 6.1.7 (7) スカラー倍の合成}) \\
&= r(c_1\boldsymbol{v}_1+\cdots+c_n\boldsymbol{v}_n) && (\text{定義 6.1.7 (6) ベクトルの和の分配則}) \\
&= r\psi(\begin{pmatrix} c_1 \\ \vdots \\ c_n \end{pmatrix}) && (\psi \text{ の定義})
\end{aligned}$$

となり，ψ はスカラー倍も保つ．よって，基底 $\boldsymbol{v}_1,\ldots,\boldsymbol{v}_n$ が与えられれば V のベクトル $c_1\boldsymbol{v}_1+\cdots+c_n\boldsymbol{v}_n=\psi(\begin{pmatrix} c_1 \\ \vdots \\ c_n \end{pmatrix})$ に対して座標 $\begin{pmatrix} c_1 \\ \vdots \\ c_n \end{pmatrix}$ を対応させる $\mathbb{K}$ 線型同型写像が得られた．

逆に $\mathbb{K}$ 線型同型写像 $\varphi: V\to\mathbb{K}^n$ が与えられたとき，$\boldsymbol{v}_i=\varphi^{-1}\boldsymbol{e}_i$ と定義すると，任意の $\boldsymbol{v}\in V$ の座標を $\varphi(\boldsymbol{v})=\begin{pmatrix} c_1 \\ \vdots \\ c_n \end{pmatrix}=c_1\boldsymbol{e}_1+\cdots+c_n\boldsymbol{e}_n$ とするとき，両辺を φ^{-1} で送って $\boldsymbol{v}=c_1\boldsymbol{v}_1+\cdots+c_n\boldsymbol{v}_n$ となり，$\boldsymbol{v}_1,\cdots,\boldsymbol{v}_n$ は確かに V を張る．また，$c_1\boldsymbol{v}_1+\cdots+c_n\boldsymbol{v}_n=\boldsymbol{0}=0\boldsymbol{v}_1+\cdots+0\boldsymbol{v}_n$ ならば，$\varphi^{-1}(\begin{pmatrix} c_1 \\ \vdots \\ c_n \end{pmatrix})=\varphi^{-1}\begin{pmatrix} 0 \\ \vdots \\ 0 \end{pmatrix}$ となるので，φ^{-1} の単射性より $c_1=c_2=\cdots=c_n=0$ となることがわかり，$\boldsymbol{v}_1,\ldots,\boldsymbol{v}_n$ の一次独立性もわかる．この座標は $\boldsymbol{v}=c_1\boldsymbol{v}_1+\cdots+c_n\boldsymbol{v}_n$ とあらわされるベクトル $\boldsymbol{v}\in V$ を $\begin{pmatrix} c_1 \\ \vdots \\ c_n \end{pmatrix}\in\mathbb{K}^n$ であらわしているので，確かに $\boldsymbol{v}_1,\ldots,\boldsymbol{v}_n$ が定める座標になっている．　□

抽象線型空間 V が与えられたとき，次のアルゴリズム 6.2.4 を用いて V の基底を探すことができる（命題 1.5.4 参照）．

<u>アルゴリズム **6.2.4**</u>

ステップ 1：V がゼロベクトル以外にベクトルを含まなければ，空集合 $\emptyset$ が V の基底である（囲み記事参照）．一方，V がゼロベクトル以外のベクトルを含むならば，そのようなベクトル $\boldsymbol{v}_1$ を何でも良いからとる．ゼロベクトルでないベクトル

1つだけからなる集合 $\{\boldsymbol{v}_1\}$ は，線型独立である（囲み記事参照）．

ステップ2：抽象ベクトル空間 V に，ゼロでないベクトル $\boldsymbol{v}_1$ がひとつ与えられているとする．もし V が $\boldsymbol{v}_1$ によって張られているなら，$\boldsymbol{v}_1$ は V の基底である．一方，V が $\boldsymbol{v}_1$ によって張られていないとすれば，それは $\boldsymbol{v}_1$ のスカラー倍としてはあらわされないベクトルが V の中に存在するということである．そこでそのようなベクトル $\boldsymbol{v}_2$ を何でも良いからとる．このとき，$\boldsymbol{v}_1,\boldsymbol{v}_2$ は線型独立である（囲み記事参照）．

ステップ n：V の線型独立なベクトル $\boldsymbol{v}_1,\boldsymbol{v}_2,\ldots,\boldsymbol{v}_{n-1}$ が与えられているとする．もしこれが V を張るのであれば，V の基底になっている．一方，V を張らないのであれば，$\boldsymbol{v}_1,\boldsymbol{v}_2,\ldots,\boldsymbol{v}_{n-1}$ の線型結合としてあらわされないベクトルが V の中に存在するということである．そこでそのようなベクトル $\boldsymbol{v}_n$ を何でも良いからとる．このとき，$\boldsymbol{v}_1,\boldsymbol{v}_2,\ldots,\boldsymbol{v}_n$ は線型独立である（囲み記事参照）．

□ アルゴリズムに対する注釈

（ステップ1） $\boldsymbol{e}_1,\boldsymbol{e}_2,\ldots,\boldsymbol{e}_n$ の線型結合とは $c_1\boldsymbol{e}_1+\cdots+c_n\boldsymbol{e}_n$ という形のベクトルのことだ，と定義したが，これは $\boldsymbol{0}+c_1\boldsymbol{e}_1+\cdots+c_n\boldsymbol{e}_n$ の略記だと思ってもらいたい．そうすると，空集合の線型結合とはゼロベクトルのみ，ということになる．よって，$V=\{\boldsymbol{0}\}$ であれば，空集合は V を張ることになる．さらに，空集合の線型結合がゼロベクトルであるとき，c_i がその係数であれば $c_i=0$ である，ということを示す必要があるが，係数が存在しないため「c_i がその係数である」という仮定が偽になり，よって「c_i がその係数であれば $c_i=0$ である」という命題は真になる．つまり空集合は $V=\{\boldsymbol{0}\}$ の基底である．

次に，$\boldsymbol{v}_1$ がゼロベクトルでなければ，これが一次独立であることを示す．$c\boldsymbol{v}_1=\boldsymbol{0}$ で，しかも $c\neq 0$ であれば，c の逆数 $d=\dfrac{1}{c}$ が存在し，

$$\boldsymbol{v}_1=1\boldsymbol{v}_1=(dc)\boldsymbol{v}_1=d(c\boldsymbol{v}_1)=d\boldsymbol{0}=\boldsymbol{0}$$

となり，$\boldsymbol{v}_1$ はゼロベクトルであることがわかる．対偶を取れば，$\boldsymbol{v}_1$ がゼロベクトルでなく c もゼロでなければ $c\boldsymbol{v}_1$ もゼロベクトルでない，ということが示された．再び対偶を取れば，$\boldsymbol{v}_1\neq\boldsymbol{0}$ のとき，「$c\boldsymbol{v}_1=\boldsymbol{0}$ ならば $c=0$」，すなわち $\boldsymbol{v}_1$ が線型独立になる，ということが示された．

ステップ2はステップ n の特別な場合なので，ステップ n の場合を示す．

（ステップ n） $\boldsymbol{v}_1,\ldots,\boldsymbol{v}_{n-1}$ が線型独立で，$\boldsymbol{v}_n$ が $\boldsymbol{v}_1,\ldots,\boldsymbol{v}_{n-1}$ の線型結合としてあらわされないならば，$\boldsymbol{v}_1,\ldots,\boldsymbol{v}_n$ も線型独立になることを示す．$c_1\boldsymbol{v}_1+\cdots+$

$c_n\boldsymbol{v}_n=\boldsymbol{0}$ と仮定して，$c_1=\cdots=c_n=0$ となることを示せば良い．まず $c_n\neq 0$ と仮定してみよう．すると c_n の逆数 $d=\dfrac{1}{c_n}$ が存在するが，$d(c_1\boldsymbol{v}_1+\cdots+c_n\boldsymbol{v}_n)=\boldsymbol{0}$ を整理すると

$$\boldsymbol{v}_n=(-dc_1)\boldsymbol{v}_1+(-dc_2)\boldsymbol{v}_2+\cdots+(-dc_{n-1})\boldsymbol{v}_{n-1}$$

となり，$\boldsymbol{v}_n$ が $\boldsymbol{v}_1,\ldots,\boldsymbol{v}_{n-1}$ の線型結合として書けることになる．$\boldsymbol{v}_n$ は $\boldsymbol{v}_1,\ldots,\boldsymbol{v}_{n-1}$ の線型結合として書けない，と仮定したので，$c_n=0$ となることがわかった．ところがもし $c_n=0$ ならば，$c_1\boldsymbol{v}_1+\cdots+c_{n-1}\boldsymbol{v}_{n-1}=\boldsymbol{0}$ なので，$\boldsymbol{v}_1,\ldots,\boldsymbol{v}_{n-1}$ が線型独立という仮定から $c_1=\cdots=c_{n-1}=0$ であることもわかり，結局 $c_1=c_2=\cdots=c_n=0$ となることが示された．

アルゴリズム 6.2.4 により，V の線型独立なベクトル $\boldsymbol{v}_1,\boldsymbol{v}_2,\ldots$ を，V を張るまで順次とり続けていくことができる．いつかは基底にたどりついてアルゴリズムが終わるかもしれないし，もしかしたらどこまで続けても V を張ることがなく，基底を見つけることはできないかもしれない．平面を幾何ベクトルの集合と見なすと，一次独立なベクトル $\boldsymbol{v}_1,\boldsymbol{v}_2$ を見つければそれは基底となっているし，3 次元空間であれば，3 本の線型独立なベクトルが，基底をなす．そこで次のように定義する．

定義 6.2.5

抽象線型空間 V が**有限次元**であるとは，アルゴリズム 6.2.4 に従って V の線型独立なベクトルをとり続けていくと，どこかで V の基底が見つかってアルゴリズムが終了することである．一方，有限次元ではない抽象線型空間のことを，**無限次元**であると言う．

定理-定義 6.2.6

V が有限次元の抽象線型空間であれば，V の基底 $\boldsymbol{v}_1,\boldsymbol{v}_2,\ldots,\boldsymbol{v}_n$ の元の個数 n は基底の取り方によらない．この n を V の**次元**と定義する．V が n 次元抽象線型空間であれば，基底 $\boldsymbol{v}_1,\ldots,\boldsymbol{v}_n$ が定める座標により V と $\mathbb{K}^n$ とを同一視することができる．一方，V が無限次元であれば，V を（有限の n で）$\mathbb{K}^n$ と同一視することはできない．

証明 $\boldsymbol{v}_1,\ldots,\boldsymbol{v}_n$ が V の基底であれば，定理 6.2.3 により $\mathbb{K}$ 線型同型写像 $\varphi: V\to\mathbb{K}^n$ が存在する．$\boldsymbol{w}_1,\ldots,\boldsymbol{w}_m\in V$ が一次独立ならば，$c_1\boldsymbol{w}_1+\cdots+c_m\boldsymbol{w}_m=\boldsymbol{0}$ と

$c_1\varphi(\boldsymbol{w}_1)+\cdots+c_m\varphi(\boldsymbol{w}_m)=\boldsymbol{0}$ とは同値なので，$\varphi(\boldsymbol{w}_1),\ldots,\varphi(\boldsymbol{w}_m)\in\mathbb{K}^n$ も一次独立になる．$\varphi(\boldsymbol{w}_1),\ldots,\varphi(\boldsymbol{w}_m)$ は $\mathbb{K}^n$ の n 項単位ベクトル $\boldsymbol{e}_1,\ldots,\boldsymbol{e}_n$ の線型結合として書けるので，命題 4.5.17 により $m\leq n$ である．特に V がひとつ有限個の基底を持てば，別の基底の取り方で無限次元になってしまうことはない．逆に言うと，V が無限次元であれば，別の基底の取り方で有限個の元からなる基底が見つかることもありえない．V が有限の n で $\mathbb{K}^n$ と同一視できるならば，その n 項単位ベクトル全体が基底になるので，V が無限次元ならば $\mathbb{K}^n$ と同一視できることはない．

さて，$\boldsymbol{v}_1,\ldots,\boldsymbol{v}_n$ と $\boldsymbol{w}_1,\ldots,\boldsymbol{w}_m$ の両方が V の基底であるとすれば，上記の議論により $m\leq n$ であるが，$\boldsymbol{v}_i$ と $\boldsymbol{w}_j$ の役割を入れ替えると $m\geq n$ も成り立つので，$n=m$，すなわち基底の元の個数は基底の取り方によらないことが示された． □

□ 定義 6.1.7 の (0)〜(8) は全部必要なのか

天下り的な線型空間の条件，つまり定義 6.1.7 (0)〜 (8) が全部必要なのか，という議論をしておこう．特に定理 6.2.3 で，条件の (1), (2), (3), (8) は使っていないではないか，と文句をいいたくなる人がいるかもしれない（文句を言いたくなってほしい）．実はこれらの条件は暗黙のうちに使われているのだ．例えば一次独立の定義のところでゼロベクトルが使われている (条件 (2)) し，そのときに線型結合としての表し方の一意性を示す練習問題 6.2.2 を解くときに逆ベクトルも用いる (条件 (3))．では，条件 (1) はどうか，と言うと，例えば一次独立の条件の中で「$c_1\boldsymbol{v}_1+\cdots+c_n\boldsymbol{v}_n$」なんて表現が出てくるが，足し算の結合則がないと，どの足し算を先に計算するかによってこの足し算の結果が変わってくるかもしれないので，こんな表記ができる，と言った瞬間に暗黙のうちに結合則を使っているのである．より正確に言うと，3 つの足し算「$c_1\boldsymbol{v}_1+c_2\boldsymbol{v}_2+c_3\boldsymbol{v}_3$」ならどちらの足し算を先にやっても結果が同じ，というところまでが結合則なので，n 個の足し算の場合も大丈夫だ，と言おうとすると，本当は証明が必要だ（一般結合則と言う）．明らかに本書で想定される範囲をこえているのでごまかしているわけだが，「ごまかさずにちゃんと証明をつけよ」というのが正しい文句のつけかたであろう．条件 (0), (1), (2), (3) を満たす体系を「群」とよび，その性質についてはしかるべき代数系の講義で学べるであろう．

一方，条件 (8) がないと，例えば線型空間 V のスカラー倍の定義を変更して，全てのベクトル $\boldsymbol{v}\in V$ と全てのスカラー $c\in\mathbb{K}$ に対して $c\boldsymbol{v}=\boldsymbol{0}$ と定義してしまうと，これは条件 (0)〜(7) の全てを満たすが，$V\supsetneq\{\boldsymbol{0}\}$ ならば $\mathbb{K}^n$ と同一視されない変なものになってしまう．条件 (8) も，確かに必要なのである．

注意 6.2.7　n として無限大 ∞ を許せば，V を $\mathbb{K}^\infty$ と同一視できるのか？ この問題は，$\mathbb{K}^\infty$ をどう定義するか，をきちんと議論しないといけないし，通常は位相的，あるいは解析的な手法を使うことになるため，本書の範囲を超えている．純代数的に見た場合にどんな難しいことが起こっているか，ちょっとだけ覗いてみよう．V として，$\mathbb{R}$ 係数で x を変数とする 1 変数多項式全体 $\mathbb{R}[x]$ を考える．V の中に $1, x, x^2, x^3, \cdots$ という一次独立なベクトルが無限に取れるので，V は無限次元である．次に，W として実数値数列 $\{a_0, a_1, a_2, a_3, \ldots\}$ 全体がなす抽象線型空間を取る．各実数 $r \in \mathbb{R}$ に対し $\boldsymbol{w}_r$ は初項 1，公比 r の等比数列とする．例 5.3.8 で示したように，$r_1, r_2, \ldots, r_n$ が相異なる実数であれば $\boldsymbol{w}_{r_1}, \boldsymbol{w}_{r_2}, \ldots, \boldsymbol{w}_{r_n}$ は一次独立なので，W の中にも一次独立なベクトルが無限に取れ，W も無限次元である．どちらも $\mathbb{K}^\infty$ と書きたくなるかも知れないが，V と W の間の $\mathbb{K}$ 線型同型写像は存在しない．実際，V から取った可算な[3] 一次独立なベクトル $1, x, x^2, x^3, \ldots$ は，「V の全ての元はこれらの有限個の線型結合としてあらわされる」という意味で V を張り，その意味で V の基底と言って良いものである．このとき，V から取れる一次独立なベクトル全体はやはり可算である．実際，$V_N \subset V$ を，N 次以下の多項式全体とすると，V_N は有限次元であり，もし $\{f_\lambda\}_{\lambda \in \Lambda}$ が V の中の一次独立な多項式の無限集合だとすると，f_λ を次数が低い順に並べることができ（次数が同じものは，例えばまず $f(0)$ の大小で比べ，同じなら $f(1)$ の大小で比べ，それも同じなら $f(2)$ の大小で比べ，$\cdots$ というように順番の付け方を決めておく）番号をつけることができる．一方，よく知られているように（例えば新井敏康著「集合・論理と位相」定理 4.2.5）実数全体は非可算濃度であり，W の中には非可算個の一次独立なベクトルが見つかっているので，V と W は同型ではありえない．同じ無限次元に見えても，実数列の線型空間 W は多項式の線型空間 V よりも大きいのである．

§6.3　基底のとりかえ

V が n 次元抽象線型空間であるとして，$\boldsymbol{v}_1, \ldots, \boldsymbol{v}_n$ と $\boldsymbol{w}_1, \ldots, \boldsymbol{w}_n$ が V の 2 つの基底であるとすると，V の 2 つの座標系が得られるので，V の同じベクトル $\boldsymbol{u}$ が，$\boldsymbol{v}_i$ 座標系では $\begin{pmatrix} c_1 \\ \vdots \\ c_n \end{pmatrix}$，$\boldsymbol{w}_j$ 座標系では $\begin{pmatrix} d_1 \\ \vdots \\ d_n \end{pmatrix}$ というように 2 通りの表示ができることになる．この 2 つの座標表示の関係について調べてみよう．

---

[3] 無限集合の濃度についての議論は，例えば新井敏康著『基幹講座 数学 集合・論理と位相』を参照のこと．

定理-定義 6.3.1

(1) V は n 次元抽象線型空間，$\boldsymbol{v}_1,\ldots,\boldsymbol{v}_n$ と $\boldsymbol{w}_1,\ldots,\boldsymbol{w}_n$ はともに V の基底であるとする．各 $\boldsymbol{w}_j$ を基底 $\boldsymbol{v}_1,\ldots,\boldsymbol{v}_n$ の線型結合として $\boldsymbol{w}_j=\alpha_{1,j}\boldsymbol{v}_1+\alpha_{2,j}\boldsymbol{v}_2+\cdots+\alpha_{n,j}\boldsymbol{v}_n$ とあらわし，その係数を並べた行列 $P=\begin{pmatrix}\alpha_{1,1} & \cdots & \alpha_{1,n}\\ \vdots & & \vdots\\ \alpha_{n,1} & \cdots & \alpha_{n,n}\end{pmatrix}$ を取ると P は正則行列である．ベクトル $\boldsymbol{u}\in V$ が基底 $\boldsymbol{w}_1,\ldots,\boldsymbol{w}_n$ による座標で $\begin{pmatrix}d_1\\ \vdots\\ d_n\end{pmatrix}$ というようにあらわされるのであれば，同じ $\boldsymbol{u}$ は基底 $\boldsymbol{v}_1,\ldots,\boldsymbol{v}_n$ による座標で $P\begin{pmatrix}d_1\\ \vdots\\ d_n\end{pmatrix}$ とあらわされる．この正則行列 P を，$\boldsymbol{w}_1,\ldots,\boldsymbol{w}_n$ から $\boldsymbol{v}_1,\ldots,\boldsymbol{v}_n$ への**基底取り替え行列**と呼ぶ．

(2) 逆に $\boldsymbol{v}_1,\ldots,\boldsymbol{v}_n$ が V の基底で $P=\begin{pmatrix}\alpha_{1,1} & \cdots & \alpha_{1,n}\\ \vdots & & \vdots\\ \alpha_{n,1} & \cdots & \alpha_{n,n}\end{pmatrix}$ が $n\times n$ 正則行列であれば，各 $\boldsymbol{w}_j$ を $\boldsymbol{w}_j=\alpha_{1,j}\boldsymbol{v}_1+\alpha_{2,j}\boldsymbol{v}_2+\cdots+\alpha_{n,j}\boldsymbol{v}_n$ とおくと，$\boldsymbol{w}_1,\ldots,\boldsymbol{w}_n$ は V の基底である．V の基底 $\boldsymbol{v}_1,\ldots,\boldsymbol{v}_n$ が一つ与えられれば，V の全ての基底はこの方法で，ある正則行列 P によって与えられる．

証明　(1) $\boldsymbol{u}$ が基底 $\boldsymbol{w}_1,\ldots,\boldsymbol{w}_n$ による座標で $\begin{pmatrix}d_1\\ \vdots\\ d_n\end{pmatrix}$ というようにあらわされるのであれば，$\boldsymbol{u}=d_1\boldsymbol{w}_1+\cdots+d_n\boldsymbol{w}_n$ である．各 $\boldsymbol{w}_j$ は $\boldsymbol{w}_j=\alpha_{1,j}\boldsymbol{v}_1+\cdots+\alpha_{n,j}\boldsymbol{v}_n$ であるので，基底 $\boldsymbol{v}_1,\ldots,\boldsymbol{v}_n$ による座標では $\begin{pmatrix}\alpha_{1,j}\\ \vdots\\ \alpha_{n,j}\end{pmatrix}$ という座標表示を持つ．これは行列 P の第 j 列目である．すなわち，行列 P は基底 $\boldsymbol{v}_1,\ldots,\boldsymbol{v}_n$ による座標表示で $P=(\boldsymbol{w}_1,\ldots,\boldsymbol{w}_n)$ という列ベクトル表示を持つので，$\boldsymbol{v}_i$ 基底表示で $P\begin{pmatrix}d_1\\ \vdots\\ d_n\end{pmatrix}=d_1\boldsymbol{w}_1+\cdots+d_n\boldsymbol{w}_n=\boldsymbol{u}$ となる, すなわち $\boldsymbol{u}$ は $\boldsymbol{v}_1,\ldots,\boldsymbol{v}_n$ 基底による座標では $P\begin{pmatrix}d_1\\ \vdots\\ d_n\end{pmatrix}$ とあらわされることがわかった.

$\boldsymbol{v}_i$ 座標表示を $\boldsymbol{w}_j$ 座標表示に変換する基底取り替え行列を Q とおくと，QP は $\boldsymbol{w}_j$ 表示を $\boldsymbol{v}_i$ 表示に書き換え，それを $\boldsymbol{w}_j$ 表示に戻す変換となっており，座標表示の一意性より QP は恒等写像，すなわち $QP=E_n$ である．同様に，$PQ=E_n$ なので，Q と P は違いに逆行列となり，P は正則行列であることが確かめられた．
(2) 基底 $\boldsymbol{v}_1,\ldots,\boldsymbol{v}_n$ が定める V の座標を与える写像 $\varphi:V\to\mathbb{K}^n$ を定理 6.2.3 により取る．$n\times n$ 正則行列 P が与えられると，$\mathrm{rk}\,P=n$ なので，命題 4.5.16 によりその n 本の列ベクトルは一次独立である．φ は $\mathbb{K}$ 線型同型写像なので，φ^{-1} による P の列ベクトルの像 $\boldsymbol{w}_1,\ldots,\boldsymbol{w}_n$ も一次独立である．これが V を張らなければ，V の中にさらに一次独立なベクトル $\boldsymbol{w}_{n+1}$ を取ることができてしまい，定理 6.2.6 に矛盾するので，$\boldsymbol{w}_1,\ldots,\boldsymbol{w}_n$ は V の基底である．基底 $\boldsymbol{w}_1,\ldots,\boldsymbol{w}_n$ に対して基底取り替えの行列 P を取る操作と，正則 $n\times n$ 行列 P の列ベクトルに対応する基底を取る操作とは互いに逆操作となっているので，V の全ての基底はこれによって得られる．□

例 6.3.2

$V=\{a+bx+cx^2+dx^3\mid a,b,c,d\in\mathbb{R}\}$ は実係数の高々 3 次の多項式全体がなす線型空間とする．V にはその表記に既にあらわれている通り，$1,x,x^2,x^3$ という自然な基底があるが，今，3 次式 $f(x)$ で，$f(0),f(1),f(2),f(3)$ の値を自由に定めて，その条件を満たす f を求めたいとする．このとき，$\varphi:V\to\mathbb{R}^4$ を $\varphi(f)=\begin{pmatrix}f(0)\\f(1)\\f(2)\\f(3)\end{pmatrix}$ と定義する．自然な基底 $1,x,x^2,x^3$ をこの写像で送ったベクトルを並べた行列

$$P=\begin{pmatrix}1&0&0&0\\1&1&1&1\\1&2&4&8\\1&3&9&27\end{pmatrix}$$

は，自然な基底を $f(0)$ から $f(3)$ に「対応する基底」へ基底の取り替えを行う行列になっているので，その逆行列

$$P^{-1}=\begin{pmatrix}1&0&0&0\\-11/6&3&-3/2&1/3\\1&-5/2&2&-1/2\\-1/6&1/2&-1/2&1/6\end{pmatrix}$$

は，$f(0)$ から $f(3)$ に「対応する基底」を $1,x,x^2,x^3$ 基底に書き換えたものになっている．すなわちそれぞれの列ベクトルを見て，$g_0(x)=1-\frac{11}{6}x+x^2-\frac{1}{6}x^3$，$g_1(x)=3x-\frac{5}{2}x^2+\frac{1}{2}x^3$，$g_2(x)=-\frac{3}{2}x+2x^2-\frac{1}{2}x^3$，$g_3(x)=\frac{1}{3}x-\frac{1}{2}x^2+\frac{1}{6}x^3$ となる．これらの多項式の意味は，$g_i(j)=\begin{cases}1\ (i=j)\\0\ (i\neq j)\end{cases}$ （ただし $i,j\in\{0,1,2,3\}$）ということで

ある.

そうとわかってしまえば，実は逆行列の計算は不要である．$G_0(x)=(x-1)(x-2)(x-3)$， $G_1(x)=x(x-2)(x-3)$， $G_2(x)=x(x-1)(x-3)$， $G_3(x)=x(x-1)(x-2)$ とおき，$g_i(x):=\dfrac{G_i(x)}{G_i(i)}$ とすれば良い．これらの多項式によって，$f(0)=A$，$f(1)=B$，$f(2)=C$，$f(3)=D$ を満たす3次式 f は $f=Ag_0(x)+Bg_1(x)+Cg_2(x)+Dg_3(x)$ として求まり，行列 P が正則であることから，これしかない，ということがわかる． □

例 6.3.3 （部分分数展開）

関数 $F(x)=\dfrac{1}{x^3-x}$ を積分したいと思ったとする．$F(x)$ を含む線型空間 $V=\{\dfrac{a+bx+cx^2}{x^3-x}\,|\,a,b,c\in\mathbb{R}\}$ を考えると，V の中には $f_{-1}(x)=\dfrac{1}{x+1}=\dfrac{x^2-x}{x^3-x}$，$f_0(x)=\dfrac{1}{x}=\dfrac{x^2-1}{x^3-x}$，$f_1(x)=\dfrac{1}{x-1}=\dfrac{x^2+x}{x^3-x}$ という，積分が比較的簡単に見つかる関数があり，$f_j(x)(j=-1,0,1)$ という基底から $\boldsymbol{v}_0=\dfrac{1}{x^3-x}$，$\boldsymbol{v}_1=\dfrac{x}{x^3-x}$，$\boldsymbol{v}_2=\dfrac{x^2}{x^3-x}$ という基底への基底取り替え行列は

$$P=\begin{pmatrix}0&-1&0\\-1&0&1\\1&1&1\end{pmatrix}$$

となるので，逆に $\boldsymbol{v}_i$ から $f_j(x)$ への基底取り替え行列は逆行列を計算して

$$P^{-1}=\frac{1}{2}\begin{pmatrix}1&-1&1\\-2&0&0\\1&1&1\end{pmatrix}$$

となる．特に $F=\boldsymbol{v}_0$ は $F(x)=\dfrac{1}{2}(f_{-1}(x)-2f_0(x)+f_1(x))$ とあらわされるので，

$$\int F(x)dx=\int\frac{dx}{x^3-x}=\frac{1}{2}\int\frac{dx}{x+1}-\int\frac{dx}{x}+\frac{1}{2}\int\frac{dx}{x-1}=\log\frac{\sqrt{|x^2-1|}}{x}+C$$

と求まる． □

定義 6.3.4

V,W が抽象線型空間，$F:V\to W$ が線型写像で $\boldsymbol{v}_1,\ldots,\boldsymbol{v}_n$ が V の基底，$\boldsymbol{w}_1,\ldots,\boldsymbol{w}_m$ が W の基底であれば，これらの基底により $\varphi:V\simeq\mathbb{K}^n$, $\psi:W\simeq\mathbb{K}^m$ と同一視できるので，$\psi\circ F\circ\varphi^{-1}:\mathbb{K}^n\to\mathbb{K}^m$ という線型写像が得られ，定理3.2.12により，この写像 $\psi\circ F\circ\varphi^{-1}$ は，ある $m\times n$ 行列 A によりあらわされ

る．この行列 A を，基底 $\boldsymbol{v}_1,\ldots,\boldsymbol{v}_n$ と $\boldsymbol{w}_1,\ldots,\boldsymbol{w}_m$ による線型写像 F の**行列表示**という．

考察 6.3.5

$\boldsymbol{v}_1,\ldots,\boldsymbol{v}_n$ に加えて $\boldsymbol{v}'_1,\ldots,\boldsymbol{v}'_n$ という基底があるとき，P を $\boldsymbol{v}_1,\ldots,\boldsymbol{v}_n$ から $\boldsymbol{v}'_1,\ldots,\boldsymbol{v}'_n$ への基底の取り替え行列とし，また $\boldsymbol{w}_1,\ldots,\boldsymbol{w}_m$ に加えて $\boldsymbol{w}'_1,\ldots,\boldsymbol{w}'_m$ という基底があるとき，Q を $\boldsymbol{w}_1,\ldots,\boldsymbol{w}_m$ から $\boldsymbol{w}'_1,\ldots,\boldsymbol{w}'_m$ への基底の取り替え行列とすると，F の基底 $\boldsymbol{v}_1,\ldots,\boldsymbol{v}_n$ と $\boldsymbol{w}_1,\ldots,\boldsymbol{w}_m$ による行列表示 A がわかっていれば，基底 $\boldsymbol{v}'_1,\ldots,\boldsymbol{v}'_n$ と $\boldsymbol{w}'_1,\ldots,\boldsymbol{w}'_m$ による F の行列表示は QAP^{-1} となる．実際，$\varphi: V\to\mathbb{K}^n$ が $\boldsymbol{v}_1,\ldots,\boldsymbol{v}_n$ での座標表示で，その座標表示に P をかけると基底 $\boldsymbol{v}'_1,\ldots,\boldsymbol{v}'_n$ での座標表示が得られるので，$P\varphi$ が基底 $\boldsymbol{v}'_1,\ldots,\boldsymbol{v}'_n$ での座標表示写像となる．同様に $Q\psi$ が基底 $\boldsymbol{w}'_1,\ldots,\boldsymbol{w}'_m$ での座標表示写像となるので，基底 $\boldsymbol{v}'_1,\ldots,\boldsymbol{v}'_n$ と $\boldsymbol{w}'_1,\ldots,\boldsymbol{w}'_m$ による線型写像 F の行列表示は $(Q\psi)F(P\varphi)^{-1}=Q(\psi F\varphi^{-1})P^{-1}=QAP^{-1}$ である．□

系-定義 6.3.6

V,W は有限次元線型空間とし，$F: V\to W$ は線型写像とする．V と W の基底を取り，それによって F を行列表示したとき，その行列のランクは基底の取り方によらない．このランクを，線型写像 F の**ランク**と定義する．

証明　考察 6.3.5 により，ある基底で行列 A によりあらわされる線型写像は，別の基底では QAP^{-1} とあらわされる．定理 6.3.1 により基底取り替えの行列 P,Q は正則行列，よって P^{-1} も正則なので，補題 4.6.6 により $\mathrm{rk}\,A=\mathrm{rk}\,QAP^{-1}$ となる．

□

系 6.3.7

n 次元線型空間 V と m 次元線型空間 W，そして V から W への線型写像 F が与えられたとする．V の基底は固定されているとき，W の基底をうまく取れば F の行列表示が階段行列であらわされるようにできる．また，W の基底は固定されているとき，V の基底をうまく取れば，F の行列表示の転置が階段行列になるようにできる．

V と W の両方の基底を自由に取り替えてよければ，$\mathrm{rk}\,F=r$ のとき，表現行列を定義 4.6.5 の記号を用いて $A=E(m,n;r)$ とすることができる．このときその座標のもとで，V の $\begin{pmatrix} c_1 \\ \vdots \\ c_r \\ c_{r+1} \\ \vdots \\ c_n \end{pmatrix}$ とあらわされるベクトルは，W の $\begin{pmatrix} c_1 \\ \vdots \\ c_r \\ 0 \\ \vdots \\ 0 \end{pmatrix}$ という座標であらわされるベクトルへうつされる．

証明　定理 6.3.1 により，基底取り替えの行列は正則行列全体を走るので，これは定理 4.3.5 とその転置バージョン，そして命題 4.6.4 の言い換えに過ぎない．　□

§6.4　部分線型空間

定義 6.4.1

V が $\mathbb{K}$ 係数の抽象線型空間とする．V の部分集合 $W \subset V$ が V の部分線型空間であるとは，V と同じ和とスカラー倍の定義によって W 自身も抽象線型空間となっていること．

注意 6.4.2　W が V の部分集合であるとき，$\boldsymbol{v}, \boldsymbol{w} \in W$ の和 $\boldsymbol{v}+\boldsymbol{w}$ や，スカラー $c \in \mathbb{K}$ によるスカラー倍 $c\boldsymbol{v}$ は V の中で既に定まっているが，それらが W の中に入らない限り，「W で和が定義された」あるいは「W でスカラー倍が定義された」とは言えない．しかも，$\boldsymbol{v}+\boldsymbol{w}$ あるいは $c\boldsymbol{v}$ が W に入らなければ，他の W の元を和，あるいはスカラー倍としてとってしまうと，「V と同じ和とスカラー倍の定義」という条件を満たさないことになってしまう．よって，W が V の部分線型空間になるためには，$\boldsymbol{v}, \boldsymbol{w} \in W$ と $c \in \mathbb{K}$ に対し $\boldsymbol{v}+\boldsymbol{w} \in W, c\boldsymbol{v} \in W$ が常に成り立つことが必要条件となる．実は逆に，空集合でない W に対しては，それさえ成り立てば部分線型空間になることがわかる．すなわち，次の定理が成り立つ．

定理 6.4.3（部分線型空間判定定理）

V は $\mathbb{K}$ 係数の抽象線型空間，$W \subset V$ はその部分集合であるとする．W が V の部分線型空間となるための必要十分条件は，次の 3 条件が成り立つことである．

（ア）　W は空集合ではない．すなわち $W \neq \emptyset$．

（イ）　W は和について閉じている．すなわち任意の $\boldsymbol{v}, \boldsymbol{w} \in W$ に対し $\boldsymbol{v}+\boldsymbol{w} \in$

W が成り立つ.

（ウ）　W はスカラー倍について閉じている．すなわち任意の $\boldsymbol{v} \in W$ と任意の $c \in \mathbb{K}$ に対し $c\boldsymbol{v} \in W$ が成り立つ.

証明　W が V の部分線型空間であれば，定義 6.1.7 (2) により，W はゼロベクトルを含まなくてはならない．特に W は空集合ではない．また，定義 6.1.7(0) の条件を満たすためには条件(イ)，(ウ)を満たさなくてはならないことは，上の「注意」で確認した通りである.

逆に $W \subset V$ が条件(ア)，(イ)，(ウ)を満たしたとする．このとき，任意の $\boldsymbol{v}, \boldsymbol{w} \in W$ に対し $\boldsymbol{v}+\boldsymbol{w} \in W$ となり，またさらに $c \in \mathbb{K}$ が与えられたときに $c\boldsymbol{v} \in W$ となり，部分線型空間の定義により，これらが W における和とスカラー倍の定義とならざるを得ない．よって定義 6.1.7 の条件 (0) が満たされた．定義 6.1.7 の条件 (1), (4), (5), (6), (7), (8) は，和とスカラー倍によって定まる 2 つのベクトルについての等号が成り立つ，という条件である．V でそれらの等号が成り立っているので，W でも成り立っている．W は空集合ではないので，元 $\boldsymbol{w} \in W$ を取れる．W はスカラー倍で閉じているので，その 0 倍 $0\boldsymbol{w}$ を含むが，問 6.1.8 (4) により V において $0\boldsymbol{w}$ はゼロベクトルであり，したがって W でもゼロベクトルの条件を満たす．すなわち定義 6.1.7 の条件 (2) も成り立つ．最後に $\boldsymbol{w} \in W$ ならば，その -1 によるスカラー倍 $(-1)\boldsymbol{w}$ も W に含まれるが，練習問題 6.1.8 (5) により $(-1)\boldsymbol{w}$ は V における $\boldsymbol{w}$ の逆ベクトルであり，しかも (2) の証明で見た通り V におけるゼロベクトルと W におけるゼロベクトルが一致するので，$(-1)\boldsymbol{w}$ は W における $\boldsymbol{w}$ の逆ベクトルでもある．よって (3) も成り立ち，条件 (ア)，(イ)，(ウ) のもとで W が部分線型空間になることが確かめられた.　□

例 6.4.4

$\mathbb{K}=\mathbb{R}$ または $\mathbb{K}=\mathbb{C}$ のとき，例 6.1.2 の $\mathbb{K}$ 係数高々 3 次の多項式全体 $V=\{a+bx+cx^2+dx^3 \mid a,b,c,d \in \mathbb{K}\}$ は，例 6.1.1 の集合 X を定義域とする $\mathbb{K}$ 値関数 $R(X)$ の $X=\mathbb{K}$ とした場合の部分集合であると考えられる．定義 6.1.7 のあとのコメントにより，$R(X)$ は抽象線型空間なので，V に対して定理 6.4.3 を使うことができる．例 6.1.2 で計算されている通り，V の元どうしを足しても V に入るし，V の元をスカラー倍しても V に入る．また明らかに V は空集合ではないので，V は線型空間である.

例 6.1.5 の等差数列全体についても同様に議論できる．等差数列どうしの和，および等差数列の定数倍はともに等差数列になることが例 6.1.5 で確かめられているので，数列全体がなす線型空間の部分集合として，等差数列も抽象線型空間になることがわかる．

一方，等比数列の全体 $X=\{\{c,cr,cr^2,cr^3,\ldots\}\mid c,r\in\mathbb{K}\}$ は，$\mathbb{K}=\mathbb{R}$ あるいは $\mathbb{K}=\mathbb{C}$ などの場合，線型空間にならない例となっている．実際，初項 1 で公比 1 の数列 $\{1,1,1,1,\ldots\}$ と公比 2 の数列 $\{1,2,4,8,\ldots\}$ の和 $\{2,3,5,9,\ldots\}$ は等比数列ではないので，和について閉じておらず，X の中で足し算が定義されていないのである． □

注意 6.4.5 数列全体や関数全体など，無限次元で座標の取りようがないものも線型空間の仲間にいれておくメリットの一つが，ここにある．定義 6.1.7 の 9 個の条件を確かめるかわりに，はるかにチェックが簡単な定理 6.4.3 の条件(ア)（イ)(ウ)を確かめるだけで，その部分集合については（少なくとも自然な和とスカラー倍の定義については）線型空間になるかどうかがわかるのである．

命題-定義 6.4.6

V は抽象線型空間とし，その有限部分集合 $\{\boldsymbol{v}_1,\ldots,\boldsymbol{v}_r\}\subset V$ が与えられたとする．このとき，

$$W:=\{c_1\boldsymbol{v}_1+\cdots+c_r\boldsymbol{v}_r\mid c_1,\ldots,c_r\in\mathbb{K}\}$$

は V の部分線型空間になる．この W を，$\boldsymbol{v}_1,\ldots,\boldsymbol{v}_r$ が張る V の部分線型空間とよぶ．W は V の線型部分空間で集合 $\{\boldsymbol{v}_1,\ldots,\boldsymbol{v}_r\}$ を含むもののうち包含関係に関して最小のものである．

注意 6.4.7 この命題-定義の「張る」という言葉の使い方は，定義 6.2.1 (2) の一般化になっている．

証明 W が部分線型空間になることは，定理 6.4.3 の条件 (ア)(イ)(ウ) を確かめれば良い．$c_1\boldsymbol{v}_1+\cdots+c_r\boldsymbol{v}_r\in W$ と $d_1\boldsymbol{v}_1+\cdots+d_r\boldsymbol{v}_r\in W$ の和は $(c_1+d_1)\boldsymbol{v}_1+\cdots+(c_r+d_r)\boldsymbol{v}_r\in W$ なので，やはり W の元である．また，$\boldsymbol{w}=c_1\boldsymbol{v}_1+\cdots+c_r\boldsymbol{v}_r\in W$ と $a\in\mathbb{K}$ に対し $a\boldsymbol{w}=(ac_1)\boldsymbol{v}_1+\cdots+(ac_r)\boldsymbol{v}_r\in W$ となるので，(イ) と (ウ) は確かに成り立っている．条件 (ア) は $r\geq 1$ なら $\boldsymbol{v}_1=1\cdot\boldsymbol{v}_1+0\cdot\boldsymbol{v}_2+\cdots+0\cdot\boldsymbol{v}_r\in W$ なので確かに空集合ではないが，$r=0$ のとき，迷う人がいるかもしれない．

$W := \{c_1\boldsymbol{v}_1 + \cdots + c_r\boldsymbol{v}_r \mid c_1,\ldots,c_r \in \mathbb{K}\}$ は，$r=0$ のときは $\mathbf{0}$ と解釈するのだ，と覚えておいてもらっても良いし，説明が欲しい読者はアルゴリズム 6.2.4 の囲み記事にある注釈を見て欲しい．$r=0$ の場合も W は空集合ではなく $W=\{\mathbf{0}\}$ となるので (ア) も成立し，W は V の部分線型空間になることが確かめられた．

W の元 $c_1\boldsymbol{v}_1+\cdots+c_r\boldsymbol{v}_r$ において $c_i=1$ とし，$i \neq j$ なる j については $c_j=0$ とおくと，$0\boldsymbol{v}_1+\cdots+0\boldsymbol{v}_{i-1}+1\boldsymbol{v}_i+0\boldsymbol{v}_{i+1}+\cdots+0\boldsymbol{v}_r=\boldsymbol{v}_i \in W$ となるので，W は確かに $\{\boldsymbol{v}_1,\ldots,\boldsymbol{v}_r\}$ を含んでいる．一方, $U \subset V$ が V の部分線型空間で, $\{\boldsymbol{v}_1,\ldots,\boldsymbol{v}_r\} \subset U$ であれば $V \subset U$ が成り立つことを示そう．$c_1,\ldots,c_r \in \mathbb{K}$ が任意に与えられたとする．$\boldsymbol{v}_1,\ldots,\boldsymbol{v}_r$ は U の元なので, それらのスカラー倍 $c_1\boldsymbol{v}_1,\ldots,c_r\boldsymbol{v}_r$ も U に含まれている．よってそれらの和 $c_1\boldsymbol{v}_1+\cdots+c_r\boldsymbol{v}_r$ もやはり U の元である．$c_1,\ldots,c_r$ は任意であったので，W の任意の元 $c_1\boldsymbol{v}_1+\cdots+c_r\boldsymbol{v}_r$ が U に含まれており，よって $W \subseteq U$ となる．すなわち，W は $\{\boldsymbol{v}_1,\ldots,\boldsymbol{v}_r\}$ を含む V の部分線型空間の中で最小である．□

命題-定義 6.4.8

V と W は抽象線型空間とし，$F: V \to W$ は線型写像であるとする．このとき,

$$\mathrm{Im}(F) := \{F(\boldsymbol{v}) \mid \boldsymbol{v} \in V\} \subset W$$

は W の部分線型空間であり,

$$\mathrm{Ker}(F) := \{\boldsymbol{v} \in V \mid F(\boldsymbol{v}) = \mathbf{0}\} \subset V$$

は V の部分線型空間である．

$\mathrm{Im}(F)$ を F の**像** (Image) と呼び，$\mathrm{Ker}(F)$ を F の**核** (Kernel) と呼ぶ．

証明　定理 6.4.3 の 3 条件を確かめれば良い．まず $\mathrm{Im}(F)$ について．$V \neq \emptyset$ なので，$\boldsymbol{v} \in V$ を取ることができ，$F(\boldsymbol{v}) \in \mathrm{Im}(F)$ なので $\mathrm{Im}(F)$ は空集合ではない．$\boldsymbol{w}_1, \boldsymbol{w}_2 \in \mathrm{Im}(F)$ を任意に取ると，$\mathrm{Im}(F)$ の定義により $\boldsymbol{v}_1, \boldsymbol{v}_2 \in V$ が存在して $\boldsymbol{w}_1 = F(\boldsymbol{v}_1), \boldsymbol{w}_2 = F(\boldsymbol{v}_2)$ と書ける．すると $\mathrm{Im}(F) \ni F(\boldsymbol{v}_1+\boldsymbol{v}_2) = F(\boldsymbol{v}_1)+F(\boldsymbol{v}_2) = \boldsymbol{w}_1+\boldsymbol{w}_2$ なので，$\mathrm{Im}(F)$ は和について閉じている．また，$a \in \mathbb{K}$ を取ると $a\boldsymbol{w}_1 = aF(\boldsymbol{v}_1) = F(a\boldsymbol{v}_1) \in \mathrm{Im}(F)$ なので，$\mathrm{Im}(F)$ はスカラー倍についても閉じている．従って $\mathrm{Im}(F)$ は W の部分線型空間である．

次に $\mathrm{Ker}(F)$ について．次の補題を準備する．

補題 6.4.9

$F: V \to W$ が線型写像ならば，F は V のゼロベクトルを W のゼロベクトルにうつす．

証明 問6.1.8 (3) により任意のベクトルの0倍はゼロベクトルなので

$$\begin{aligned} F(\mathbf{0}) &= F(0 \cdot \mathbf{0}) && (\text{練習問題 6.1.8 (3)}) \\ &= 0 \cdot F(\mathbf{0}) && (F \text{ はスカラー倍を保つ}) \\ &= \mathbf{0}. && (\text{再び練習問題 6.1.8 (3)}) \end{aligned}$$

□

よって $\mathbf{0} \in \mathrm{Ker}(F)$ となり，$\mathrm{Ker}(F)$ は空集合ではなく，(ア) が成り立つ．(イ) は $\boldsymbol{v}, \boldsymbol{w} \in \mathrm{Ker}(F)$ ならば，

$$F(\boldsymbol{v}+\boldsymbol{w}) = F(\boldsymbol{v}) + F(\boldsymbol{w}) = \mathbf{0}+\mathbf{0} = \mathbf{0}$$

より $\boldsymbol{v}+\boldsymbol{w} \in \mathrm{Ker}(F)$ となり，$\mathrm{Ker}(F)$ は和について閉じている．さらに $a \in \mathbb{K}$ ならば $F(a\boldsymbol{v}) = aF(\boldsymbol{v}) = a\mathbf{0}$ となるが，練習問題 6.1.8 (5) により $a\mathbf{0} = \mathbf{0}$ なので，$a\boldsymbol{v} \in \mathrm{Ker}(F)$ となる．よって (ウ) も成り立ち，$\mathrm{Ker}(F)$ は V の部分線型空間である． □

定理 6.4.10

$n \times m$ 行列 A が定める線型写像 $A: \mathbb{K}^m \to \mathbb{K}^n$ に対して，$\mathrm{Im}(A)$ は A の列ベクトルが張る $\mathbb{K}^n$ の部分線型空間（定理 6.4.6）となり，$\mathrm{Im}(A)$ の次元は $\mathrm{rk}\,A$ である．$\mathrm{Im}(A)$ の基底を求めるには，A の階段行列 SA を計算し，そのピボットが $j_1, j_2, \ldots, j_r$ 列目にくるなら，$A = (\boldsymbol{a}_1, \ldots, \boldsymbol{a}_m)$ の第 j_1 列目，j_2 列目，$\cdots$，第 j_r 列目をとって $\boldsymbol{a}_{j_1}, \boldsymbol{a}_{j_2}, \ldots, \boldsymbol{a}_{j_r}$ とすれば良い．

また，$\mathrm{Ker}(A)$ は $A\boldsymbol{x} = \mathbf{0}$ という方程式の解集合となり，その次元は $m - \mathrm{rk}\,A$ である．掃き出し法による $A\boldsymbol{x} = \mathbf{0}$ の一般解が $\mathrm{Ker}(A)$ の基底表示を与える．

証明 $A = (\boldsymbol{a}_1, \ldots, \boldsymbol{a}_m)$ を A の列ベクトル表示とすると，

$$\begin{aligned} \mathrm{Im}(A) = \{A\boldsymbol{v} \mid \boldsymbol{v} \in V\} &= \left\{ A \begin{pmatrix} c_1 \\ \vdots \\ c_m \end{pmatrix} \middle| \, c_1, \ldots, c_m \in \mathbb{K} \right\} \\ &= \{c_1\boldsymbol{a}_1 + \cdots + c_m\boldsymbol{a}_m \mid c_1, \ldots, c_m \in \mathbb{K}\} \end{aligned}$$

なので，確かに A の像は A の列ベクトルが張る $\mathbb{K}^n$ の部分線型空間である．特

に $\mathrm{Im}(A)$ は $\boldsymbol{a}_1,\ldots,\boldsymbol{a}_m$ を含む．補題 4.5.7 により， A の階段行列 SA において j_1 列目， j_2 列目，…， j_r 列目がピボットになるのであれば，$\boldsymbol{a}_{j_1},\boldsymbol{a}_{j_2},\ldots,\boldsymbol{a}_{j_r}$ は一次独立である．よって，これらのベクトルが $\mathrm{Im}(A)$ を張ることを言えば，$\mathrm{Im}(A)$ の基底となることが言え，よって $\dim\mathrm{Im}(A)=\mathrm{rk}\,A$ となることもわかる．W を，$\boldsymbol{a}_{j_1},\boldsymbol{a}_{j_2},\ldots,\boldsymbol{a}_{j_r}$ が張る $\mathbb{K}^n$ の部分線型空間とすると，$\boldsymbol{a}_{j_1},\boldsymbol{a}_{j_2},\ldots,\boldsymbol{a}_{j_r}$ は $\mathrm{Im}(A)$ に含まれるので，命題 6.4.8 により $W\subset\mathrm{Im}(A)$ である．逆の包含を示せば良い．もし $\boldsymbol{a}_1,\ldots,\boldsymbol{a}_m$ が全て W に含まれるならば $\boldsymbol{a}_1,\ldots,\boldsymbol{a}_m$ が張る線型空間 $\mathrm{Im}(A)$ が W に含まれることが従うので，そうでない，つまりある $\boldsymbol{a}_i$ が W に含まれていないと仮定して矛盾を導けば良い．$\boldsymbol{a}_i$ が W に含まれていなければ $\boldsymbol{a}_{j_1},\ldots,\boldsymbol{a}_{j_r},\boldsymbol{a}_i$ は一次独立なので，A の一次独立な列ベクトルが $r+1$ 本取れたことになる．しかしこれは命題 4.5.16 に反する．

次に Kernel の基底については，$\mathrm{Ker}(A)=\{\boldsymbol{x}\in\mathbb{K}^m \mid A\boldsymbol{x}=\boldsymbol{0}\}$ なので，これはまさに方程式 $A\boldsymbol{x}=\boldsymbol{0}$ の一般解であり， $s=m-\mathrm{rk}\,A$ とおくと命題 4.5.15 により掃き出し法によってこの基底 $\boldsymbol{c}_1,\ldots,\boldsymbol{c}_s$ が求められる．□

注意 6.4.11　ベクトル $\boldsymbol{a}_1,\boldsymbol{a}_2,\ldots,\boldsymbol{a}_m\in\mathbb{K}^n$ によって

$$V=\{c_1\boldsymbol{a}_1+\cdots+c_m\boldsymbol{a}_m \mid c_1,\ldots,c_m\in\mathbb{K}\}$$

とパラメーターづけられる $\mathbb{K}^n$ の部分集合 V は，まさに $n\times m$ 行列 $A=(\boldsymbol{a}_1,\ldots,\boldsymbol{a}_m)$ の像のことである．また，$\boldsymbol{b}_1,\ldots,\boldsymbol{b}_n\in\mathbb{K}^m$ によって ${}^t\boldsymbol{b}_1\boldsymbol{x}=(0), {}^t\boldsymbol{b}_2\boldsymbol{x}=(0),\ldots,{}^t\boldsymbol{b}_n\boldsymbol{x}=(0)$ という連立方程式で定義方程式表示された集合は，$B=\begin{pmatrix}{}^t\boldsymbol{b}_1\\ \vdots\\ {}^t\boldsymbol{b}_n\end{pmatrix}$ とおくとまさに $\mathrm{Ker}(B)$ のことである．

§6.5　線型空間の直和

定理-定義 6.5.1
(1) U は抽象線型空間，V,W は U の部分線型空間であるとする．このとき

$$V+W:=\{\boldsymbol{v}+\boldsymbol{w} \mid \boldsymbol{v}\in V,\boldsymbol{w}\in W\}\subset U$$

と定義すると，$V+W$ も U の部分線型空間である．$V+W$ を V と W が生成する U の部分線型空間と呼ぶ．

(2) V,W は抽象線型空間であるとする．集合としての直積 $V\times W=\{(\boldsymbol{v},\boldsymbol{w})\mid \boldsymbol{v}\in V,\boldsymbol{w}\in W\}$ に成分ごとの和とスカラー倍，すなわち $(\boldsymbol{v}_1,\boldsymbol{w}_1)+(\boldsymbol{v}_2+\boldsymbol{w}_2):=(\boldsymbol{v}_1+\boldsymbol{v}_2,\boldsymbol{w}_1+\boldsymbol{w}_2)$ および $\lambda(\boldsymbol{v},\boldsymbol{w}):=(\lambda\boldsymbol{v},\lambda\boldsymbol{w})$ と定義することで抽象線型空間の構造が入る．これを V と W の**直和**と呼び，$V\oplus W$ とあらわす．

(3) U は抽象線型空間，V,W は U の部分線型空間とする．写像 $\varphi:V\oplus W\to V+W$ を $\varphi(\boldsymbol{v},\boldsymbol{w})=\boldsymbol{v}+\boldsymbol{w}$ により定義すると，φ は全射線型写像となる．さらに

(i) $V\cap W=\{\boldsymbol{0}\}$ のとき，そしてそのときのみに φ は単射となる．

(ii) $V+W=U$ のとき，そしてそのときのみに，$\varphi:V\oplus W\to U$ は全射となる．

条件 (i)，(ii) が成り立つとき，$\psi:V\oplus W\to U$ は同型写像となるので，この同型写像により $V\oplus W$ と U とを同一視し，$\psi:V\oplus W\simeq U$ とかく．

(4) V,W を抽象線型空間とし，$i_V:V\to V\oplus W, i_W:W\to V\oplus W, p_V:V\oplus W\to V, p_W:V\oplus W\to W$ を $i_V(\boldsymbol{v}):=(\boldsymbol{v},\boldsymbol{0}), i_W(\boldsymbol{w}):=(\boldsymbol{0},\boldsymbol{w}), p_V(\boldsymbol{v},\boldsymbol{w}):=\boldsymbol{v}, p_W(\boldsymbol{v},\boldsymbol{w}):=\boldsymbol{w}$ により定義すると，$p_V\circ i_V=\mathrm{id}_V, p_W\circ i_W=\mathrm{id}_W, p_V\circ i_W=0, p_W\circ i_V=0, i_V\circ p_V+i_W\circ p_W=\mathrm{id}_{V\oplus W}$ が成り立つ．

ここまで読み進めた読者にとって，証明は容易であろうから，練習問題としておく．

問 6.5.2 定理 6.5.1 を証明せよ．

命題 6.5.3

U は抽象線型空間，$\varphi:U\to U$ は線型写像で $\varphi\circ\varphi=\varphi$ という条件を満たすならば, U の部分空間 V,W が存在して $\psi:V\oplus W\simeq U$ となり, $\varphi=\psi\circ i_V\circ p_V\circ\psi^{-1}$ となる．逆に，抽象線型空間 U がその部分線型空間により $\psi:V\oplus W\simeq U$ とあらわされるならば，$\varphi:=\psi\circ i_V\circ p_V\circ\psi^{-1}$ は $\varphi\circ\varphi=\varphi$ を満たす．

証明 $V\oplus W\simeq U$ のとき $\varphi:=\psi\circ i_V\circ p_V\circ\psi^{-1}$ が $\varphi\circ\varphi=\varphi$ を満たすことは $(i_V\circ p_V)\circ(i_V\circ p_V)=i_V\circ(p_V\circ i_V)\circ p_V=i_V\circ p_V$ となることからわかる．逆に $\varphi\circ\varphi=\varphi$ のとき，$V:=\mathrm{Im}(\varphi)$，$W:=\mathrm{Ker}(\varphi)$ とおく．任意の $\boldsymbol{u}\in U$ に対し $\boldsymbol{u}=\varphi(\boldsymbol{u})+(\boldsymbol{u}-\varphi(\boldsymbol{u}))$ が成り立つが，$\varphi(\boldsymbol{u})\in V$ かつ $\varphi(\boldsymbol{u}-\varphi(\boldsymbol{u}))=\varphi(\boldsymbol{u})-\varphi\circ\varphi(\boldsymbol{u})=\boldsymbol{0}$ なので $\boldsymbol{u}-\varphi(\boldsymbol{u})\in W$ となり，$V+W=U$ である．$\boldsymbol{u}\in V\cap W$ ならば，$\boldsymbol{u}\in V=\mathrm{Im}(\varphi)$ なので，ある $\boldsymbol{v}\in U$ により $\boldsymbol{u}=\varphi(\boldsymbol{v})$ とあらわされ，

$$\begin{aligned} \boldsymbol{u} = \varphi(\boldsymbol{v}) = \varphi\circ\varphi(\boldsymbol{v}) & \quad (\varphi = \varphi\circ\varphi) \\ = \varphi(\boldsymbol{u}) & \quad (\varphi(\boldsymbol{v}) = \boldsymbol{u}) \\ = \mathbf{0} & \quad (\boldsymbol{u} \in W) \end{aligned}$$

となり，$V \cap W = \{\mathbf{0}\}$ となることも確かめられた．よって $V \oplus W \simeq U$ である．$\varphi_{|V} = \mathrm{id}_V$，$\varphi_{|W} = 0$ なので，$\varphi = \psi \circ i_V \circ p_V \circ \psi^{-1}$ が成り立つ． □

定理 3.3.1 で紹介した行列のブロックわけ定理について，抽象線型空間の直和の視点からどう見えるか，アウトラインを紹介しておこう．

注意 6.5.4 定義 6.5.1 を帰納的に用いて，抽象線型空間 $V_1, \cdots, V_s$ の直和 $V_1 \oplus V_2 \oplus \cdots \oplus V_s := (V_1 \oplus \cdots \oplus V_{s-1}) \oplus V_s$ を定義することができる．$V_1 \oplus V_2 \oplus \cdots \oplus V_s$ の元は，成分を並べて $(\boldsymbol{v}_1, \boldsymbol{v}_2, \ldots, \boldsymbol{v}_s)$ とあらわす．V が抽象線型空間で $V_1, \ldots, V_s$ が V の部分線型空間のとき，写像 $V_1 \oplus \cdots \oplus V_s \to V$ を $(\boldsymbol{v}_1, \ldots, \boldsymbol{v}_s) \mapsto \boldsymbol{v}_1 + \cdots + \boldsymbol{v}_s$ により定義するとこれは線型写像になるが，さらに全単射になるとき V と $V_1 \oplus \cdots \oplus V_s$ とを同一視して $V_1 \oplus \cdots \oplus V_s \simeq V$ と書き，V は $V_1, \ldots, V_s$ の直和である，という．V が $V_1, \ldots, V_s$ の直和になるための必要十分条件は，V の任意の元 $\boldsymbol{v}$ が $\boldsymbol{v} = \boldsymbol{v}_1 + \cdots + \boldsymbol{v}_s$，ただし $\boldsymbol{v}_i \in V_i$ という形にただ一通りに表されることである．V が $V_1, \ldots, V_s$ の直和であるとき，各 i に対して $\boldsymbol{v}_{i,1}, \ldots, \boldsymbol{v}_{i,d_i}$ が V_i の基底であれば，これらの基底をずらっと並べた

$$\boldsymbol{v}_{1,1}, \boldsymbol{v}_{1,2}, \ldots, \boldsymbol{v}_{1,d_1}, \boldsymbol{v}_{2,1}, \boldsymbol{v}_{2,2}, \ldots, \boldsymbol{v}_{2,d_2}, \ldots, \boldsymbol{v}_{i,j}, \ldots, \boldsymbol{v}_{s,d_s}$$

は V の基底となる．

W も抽象線型空間で，その部分空間 $W_1, \ldots, W_t$ の直和であるとする．$\iota_i : V_i \to V$, $I_j : W_j \to W$ はそれぞれ自然な埋め込み写像[4] とし，$p_i : V \to V_i$, $P_j : W \to W_j$ は V と W を直和だと思って $(\boldsymbol{v}_1, \ldots, \boldsymbol{v}_s) \mapsto \boldsymbol{v}_i, (\boldsymbol{w}_1, \ldots, \boldsymbol{w}_t) \mapsto \boldsymbol{w}_j$ という写像であるとする．$F : V \to W$ という線型写像が与えられたとき，$F_{j,i} : V_i \to W_j$ を

$$V_i \xrightarrow{\iota_i} V \xrightarrow{F} W \xrightarrow{P_j} W_j$$

の合成として定義すると，

$$F = \sum_{i,j} I_j \circ F_{j,i} \circ p_i$$

とあらわされる．各 V_i の基底 $\boldsymbol{v}_{i,1}, \ldots, \boldsymbol{v}_{i,d_i}$ と各 W_j の基底 $\boldsymbol{w}_{j,1}, \ldots, \boldsymbol{w}_{j,e_j}$ を取り，$F_{j,i}$ をこの基底での行列表示と同一視したとき，上記の順序で並べた V

[4] 部分空間 V_i の元 $\boldsymbol{v} \in V_i$ を V の元 $\boldsymbol{v} \in V$ とみなす，という写像が $\iota_i : V_i \to V$ である．

の基底 $\boldsymbol{v}_{1,1},\ldots\boldsymbol{v}_{s,d_s}$ と W の基底 $\boldsymbol{w}_{1,1},\ldots,\boldsymbol{w}_{t,e_t}$ での F の行列表示は

$$F=\left(\begin{array}{c|c|c|c} F_{1,1} & F_{1,2} & \cdots & F_{1,s} \\ \hline F_{2,1} & F_{2,2} & \cdots & F_{2,s} \\ \hline \vdots & \vdots & \ddots & \vdots \\ \hline F_{t,1} & F_{t,2} & \cdots & F_{r,s} \end{array}\right)$$

というようにブロック表示される．つまり，数のかわりに行列を成分として持つ行列，と見ることができる．$G:W\to U$ も線型写像で，$U\simeq U_1\oplus\cdots\oplus U_r$ というように直和になっており，$G=\left(\begin{array}{c|c|c} G_{1,1} & \cdots & G_{1,t} \\ \hline \vdots & \ddots & \vdots \\ \hline G_{r,1} & \cdots & G_{r,t} \end{array}\right)$ とブロック表示されていれば，写像の合成 $G\circ F$ もブロック表示され，その (i,j) 成分は

$$(GF)_{i,j}=G_{i,1}F_{1,j}+G_{i,2}F_{2,j}+\cdots+G_{i,t}F_{t,j}$$

となる．よって GF の行列表示は

$$GF=\left(\begin{array}{c|c|c} G_{1,1}F_{1,1}+\cdots+G_{1,t}F_{t,1} & \cdots & G_{1,1}F_{1,s}+\cdots+G_{1,t}F_{t,s} \\ \hline \vdots & \ddots & \vdots \\ \hline G_{r,1}F_{1,1}+\cdots+G_{r,t}F_{t,1} & \cdots & G_{r,1}F_{1,s}+\cdots+G_{r,t}F_{t,s} \end{array}\right)$$

となる．すなわち，各ブロックを数のようにみなして行列の積を定義するときと全く同じ式になる（1×1 のブロックにわけると通常の積になるので，当たり前と言えば当たり前である）．

§6.6　双対空間と転置行列

定義 6.6.1

X,Y を任意の集合とするとき，Y^X は X から Y への写像全体がなす集合をあらわす．

注意 6.6.2　一見不思議な記号であるが，例えば Y が $Y=\{1,2,\ldots,n\}$ というように n 個の元を持つ有限集合で，X も $X=\{1,2,\ldots,m\}$ というように m 個の元を持つ有限集合であった場合，$f:X\to Y$ を定めるとは，$f(1),f(2),\ldots,f(m)$ という m 個の値をそれぞれ $Y=\{1,2,\ldots,n\}$ の中からひとつずつ自由に定めることと同値なので，$f(1)$ が n 通り，$f(2)$ も n 通り，…，$f(m)$ も n 通りあり，合計 n^m 個の写像がある．有限集合 S の元の個数を $|S|$ という記号であらわすことにして，X も Y も有限集合ならば，$|Y^X|=|Y|^{|X|}$ という自然な等式が成り立つ，というのがこの記号のひとつのモチベーションである．

補題 6.6.3

X が集合で V が $\mathbb{K}$ 係数の抽象線型空間ならば，V^X は $F, G \in V^X$, $x \in X$ に対し $(F+G)(x) := F(x)+G(x)$, またスカラー $c \in \mathbb{K}$ に対し $(cF)(x) := c(F(x))$ と定義すると，$\mathbb{K}$ 係数の抽象線型空間となる．

証明　和，スカラー倍は確かに関数として定義されている．また，それぞれの x ごとに値が定義されているので，V が線型空間の公理を満たしていることから，V^X も線型空間の公理を満たしていることがわかる．心配な読者は問 3.2.3 の解答例と問 6.1.9 のコメントを参考に確認していただくと良い．□

V と W が $\mathbb{K}$ 上の線型空間ならば，V から W への線型写像全体は W^V の部分集合で，部分線型空間判定定理 6.4.3 を使って線型部分空間をなすことを簡単に確かめられる．この節では，特に重要なケースにしぼって議論しよう．

定理-定義 6.6.4

V が $\mathbb{K}$ 上の線型空間，V^* は V から $\mathbb{K}$ への線型写像全体がなす部分集合とする．このとき，$\varphi, \psi \in V^*$ と $\boldsymbol{v} \in V$ に対し $(\varphi+\psi)(\boldsymbol{v}) := \varphi(\boldsymbol{v})+\psi(\boldsymbol{v})$, また $\varphi \in V^*$, $c \in \mathbb{K}$ と $\boldsymbol{v} \in V$ に対し $(c\varphi)(\boldsymbol{v}) := c(\varphi(\boldsymbol{v}))$ と定義することにより V^* は $\mathbb{K}$ 係数の線型空間となる．この V^* を V の**双対空間**と呼ぶ．

証明　線型空間 $\mathbb{K}^V$ の部分集合なので，定理 6.4.3 が使える．全ての $\boldsymbol{v} \in V$ を $0 \in \mathbb{K}$ へ送る定数写像は和とスカラー倍を保つので V^* の元であり，$V^* \neq \emptyset$ である．$\varphi, \psi \in V^*$ ならば $\boldsymbol{v}, \boldsymbol{w} \in V$ に対し

$$\begin{aligned}(\varphi+\psi)(\boldsymbol{v}+\boldsymbol{w}) &= \varphi(\boldsymbol{v}+\boldsymbol{w})+\psi(\boldsymbol{v}+\boldsymbol{w}) && (\varphi+\psi \text{ の定義}) \\ &= \varphi(\boldsymbol{v})+\varphi(\boldsymbol{w})+\psi(\boldsymbol{v})+\psi(\boldsymbol{w}) && (\varphi, \psi \text{ は和を保つ}) \\ &= (\varphi(\boldsymbol{v})+\psi(\boldsymbol{v}))+(\varphi(\boldsymbol{w})+\psi(\boldsymbol{w})) && (\mathbb{K} \text{ は体}) \\ &= (\varphi+\psi)(\boldsymbol{v})+(\varphi+\psi)(\boldsymbol{w}) && (\varphi+\psi \text{ の定義})\end{aligned}$$

となるので，$\varphi+\psi$ は和を保つ．また

$$(\varphi+\psi)(c\boldsymbol{v}) = \varphi(c\boldsymbol{v})+\psi(c\boldsymbol{v}) = c(\varphi(\boldsymbol{v}))+c(\psi(\boldsymbol{v})) = c((\varphi+\psi)(\boldsymbol{v}))$$

により $\varphi+\psi$ はスカラー倍も保つ．□

命題-定義 6.6.5

V が $\boldsymbol{e}_1,\dots,\boldsymbol{e}_n$ を基底とする有限次元線型空間であれば，写像 $\boldsymbol{e}_i^*:V\to\mathbb{K}$ を $\boldsymbol{e}_i^*(c_1\boldsymbol{e}_1+\cdots+c_n\boldsymbol{e}_n):=c_i$ により定義すると $\boldsymbol{e}_i^*\in V^*$ であり，$\boldsymbol{e}_1^*,\dots,\boldsymbol{e}_n^*$ は V^* の基底になる．この基底 $\boldsymbol{e}_1^*,\dots,\boldsymbol{e}_n^*$ を基底 $\boldsymbol{e}_1,\dots,\boldsymbol{e}_n$ の**双対基底**と呼ぶ．

証明　$\boldsymbol{e}_i^*\left(\sum c_i\boldsymbol{e}_i+\sum d_i\boldsymbol{e}_i\right)=c_i+d_i=\boldsymbol{e}_i^*\left(\sum c_i\boldsymbol{e}_i\right)+\boldsymbol{e}_i^*\left(\sum d_i\boldsymbol{e}_i\right)$ なので，$\boldsymbol{e}_i^*$ は和を保つ．また

$$\boldsymbol{e}_i^*\left(a\sum c_i\boldsymbol{e}_i\right)=ac_i=a\boldsymbol{e}_i^*\left(\sum c_i\boldsymbol{e}_i\right)$$

より $\boldsymbol{e}_i^*$ はスカラー倍も保つ．よって $\boldsymbol{e}_i^*\in V^*$ である．

任意の $\varphi\in V^*$ に対し，各 $i\in\{1,2,\dots,n\}$ に対して $\varphi(\boldsymbol{e}_i)=a_i$ とおくと，$\varphi=\sum a_i\boldsymbol{e}_i*$ となることを示す．実際 V の元 $\boldsymbol{v}=c_1\boldsymbol{e}_1+\cdots+c_n\boldsymbol{e}_n$ に対して $\boldsymbol{e}_i^*(\boldsymbol{v})=c_i$ となるので

$$\begin{aligned}\varphi(\boldsymbol{v})&=\varphi(c_1\boldsymbol{e}_1+\cdots+c_n\boldsymbol{e}_n)=c_1\varphi(\boldsymbol{e}_1)+\cdots+c_n\varphi(\boldsymbol{e}_n)\\&=c_1a_1+\cdots+c_na_n=a_1\boldsymbol{e}_1^*(\boldsymbol{v})+\cdots+a_n\boldsymbol{e}_n^*(\boldsymbol{v})=(a_1\boldsymbol{e}_1^*+\cdots+a_n\boldsymbol{e}_n^*)(\boldsymbol{v})\end{aligned}$$

となり，任意の $\boldsymbol{v}$ に対して φ と $\sum a_i\boldsymbol{e}_i^*$ が同じ値となるので，写像として同じ，すなわち $\varphi=\sum a_i\boldsymbol{e}_i^*$ となる．これで $\boldsymbol{e}_1^*,\dots,\boldsymbol{e}_n^*$ が V^* を張ることが示された．

次に一次独立性を示す．$\varphi=a_1\boldsymbol{e}_1^*+\cdots+a_n\boldsymbol{e}_n^*$ がゼロ写像であれば，特に $\boldsymbol{e}_i$ の像も 0 なので $\varphi(\boldsymbol{e}_i)=a_i=0$ となる．すなわち $a_1\boldsymbol{e}_1^*+\cdots+a_n\boldsymbol{e}_n^*=\boldsymbol{0}$ ならば $a_1=a_2=\cdots=a_n=0$ となり，$\boldsymbol{e}_1^*,\dots,\boldsymbol{e}_n^*$ は一次独立，よって V^* の基底になる．□

注意 6.6.6　$V=\mathbb{K}^n$ は $\boldsymbol{e}_1,\dots,\boldsymbol{e}_n$ を標準基底とする数ベクトル空間であるとするとき，$\boldsymbol{e}_1^*,\dots,\boldsymbol{e}_n^*\in V^*$ をその双対基底として $a_1\boldsymbol{e}_1^*+\cdots+a_n\boldsymbol{e}_n^*\in V^*$ とあらわされる双対ベクトル空間の元を，行ベクトル ${}^t\boldsymbol{a}=(a_1,a_2,\dots,a_n)$ と自然に同一視することができる．実際 $\boldsymbol{v}={}^t(v_1,v_2,\dots,v_n)\in V$ を列ベクトルとすると，行列としての積 ${}^t\boldsymbol{a}\boldsymbol{v}$ は 1×1 行列であり成分をひとつだけ持つが，その唯一の成分 $a_1v_1+\cdots+a_nv_n$ は $(a_1\boldsymbol{e}_1^*+\cdots+a_n\boldsymbol{e}_n^*)\boldsymbol{v}$ に一致する．

注意 6.6.7　V が n 次元，すなわち $V\simeq\mathbb{K}^n$ ならば V^* も n 次元で $V^*\simeq\mathbb{K}^n$ となるので V と V^* は同型になる．しかし例えば $\boldsymbol{e}_i$ を $\boldsymbol{e}_i^*$ へ送るような同型写像を考えると，この同型写像は基底を変えると別の写像になってしまうので，基底によらない自然な写像が定まるわけではない．$\mathbb{K}=\mathbb{R}$ のとき，$f:V\to V^*$ という線型同型写像が与えられると任意の $\boldsymbol{v}\in V$ に対して $f(\boldsymbol{v})$ という V から $\mathbb{K}$ への写像が定義され，それに $\boldsymbol{v}$ 自身を代入することで $(f(\boldsymbol{v}))(\boldsymbol{v})\in\mathbb{K}$ を定義することができる．もし常に $(f(\boldsymbol{v}))(\boldsymbol{v})\geq0$ であったりすると $||\boldsymbol{v}||:=\sqrt{(f(\boldsymbol{v}))(\boldsymbol{v})}$

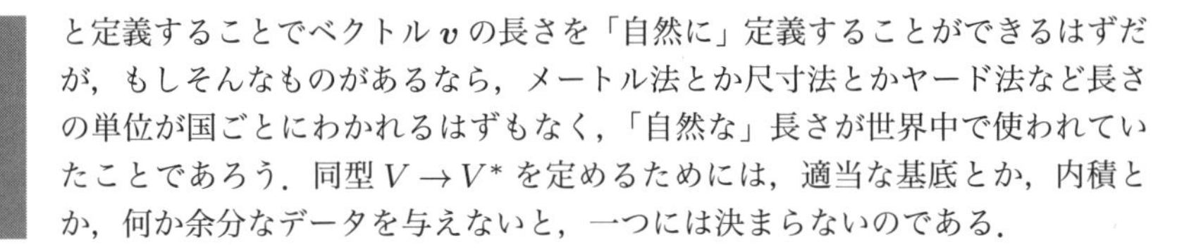
と定義することでベクトル $\boldsymbol{v}$ の長さを「自然に」定義することができるはずだが，もしそんなものがあるなら，メートル法とか尺寸法とかヤード法など長さの単位が国ごとにわかれるはずもなく，「自然な」長さが世界中で使われていたことであろう．同型 $V\to V^*$ を定めるためには，適当な基底とか，内積とか，何か余分なデータを与えないと，一つには決まらないのである．

命題 6.6.8

V が線型空間であれば，$\boldsymbol{v}\in V$ が $V^*\to\mathbb{K}$ なる写像を $\varphi\mapsto\varphi(\boldsymbol{v})$ と定め，これにより $V\to(V^*)^*$ という自然な写像が定まる．さらに V が有限次元ならば，この自然な写像 $V\to(V^*)^*$ は同型写像である．

証明　まず，$\boldsymbol{v}:V^*\to\mathbb{K}$ が線型写像であることを示す．$\varphi,\psi\in V^*$ に対し

$$\boldsymbol{v}(\varphi+\psi)=(\varphi+\psi)(\boldsymbol{v})=\varphi(\boldsymbol{v})+\psi(\boldsymbol{v})=\boldsymbol{v}(\varphi)+\boldsymbol{v}(\psi)$$

なので，$\boldsymbol{v}$ は和を保つ．また $\varphi\in V^*$，$c\in\mathbb{K}$ に対し

$$\boldsymbol{v}(c\varphi)=(c\varphi)(\boldsymbol{v})=c(\varphi(\boldsymbol{v}))=c(\boldsymbol{v}(\varphi))$$

なので，$\boldsymbol{v}$ はスカラー倍も保つ．よって $\boldsymbol{v}\in(V^*)^*$ である．

$\boldsymbol{v},\boldsymbol{w}\in V$ のとき，$\boldsymbol{v}+\boldsymbol{w}$ が定める写像は，任意の $\varphi\in V^*$ が和を保つので $\varphi\mapsto\varphi(\boldsymbol{v}+\boldsymbol{w})=\varphi(\boldsymbol{v})+\varphi(\boldsymbol{w})$ となり，$\boldsymbol{v}$ が定める写像と $\boldsymbol{w}$ が定める写像の和になる．また，任意の $\varphi\in V^*$ がスカラー倍も保つので $c\in\mathbb{K},\boldsymbol{v}\in V$ に対し $\varphi(c\boldsymbol{v})=c\varphi(\boldsymbol{v})$ となり，$c\boldsymbol{v}$ が定める写像は $\boldsymbol{v}$ が定める写像の c 倍になる．よって自然な写像 $V\to(V^*)^*$ は $\mathbb{K}$ 線型写像である．また．V が有限次元のとき，$\boldsymbol{e}_1,\dots,\boldsymbol{e}_n$ が V の基底であれば，$\boldsymbol{e}_i$ が定める写像は $a_1\boldsymbol{e}_1^*+\cdots+a_n\boldsymbol{e}_n^*$ を a_i へ送るので，$\boldsymbol{e}_1^*,\dots,\boldsymbol{e}_n^*$ の双対基底 $(\boldsymbol{e}_1^*)^*,\dots,(\boldsymbol{e}_n^*)^*$ は $\boldsymbol{e}_1,\dots,\boldsymbol{e}_n$ と一致し，基底を基底へ一対一で写すので，$V\to(V^*)^*$ は同型写像となる．　□

注意 6.6.9　V が無限次元のとき，自然な写像 $V\to(V^*)^*$ は単射にはなるが，全射にはならない．詳しくは囲み記事をご覧いただきたい．

□ 無限次元線型空間の双対について

注意 6.2.7 で $V=\mathbb{R}[x]$ は実係数の多項式全体，$W=\{(a_0,a_1,a_2,\dots,)\mid a_i\in\mathbb{R}\}$ は実数値数列全体がなす線型空間と見たとき，W の方が V よりも基底の濃度が大きくなる，という例を見たが，実は W は V^* と同型である．実際，$W\to V^*$ を

$$(a_0,a_1,a_2,\ldots)\mapsto(f(x)=c_0+c_1x+\cdots+c_nx^n\mapsto a_0c_0+a_1c_1+\cdots+a_nc_n)$$

逆に $V^*\to W$ を

$$V^*\ni\varphi\mapsto(\varphi(1),\varphi(x),\varphi(x^2),\varphi(x^3),\ldots)\in W$$

と定めると互いに逆写像となっている.

一般に V が無限次元であれば V^* の基底の濃度は V の基底の濃度よりも大きくなり，濃度を # という記号であらわすと,

$$\#V \text{ の基底} < \#V^* \text{ の基底} < \#(V^*)^* \text{ の基底}$$

となるので，V と $(V^*)^*$ とは同型にはなりえないのである.

一方, V のゼロベクトルでないベクトル $\boldsymbol{v}\in V$ が与えられたとき, $\boldsymbol{v}=\boldsymbol{e}_0$ とする基底 $\{\boldsymbol{e}_\lambda\}$ を構成して, その基底のもとで $\varphi:V\to\mathbb{K}$ を $\varphi(c_0\boldsymbol{e}_0+\cdots):=c_0$ により定義すると $\boldsymbol{v}(\varphi)=1$ となるので，ゼロでない元はゼロへ写され，$V\to(V^*)^*$ は単射であることがわかる.（さりげなく使ってしまったが，無限次元線型空間の基底の構成は，アルゴリズム 6.2.4 をツォルンの補題を用いて拡張しておく必要がある.）

定理-定義 6.6.10

V,W は線型空間とし，$F:V\to W$ は線型写像であるとするとき，$W^*\ni\varphi:W\to\mathbb{K}$ に F を合成することで $F^*(\varphi):=\varphi\circ F\in V^*$ を定義することができるが，これにより定義される写像 $F^*:W^*\to V^*$ は線型写像となる．さらに，V,W が有限次元で，V の基底 $\boldsymbol{e}_1,\ldots,\boldsymbol{e}_m$ と W の基底 $\boldsymbol{f}_1,\ldots,\boldsymbol{f}_n$ に関して F が $n\times m$ 行列 A で表現されるのであれば，F^* は双対基底 $\boldsymbol{f}_1^*,\ldots,\boldsymbol{f}_n^*$ と $\boldsymbol{e}_1^*,\ldots,\boldsymbol{e}_m^*$ のもとで A の転置 ${}^tA$ により表現される.

証明 まず F^* の線型性について，$\varphi,\psi\in W^*$ と $\boldsymbol{v}\in V$ に対して

$$\begin{aligned}
(F^*(\varphi+\psi))(\boldsymbol{v}) &= (\varphi+\psi)(F(\boldsymbol{v})) && (F^* \text{ の定義})\\
&= \varphi(F(\boldsymbol{v}))+\psi(F(\boldsymbol{v})) && (W^* \text{ での和の定義})\\
&= ((\varphi\circ F)+(\psi\circ F))(\boldsymbol{v}) && (V^* \text{ での和の定義})\\
&= (F^*(\varphi)+F^*(\psi))(\boldsymbol{v}) && (F^* \text{ の定義})
\end{aligned}$$

となり，$F^*(\varphi+\psi)$ と $F^*(\varphi)+F^*(\psi)$ とが同じ写像を定めているので，F^* は和を保つ．また $\varphi\in W^*,c\in\mathbb{K},\boldsymbol{v}\in V$ に対し

$$(F^*(c\varphi))(\boldsymbol{v}) = ((c\varphi)\circ F)(\boldsymbol{v}) = (c\varphi)(F(\boldsymbol{v})) = c(\varphi(F(\boldsymbol{v})) = (c(F^*(\varphi)))(\boldsymbol{v})$$

により $F^*(c\varphi) = c(F^*(\varphi))$ も成り立つので F^* はスカラー倍も保つ．したがって F^* は線型写像である．

V, W が有限次元で，F が与えられた基底で行列 $A = (a_{i,j})$ と表示されるとすると，$F(\boldsymbol{e}_j) = a_{1,j}\boldsymbol{f}_1 + \cdots + a_{n,j}\boldsymbol{f}_n$ なので，$\boldsymbol{f}_i^*(a_1\boldsymbol{f}_1 + \cdots + a_n\boldsymbol{f}_n) = a_i$ であることから

$$\begin{aligned}
(F^*(\boldsymbol{f}_i^*))(\boldsymbol{e}_j) &= (\boldsymbol{f}_i^* \circ F)(\boldsymbol{e}_j) && (F^* \text{ の定義}) \\
&= \boldsymbol{f}_i^*(F(\boldsymbol{e}_j)) \\
&= \boldsymbol{f}_i^*(a_{1,j}\boldsymbol{f}_1 + \cdots + a_{n,j}\boldsymbol{f}_n) && (\text{上記の } F(\boldsymbol{e}_j) \text{ の計算}) \\
&= a_{i,j}
\end{aligned}$$

となる．これは $F^*(\boldsymbol{f}_i^*)$ の $\boldsymbol{e}_j$ の係数なので，F^* の表現行列の第 i 列は $\begin{pmatrix} a_{i,1} \\ \vdots \\ a_{i,m} \end{pmatrix}$ となり，行列

$$\begin{pmatrix} a_{1,1} & a_{2,1} & \cdots & a_{n,1} \\ a_{1,2} & a_{2,2} & \cdots & a_{n,2} \\ \vdots & \vdots & \ddots & \vdots \\ a_{1,m} & a_{2,m} & \cdots & a_{n,m} \end{pmatrix} = {}^tA$$

によって表現される．　□

定理 6.6.11

数ベクトル空間 $\mathbb{K}^n$ の部分線形空間 V は列ベクトル $\boldsymbol{v}_1, \ldots, \boldsymbol{v}_r$ によって張られるとする。これらの列ベクトルを並べて作った行列 $A = (\boldsymbol{v}_1, \ldots, \boldsymbol{v}_r)$ を取り、方程式 ${}^tA\boldsymbol{x} = \boldsymbol{0}$ の一般解（例えば命題 4.5.15 により掃き出し法で解いて得られる一般解）を $c_1\boldsymbol{x}_1 + \cdots + c_s\boldsymbol{x}_s$ とあらわしたとき、その一般解の基底を転置した行ベクトルを並べて作った行列を $B = \begin{pmatrix} {}^t\boldsymbol{x}_1 \\ \vdots \\ {}^t\boldsymbol{x}_s \end{pmatrix}$ とおくと、ベクトル $\boldsymbol{y} \in \mathbb{K}^n$ に対して $\boldsymbol{y} \in V$ となるための必要十分条件は $B\boldsymbol{y} = \boldsymbol{0}$ となることである。すなわち $\mathrm{Im}A$ とパラメーター表示された線形部分空間 V は $B\boldsymbol{y} = \boldsymbol{0}$ という定義方程式表示に書き換えられる。より一般に、上記と同じ列ベクトル $\boldsymbol{v}_1, \ldots, \boldsymbol{v}_r$ と定数ベクトル $\boldsymbol{v}_0$ によって $\boldsymbol{v}_0 + a_1\boldsymbol{v}_1 + \cdots + a_r\boldsymbol{v}_r$ とパラメーター表示された部分集合は $B\boldsymbol{y} = B\boldsymbol{v}_0$ という式で定義方程式表示される。

証明 $V \subset \mathbb{K}^n$ は $\boldsymbol{v}_1, \ldots, \boldsymbol{v}_r$ によって張られているので任意の $\boldsymbol{y} \in V$ は $\boldsymbol{y} = a_1\boldsymbol{v}_1 + \cdots + a_r\boldsymbol{v}_r = A\begin{pmatrix} a_1 \\ \vdots \\ a_r \end{pmatrix}$ と書ける。${}^tA\boldsymbol{x}_1 = \cdots = {}^tA\boldsymbol{x}_s = \boldsymbol{0}$ なので

$$B\boldsymbol{y} = \begin{pmatrix} {}^t\boldsymbol{x}_1 \\ \vdots \\ {}^t\boldsymbol{x}_s \end{pmatrix} \boldsymbol{y} = {}^t({}^t\boldsymbol{y}(\boldsymbol{x}_1, \ldots, \boldsymbol{x}_s)) = {}^t((a_1, \ldots, a_r){}^tA(\boldsymbol{x}_1, \ldots, \boldsymbol{x}_r)) = \boldsymbol{0}$$

となり、$V \subset \mathrm{KerB}$ である。一方、$\mathrm{rkB} = \mathrm{rk}^t\mathrm{B} = \mathrm{n} - \mathrm{rk}^t\mathrm{A} = \mathrm{n} - \mathrm{rkA}$ なので

$$\dim \mathrm{KerB} = \mathrm{n} - \mathrm{rkB} = \mathrm{n} - (\mathrm{n} - \mathrm{rkA}) = \mathrm{rkA} = \dim \mathrm{V}$$

となる。V の基底は KerB の中の dimKerB 本の一次独立なベクトルなので KerB を張り、$V = \mathrm{KerB}$ となることがわかる。

ベクトル $\boldsymbol{z} \in \mathbb{K}^n$ がある $\boldsymbol{y} \in V$ によって $\boldsymbol{z} = \boldsymbol{v}_0 + \boldsymbol{y}$ と書けるための必要十分条件は、

$$\boldsymbol{z} - \boldsymbol{v}_0 \in V \iff B(\boldsymbol{z} - \boldsymbol{v}_0) = \boldsymbol{0} \iff B\boldsymbol{z} = B\boldsymbol{v}_0$$

である。 □

第7章　固有値・固有ベクトル・対角化

§7.1　固有ベクトルと固有値

定義 7.1.1

A が $n\times n$ 行列のとき，n 次元ベクトル $\boldsymbol{v}\in\mathbb{K}^n$ が A の**固有ベクトル** (eigen-vector) であるとは，次の2条件を満たすことである．

(1)　スカラー $\lambda\in\mathbb{K}$ が存在して，$A\boldsymbol{v}=\lambda\boldsymbol{v}$ が成り立つ．

(2)　$\boldsymbol{v}\neq\boldsymbol{0}$ である．

このような $\boldsymbol{v}$ が存在するとき，λ を A の**固有値** (eigenvalue) とよぶ．$\boldsymbol{v}$ は A の固有値 λ に対する固有ベクトルと呼ぶ．

定義 7.1.2

A が $n\times n$ 行列であるとき，t を変数として，行列式 $\det(tE_n-A)$ を A の**固有多項式**とよび，$\Phi_A(t)$ と書く．また，方程式 $\Phi_A(t)=0$ を A の**固有方程式**と呼ぶ．

$n\times n$ 行列 $A=(a_{i,j})$ に対して A の**トレース**（trace，**跡**）を対角成分の和，すなわち $\mathrm{Tr}(A)=a_{1,1}+a_{2,2}+\cdots+a_{n,n}$ と定義する．

定理 7.1.3

A は $n\times n$ 行列とする．

(1) $\lambda\in\mathbb{K}$ が A の固有値となるための必要十分条件は $\Phi_A(\lambda)=0$ となること，すなわち λ が固有方程式の解となることである．

(2) A の固有多項式 $\Phi_A(t)$ は n 次式で，最高次 n 次の係数は1，$n-1$ 次の係数は $-\mathrm{Tr}(A)$，そし定数項は $(-1)^n\det A$ である．

(3) P が $n\times n$ 正則行列であれば，A の固有多項式と $P^{-1}AP$ の固有多項式とは等しい，すなわち等式 $\Phi_A(t)=\Phi_{P^{-1}AP}(t)$ が成り立つ．

証明　(1) $\boldsymbol{v}$ は A の固有値 λ に対する固有ベクトルであるとする．$A\boldsymbol{v}=\lambda\boldsymbol{v}=$

$(\lambda E_n)\boldsymbol{v}$ なので，$(\lambda E_n - A)\boldsymbol{v} = \boldsymbol{0}$ となる．線型方程式 $(\lambda E_n - A)\boldsymbol{x} = \boldsymbol{0}$ が $\boldsymbol{0}$ 以外に解 $\boldsymbol{v}$ を持つので定理 4.6.8 により $\lambda E_n - A$ は正則ではなく，系 5.2.12 により $\Phi_A(\lambda) = \det(\lambda E_n - A) = 0$ となる．逆に λ が A の固有方程式の解であれば，$\Phi_A(\lambda) = \det(\lambda E_n - A) = 0$ なので行列 $\lambda E_n - A$ は正則ではなく，定理 4.6.8 により $(\lambda E_n - A)\boldsymbol{v} = \boldsymbol{0}$ を満たすベクトル $\boldsymbol{v}$ でゼロベクトルでないものが存在する．この $\boldsymbol{v}$ が $A\boldsymbol{v} = \lambda\boldsymbol{v}$ を満たし，A の固有値 λ に対する固有ベクトルとなる．

(2) 行列 B を $B = tE_n - A$ とおく．$B = (b_{i,j})$ と成分であらわすと，$b_{1,1} = t - a_{1,1}$，$b_{2,2} = t - a_{2,2}$，…，$b_{n,n} = t - a_{n,n}$ が t についての一次式であり，その他の成分は $i \neq j$ に対し $b_{i,j} = -a_{i,j}$ は定数である．行列式の定義式

$$\det B = \sum_{\sigma \in \mathfrak{S}_n} \mathrm{sgn}(\sigma) b_{1,\sigma(1)} b_{2,\sigma(2)} \cdots b_{n,\sigma(n)}$$

において，各項 $b_{1,\sigma(1)} b_{2,\sigma(2)} \cdots b_{n,\sigma(n)}$ は 1 次以下の式 n 個の積なので高々 n 次式であり，しかも n 次式になるのは全ての $b_{i,\sigma(i)}$ が 1 次式になる場合，すなわち $\sigma = \mathrm{id}_{\underline{\mathbf{n}}}$ の項に限られる．$\sigma = \mathrm{id}_{\underline{\mathbf{n}}}$ のとき

$$\begin{aligned} b_{1,\sigma(1)} b_{2,\sigma(2)} \cdots b_{n,\sigma(n)} &= (t - a_{1,1})(t - a_{2,2}) \cdots (t - a_{n,n}) \\ &= t^n - (a_{1,1} + a_{2,2} + \cdots + a_{n,n}) t^{n-1} + \cdots \end{aligned}$$

となるので，$\Phi_A(t) = \det B$ は t 次式であり，その t^n の係数は 1 である．また，$\sigma \neq \mathrm{id}_{\underline{\mathbf{n}}}$ であれば，$b_{1,\sigma(1)} b_{2,\sigma(2)} \cdots b_{n,\sigma(n)}$ は t の高々 $n-2$ 次式になることに注意しよう．実際，σ が i 以外の全ての $k \in \{1,2,\ldots,n\}$ に対して $b_{k\sigma(k)}$ が t の一次式になるなら $\sigma(k) = k$ であり，i 以外の全ての k は $k = \sigma(k)$ として i 以外の元の σ による像になっているので，単射 σ による i の像は i 以外にはありえない，すなわち $\sigma(i) = i$ も成り立ち，$\sigma = \mathrm{id}_{\underline{\mathbf{n}}}$ となる．対偶を取れば，$\sigma \neq \mathrm{id}_{\underline{\mathbf{n}}}$ は少なくとも 2 つの元を動かし，従って $b_{1\sigma(1)} b_{2\sigma(2)} \cdots b_{n\sigma(n)}$ は高々 $n-2$ 次式となる．よって，$\Phi_A(t)$ における t^{n-1} の係数も $\sigma = \mathrm{id}_{\underline{\mathbf{n}}}$ の項のみから来ることになり，その係数は $-(a_{1,1} + a_{2,2} + \cdots + a_{n,n}) = -Tr(A)$ となることがわかった．

$\Phi_A(t)$ の定数項については $t = 0$ を代入して $\det(0E_n - A)$ となるが，$-A$ は A の n 個の行を -1 倍したものなので，定理 5.2.3(1) を n 回用いて $\det(-A) = (-1)^n \det A$ となることがわかる．

(3) $$\begin{aligned} \Phi_{P^{-1}AP}(t) &= \det(tE_n - P^{-1}AP) = \det(P^{-1}tE_nP - P^{-1}AP) \\ &= \det(P^{-1}(tE_n - A)P) \\ &= (\det P^{-1})(\det(tE_n - A))(\det P) \qquad (\text{系 } 5.2.11 \text{ より}) \end{aligned}$$

$$
\begin{aligned}
&= \Phi_A(t)\det(P^{-1}P) \\
&= \Phi_A(t) \qquad (\text{定理 5.2.3 (6) より } \det E_n = 1)
\end{aligned}
$$
□

次の定理は，名前こそ代数学の基本定理であるが，それは歴史的な理由によるものであり，実際の証明は複素数の解析的あるいは位相的な性質が本質的に用いられるので本書の射程の外にある．ここでは事実として引用して，必要に応じて用いることにしよう．

事実 7.1.4　（代数学の基本定理）

ここでは係数は複素数，すなわち $\mathbb{K}=\mathbb{C}$ とする．$\mathbb{C}$ 係数の n 次方程式 $t^n + c_1t^{n-1} + \cdots + c_n = 0$ は重複度もこめてちょうど n 個の解を持つ．言い換えると，

$$t^n + c_1t^{n-1} + \cdots + c_n = (t-\lambda_1)(t-\lambda_2)\cdots(t-\lambda_n)$$

と 1 次式の積に因数分解される．

定理 7.1.3(1) と事実 7.1.4 により，$\mathbb{K}=\mathbb{C}$ ならば $n\times n$ 行列 A は固有ベクトルを少なくとも 1 つは持つことがわかる．本書で $\mathbb{K}=\mathbb{C}$ と仮定して示す補題や定理などは，次の事実を 7.1.5 使えば，$\overline{\mathbb{K}}$ を代数閉体として同じ証明が通用する．

事実 7.1.5　（代数閉体の存在）

$\mathbb{K}$ が $\mathbb{R}$ や $\mathbb{C}$ でなくても，$\mathbb{K}$ を含む体 $\overline{\mathbb{K}}$ で，代数学の基本定理と同様の性質を持つものが存在する．すなわち，$\overline{\mathbb{K}}$ 係数の n 次方程式 $t^n + c_1t^{n-1} + \cdots + c_n = 0$ は重複度もこめてちょうど n 個の解を持つ．言い換えると，

$$t^n + c_1t^{n-1} + \cdots + c_n = (t-\lambda_1)(t-\lambda_2)\cdots(t-\lambda_n)$$

と 1 次式の積に因数分解される．このような性質を持つ体 $\overline{\mathbb{K}}$ を，代数閉体と呼ぶ．

§7.2 上三角化と対角化

定義 7.2.1

$n\times n$ 行列 $\Lambda=(c_{i,j})$ が**対角行列**であるとは $i\neq j$ のとき $c_{i,j}=0$ となること，つまり対角線の上にない成分が全て 0 となること．対角成分が順に $\lambda_1,\lambda_2,\dots,\lambda_n$ となる対角行列を $\mathrm{Diag}(\lambda_1,\lambda_2,\dots,\lambda_n)$ とあらわす，すなわち

$$\mathrm{Diag}(\lambda_1,\lambda_2,\dots,\lambda_n)=\begin{pmatrix}\lambda_1 & 0 & \cdots & 0\\ 0 & \lambda_2 & & \vdots\\ \vdots & & \ddots & \vdots\\ 0 & \cdots & & \lambda_n\end{pmatrix}$$

である．

$n\times n$ 行列 A が**対角化可能**であるとは，$n\times n$ 正則行列 P が存在して $P^{-1}AP$ が対角行列になることである．

命題 7.2.2

$n\times n$ 行列 A が対角化可能であるための必要十分条件は A の固有ベクトル $\boldsymbol{v}_1,\boldsymbol{v}_2,\dots,\boldsymbol{v}_n$ で一次独立になるようなものが存在することである．

証明 A が対角化可能であれば，正則行列 P と対角行列 $\Lambda=\mathrm{Diag}(\lambda_1,\lambda_2,\dots,\lambda_n)$ が存在して $P^{-1}AP=\Lambda$，すなわち $AP=P\Lambda$ が成り立つ．P の列ベクトルを $\boldsymbol{v}_1,\dots,\boldsymbol{v}_n$ として両辺に左から P をかけると

$$A(\boldsymbol{v}_1,\dots,\boldsymbol{v}_n)=AP=P\Lambda=(\boldsymbol{v}_1,\dots,\boldsymbol{v}_n)\mathrm{Diag}(\lambda_1,\dots,\lambda_n)=(\lambda_1\boldsymbol{v}_1,\dots,\lambda_n\boldsymbol{v}_n)$$

という等式が得られ，i 列目を比べて $A\boldsymbol{v}_i=\lambda_i\boldsymbol{v}_i$ が得られる．$\boldsymbol{v}_1,\dots,\boldsymbol{v}_n$ は正則行列 P（よって定理 4.6.8 により $\mathrm{rk}\,P=n$）の列ベクトルなので命題 4.5.16 により $\boldsymbol{v}_1,\dots,\boldsymbol{v}_n$ は一次独立である．特に各 $\boldsymbol{v}_i$ はゼロベクトルではなく，よって固有値 λ_i に対する固有ベクトルである．以上より，A の固有ベクトル $\boldsymbol{v}_1,\dots,\boldsymbol{v}_n$ で一次独立になるようなものが取れた．

逆に $\boldsymbol{v}_1,\dots,\boldsymbol{v}_n$ が一次独立で $A\boldsymbol{v}_i=\lambda_i\boldsymbol{v}_i$ であれば，$P=(\boldsymbol{v}_1,\dots,\boldsymbol{v}_n)$ とおけば

$$AP=(\lambda_1\boldsymbol{v}_1,\dots,\lambda_n\boldsymbol{v}_n)=P\,\mathrm{Diag}(\lambda_1,\dots,\lambda_n)$$

となり，$\Lambda=\mathrm{Diag}(\lambda_1,\dots,\lambda_n)$ とおけば $P^{-1}AP=\Lambda$ と対角化できた． □

注意 7.2.3　抽象線型空間の言葉で言えば，A の固有ベクトルで基底が取れれば，その基底で A を行列表示すれば対角行列になったということである．

補題 7.2.4

A は $n \times n$ 行列とする．

(1) $\boldsymbol{v}$ と $\boldsymbol{w}$ が A の同じ固有値 λ に対する固有ベクトルならば，その線型結合 $a\boldsymbol{v}+b\boldsymbol{w}$ も，ゼロベクトルでなければ A の固有値 λ に対する固有ベクトルである．

(2) $\boldsymbol{v}_1,\ldots,\boldsymbol{v}_k$ が A の固有ベクトルで，それぞれの固有値 $\lambda_1,\ldots,\lambda_k$ がどの 2 つも互いに相異なるならば，$\boldsymbol{v}_1,\ldots,\boldsymbol{v}_k$ は一次独立である．

証明　(1) $A\boldsymbol{v}=\lambda\boldsymbol{v}, A\boldsymbol{w}=\lambda\boldsymbol{w}$ なので，

$$A(a\boldsymbol{v}+b\boldsymbol{w})=aA\boldsymbol{v}+bA\boldsymbol{w}=a\lambda\boldsymbol{v}+b\lambda\boldsymbol{w}=\lambda(a\boldsymbol{w}+b\boldsymbol{w})$$

となり，$a\boldsymbol{v}+b\boldsymbol{w}$ も A の λ に対する固有ベクトルである．

(2) k について帰納法で示す．$k=1$ ならば，$\boldsymbol{v}_1$ は固有ベクトルの定義よりゼロベクトルではなく，よって $c_1\boldsymbol{v}=\boldsymbol{0}$ ならば $c_1=0$，つまり一次独立である．$k-1$ の場合まで示されたとして，

$$c_1\boldsymbol{v}_1+c_2\boldsymbol{v}_2+\cdots+c_k\boldsymbol{v}_k=\boldsymbol{0} \qquad \cdots（ア）$$

が成り立ったとする．（ア）式の両辺を A で送って

$$c_1\lambda_1\boldsymbol{v}_1+c_2\lambda_2\boldsymbol{v}_2+\cdots+c_k\lambda_k\boldsymbol{v}_k=\boldsymbol{0} \qquad \cdots（イ）$$

が得られる．また，（ア）式の両辺を λ_k 倍して

$$c_1\lambda_k\boldsymbol{v}_1+c_2\lambda_k\boldsymbol{v}_2+\cdots+c_k\lambda_k\boldsymbol{v}_k=\boldsymbol{0} \qquad \cdots（ウ）$$

が得られる．（イ）式から（ウ）式を引くと $c_k\lambda_k\boldsymbol{v}_k$ がキャンセルして

$$c_1(\lambda_1-\lambda_k)\boldsymbol{v}_1+c_2(\lambda_2-\lambda_k)\boldsymbol{v}_2+\cdots+c_{k-1}(\lambda_{k-1}-\lambda_k)\boldsymbol{v}_{k-1}$$

という式が得られる．帰納法の仮定から，$\boldsymbol{v}_1,\boldsymbol{v}_2,\ldots,\boldsymbol{v}_{k-1}$ は一次独立なので

$$c_1(\lambda_1-\lambda_k)=0, \quad c_2(\lambda_2-\lambda_k)=0, \quad \ldots, \quad c_{k-1}(\lambda_{k-1}-\lambda_k)=0$$

という式が得られる．仮定より $\lambda_i-\lambda_k\neq 0$ なので

$$c_1=0, \quad c_2=0, \quad \ldots, \quad c_{k-1}=0$$

となることがわかった．これを (ア) に代入して $c_k\boldsymbol{v}_k=\boldsymbol{0}$ もわかり，$\boldsymbol{v}_k\neq\boldsymbol{0}$ から

$c_k = 0$ もわかる，すなわち $\boldsymbol{v}_1, \ldots, \boldsymbol{v}_k$ も一次独立となり，帰納法が成立した．□

注意-定義 7.2.5　補題 7.2.4 は，固有値 λ に対する固有ベクトル全体の集合にゼロベクトルを付け加えると $\mathbb{K}^n$ の部分線型空間になっている，という内容である．この部分線型空間を A の固有値 λ に対する**固有空間**と呼ぶ．なお，試験などで「行列 A の固有値 λ に対する固有ベクトルを求めよ」という設問があれば，それは正確には A の固有値 λ に対する固有空間の基底を求めよ，という意味である．従って固有ベクトル $\boldsymbol{v}$ が1つ見つかったら，その0以外のスカラー倍も全て同じ固有値に対する固有ベクトルであるが，解答としては $\boldsymbol{v}$ だけを答えておけば良い．逆に固有空間の次元 d が1より大きければ，固有ベクトルを1つだけを答えても満点にはならない．$(\lambda E - A)\boldsymbol{x} = \boldsymbol{0}$ を掃き出し法で解くなどして，その基底を1組答えなくてはならない．

対角化について調べるための道具として，まず次の補題を証明しておこう．この結果は，9章でジョルダン標準形の理論として一般化されることになる．対角化はできる行列とできない行列とがあるが，上三角化でよければ全ての行列が上三角化できる，という結果である．

補題 7.2.6

係数は複素数，つまり $\mathbb{K} = \mathbb{C}$ とする．A が $n \times n$ 行列であるとすると，正則行列 P が存在して，$P^{-1}AP$ は上三角行列になる．上三角行列 $P^{-1}AP$ の対角成分は，固有方程式の解と重複度も含めて同じになる．また，対角成分を並べる順番を自由に選ぶことができる．

証明　n について帰納法を用いる．$n = 1$ ならば，そのままで上三角行列でその唯一の成分が固有値なので，$P = (1)$ とおけばよい．$n-1$ の場合は補題が成り立つと仮定して，(1,1) 成分におきたい固有値 λ を取り，$\boldsymbol{v}_1$ は A の固有値 λ に対する固有ベクトルとする．命題 4.5.5 により $\boldsymbol{v}_2, \boldsymbol{v}_3, \ldots, \boldsymbol{v}_n$ を補って $\boldsymbol{v}_1, \boldsymbol{v}_2, \ldots, \boldsymbol{v}_n$ が一次独立になり，系 4.5.4(2) により $P_1 = (\boldsymbol{v}_1, \ldots, \boldsymbol{v}_n)$ が正則行列になるようにする．$AP_1\boldsymbol{e}_1 = A\boldsymbol{v}_1 = \lambda\boldsymbol{v}_1$ であり，$P_1\boldsymbol{e}_1 = \boldsymbol{v}_1$ であることから $P_1^{-1}AP_1\boldsymbol{e}_1 = \lambda\boldsymbol{e}_1$ となる，すなわち $P_1^{-1}AP_1$ の第1列は $\lambda\boldsymbol{e}_1$ である．1行目と1列目で区切って

$$P_1^{-1}AP_1 = \left(\begin{array}{c|c} \lambda & {}^t\boldsymbol{v} \\ \hline 0 & \\ \vdots & A_1 \\ 0 & \end{array}\right)$$

とあらわす．${}^t\boldsymbol{v}$ は $P_1^{-1}AP_1$ の 1 行目の 2 列目から n 列目までであり，A_1 は $P_1^{-1}AP_1$ から 1 行目と 1 列目を取り除いたものである．A_1 に対して帰納法の仮定を適用して，$(n-1)\times(n-1)$ 正則行列 Q をとり，$Q^{-1}A_1Q$ は上三角行列となるようにとる．また，仮定により，対角成分は選んだ順番に並んでいる．このとき，

$$P = P_1\left(\begin{array}{c|ccc} 1 & 0 & \cdots & 0 \\ \hline 0 & & & \\ \vdots & & Q & \\ 0 & & & \end{array}\right)$$

とおくと

$$\begin{aligned}
P^{-1}AP &= \left(\begin{array}{c|ccc} 1 & 0 & \cdots & 0 \\ \hline 0 & & & \\ \vdots & & Q^{-1} & \\ 0 & & & \end{array}\right) P_1^{-1}AP_1 \left(\begin{array}{c|ccc} 1 & 0 & \cdots & 0 \\ \hline 0 & & & \\ \vdots & & Q & \\ 0 & & & \end{array}\right) \\
&= \left(\begin{array}{c|ccc} 1 & 0 & \cdots & 0 \\ \hline 0 & & & \\ \vdots & & Q^{-1} & \\ 0 & & & \end{array}\right) \left(\begin{array}{c|c} \lambda & {}^t\boldsymbol{v} \\ \hline 0 & \\ \vdots & A_1 \\ 0 & \end{array}\right) \left(\begin{array}{c|ccc} 1 & 0 & \cdots & 0 \\ \hline 0 & & & \\ \vdots & & Q & \\ 0 & & & \end{array}\right) \\
&= \left(\begin{array}{c|c} \lambda & {}^t\boldsymbol{v}Q \\ \hline 0 & \\ \vdots & Q^{-1}A_1Q \\ 0 & \end{array}\right)
\end{aligned}$$

となるので，$Q^{-1}A_1Q$ が上三角行列であることから，$P^{-1}AP$ も上三角行列となる．定理 7.1.3 (3) により A の固有多項式 $\Phi_A(t)$ は $P^{-1}AP$ の固有多項式 $\Phi_{P^{-1}AP}(t)$ と同じであり，定理 5.2.3 (8) により，上三角行列 $P^{-1}AP$ の対角成分を順に $c_1 = \lambda, c_2, \ldots, c_n$ とすると $tE_n - P^{-1}AP$ の対角成分は $t-c_1, t-c_1, \ldots, t-c_n$ なので，$\Phi_{P^{-1}AP}(t) = (t-c_1)(t-c_2)\cdots(t-c_n)$ となる．すなわち，$P^{-1}AP$ の対角成分は A の固有方程式 $\Phi_A(t) = 0$ の解を重複度も含めて並べたものであり，帰納法の仮定によりその並べ順も自由に選ぶことができる．　□

全ての行列が対角化できるわけではないが，次のような条件が知られている．

定理 7.2.7

係数は複素数，つまり $\mathbb{K} = \mathbb{C}$ とする．$n\times n$ 行列 A の固有多項式が重根を持たなければ A は対角化可能である．より精密に，A が対角化可能であるため

の必要十分条件は，A の各固有値 λ に対し，A の固有多項式 $\Phi_A(t)$ における λ の重複度を d として，$\mathrm{rk}(\lambda E_n - A) = n-d$ が成り立つことである．すなわち，A の λ に対する固有空間の次元が d となることである．なお，一般には $\mathrm{rk}(\lambda E_n - A) \geq n-d$，よって λ に対する固有空間の次元は d 以下，という不等号が成り立つ．A が対角化できるとき，その対角化の対角成分は重複度を込めて A の固有方程式 $\Phi_A(t)=0$ の解と同じである．

証明 A の固有多項式が重根を持たなければ，A は n 個の相異なる固有値 $\lambda_1,\ldots,\lambda_n$ を持ち，それぞれの固有値 λ_i に対する固有ベクトル $\boldsymbol{v}_i$ を取ると，補題 7.2.4 (2) により $\boldsymbol{v}_1,\ldots,\boldsymbol{v}_n$ は一次独立になる．命題 7.2.2 により，行列 A は対角化可能である．

次に $\mathrm{rk}(\lambda E_n - A) \geq n-d$ を示す．λ は A の重複度 d の固有値であるとして，$\lambda_1,\lambda_2,\ldots,\lambda_{n-d}$ は λ 以外の固有値であるとすると，補題 7.2.6 により正則行列 Q をとって上三角行列 $Q^{-1}AQ$ が，対角成分が順に $\lambda_1,\lambda_2,\ldots,\lambda_{n-d},\lambda,\lambda,\cdots,\lambda$ となるようにできる．$\lambda E_n - Q^{-1}AQ$ の最初の $n-d$ 列は

$$\begin{pmatrix} \lambda-\lambda_1 \\ 0 \\ \vdots \\ 0 \end{pmatrix}, \quad \begin{pmatrix} * \\ \lambda-\lambda_2 \\ 0 \\ \vdots \end{pmatrix}, \quad \begin{pmatrix} * \\ \vdots \\ \lambda-\lambda_{n-d} \\ 0 \\ \vdots \end{pmatrix}$$

となり，$i=1,2,\ldots,n-d$ に対して $\lambda-\lambda_i \neq 0$ となることからこれらの列ベクトルは一次独立である．命題 4.5.16 により，$\mathrm{rk}\lambda E_n - Q^{-1}AQ \geq n-d$ である．$\lambda E_n - Q^{-1}AQ = Q^{-1}(\lambda E_n - A)Q$ なので補題 4.6.6 により $\mathrm{rk}(\lambda E_n - A) = \mathrm{rk}(\lambda E_n - Q^{-1}AQ) \geq n-d$ となることがわかった．

A が対角化可能であるとすると，正則行列 P を取って $P^{-1}AP = \mathrm{Diag}(c_1,c_2,\ldots,c_n)$ とできる．定理 7.1.3 (3) により $\Phi_A(t) = \Phi_{P^{-1}AP}(t) = (t-c_1)\cdots(t-c_n)$ なので，A の対角化の対角成分は重複度を込めて A の固有方程式の解と同じである．λ の重複度が d であるとすると，$\lambda E_n - P^{-1}AP$ の列のうち d 列が 0 列となり，残り $n-d$ 列は互いに相異なる標準単位ベクトルの 0 でない定数倍になっているので，$\mathrm{rk}(\lambda E_n - A) = \mathrm{rk}(\lambda E_n - P^{-1}AP) = n-d$ となる．

$\lambda_1,\lambda_2,\ldots,\lambda_k$ を A の相異なる固有値の全体とし，それぞれの固有多項式での重複度を d_i とおく．すなわち $\Phi_A(t) = (t-\lambda_1)^{d_1}(t-\lambda_2)^{d_2}\cdots(t-\lambda_k)^{d_k}$ である．$\Phi_A(t)$ は n 次式なので，$d_1+d_2+\cdots+d_k = n$ である．今，各 λ_i に対し $\mathrm{rk}(\lambda_i E_n - A) = n-d_i$ であると仮定する．掃き出し法によって $(\lambda_i E_n - A)\boldsymbol{x} = \boldsymbol{0}$ を解くと，自由変数

が d_i 個あるので，その一般解を $t_1\boldsymbol{v}_{i,1}+t_2\boldsymbol{v}_{i,2}+\cdots+t_{d_i}\boldsymbol{v}_{i,d_i}$ とあらわすことができる．$(\lambda_i E_n - A)\boldsymbol{v}_{i,j}=\boldsymbol{0}$ なので，各 $\boldsymbol{v}_{i,j}$ は A の固有値 λ_i に対する固有ベクトルである．命題 4.5.15 により $\boldsymbol{v}_{i,1},\ldots,\boldsymbol{v}_{i,d_i}$ は一次独立である．こうしてとった $\boldsymbol{v}_{1,1},\ldots,\boldsymbol{v}_{k,d_k}$ が一次独立であることを示せば，命題 7.2.2 により A が対角化可能であることがわかる．スカラー $c_{i,j}\in\mathbb{K}$ によって $c_{1,1}\boldsymbol{v}_{1,1}+\cdots c_{k,d_k}\boldsymbol{v}_{k,d_k}=\boldsymbol{0}$ が成り立つと仮定する．各 $i\in\{1,2,\ldots,k\}$ に対して $\boldsymbol{w}_i=c_{i,1}\boldsymbol{v}_{i,1}+\cdots+c_{i,d_i}\boldsymbol{v}_{i,d_i}$ とおくと補題 7.2.4(1) により $\boldsymbol{w}_i$ はゼロベクトルであるか，あるいは A の固有値 λ_i に対する固有ベクトルであり，$\boldsymbol{w}_1+\cdots+\boldsymbol{w}_k=\boldsymbol{0}$ となることが仮定されている．必要なら順番を変えて $\boldsymbol{w}_1,\ldots,\boldsymbol{w}_\ell$ が固有ベクトルであり，$\boldsymbol{w}_{\ell+1}=\cdots=\boldsymbol{w}_k=\boldsymbol{0}$ であるとしよう．つまり $\boldsymbol{w}_1+\cdots+\boldsymbol{w}_\ell=\boldsymbol{0}$ であり，$i\in\{1,2,\ldots,\ell\}$ に対して $\boldsymbol{w}_i$ は A の固有値 λ_i に対する固有ベクトルである．ところが補題 7.2.4 (2) により，$\boldsymbol{w}_1,\ldots,\boldsymbol{w}_\ell$ は一次独立であり，もし $\ell>0$ であれば $1\boldsymbol{w}_1+\cdots+1\boldsymbol{w}_\ell=\boldsymbol{0}$ ならば係数 1 が 0 になるはずで矛盾，すなわち $\ell=0$ となり，$\boldsymbol{w}_1=\cdots=\boldsymbol{w}_k=\boldsymbol{0}$ となる．ところが今度は $\boldsymbol{0}=\boldsymbol{w}_i=c_{i,1}\boldsymbol{v}_{i,1}+\cdots+c_{i,d_i}\boldsymbol{v}_{i,d_i}$ であり，$\boldsymbol{v}_{i,1},\ldots,\boldsymbol{v}_{i,d_i}$ が一次独立なので，$c_{i,1}=\cdots=c_{i,d_k}=0$ となる．$\boldsymbol{v}_{i,j}$ たちの線型結合が $\boldsymbol{0}$ であればその係数が全て 0 となることが示せたので，$\boldsymbol{v}_{i,j}$ は一次独立な n 本の A の固有ベクトルであることがわかり，A が対角化可能であることが証明された．　□

行列の $n\times n$ 個の成分を十分「ランダムに」取ると，その固有多項式は重根を持たないことが知られており，よって「ほとんどの」$n\times n$ 行列は対角化可能である．一方，次の例のように，対角化不可能な行列も無数に存在する．

例 7.2.8

$n\times n$ 行列 A の固有方程式が 0 を n 重根として持つ，すなわち $\Phi_A(t)=t^n$ であると仮定する．このとき，A が対角化可能であるのは $\mathrm{rk}\,A=0$，すなわち A が 0 行列になる場合に限られる．一方，$\boldsymbol{v},\boldsymbol{w}\in\mathbb{K}^n$ が，${}^t\boldsymbol{v}\boldsymbol{w}=(0)$ となるような（$\mathbb{K}=\mathbb{R}$ なら内積 0 となるような）$\boldsymbol{0}$ でないベクトルであるとする．このとき，$n\times n$ 行列 A を $A=\boldsymbol{w}{}^t\boldsymbol{v}$ とおくと，A は 0 行列ではないが（例えば $\boldsymbol{w}$ の第 i 行目，${}^t\boldsymbol{v}$ の第 j 列目がともに 0 でなければ，A の (i,j) 成分はその積なので 0 でない），$A^2=\boldsymbol{w}{}^t\boldsymbol{v}\boldsymbol{w}{}^t\boldsymbol{v}=\boldsymbol{w}(0){}^t\boldsymbol{v}$ は 0 行列になる．λ が A の固有値とすれば固有ベクトル $\boldsymbol{u}\neq\boldsymbol{0}$ が存在し，$\lambda^2\boldsymbol{u}=A^2\boldsymbol{u}=\boldsymbol{0}$ なので，$\lambda=0$，すなわち A の固有値は 0 しかない．よって方程式 $\Phi_A(t)=0$ は 0 しか解を持たず，$\Phi_A(t)=t^n$ なので，A は対角化できない．　□

§7.3 対角化の応用

$n \times n$ 行列 A が $A = P\Lambda P^{-1}$, ただし $\Lambda = \mathrm{Diag}(\lambda_1, \lambda_2, \ldots, \lambda_n)$, と対角化されていたとすると,

$$A^m = (P\Lambda \overbrace{P^{-1})(P}^{E}\Lambda \overbrace{P^{-1})(\cdots}^{E}\overbrace{\cdots)(P}^{E}\Lambda P^{-1}) = P\Lambda^m P^{-1}$$

となり, $\Lambda = \begin{pmatrix} \lambda_1 & & \\ & \ddots & \\ & & \lambda_n \end{pmatrix}$ に対して $\Lambda^m = \begin{pmatrix} \lambda_1^m & & \\ & \ddots & \\ & & \lambda_n^m \end{pmatrix}$ なので

$A^m = P \begin{pmatrix} \lambda_1^m & & \\ & \ddots & \\ & & \lambda_n^m \end{pmatrix} P^{-1}$ と A の冪乗が計算できる.

例 7.3.1

行列 $A = \begin{pmatrix} -2 & -1 & -1 \\ 2 & 7 & 5 \\ 0 & -6 & -4 \end{pmatrix}$ の冪乗の公式を見つけてみよう。

$$\det(tE_3 - A) = \det \begin{pmatrix} t+2 & 1 & 1 \\ -2 & t-7 & -5 \\ 0 & 6 & t+4 \end{pmatrix} = t^3 - t^2 - 2t = t(t-2)(t+1)$$

なので、固有値は $2, 0, -1$ でありそれぞれの固有ベクトルは $(A - 2E_3)\boldsymbol{x} = \boldsymbol{0}$, $A\boldsymbol{x} = \boldsymbol{0}$, $(A + E_3)\boldsymbol{x} = \boldsymbol{0}$ をそれぞれ掃き出し法で解いて $\begin{pmatrix} 0 \\ -1 \\ 1 \end{pmatrix}, \begin{pmatrix} -1 \\ -4 \\ 6 \end{pmatrix}, \begin{pmatrix} 1 \\ 1 \\ -2 \end{pmatrix}$ と求まる。これらの固有ベクトルを並べて $P = \begin{pmatrix} 0 & -1 & 1 \\ -1 & -4 & 1 \\ 1 & 6 & -2 \end{pmatrix}$ とおくと $A = P\Lambda P^{-1}$ と対角化される、ただし $\Lambda = \begin{pmatrix} 2 & 0 & 0 \\ 0 & 0 & 0 \\ 0 & 0 & -1 \end{pmatrix}$ である。再び掃き出し法により $P^{-1} = \begin{pmatrix} -2 & -4 & -3 \\ 1 & 1 & 1 \\ 2 & 1 & 1 \end{pmatrix}$ と求まるので

$$A^n = P\Lambda^n P^{-1} = \begin{pmatrix} 0 & -1 & 1 \\ -1 & -4 & 1 \\ 1 & 6 & -2 \end{pmatrix} \begin{pmatrix} 2^n & 0 & 0 \\ 0 & 0 & 0 \\ 0 & 0 & (-1)^n \end{pmatrix} \begin{pmatrix} -2 & -4 & -3 \\ 1 & 1 & 1 \\ 2 & 1 & 1 \end{pmatrix}$$

$$= \begin{pmatrix} 2(-1)^n & (-1)^n & (-1)^n \\ 2(-1)^n + 2^{n+1} & (-1)^n + 2^{n+2} & (-1)^n + 3 \times 2^n \\ -4(-1)^n - 2^{n+1} & -2(-1)^n - 2^{n+2} & -2(-1)^n - 3 \times 2^n \end{pmatrix}$$

と公式ができた。A^2 を直接計算すると $\begin{pmatrix} 2 & 1 & 1 \\ 10 & 17 & 13 \\ -12 & -18 & -14 \end{pmatrix}$ となり、少なくともこの場合に公式が正しいことが確かめられる。□

注意 7.3.2　例 7.3.1 において公式に $n=0$ を代入すると単位行列にならない。それは正しくは Λ^0 は単位行列としなくてはならないのに、公式では全ての n に対して一律に (2,2) 成分を $0^n=0$ としてしまっているからである。

A が対角化可能なとき，A^m を計算するには $A=P\Lambda P^{-1}$ において，対角行列の対角成分のみ m 乗すれば良いことがわかったが，より一般に次の定理が成り立つ.

定理 7.3.3

$n\times n$ 行列 A は $A=P\Lambda P^{-1}$，ただし $\Lambda=\mathrm{Diag}(\lambda_1,\ldots,\lambda_n)$，と対角化されるとする．$f(t)=c_mt^m+c_{m-1}t^{m-1}+\cdots+c_2t^2+c_1t+c_0$ を多項式とし，$f(A)=c_mA^m+c_{m-1}A^{m-1}+\cdots+c_2A^2+c_1A+c_0E_n$ と定義するとき，$f(A)$ の対角化は次のように計算される：

$$f(A)=P\begin{pmatrix} f(\lambda_1) & & \\ & \ddots & \\ & & f(\lambda_n) \end{pmatrix}P^{-1}$$

証明　$c_kA^k=Pc_k\Lambda^kP^{-1}$ なので

$$\begin{aligned} f(A)&=P(c_m\Lambda^m)P^{-1}+P(c_{m-1}\Lambda^{m-1})P^{-1}+\cdots+P(c_1\Lambda)P^{-1}+P(c_0E_n)P^{-1} \\ &=P(c_m\Lambda^m+c_{m-1}\Lambda^{m-1}+\cdots+c_0E_n)P^{-1} \\ &=P\begin{pmatrix} c_m\lambda_1^m+\cdots+c_0 & & \\ & \ddots & \\ & & c_m\lambda_n^m+\cdots+c_0 \end{pmatrix}P^{-1} \\ &=P\begin{pmatrix} f(\lambda_1) & & \\ & \ddots & \\ & & f(\lambda_n) \end{pmatrix}P^{-1} \end{aligned}$$

□

系 7.3.4

係数は複素数 $\mathbb{K}=\mathbb{C}$ とし，A は対角化可能な $n\times n$ 行列，$f(t)$ は複素数係数の 1 次以上の多項式とする．このとき，$f(X)=A$ となるような $n\times n$ 行列 X が存在する.

証明　$A = P\Lambda P^{-1}$，　$\Lambda = \mathrm{Diag}(\lambda_1, \ldots, \lambda_n)$ と対角化されているとする．$X = PMP^{-1}$，　$M = \mathrm{Diag}(\mu_1, \ldots, \mu_n)$ という形の行列で $f(X) = A$ を満たすようなものが存在することを示せば良い．定理 7.3.3 により $f(X) = P\begin{pmatrix} f(\mu_1) & & \\ & \ddots & \\ & & f(\mu_n) \end{pmatrix}P^{-1}$ なので，$f(\mu_1) = \lambda_1$，…，$f(\mu_n) = \lambda_n$ を満たすような $\mu_1, \ldots, \mu_n$ が存在することを言えば良い．$f(t)$ は 1 次以上の多項式なので，代数学の基本定理 (事実 7.1.4) によりそのような $\mu_1, \ldots, \mu_n$ は確かに存在する．　□

例 7.3.5

A が対角化可能な 2×2 行列であるときに，$X^2 = A$ となるような行列 X を見つけてみよう．$A = P\begin{pmatrix} \lambda & 0 \\ 0 & \mu \end{pmatrix}P^{-1}$ において $\lambda \neq \mu$ ならば，$X = P\begin{pmatrix} \pm\sqrt{\lambda} & 0 \\ 0 & \pm\sqrt{\mu} \end{pmatrix}P^{-1}$ (複号任意) が $X^2 = A$ を満たし，逆にこれが全てである[1]．よって，λ, μ が両方とも 0 でなければ 4 通り，一方のみが 0 であれば 2 通りの平方根が存在することになる．

一方，A が $\mathbf{0}$ 以外のスカラー行列 $A = \begin{pmatrix} \lambda & 0 \\ 0 & \lambda \end{pmatrix}$ であれば，任意の正則行列 P に対して $A = P\begin{pmatrix} \lambda & 0 \\ 0 & \lambda \end{pmatrix}P^{-1}$ が A の対角化であるとみなせるので，$X = P\begin{pmatrix} \sqrt{\lambda} & 0 \\ 0 & -\sqrt{\lambda} \end{pmatrix}P^{-1}$ が $X^2 = A$ を満たすことになる．正則行列 P の選び方は無数にあり，P の 2 つの列ベクトルが，そしてそれらのスカラー倍のみが X の固有ベクトルとなるので，$A = \lambda E_n$ の平方根は無数に存在することになる．実際，例えば直線 $\cos\theta y = \sin\theta x$ に関しての線対称反転行列 $X(\theta) = \begin{pmatrix} \cos 2\theta & \sin 2\theta \\ \sin 2\theta & \cos 2\theta \end{pmatrix}$ は全て $X^2 = E_n$ を満たしており，E の平方根は確かに無数に存在している．一方次の節で示す通り，対角化できない行列 $A = \begin{pmatrix} 0 & 1 \\ 0 & 0 \end{pmatrix}$ に対しては $X^2 = A$ を満たす 2×2 行列 X は存在しない．この A について $A^2 = \mathbf{0}$ は対角化可能なので，一般に A^2 が対角化可能だからと言って A も対角化可能であるとは限らない (ただし，2×2 では $A^2 = \mathbf{0}$ が唯一の反例である．)　□

[1] 補題 7.2.6 を用いて X の固有値が重複すれば X^2 の固有値も重複することが示されるので，対偶をとって X が対角化可能であることがわかる．

§7.4　ケイリー・ハミルトンの定理

$n\times n$ 行列 A が $A=P\Lambda P^{-1}$,　$\Lambda=\mathrm{Diag}(\lambda_1,\ldots,\lambda_n)$ と対角化可能で $\Phi_A(t)$ が A の固有多項式であれば，定理 7.3.3 により

$$\Phi_A(A)=P\begin{pmatrix}\Phi_A(\lambda_1) & & \\ & \ddots & \\ & & \Phi_A(\lambda_n)\end{pmatrix}P^{-1}=P\begin{pmatrix}0 & & \\ & \ddots & \\ & & 0\end{pmatrix}P^{-1}=\mathbf{0}$$

となる，すなわち A の固有多項式に A 自身を代入すると，0 行列になる．これは A が対角化可能でない場合でも正しく，ケイリー・ハミルトンの定理と呼ばれている[2]．この節ではその証明を与えよう．

補題 7.4.1

A が $n\times n$ 上三角行列で，しかも A の (k,k) 成分も 0，そして B の $k+1$ 行目以下の成分は全て 0 であるとする．このとき，行列の積 AB の k 行目以下は全て 0 である．

証明　AB の (i,j) 成分 $c_{i,j}$ は

$$c_{i,j}=a_{i,1}b_{1,j}+a_{i,2}b_{2,j}+\cdots+a_{i,\ell}b_{\ell,j}+\cdots+a_{i,n}b_{n,j}$$

である．A は上三角行列なので，$i>j$ ならば $a_{i,j}=0$ であり，また仮定より $a_{k,k}=0$, また $i>k$ ならば $b_{i,j}=0$ である．このとき, $i\geq k$ ならば $c_{i,j}=0$ となることを示せば良い．まず $i>k$ のとき，A は上三角なので $a_{i,1}=a_{i,2}=\cdots=a_{i,i-1}=0$ である．一方，$\ell\geq i>k$ ならば，B の $k+1$ 行目以下が 0 なので，$b_{\ell,j}=0$，すなわち $b_{i,j}=b_{i+1,j}=\cdots=b_{n,j}=0$ となる．両方あわせて，$i>k$ に対しては各 ℓ に対し $a_{i,\ell}$ か $b_{\ell,j}$ かどちらか一方が 0 になり，$c_{i,j}=\displaystyle\sum_{\ell=1}^{n}a_{i,\ell}b_{\ell,j}=0$ となる．次に $i=k$ に対しては，A が上三角行列であることから $a_{k,1}=a_{k,2}=\cdots=a_{k,k-1}=0$ であり，さらに仮定により $a_{k,k}=0$ である．一方，B は $k+1$ 行目以下は 0 なので $b_{k+1,j}=b_{k+2,j}=\cdots=b_{n,j}=0$ である．よってこの場合も全ての積において $a_{k,\ell}$ か $b_{\ell,j}$ かどちらか一方が 0 なので，$c_{k,j}=\displaystyle\sum_{\ell=1}^{n}a_{k,\ell}b_{\ell,j}=0$ となる．□

[2] ケイリー・ハミルトンの定理を最初に一般に証明したのはフロベニウス (1877)．ケイリーは 2×2 と 3×3 の場合を取り扱い，ハミルトンは四元数を行列表示したものに対してのみ証明した．

定理 7.4.2（ケイリー・ハミルトンの定理）

$\mathbb{K}=\mathbb{R}$ または $\mathbb{C}$，あるいは事実 7.1.5 を使って $\mathbb{K}$ は任意の体であるとする．A は $n\times n$ 行列，$\Phi_A(t)=t^n+c_1t^{n-1}+\cdots c_{n-1}t+c_n$ は A の固有多項式とする．このとき，A を $\Phi_A(t)$ に代入した $\Phi_A(A)=A^n+c_1A^{n-1}+\cdots+c_{n-1}A+c_nE_n$ はゼロ行列になる．

証明　$\mathbb{K}=\mathbb{R}$ の場合でも，$\Phi_A(A)=0$ という等式を示す途中で複素数を使って問題ないので，$\mathbb{K}=\mathbb{C}$ だとして証明して構わない．補題 7.2.6 により[3] 正則行列 P により $A=P\begin{pmatrix}\lambda_1 & & *\\ & \ddots & \\ & & \lambda_n\end{pmatrix}P^{-1}$ と上三角化でき，A の固有多項式は $\Phi_A(t)=(t-\lambda_1)(t-\lambda_2)\cdots(t-\lambda_n)$ と因数分解できる．これに $t=A$ を代入して

$$\Phi_A(A)=(A-\lambda_1E_n)(A-\lambda_2E_n)\cdots(A-\lambda_nE_n)$$

となる．ここで各 $k=n,n-1,n-2,\ldots$ に対して次の条件 (*) が成り立つことを k についての下降帰納法で示そう：

(*) $P^{-1}(A-\lambda_kE_n)(A-\lambda_{k+1}E_n)\cdots(A-\lambda_nE_n)P$ の k 行目以下は全て 0 行である．

$k=n$ の場合は $P^{-1}(A-\lambda_nE_n)P=\begin{pmatrix}\lambda_1-\lambda_n & & *\\ & \ddots & \\ & & \lambda_n-\lambda_n\end{pmatrix}$ で，その n 行目は $(0,0,\ldots,0,\lambda_n-\lambda_n)$ は確かに 0 行なので成り立つ．$k+1$ の場合に成り立つと仮定すると，帰納法の仮定より $B=P^{-1}(A-\lambda_{k+1}E_n)(A-\lambda_{k+2}E_n)\cdots(A-\lambda_nE_n)P$ の $k+1$ 行目以下は全て 0 行であり，また上三角行列 $P^{-1}AP-\lambda_kE_n$ の (k,k) 成分は $\lambda_k-\lambda_k=0$ なので，補題 7.4.1 が使えて $P^{-1}(A-\lambda_kE_n)BP$ の k 行目以下は全て 0 になる．特に $k=1$ に対して $P^{-1}(A-\lambda_1E_n)(A-\lambda_2E_n)\cdots(A-\lambda_nE_n)P=\Phi_A(P^{-1}AP)=P^{-1}\Phi_A(A)P$ の 1 行目以下，すなわち全ての成分が 0 となるので，$\Phi_A(A)$ が 0 行列になることが証明された．□

応用として，対角化できない行列に対しては必ずしも系 7.3.4 が成り立たないことを示そう．

例 7.4.3

$A=\begin{pmatrix}0 & 1\\ 0 & 0\end{pmatrix}$ とするとき，$X^2=A$ となる 2×2 行列 X が存在しないことを示そう．

---

[3] $\mathbb{K}$ が $\mathbb{C}$ に含まれない係数体の場合，$\mathbb{K}$ を含む代数閉体 $\overline{\mathbb{K}}$ を係数とすれば補題 7.2.6 を証明できるので，その場合でも大丈夫である．

そのような X が存在したと仮定して矛盾を導く．$X^2=A$ なので，$X^4=A^2=\mathbf{0}$ となる．特に X の固有値は 0 のみである．実際，λ が A の固有値だとすると，$\boldsymbol{v}$ が A の λ に対する固有ベクトルだとして，$\mathbf{0}=A^4\boldsymbol{v}=\lambda^4\boldsymbol{v}$ となり，$\boldsymbol{v}\neq\mathbf{0}$ なので $\lambda^4=0$，よって $\lambda=0$ となる．A の固有多項式 $\Phi_A(t)$ が 0 しか根を持たないので $\Phi_A(t)=t^2$ となる．ケイリー・ハミルトンの定理により $X^2=\mathbf{0}$ となるが，これは $X^2=A$ という仮定に反する．

より一般に，$n\geq 2$ として $n\times n$ 行列 A を $A=\begin{pmatrix} 0 & 1 & 0 & \cdots \\ & \ddots & \ddots & \\ & & \ddots & 1 \\ & & & 0 \end{pmatrix}$，すなわち $A=(a_{i,j})$ とおくと $a_{i,j}=\begin{cases} 1 & (j=i+1) \\ 0 & (j\neq i+1) \end{cases}$ という行列 A を取ったとき，$A^k=(b_{i,j})$ は $b_{i,j}=\begin{cases} 1 & (j=i+k) \\ 0 & (j\neq i+k) \end{cases}$ となるので A^{n-1} は $(1,n)$ 成分のみが 1 でかろうじて 0 行列でないが，A^n は 0 行列になってしまう．この A に対し $X^2=A$ となる $n\times n$ 行列 X が存在したとすれば $X^{2n}=A^n=0$ となるので，やはり X の固有値は 0 のみであり，従って $\Phi_X(t)=t^n$ となる．ケイリー・ハミルトンの定理により $X^n=0$ となるのでこれに X^{n-2} をかけて $0=X^{2n-2}=A^{n-1}$ となるが，$A^{n-1}\neq 0$ だったので矛盾，したがって $X^2=A$ となるような行列 X は存在しない．　□

§7.5　定数係数常微分方程式

関数 $x(t)$ の微分 $\dfrac{dx}{dt}$ は，x が時間 t に従って変化する割合をあらわす関数であるが，ニュートンが元々微分を定義したモチベーションは「変化のしかたがわかっているとき，その条件を満たす関数はどういうものがあるか？」という問題，すなわち微分方程式であった．例えば，関数 $x(t)$ の変化の大きさが x の大きさに比例する関数はどういうものがあるだろう？ 自然現象で，そういう条件が出てくることは多い．人口増加率が一定ならば，人口が 2 倍になれば生まれる子供も 2 倍になるだろうし，放射性物質の崩壊も，量が多ければ多いほど，それに比例してより多くの原子が崩壊することになる．さて，この条件を式で書くと，$\dfrac{dx}{dt}(t)=ax(t)$，ただし a は定数，ということになる．この式は x の変化の様子のみをあらわしているので，出発点の x の値によって $x(t)$ が変わってくる．そこで例えば $x(0)$ の値を与えるわけだが，この条件を初期条件とよぶ．

命題 7.5.1

関数 $x(t)=e^{at}x_0$ は初期条件 $x(0)=x_0$ を満たす微分方程式 $\dfrac{dx}{dt}=ax$ の解である．逆に関数 $x(t)$ が初期条件 $x(0)=x_0$ を満たす微分方程式 $\dfrac{dx}{dt}=ax$ の解であれば，$x(t)=e^{at}x_0$ である．

証明 $x(t)=e^{at}x_0$ は $t=0$ を代入すると x_0 になり，$\dfrac{dx}{dt}=ae^{at}x_0=ax(t)$ を満たすので，これは確かに微分方程式の解である．逆に $x(t)$ が $\dfrac{dx}{dt}=ax$ と $x(0)=x_0$ を満たすとき，まず $x_0>0$ として，$\log x(t)$ を微分してみると $\dfrac{dx/dt}{x(t)}=a$ と定数になるので，$\log x(t)=at+\log x_0$ となり（厳密には平均値の定理を使う[4]），両辺 e の肩にのっけて $x(t)=e^{at}x_0$ となる．$x_0<0$ ならば関数 $X(t):=-x(t)$ も同じ微分方程式 $dX/dt=-dx/dt=-ax=aX$ を正の初期値 $X(0)=-x(0)>0$ で満たすので，$X(t)=e^{at}(-x_0)$ となり，やはり $x(t)=-X(t)=e^{at}x_0$ である．もし $x_0=0$ を満たす解 $x(t)$ が，ある T で $x(T)\neq 0$ ならば，関数 $y(t):=x(T+t)$ も $dy/dt(t)=dx(T+t)/dt=ax(T+t)=ay(t)$ なので同じ微分方程式の解であり，この y は $y(0)\neq 0$ なので $x(0)=y(-T)=e^{-aT}x(T)\neq 0$ となるので矛盾，よって $x_0=0$ ならば $x(t)=0=e^{at}\times 0$ となり，この場合もこれしかない． □

1 変数だけでなく 2 変数の微分方程式も考えることができる．ベクトル値関数 $\boldsymbol{x}(t)=\begin{pmatrix}x(t)\\y(t)\end{pmatrix}$ の微分を成分ごとの微分と定義すると

$$\frac{d\boldsymbol{x}}{dt}:=\begin{pmatrix}dx/dt\\dy/dt\end{pmatrix}$$

幾何的にはこれは平面上を動いていく点の速度ベクトルになっている．

---

[4] 関数 $f(t)$ が $df/dt(t)=a$ を各 t で満たし，$f(0)=f_0$ であれば，任意の t に対して平均値の定理により $\dfrac{f(t)-f(0)}{t-0}=\dfrac{df}{dt}(s)$ となる s が 0 と t との間に存在する．ところが任意の s に対して $\dfrac{df}{dt}(s)=a$ なので $f(t)=f_0+at$ となる．

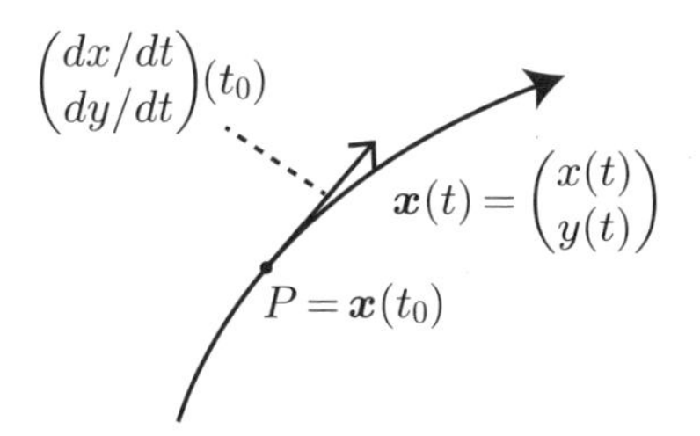

$A = \begin{pmatrix} a & b \\ c & d \end{pmatrix}$ とおいて $\dfrac{d\boldsymbol{x}}{dt}(t) = A\boldsymbol{x}(t)$ という微分方程式を $\boldsymbol{x}(0) = \boldsymbol{x}_0$ という初期条件で考える．$\dfrac{d\boldsymbol{x}}{dt}(t) = A\boldsymbol{x}(t)$ は，平面上の各点で速度ベクトルが与えられていて，そこを通るときにはその速度ベクトルに沿って動くように，という要請である．平面の各点にその速度ベクトルを配置して，微分方程式の図形的意味を目で見ることができる．試しに $A = E_2 = \begin{pmatrix} 1 & 0 \\ 0 & 1 \end{pmatrix}$ の場合にどんな速度ベクトルになっているかを見てみよう．

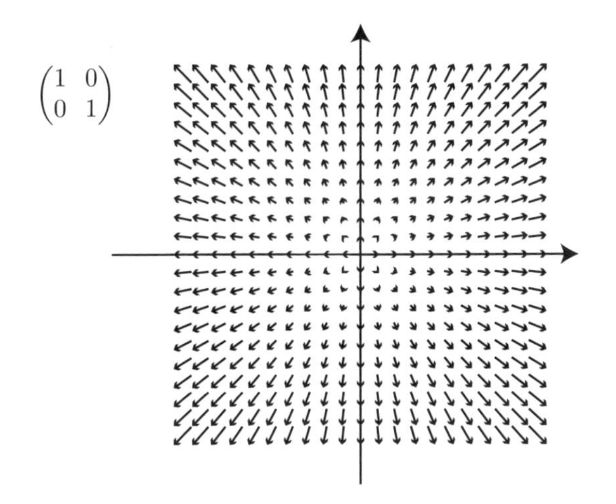

点 $\begin{pmatrix} x \\ y \end{pmatrix}$ で速度ベクトルが $\begin{pmatrix} x \\ y \end{pmatrix}$ なので，全ての点で原点からまっすぐ外へ向かう方向に矢印が伸びている．微分方程式 $\dfrac{d\boldsymbol{x}}{dt} = E_2\boldsymbol{x} = \boldsymbol{x}$ の解はこの矢印に沿って動いていくので，初期値が原点以外であれば，原点から結んだ直線上を一直線に，加速しながら原点から離れていくことが，方程式を解かなくても図を見ればわかる．

次に $A=-E_2=\begin{pmatrix}-1 & 0\\ 0 & -1\end{pmatrix}$ の場合の図を見てみよう．上の図の矢印の向きを反対にしただけである．

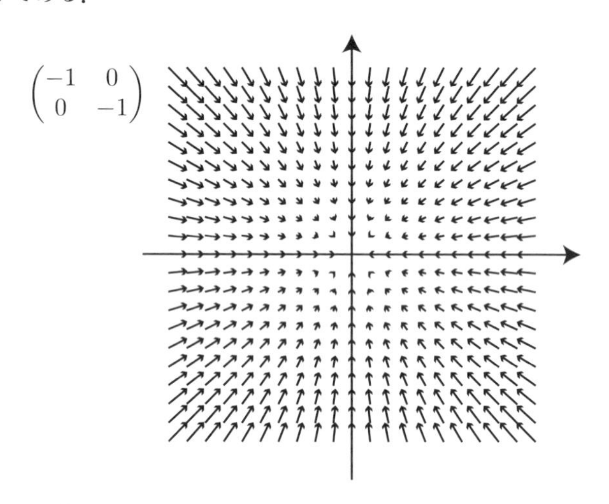

この場合，解はどこを初期値としようが，原点にまっすぐ収束していくことが，やはり図を見ただけでわかる．

次は $A=\begin{pmatrix}1 & 0\\ 0 & -1\end{pmatrix}$ である．ちょっとひねっただけで，速度ベクトル図はかなり面白くなり，一目では解曲線（方程式の解が移動していく軌跡）の方程式がわからなくなっている．しかし，y 軸以外の点を初期値とすれば，まず x 軸に近づいていって，同時に x 軸に沿って原点から離れていくように動いていく，というのは見て取れるであろう．

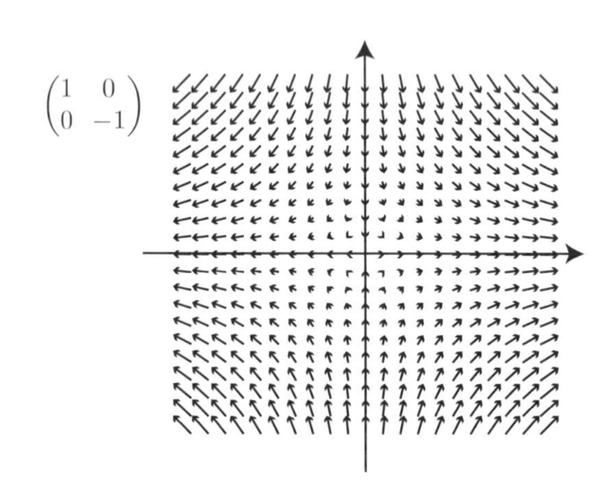

ところで，ここまでの３つの微分方程式は，$A=\begin{pmatrix}1 & 0\\ 0 & -1\end{pmatrix}$ の場合も含めて，解を簡単に求めることができる．実際，より一般に $A=\begin{pmatrix}a & 0\\ 0 & b\end{pmatrix}$ という形の行列に対して $\dfrac{d\boldsymbol{x}}{dt}(t)=A\boldsymbol{x}$ という方程式は，成分を書き下して見ると

$$\begin{cases} dx/dt(t)=ax(t)\\ dy/dt(t)=by(t)\end{cases}$$

となるので一変数の場合に帰着し， $x(t)=e^{at}x_0, y(t)=e^{bt}y_0$，つまり $\boldsymbol{x}(t)=\begin{pmatrix}e^{at} & 0\\ 0 & e^{bt}\end{pmatrix}\boldsymbol{x}_0$ とあらわされるのである．$A=E_2$ ならば $\boldsymbol{x}(t)=e^t\boldsymbol{x}$ だし，$A=-E_2$ ならば $\boldsymbol{x}(t)=e^{-t}\boldsymbol{x}_0$，そして $A=\begin{pmatrix}1 & 0\\ 0 & -1\end{pmatrix}$ の場合は $\begin{cases} x(t)= \ e^{t}x_0\\ y(t)=e^{-t}y_0\end{cases}$ となり，初期値 $\boldsymbol{x}_0$ が x 軸にも y 軸にものっていなければ $x(t)y(t)=x_0y_0$，つまり $c=x_0y_0$ とおいて $xy=c$ という双曲線上を点が動いていくわけである．

次に $A=\begin{pmatrix}0 & 1\\ 1 & 0\end{pmatrix}$ という例を見てみよう．図は次のようになる．

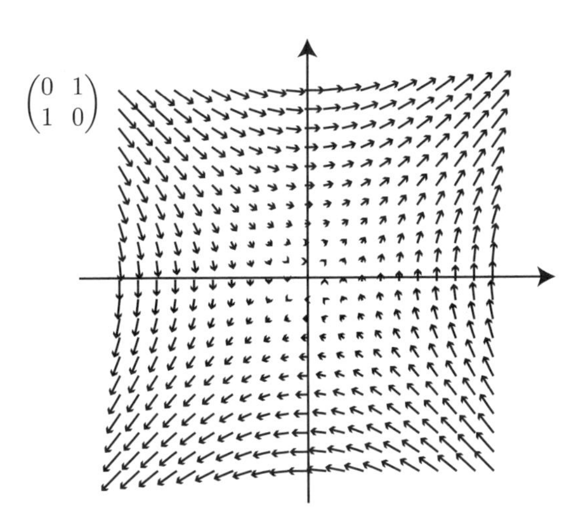

矢印が $\pm\begin{pmatrix}1\\ -1\end{pmatrix}$ の方向からは原点に向かい，そして $\pm\begin{pmatrix}1\\ 1\end{pmatrix}$ の方向に原点から離れていくことがわかる．$A=\begin{pmatrix}1 & 0\\ 0 & -1\end{pmatrix}$ の場合の x 軸と y 軸の役割を，45° 回転した方向の２本の直線が果たしていることに気がつく．この２方向，$\pm\begin{pmatrix}1\\ -1\end{pmatrix}$ と $\pm\begin{pmatrix}1\\ 1\end{pmatrix}$

というのは何かと言うと，行列 $A=\begin{pmatrix}0 & 1\\ 1 & 0\end{pmatrix}$ の固有ベクトルなのである．ある t で $\boldsymbol{x}(t)$ が A の固有ベクトルならば，$\dfrac{d\boldsymbol{x}}{dt}=A\boldsymbol{x}=\lambda\boldsymbol{x}$ は $\boldsymbol{x}$ と同じ向き，あるいは正反対の向きであり，いずれにせよその固有ベクトルのスカラー倍の直線上でしか動かないことになる．

そこで，$\boldsymbol{y}(t)=\begin{pmatrix}X(t)\\ Y(t)\end{pmatrix}$ を，固有ベクトルを座標軸とした座標系としよう．$P=(\boldsymbol{v}_1,\boldsymbol{v}_2)$ が固有ベクトルを列ベクトルとした正則行列とするならば，$P\boldsymbol{y}(t)=X(t)\boldsymbol{v}_1+Y(t)\boldsymbol{v}_2$ が x,y 座標系での表示 $\boldsymbol{x}(t)$ となるので，$\boldsymbol{y}(t)$ は $\boldsymbol{y}(t)=P^{-1}\boldsymbol{x}(t)$ という座標変換であらわされている．A は P によって対角化され，$A=P\Lambda P^{-1}$ なので，

$$\frac{d\boldsymbol{y}}{dt}=P^{-1}\frac{d\boldsymbol{x}}{dt}=P^{-1}A\boldsymbol{x}=P^{-1}(P\Lambda P^{-1})\boldsymbol{x}=\Lambda(P^{-1}\boldsymbol{x})=\Lambda\boldsymbol{y}$$

となる．すなわち，固有ベクトル座標においては λ_1 を $\boldsymbol{v}_1$ の固有値，λ_2 を $\boldsymbol{v}_2$ の固有値として $\dfrac{dX(t)}{dt}=\lambda_1X(t)$，$\dfrac{dY(t)}{dt}=\lambda_2Y(t)$ となり，$\boldsymbol{y}=\begin{pmatrix}e^{\lambda_1t} & 0\\ 0 & e^{\lambda_2t}\end{pmatrix}\boldsymbol{y}_0$ が解になる．$\boldsymbol{x}=P\boldsymbol{y}$ であり，$\boldsymbol{y}_0=P^{-1}\boldsymbol{x}_0$ なので，

$$\boldsymbol{x}(t)=P\begin{pmatrix}e^{\lambda_1t} & 0\\ 0 & e^{\lambda_2t}\end{pmatrix}P^{-1}\boldsymbol{x}_0$$

という公式が得られた．これで見ると，定理 7.3.3 を念頭において，対角化可能な行列 $A=P\begin{pmatrix}\lambda_1 & 0\\ 0 & \lambda_2\end{pmatrix}P^{-1}$ に対して $e^A=P\begin{pmatrix}e^{\lambda_1} & 0\\ 0 & e^{\lambda_2}\end{pmatrix}P^{-1}$ と定義すれば，$\dfrac{d\boldsymbol{x}}{dt}=A\boldsymbol{x}$ の初期条件 $\boldsymbol{x}(0)=\boldsymbol{x}_0$ を満たす解は $e^{At}\boldsymbol{x}_0$ となりそうである．実際そうして良いことは定理 7.5.4 で示す．

$A=\begin{pmatrix}0 & 1\\ 1 & 0\end{pmatrix}$ の場合だと，$P=\begin{pmatrix}1 & 1\\ 1 & -1\end{pmatrix}$，$\Lambda=\begin{pmatrix}1 & 0\\ 0 & -1\end{pmatrix}$ により $A=P\Lambda P^{-1}$ と対角化されるので，

$$\boldsymbol{x}(t)=P\begin{pmatrix}e^{t} & 0\\ 0 & e^{-t}\end{pmatrix}P^{-1}\boldsymbol{x}_0=\frac{1}{2}\begin{pmatrix}x_0(e^t+e^{-t})+y_0(e^t-e^{-t})\\ x_0(e^t-e^{-t})+y_0(e^t+e^{-t})\end{pmatrix}$$

という一般解が得られた．

一般解が書き下せるということも便利ではあるが，それより $\dfrac{d\boldsymbol{x}}{dt}=A\boldsymbol{x}$ の速度ベクトル図を見ると A の固有ベクトルが，固有値の正負とともに図から明らかにわかる，ということの方が重要である．解の公式を作らなくとも，解の挙動がこの速度ベクトル図から読み取れるからである．

$A=\begin{pmatrix}0 & -1\\ 1 & 0\end{pmatrix}$ としてみると，速度ベクトル図は次の図のようになる．

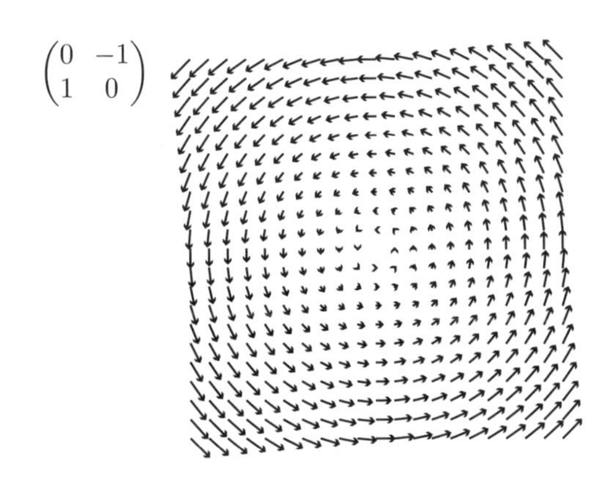

図を見るだけでも，解曲線は原点のまわりを反時計まわりにぐるぐるまわる円周になりそうだ．固有値・固有ベクトルは複素数係数になるが，気にせず $P=\begin{pmatrix}1 & 1\\ i & -i\end{pmatrix}$，$\Lambda=\mathrm{Diag}(-i,i)=\begin{pmatrix}-i & 0\\ 0 & i\end{pmatrix}$ により $A=P\Lambda P^{-1}$ と対角化されるので，$\dfrac{d\boldsymbol{x}}{dt}=A\boldsymbol{x}$ の初期条件 $\boldsymbol{x}(0)=\boldsymbol{x}_0$ を満たす解は $P\begin{pmatrix}e^{-it} & 0\\ 0 & e^{it}\end{pmatrix}P^{-1}\boldsymbol{x}_0$ となりそうだ．オイラーの公式 $e^{it}=\cos t+i\sin t$ を使えば

$$P(t\Lambda)P^{-t}=\begin{pmatrix}1 & 1\\ i & -i\end{pmatrix}\begin{pmatrix}\cos t-i\sin t & 0\\ 0 & \cos t+i\sin t\end{pmatrix}\frac{1}{2}\begin{pmatrix}1 & -i\\ 1 & i\end{pmatrix}=\begin{pmatrix}\cos t & -\sin t\\ \sin t & \cos t\end{pmatrix}$$

と計算され，これは反時計回りに t 回転する行列なので，この微分方程式の解は反時計回りに単位時間あたり 1 ラジアンの角速度で原点のまわりを回転することになる．

□ オイラーの公式について

$A=\begin{pmatrix}0 & -1\\ 1 & 0\end{pmatrix}$ に対して微分方程式 $d\boldsymbol{x}/dt=A\boldsymbol{x}$ を解くためにオイラーの公式を使ったが，実は循環論法のおそれがある．指数関数 e^{it} をどう定義するか，という問題だが，e を it 個かけあわせる，という定義が意味を持たないので，例えば実変数複素数値関数 $f(t)$ が $f(0)=1, df/dt=if(t)$ を満たすときに $f(t)=e^{it}$ と定めるのが一つの自然な定義なのである．$f(t)=x(t)+iy(t)$ というように実部と虚部にわけると $if(t)=-y(t)+ix(t)$ となるので，微分方程式

$df/dt = if(t)$ は

$$\begin{pmatrix} dx/dt(t) \\ dy/dt(t) \end{pmatrix} = \begin{pmatrix} -y(t) \\ x(t) \end{pmatrix} = \begin{pmatrix} 0 & -1 \\ 1 & 0 \end{pmatrix} \begin{pmatrix} x(t) \\ y(t) \end{pmatrix}$$

という形になっており，$d\boldsymbol{x}/dt = A\boldsymbol{x}$ を解くために $d\boldsymbol{x}/dt = A\boldsymbol{x}$ の解 $f(t)$ を使った，ということになってしまっているのだ．$f(t) = \cos t + i\sin t$ とおけば $df/dt = -\sin t + i\cos t = i(\cos t + i\sin t) = if(t)$ なので，$f(t)$ が解であることに文句はないが，解がこれに限られることについてはもう少し論証が必要だ．複素数 $x+iy$ を極表示して $x+iy = r(\cos\theta + i\sin\theta)$ とあらわすと $\begin{pmatrix} x(t) \\ y(t) \end{pmatrix} = \begin{pmatrix} r\cos\theta \\ r\sin\theta \end{pmatrix}$ の微分は

$$\begin{pmatrix} dx/dt \\ dy/dt \end{pmatrix} = \begin{pmatrix} (dr/dt)\cos\theta - (d\theta/dt)r\sin\theta \\ (dr/dt)\sin\theta + (d\theta/dt)r\cos\theta \end{pmatrix} = \frac{dr/dt}{r}\begin{pmatrix} r\cos\theta \\ r\sin\theta \end{pmatrix} + \frac{d\theta}{dt}\begin{pmatrix} -r\sin\theta \\ r\cos\theta \end{pmatrix}$$

となる．この右辺が $\begin{pmatrix} 0 & -1 \\ 1 & 0 \end{pmatrix}\begin{pmatrix} r\cos\theta \\ r\sin\theta \end{pmatrix} = \begin{pmatrix} -r\sin\theta \\ r\cos\theta \end{pmatrix}$ に一致する，という方程式なので $r \neq 0$ と仮定すると $\begin{pmatrix} r\cos\theta \\ r\sin\theta \end{pmatrix}$ と $\begin{pmatrix} -r\sin\theta \\ r\cos\theta \end{pmatrix}$ が一次独立であることから $\dfrac{dr}{dt} = 0$，$\dfrac{d\theta}{dt} = 1$ となり，r は定数，$\theta = t + C$ と定数 C によってあらわされ，特に $f(0) = 1$ ならば $r_0 = 1, \theta_0 = 0$ であることから，解は $f(t) = \cos t + i\sin t$ に限られることが示された．

問 7.5.2 より一般に $\lambda = a + bi \in \mathbb{C}$ のとき，$f(0) = 1, df/dt = \lambda f$ を満たす関数 $f(t) = e^{\lambda t}$ は

$$e^{(a+bi)t} = e^{at}(\cos bt + i\sin bt)$$

に限られることを示せ．

囲み記事，特に問 7.5.2 により，実変数複素数値微分方程式 $dy/dt = \lambda y$ の初期条件 $y(0) = y_0$ を満たす解が $y = e^{\lambda t}y_0$ と書けることがわかったので，それを用いて対角化可能な行列であらわされる定数係数常微分方程式の解の公式を作ることができる．まず定義から．

定義 7.5.3

$n \times n$ 行列 A が $A = P\,\mathrm{Diag}(\lambda_1, \ldots, \lambda_n)P^{-1}$ と対角化可能であるとき，

$$e^A = P\,\mathrm{Diag}(e^{\lambda_1}, \ldots, e^{\lambda_n})P^{-1}$$

と定義する．これから使うケースだと，

$$e^{At} = P \begin{pmatrix} e^{\lambda_1 t} & & 0 \\ & \ddots & \\ 0 & & e^{\lambda_n t} \end{pmatrix} P^{-1}$$

となる．

定理 7.5.4

$n \times n$ 行列 A は $A = P\,\mathrm{Diag}(\lambda_1, \ldots, \lambda_n)P^{-1}$ と対角化可能であるとする．このとき，微分方程式 $\dfrac{d\boldsymbol{x}}{dt} = A\boldsymbol{x}$ の初期条件 $\boldsymbol{x}(0) = \boldsymbol{x}_0$ を満たす解は

$$\boldsymbol{x}(t) = e^{At}\boldsymbol{x}_0$$

である．

証明　$\boldsymbol{y}(t) = P^{-1}\boldsymbol{x}(t)$ と変数変換すると

$$\frac{d\boldsymbol{y}}{dt} = P^{-1}\frac{d\boldsymbol{x}}{dt} = P^{-1}P\Lambda P^{-1}\boldsymbol{x}(t) = \Lambda\boldsymbol{y}(t)$$

なので，$\boldsymbol{y}(t) = \begin{pmatrix} y_1(t) \\ \vdots \\ y_n(t) \end{pmatrix}$ と成分表示すると $\dfrac{dy_i(t)}{dt} = \lambda_i y(t)$ となる．$\lambda_i \in \mathbb{R}$ のときは命題 7.5.1 により，また λ が複素数の場合は問 7.5.2 と命題 7.5.1 の議論を組み合わせて，$y_i(t) = e^{\lambda_i t}y_i(0)$ となることがわかる．よって

$$\boldsymbol{x}(t) = P\boldsymbol{y}(t) = P\begin{pmatrix} e^{\lambda_1 t}y_1(0) \\ \vdots \\ e^{\lambda_n t}y_n(0) \end{pmatrix} = Pe^{\Lambda t}P^{-1}\boldsymbol{x}(0) = e^{At}\boldsymbol{x}_0$$

となる．□

系 7.5.5

A は対角化可能な $n \times n$ 行列，$\boldsymbol{x}(t)$ は微分方程式 $\dfrac{d\boldsymbol{x}}{dt}(t) = A\boldsymbol{x}(t)$ の解であるとする．

(1)　A の固有値の実部が全て負なら，$\lim_{t\to\infty} \|\boldsymbol{x}(t)\| = 0$ である．

(2)　A の固有値の実部が全て 0 以下なら，$\|\boldsymbol{x}(t)\|$ は有界である．

(3)　A の固有値の実部が全て正であれば，定数解 $\boldsymbol{x}(t) = \boldsymbol{0}$ を除いて $\lim_{t\to\infty} \|\boldsymbol{x}(t)\| = \infty$ である．より精密に，A の固有値のうち実部が正になるもの λ があって，$\boldsymbol{x}(0)$ を固有ベクトルの線型結合として表したときに λ に対する

固有ベクトル $\boldsymbol{v}_\lambda$ の係数が0でなければ，$\lim_{t\to\infty}\|\boldsymbol{x}(t)\|=\infty$ である．

証明　$P^{-1}AP=\mathrm{Diag}(\lambda_1,\dots,\lambda_n)$ と対角化できるとし，$P=(\boldsymbol{v}_1,\dots,\boldsymbol{v}_n)$ を列ベクトル表示とすると各 $\boldsymbol{v}_i$ は固有値 λ_i に対する固有ベクトルであるが，定理 7.5.4 により $\boldsymbol{x}(0)=c_1\boldsymbol{v}_1+\cdots+c_n\boldsymbol{v}_n=P\begin{pmatrix}c_1\\ \vdots\\ c_n\end{pmatrix}$ と固有ベクトルの線型結合としてあらわされるならば

$$\boldsymbol{x}(t)=c_1e^{\lambda_1 t}\boldsymbol{v}_1+\cdots+c_ne^{\lambda_n t}\boldsymbol{v}_n$$

が解である．$a=\mathrm{Re}(\lambda)$ とおくと，$a<0$ ならば $\lim_{t\to\infty}|e^{\lambda t}|=\lim e^{at}=0$，　$a=0$ ならば $|e^{at}|=1$，$a>0$ ならば $e^{at}\to\infty$ であることから系が従う．　□

例 7.5.6

応用として，1変数高階定数係数常微分方程式を解くこともできる．$x=x(t)$ を t の関数として，微分方程式 $\dfrac{d^2x}{dt^2}+\dfrac{dx}{dt}-2x=0$ を解いてみよう．$y=\dfrac{dx}{dt}$ とおくと $\dfrac{dy}{dt}=\dfrac{d^2x}{dt^2}$ なので $\boldsymbol{x}=\begin{pmatrix}x(t)\\ y(t)\end{pmatrix}$ とおいて

$$\frac{d\boldsymbol{x}}{dt}=\begin{pmatrix}dx/dt\\ d^2x/dt^2\end{pmatrix}=\begin{pmatrix}y\\ -dx/dt+2x\end{pmatrix}=\begin{pmatrix}0&1\\ 2&-1\end{pmatrix}\boldsymbol{x}$$

となるので $A=\begin{pmatrix}0&1\\ 2&-1\end{pmatrix}$ を $P=\begin{pmatrix}1&1\\ 1&-2\end{pmatrix}$ と $\Lambda=\begin{pmatrix}1&0\\ 0&-2\end{pmatrix}$ により $A=P\Lambda P^{-1}$ と対角化して

$$e^{At}=\frac{1}{3}\begin{pmatrix}e^{-2t}+2e^t & -e^{-2t}+e^t\\ -2e^{-2t}+2e^t & 2e^{-2t}+e^t\end{pmatrix}$$

と計算でき，初期条件 $x(0)=a$，　$dx/dt(0)=b$ を満たす解 $x(t)$ は $e^{At}\begin{pmatrix}a\\ b\end{pmatrix}$ の第1成分として $(a(e^{-2t}+2e^t)+b(-e^{-2t}+e^t))/3$ と求まる．

一般に $\dfrac{d^nx}{dt^n}+c_1\dfrac{d^{n-1}x}{dt^{n-1}}+\cdots+c_{n-1}\dfrac{dx}{dt}+c_nx=0$ という微分方程式は $\boldsymbol{x}=\begin{pmatrix}x\\ dx/dt\\ d^2x/dt^2\\ \vdots\\ d^{n-1}x/dt^{n-1}\end{pmatrix}$

とおくことで $A=\begin{pmatrix} 0 & 1 & 0 & \cdots & 0 \\ \vdots & & \ddots & \ddots & \vdots \\ \vdots & & & \ddots & 0 \\ \vdots & & & & 1 \\ -c_n & c_{n-1} & \cdots & \cdots & -c_1 \end{pmatrix}$ により $\dfrac{d\boldsymbol{x}}{dt}=A\boldsymbol{x}$ と同値になり，本節の方法で解くことができる．□

問 7.5.7　例 7.5.6 の行列 A の固有多項式は，微分方程式の特性多項式，すなわち $\Phi_A(t)=t^n+c_1t^{n-1}+\cdots+c_{n-1}t+c_n$ となることを示せ．

注意 7.5.8　定数係数とも線型とも限らない常微分方程式 $\dfrac{d\boldsymbol{x}}{dt}=F(\boldsymbol{x})$ において $F(\boldsymbol{x})=\boldsymbol{0}$ となる点を Critical Point と呼ぶ．Critical Point の近くで $F(\boldsymbol{x})$ をテイラー展開した一次近似は定数係数常微分線型方程式となる．近似なので厳密解を求めてもあまり意味がないが，一次近似が 0 でなければ，その近くでの解の挙動は系 7.5.5 などによって正しくとらえられる．その意味で，定数係数線型常微分方程式は解き方を正確に知ることよりも，速度ベクトルの図と固有値固有ベクトルの関係を視覚的に理解して解の挙動を定性的にとらえることの方が大切である．最後にいくつか 2×2 での速度ベクトルの図の例をあげておこう．

$A=\begin{pmatrix} 2 & 1 \\ 1 & 2 \end{pmatrix}$，固有値 1 に対する固有ベクトルが $\begin{pmatrix} 1 \\ -1 \end{pmatrix}$，固有値 3 に対する固有ベクトルが $\begin{pmatrix} 1 \\ 1 \end{pmatrix}$ である．

$\begin{pmatrix} 2 & 1 \\ 1 & 2 \end{pmatrix}$

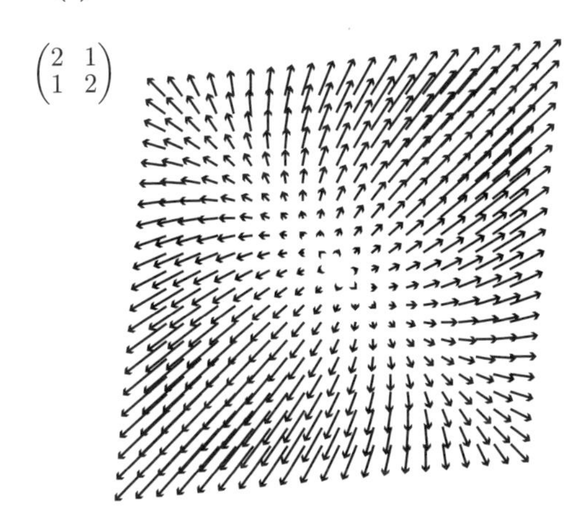

$A=\begin{pmatrix} 2 & -2 \\ 2 & 1 \end{pmatrix}$，固有値は $\dfrac{3\pm\sqrt{-15}}{2}$ なので実部は正であり，まわり広がっていく．固有値が複素数になるとき，解は回転するが，(2,1) 成分が正なら，x 軸上の点で上向きに動くので，反時計まわりである．

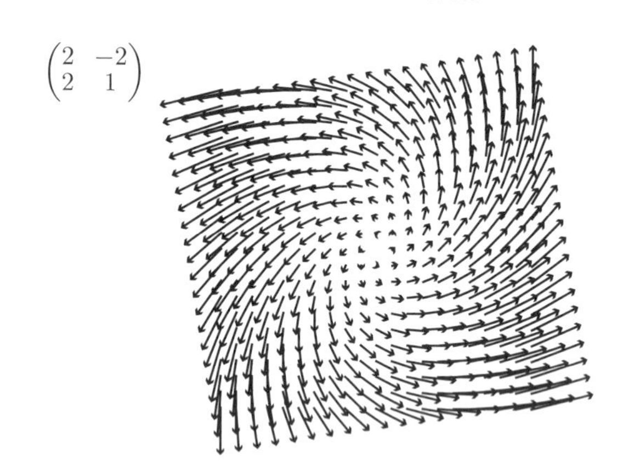

$A = \begin{pmatrix} -3 & -2 \\ 2 & -1 \end{pmatrix}$，固有値は $-2 \pm \sqrt{-3}$ なので実部は負であり，まわりながら原点に収束していく．

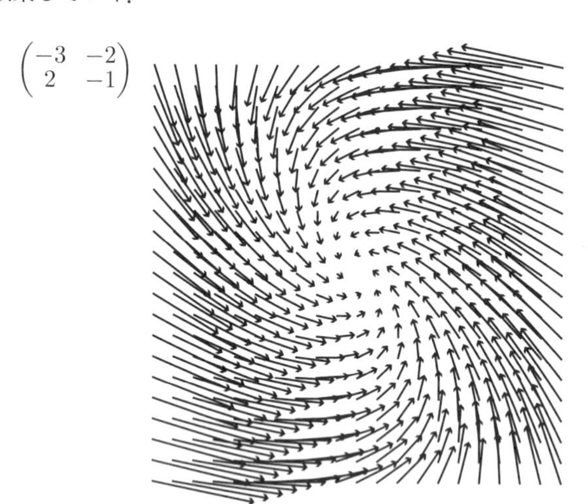

問 7.5.9　$A = \begin{pmatrix} 1 & 2 \\ 3 & 4 \end{pmatrix}$ の速度ベクトル図の概形を描け．また，$A = \begin{pmatrix} 1 & 2 \\ -3 & 4 \end{pmatrix}$ の速度ベクトル図の概形を描け．

第8章　計量線型空間

この章では，線型空間と距離を組み合わせて考察する．まずは実数ベクトル空間の直交行列，対称行列についてより詳しく議論し，それを複素数ベクトル空間に拡張する．その意外な応用として，実対称行列 A が常に実数の範囲で $O^{-1}AO = \Lambda$ と対角化され，しかも固有ベクトルを並べた行列 O として直交行列が取れることが示される．それを用いて，**2** 次式であらわされた図形をシステマティックに調べることができるようになる．

後半は，抽象線型空間に距離というデータを加えた概念について考察する．ここまでは，抽象線型空間は足し算とスカラー倍だけがうまく定義された集合，として研究した．基底は，線型空間を一次独立に張りさえすれば，どんなに斜めになったり伸び縮みしたりしても，同等に扱った．しかし，第 **2** 章で絵を色々うつして見た通り，座標を斜めにすると図形の形が斜めに歪むことになる．この章では，係数を $\mathbb{R}$，あるいは $\mathbb{C}$ として，ベクトルの長さも定義された線型空間，すなわち計量線型空間について調べていくことにしよう．

標準内積については定義 **3.4.5** で既に定義されているが，この章ではより公理的に内積を与える方法について調べることにする．結論から言うと，有限次元の場合はグラム・シュミットの直交化法というアルゴリズムを用いて，全ての内積は正規直交基底と呼ばれる基底のもとで標準内積と同一視できるのである．

§8.1　対称行列と直交行列

§2.7 と §3.4 に出てきた対称行列と直交行列について，より詳しく調べよう．

定義 8.1.1

$n \times n$ 行列 A が対称行列 (symmetric matrix) であるとは，${}^t\!A = A$ となること，すなわち $A = (a_{i,j})$ と成分表示すると $a_{i,j} = a_{j,i}$ となることである．

命題 8.1.2

実 $n \times n$ 行列 A が対称行列となるための必要十分条件は，任意の $\boldsymbol{v}, \boldsymbol{w} \in \mathbb{R}^n$ に対し等号

$$\boldsymbol{v} \cdot (A\boldsymbol{w}) = (A\boldsymbol{v}) \cdot \boldsymbol{w}$$

が成り立つことである．

証明 まず A が対称行列であるとする．$\boldsymbol{v}$ と $A\boldsymbol{w}$ との標準内積は ${}^t\boldsymbol{v}(A\boldsymbol{w})$ という 1×1 行列の唯一の成分と定義されているが（定義 3.4.5），1×1 行列は転置しても同じ行列なので，

$$
\begin{aligned}
(\boldsymbol{v}\cdot(A\boldsymbol{w})) &= {}^t\boldsymbol{v}(A\boldsymbol{w}) && (\text{定義 } 3.4.5)\\
&= {}^t\left({}^t\boldsymbol{v}(A\boldsymbol{w})\right) && (1\times1 \text{ 行列の転置})\\
&= {}^t(A\boldsymbol{w})\boldsymbol{v} && (\text{命題 } 3.4.4 \text{ と } {}^t({}^t\boldsymbol{v})=\boldsymbol{v})\\
&= {}^t\boldsymbol{w}\,{}^tA\boldsymbol{v} && (\text{命題 } 3.4.4)\\
&= {}^t\boldsymbol{w}A\boldsymbol{v} && (A \text{ は対称行列})\\
&= (\boldsymbol{w}\cdot(A\boldsymbol{v})) && (\text{定義 } 3.4.5)
\end{aligned}
$$

となり，$\boldsymbol{v}\cdot(A\boldsymbol{w})=(A\boldsymbol{v})\cdot\boldsymbol{w}$ が成り立つ．

逆に $\boldsymbol{v}\cdot(A\boldsymbol{w})=(A\boldsymbol{v})\cdot\boldsymbol{w}$ が全ての $\boldsymbol{v},\boldsymbol{w}$ に対して成り立つならば，特に n 項単位ベクトル $\boldsymbol{v}=\boldsymbol{e}_i,\boldsymbol{w}=\boldsymbol{e}_j$ に対しても成り立つが，$A=(a_{i,j})$ と成分表示すると $\boldsymbol{e}_i\cdot(A\boldsymbol{e}_j)=a_{i,j}$ であり，$(A\boldsymbol{e}_i)\cdot\boldsymbol{e}_j=a_{j,i}$ なので，$a_{i,j}=a_{j,i}$ が全ての $i,j\in\{1,2,\dots,n\}$ に対して成り立つ，すなわち A は対称行列である． □

定理-定義 8.1.3

実 $n\times n$ 行列に対して次の性質は同値である．このうちの一つ（よって全て）を満たす行列 O を**直交行列**（orthogonal matrix）と呼ぶ．

(1) 任意のベクトル $\boldsymbol{v}\in\mathbb{R}^n$ に対し $\|O\boldsymbol{v}\|=\|\boldsymbol{v}\|$ が成り立つ．つまり O はベクトルの長さを保つ．

(2) 任意のベクトル $\boldsymbol{v},\boldsymbol{w}\in\mathbb{R}^n$ に対し $(O\boldsymbol{v})\cdot(O\boldsymbol{w})=\boldsymbol{v}\cdot\boldsymbol{w}$ が成り立つ．つまり O はベクトルの内積を保つ．

(3) ${}^tO=O^{-1}$ である．つまり O の転置は O の逆行列である．

(4) $O=(\boldsymbol{u}_1,\dots,\boldsymbol{u}_n)$ と列ベクトル表示したとき，その列ベクトルどうしの内積は

$$
\boldsymbol{u}_i\cdot\boldsymbol{u}_j=\begin{cases}1 & (i=j)\\ 0 & (i\neq j)\end{cases}
$$

を満たす．すなわち全ての列ベクトルは長さ 1 であり，しかも相異なる列ベクトルは互いに直交する．

(4') $O=\begin{pmatrix} {}^t\boldsymbol{v}_1 \\ \vdots \\ {}^t\boldsymbol{v}_n \end{pmatrix}$ と行ベクトル表示したとき，その行ベクトルどうしの内積は

$$\boldsymbol{v}_i\cdot\boldsymbol{v}_j=\begin{cases} 1 & (i=j) \\ 0 & (i\neq j) \end{cases}$$

を満たす．すなわち全ての行ベクトルは長さ 1 であり，しかも相異なる行ベクトルは互いに直交する．

証明　まず (1) を仮定して任意の $\boldsymbol{v}$ に対して $\|O\boldsymbol{v}\|=\|\boldsymbol{v}\|$ ならば，任意の $\boldsymbol{v},\boldsymbol{w}$ に対して系 3.4.8 により

$$\begin{aligned}\boldsymbol{v}\cdot\boldsymbol{w}&=\frac{1}{2}(\|\boldsymbol{v}\|^2+\|\boldsymbol{w}\|^2-\|\boldsymbol{v}-\boldsymbol{w}\|^2)\\&=\frac{1}{2}(\|O\boldsymbol{v}\|^2+\|O\boldsymbol{w}\|^2-\|O\boldsymbol{v}-O\boldsymbol{w}\|^2)\\&=(O\boldsymbol{v})\cdot(O\boldsymbol{w})\end{aligned}$$

なので，O は内積も保つ．よって (1) ならば (2) が成り立つ．

(2) が成り立つとき，$O=(\boldsymbol{u}_1,\ldots,\boldsymbol{u}_n)$ と列ベクトル表示すると，n 項単位ベクトル $\boldsymbol{e}_i,\boldsymbol{e}_j$ に対して

$$\boldsymbol{u}_i\cdot\boldsymbol{u}_j=(O\boldsymbol{e}_i)\cdot(O\boldsymbol{e}_j)=\boldsymbol{e}_i\cdot\boldsymbol{e}_j=\begin{cases} 1 & (i=j) \\ 0 & (i\neq j) \end{cases}$$

となる．よって (2) ならば (4) が成り立つ．

(4) が成り立つと，${}^tOO$ の第 (i,j) 成分 ${}^t\boldsymbol{u}_i\boldsymbol{u}_j$ は $\boldsymbol{u}_i$ と $\boldsymbol{u}_j$ の標準内積なので，${}^tOO$ の対角成分は 1，その他は 0 となる．すなわち ${}^tOO=E_n$ となり，(3) が成り立つ．

(3) のとき，$O=\begin{pmatrix} {}^t\boldsymbol{v}_1 \\ \vdots \\ {}^t\boldsymbol{v}_n \end{pmatrix}$ と行ベクトル表示すると，$O{}^tO=E_n$ の (i,j) 成分は $\boldsymbol{v}_i\cdot\boldsymbol{v}_j$ なので，

$$\boldsymbol{v}_i\cdot\boldsymbol{v}_j=\begin{cases} 1 & (i=j) \\ 0 & (i\neq j) \end{cases}$$

となる．すなわち (4') が成り立つ．逆に (4') が成り立つとき，$O{}^tO=E_n$ の (i,j) 成分は $\boldsymbol{v}_i\cdot\boldsymbol{v}_j$ なので $O{}^tO=E_n$ となり，(4') と (3) が同値であることがわかる．

最後に (3) が成り立つとき，任意の $\boldsymbol{v}$ に対し

$$((O\boldsymbol{v})\cdot(O\boldsymbol{v}))={}^t(O\boldsymbol{v})(O\boldsymbol{v})={}^t\boldsymbol{v}{}^tOO\boldsymbol{v}={}^t\boldsymbol{v}\boldsymbol{v}=(\boldsymbol{v}\cdot\boldsymbol{v})$$

が成り立つ．よって

$$\|O\boldsymbol{v}\| = \sqrt{(O\boldsymbol{v})\cdot(O\boldsymbol{v})} = \sqrt{\boldsymbol{v}\cdot\boldsymbol{v}} = \|\boldsymbol{v}\|$$

が成り立ち，(3) ならば (1) が成り立つ． □

系 8.1.4

$n\times n$ 行列 A,B がともに直交行列ならば，積 AB も直交行列である．また，直交行列 O の逆行列も直交行列である．

証明 A,B は条件 (1) を満たすので，任意の $\boldsymbol{v}\in\mathbb{R}^n$ に対し $\|(AB)\boldsymbol{v}\| = \|A(B\boldsymbol{v})\| = \|B\boldsymbol{v}\| = \|\boldsymbol{v}\|$ となるので AB も (1) を満たす．また，O が直交行列ならば任意のベクトル $\boldsymbol{v}$ に対し $\|O\boldsymbol{v}\| = \|\boldsymbol{v}\|$ となるが，与えられたベクトル $\boldsymbol{w}$ に対して $\boldsymbol{v} = O^{-1}\boldsymbol{w}$ とおいて $\|\boldsymbol{w}\| = \|O^{-1}\boldsymbol{w}\|$ も成り立つ．すなわち O^{-1} も直交行列である． □

注意 8.1.5 定理 8.1.3 では，線型写像，つまり行列で表される写像に限って，長さを保つならば，その行列が特別な形をしていることを証明している．しかし実は 2 点間の距離を保つ写像が原点を原点にうつすならば，必ず線型写像になるのである（囲み記事参照）．平行移動も 2 点間の距離を保つことを考え合わせると，写像 $G:\mathbb{R}^n\to\mathbb{R}^n$ が任意の $\mathrm{P},\mathrm{Q}\in\mathbb{R}^n$ に対し，線分 $\overline{G(\mathrm{P})G(\mathrm{Q})}$ の長さと線分 $\overline{\mathrm{PQ}}$ の長さが等しくなる，という条件を満たすならば，直交行列 O が存在して $G(\boldsymbol{0}) = \boldsymbol{b}$ として $G(\boldsymbol{x}) = O\boldsymbol{x} + \boldsymbol{b}$ という形であらわされるのである．

□ 距離と原点を保つ写像は直交行列であらわされる

$F:\mathbb{R}^n\to\mathbb{R}^n$ が点と点の距離と原点を保つとして，F に直交行列による線型写像を合成していって恒等写像に変形できればよい．2 点 P,Q の間の距離を $d(\mathrm{P},\mathrm{Q})$ であらわすことにする．

n について帰納法．$n=1$ のとき，$d(F(1),F(0)) = d(1,0) = 1$ なので $F(1)\in\{\pm 1\}$ だが，必要なら直交行列 (-1) を合成して $F(1)=1$ として良い．$x\leq 0$ となるのは 0 が線分 $[x,1]$ 上にあることと同値なので $d(x,1) = d(x,0)+d(0,1) = d(x,0)+1$ と同値である．よって

$$\begin{aligned} x\leq 0 &\iff d(x,1) = d(x,0)+1 \\ &\iff d(F(x),1) = d(F(x),0)+1 \\ &\iff F(x)\leq 0 \end{aligned}$$

である．$F(x)\in\{\pm x\}$ とあわせて $F(x) = x$ となることがわかる．

$n-1$ のときは成り立っているとして，点 P(0,0,…,0,1) は原点 O から距離 1 の点 Q にうつされる．$\overrightarrow{\mathrm{OQ}}=\boldsymbol{v}_1$ として命題 4.5.5 により基底 $\boldsymbol{v}_1,\ldots,\boldsymbol{v}_n$ がとれる．この基底に定理 8.3.8 で紹介するグラム・シュミットの直交化法を適用して，正規直交基底 $\boldsymbol{u}_1,\ldots,\boldsymbol{u}_n$ を得る．グラム・シュミットのアルゴリズム 8.3.9 により $\boldsymbol{u}_1=\boldsymbol{v}_1$ である．この列ベクトルを逆順に並べて作った行列 $O=(\boldsymbol{u}_n,\ldots,\boldsymbol{u}_1)$ は定理 8.1.3 により直交行列である．系 8.1.4 により O^{-1} も直交行列であり，Q を P へうつす．よって F を $O^{-1}F$ でおきかえて $F(\mathrm{P})=\mathrm{P}$ と仮定してよい．

一般に 3 点 P,Q,R の三角不等式 $d(\mathrm{P},\mathrm{Q})+d(\mathrm{Q},\mathrm{R})\geq d(\mathrm{P},\mathrm{R})$ において等号が成立するのは Q が線分 PR 上にあるとき，そしてそのときに限るので，このことから $n=1$ の場合と同様にして，距離を保つ写像 F が原点 O を O へ，そして $\mathrm{P}=\mathrm{P}(0,0,\ldots,0,1)$ を P へ送るならば，F は x_n 軸上恒等写像になることがわかる．点 R の x_n 座標が 0 になるための必要十分条件は，ピタゴラスの定理とその逆により $d(\mathrm{OP})^2+d(\mathrm{OR})^2=d(\mathrm{PR})^2$ が成り立つとき，そしてそのときに限る．よって R の x_n 座標が 0 ならば，つまり R が $x_1\cdots x_{n-1}$ 座標 $(n-1)$ 次元超平面にのっていれば，$F(\mathrm{R})$ もそうである．帰納法の仮定より，直交行列による線型写像をさらに合成して， F は $x_1\cdots x_{n-1}$ 座標 $(n-1)$ 次元超平面上で恒等写像であるとしてよい．一般の点 S を取ったとき，S からもっとも近い x_n 軸の点から S の x_n 座標がわかり，S から最も近い $x_1\cdots x_{n-1}$ 座標 $(n-1)$ 次元超平面上の点から S の残りの座標もわかるので，x_n 軸と $x_1\cdots x_{n-1}$ 座標 $(n-1)$ 次元超平面上で恒等写像となり，長さを保つ F は全体で恒等写像となる．帰納法が成立した．

注意 8.1.6　直交行列が定める写像は長さを保つ写像であるが，さらに強く，図形を合同な図形へ移す合同写像であることがわかる．高次元の図形が合同とはどういう意味か，説得力をもって定義するのは難しいが[1) 例えば n 次元のうち $n-2$ 次元の座標については動かさず，残り 2 次元で回転したり，直線に関して線対称に動かしたりするような写像は，合同写像だと思って良いだろう．3 次元で言えば，z 軸を中心に回転したり，z 軸を通る面に関して面対称にうつしたりするような写像である．直交行列は，そのような写像の合成としてあらわされるのである（囲み記事参照）．

1) 数学者は「長さを変えなければ合同」，と思っているような気がする．ここではその気持ちを正当化しようとしているのである．

□ 直交行列があらわす写像は合同写像である

直交行列に2次元の回転，あるいは2次元の中の直線に関しての線対称写像を合成していくことで恒等写像にできることを示せば良い．まず，2座標についての回転の合成で，任意の長さ1のベクトル $\boldsymbol{v}$ は第1標準単位ベクトル $\boldsymbol{e}_1$ へ送れることを示そう．x_i,x_j 座標が (a,b) となっているベクトルは x_i,x_j 座標のみの回転で，x_i,x_j 座標が $(\sqrt{a^2+b^2},0)$ となるベクトルへ送ることができる．これを繰り返して $x_2,\ldots,x_n$ 座標を全て0に，x_1 座標を正にすることができるので，長さ1のベクトル $\boldsymbol{v}$ は $\boldsymbol{e}_1$ へ送られる．

直交行列 O による第1標準単位ベクトル $\boldsymbol{e}_1$ の行き先を $\boldsymbol{v}$ とすると $\|\boldsymbol{v}\|=1$ なので，上記のように回転を合成することで，O による $\boldsymbol{e}_1$ の行き先を最初から $\boldsymbol{e}_1$ として良い．このとき，他の列ベクトルは $\boldsymbol{e}_1$ と直交するので，第1成分は0となる．よって O は1行目と1列目は $(1,1)$ 成分が1になることを除いて他の成分は0となる．

よって O から1行目と1列目を取り除いた行列 O_1 は $(n-1)\times(n-1)$ 直交行列となる．以下順次次元を下げていって，最後は 2×2 直交行列に帰着されるが，2×2 直交行列は考察2.7.2により回転行列か線対称行列である．

§8.2 エルミート行列，ユニタリー行列

複素ベクトル $\boldsymbol{v}={}^t(v_1,\ \ldots,\ v_n)$ と $\boldsymbol{w}={}^t(w_1,\ \ldots,\ w_n)$ の（エルミート）内積を $\boldsymbol{v}\cdot\boldsymbol{w}=\overline{v_1}w_1+\overline{v_2}w_2+\cdots+\overline{v_n}w_n$ と定義したことを思い出そう（定義3.5.1）．また，複素行列 A の随伴行列とは A の転置の複素共役 $A^*=\overline{{}^tA}$ のことであった（定義3.5.4）．

命題-定義 8.2.1

$n\times n$ 複素行列 A について，次の2条件 (i), (ii) は同値である．このどちらか一方（よって両方）の条件が成り立つとき，A をエルミート行列と呼ぶ．

(i) 任意の $\boldsymbol{v},\boldsymbol{w}\in\mathbb{C}^n$ に対し $(A\boldsymbol{v})\cdot\boldsymbol{w}=\boldsymbol{v}\cdot(A\boldsymbol{w})$ が成り立つ．
(ii) $A^*=A$ が成り立つ．

A がエルミート行列ならば，任意の $\boldsymbol{v}\in\mathbb{C}^n$ に対し $(A\boldsymbol{v})\cdot\boldsymbol{v}$ は実数である．また，エルミート行列の固有値は全て実数である．エルミート行列がさらに任意の $\boldsymbol{v}\in\mathbb{C}^n$ に対し $(A\boldsymbol{v})\cdot\boldsymbol{v}\geq 0$ を満たすならば，A は半正値エルミート行列と

いう．半正値エルミート行列が，さらに $\boldsymbol{v} \neq \boldsymbol{0}$ に対して $(A\boldsymbol{v})\cdot\boldsymbol{v} > 0$ を満たすならば，A は**正値エルミート行列**という．

証明　(i) が成り立つとき，$A = (a_{i,j})$ と成分表示すると $\boldsymbol{e}_i, \boldsymbol{e}_j$ を標準単位ベクトルとするとき $(A\boldsymbol{e}_i)\cdot\boldsymbol{e}_j = \overline{a_{j,i}}$，$\boldsymbol{e}_i\cdot(A\boldsymbol{e}_j) = a_{i,j}$ が成り立つので，$a_{i,j} = \overline{a_{j,i}}$ が成り立つ．i,j は任意なので，これは $A^* = A$ を成分ごとに確かめたことになる．逆に (ii) が成り立てば系 3.5.5 を用いて $(A\boldsymbol{v})\cdot\boldsymbol{w}$ を $(A\boldsymbol{v})^*\boldsymbol{w}$ の成分と同一視すれば

$$
\begin{aligned}
((A\boldsymbol{v})\cdot\boldsymbol{w}) &= (A\boldsymbol{v})^*\boldsymbol{w} && (\text{系 } 3.5.5(1)) \\
&= \boldsymbol{v}^* A^* \boldsymbol{w} && (\text{系 } 3.5.5\ (2)) \\
&= \boldsymbol{v}^*(A\boldsymbol{w}) && (\text{仮定 (ii) より } A^* = A) \\
&= (\boldsymbol{v}\cdot(A\boldsymbol{w})) && (\text{系 } 3.5.5(1))
\end{aligned}
$$

より $(A\boldsymbol{v})\cdot\boldsymbol{w} = \boldsymbol{v}\cdot(A\boldsymbol{w})$，つまり (i) が示される．

A がエルミート行列なら

$$
\begin{aligned}
((A\boldsymbol{v})\cdot\boldsymbol{v}) &= (A\boldsymbol{v})^*\boldsymbol{v} && (\text{系 } 3.5.5\ (1)) \\
&= \boldsymbol{v}^* A^* \boldsymbol{v} && (\text{系 } 3.5.5(2)) \\
&= \boldsymbol{v}^* A \boldsymbol{v} && (A \text{ はエルミート}) \\
&= (\boldsymbol{v}\cdot(A\boldsymbol{v})) && (\text{系 } 3.5.5\ (1)) \\
&= \left(\overline{(A\boldsymbol{v})\cdot\boldsymbol{v}}\right) && (\text{命題 } 3.5.2(3))
\end{aligned}
$$

より $\overline{(A\boldsymbol{v})\cdot\boldsymbol{v}} = (A\boldsymbol{v})\cdot\boldsymbol{v}$ なので $(A\boldsymbol{v})\cdot\boldsymbol{v}$ は実数である．A の固有値 λ と，それに対する固有ベクトル $\boldsymbol{v} \neq \boldsymbol{0}$ を取ると，$\boldsymbol{v}\cdot(A\boldsymbol{v}) = \boldsymbol{v}\cdot(\lambda\boldsymbol{v}) = \lambda\|\boldsymbol{v}\|^2$ となる．これが実数になることと，$\|\boldsymbol{v}\|^2$ が命題 3.5.2(4) より正の実数になることから，λ も実数になる．　□

例 8.2.2

実行列は対称行列のとき，そしてそのときに限りエルミート行列である．単位行列は正値エルミート行列である．実対角行列は，対角成分が全て 0 以上ならば，そしてそのときに限り，半正値エルミート行列であり，対角成分が全て正ならば，そしてそのときに限り，正値エルミート行列である．　□

命題-定義 8.2.3

$n\times n$ 複素行列 U について，次の3条件 (i)〜(iii) は同値である．この条件のどれか一つ（よって全て）を満たす行列 U をユニタリー行列という．

(i)（複素ベクトルの長さを保つ）任意の $\boldsymbol{v}\in\mathbb{C}^n$ に対し $\|U\boldsymbol{v}\|=\|\boldsymbol{v}\|$ である．

(ii)（複素ベクトルの内積を保つ）任意の $\boldsymbol{v},\boldsymbol{w}\in\mathbb{C}^n$ に対し

$$(U\boldsymbol{v})\cdot(U\boldsymbol{w})=\boldsymbol{v}\cdot\boldsymbol{w}$$

が成り立つ．

(iii)（随伴行列が逆行列になる）U^* は U の逆行列である．

証明 (ii) のとき，標準ベクトルの内積 $\boldsymbol{e}_i\cdot\boldsymbol{e}_j=(U\boldsymbol{e}_i)\cdot(U\boldsymbol{e}_j)=\boldsymbol{e}_i^*(U^*U)\boldsymbol{e}_j$ は U^*U の (i,j) 成分なので，(iii) が成り立つ．(iii) ならば系 3.5.5(1) より

$$((U\boldsymbol{v})\cdot(U\boldsymbol{w}))=\boldsymbol{v}^*(U^*U)\boldsymbol{w}=\boldsymbol{v}^*\boldsymbol{w}=(\boldsymbol{v}\cdot\boldsymbol{w})$$

なので (i) が成り立つ．

補題 8.2.4

$\boldsymbol{v},\boldsymbol{w}\in\mathbb{C}^n$ に対し

$$\|\boldsymbol{v}\|^2+\|\boldsymbol{w}\|^2-\|\boldsymbol{v}-\boldsymbol{w}\|^2=2\mathrm{Re}(\boldsymbol{v}\cdot\boldsymbol{w})$$

が成り立つ．ただし複素数 $z=x+yi$，$x,y\in\mathbb{R}$ に対し $\mathrm{Re}(z)=x$ は複素数の実部をかえす関数である．

証明

$$\begin{aligned}\|\boldsymbol{v}\|^2+\|\boldsymbol{w}\|^2-\|\boldsymbol{v}-\boldsymbol{w}\|^2&=\boldsymbol{v}\cdot\boldsymbol{v}+\boldsymbol{w}\cdot\boldsymbol{w}-(\boldsymbol{v}-\boldsymbol{w})\cdot(\boldsymbol{v}-\boldsymbol{w})\\&=\boldsymbol{v}\cdot\boldsymbol{v}+\boldsymbol{w}\cdot\boldsymbol{w}-\boldsymbol{v}\cdot\boldsymbol{v}+\boldsymbol{v}\cdot\boldsymbol{w}+\boldsymbol{w}\cdot\boldsymbol{v}-\boldsymbol{w}\cdot\boldsymbol{w}\\&=\boldsymbol{v}\cdot\boldsymbol{w}+\overline{\boldsymbol{v}\cdot\boldsymbol{w}}\\&=2\mathrm{Re}(\boldsymbol{v}\cdot\boldsymbol{w})\end{aligned}$$

□

(i) のとき，$\alpha\in\mathbb{C}$ は $|\alpha|=1$ として，補題 8.2.4 を $\boldsymbol{v},\alpha\boldsymbol{w}$ に適用すると $\mathrm{Re}(\alpha\boldsymbol{v}\cdot(\boldsymbol{w}))=\mathrm{Re}(\alpha(U\boldsymbol{v})\cdot(U\boldsymbol{w}))$ が成り立つ．特に $\mathrm{Re}(\alpha\boldsymbol{v}\cdot(\boldsymbol{w}))$ を最大にする α は，$\mathrm{Re}(\alpha(U\boldsymbol{v})\cdot(U\boldsymbol{w}))$ を最大にする α と一致する．その最大値は $|\boldsymbol{v}\cdot\boldsymbol{w}|=|(U\boldsymbol{v})\cdot(U\boldsymbol{w})|$ であり，α の複素共役 $\overline{\alpha}$ は $\boldsymbol{v}\cdot\boldsymbol{w}$ の偏角であり，かつ $(U\boldsymbol{v})\cdot(U\boldsymbol{w})$ の偏角でもあるので，$\boldsymbol{v}\cdot\boldsymbol{w}$ と $(U\boldsymbol{v})\cdot(U\boldsymbol{w})$ は絶対値と偏角が等しくなり，したがって同じ複素数である．よって (i) が成り立つならば (ii) も成り立つ． □

系 8.2.5

U がユニタリー行列なら，その随伴行列 U^* もユニタリー行列である．ユニタリー行列の逆行列もユニタリー行列である．また，U_1, U_2 がユニタリー行列ならば，その積 U_1U_2 もユニタリー行列である．

証明　U がユニタリーなので定義 8.2.3 (iii) により U^* は U の逆行列であるが，U^* の側から見ると，$U = (U^*)^*$ は U^* の逆行列になっているので，定義 8.2.3 (iii) より U^* もユニタリーである．$U^* = U^{-1}$ なので，ユニタリー行列の逆行列もユニタリーである．U_1, U_2 がユニタリーならば，ともにベクトルの長さを保つので，その積も長さを保つ，よって U_1U_2 もユニタリーである．　□

定義 8.2.6

ベクトル $\boldsymbol{u}_1, \ldots, \boldsymbol{u}_n \in \mathbb{C}^n$ が**正規直交基底**であるとは，列ベクトル表示で $U = (\boldsymbol{u}_1, \ldots, \boldsymbol{u}_n)$ とあらわされた行列 U がユニタリー行列となることである．

定理 8.2.7

A が $n \times n$ エルミート行列ならば，A はユニタリー行列によって**実対角化**できる．すなわち $n \times n$ ユニタリー行列 U と実対角行列 Λ が存在して $U^{-1}AU = \Lambda$ と対角化できる．

証明　n について帰納法．λ を A の固有値の一つとすると，命題 8.2.1 により λ は実数である．$\boldsymbol{u}_1$ は長さ 1 の λ に対する A の固有ベクトルとし，あとだしで申し訳ないが例えば問 8.7.7 により $\boldsymbol{u}_1$ を第 1 列とするユニタリー行列 U_0 が取れる．$U_0^{-1}AU_0$ の第 1 列は ${}^t(\lambda, 0, \ldots, 0)$ であるが，系 3.5.5(2) により $U_0^{-1}AU_0$ の随伴行列は $U_0^* A^* (U_0^{-1})^*$ であり，U_0 がユニタリーなので $U_0^* = U_0^{-1}$，また A はエルミートなので $A^* = A$，最後に U_0^{-1} も系 8.2.5 によりユニタリーなので $(U_0^{-1})^* = (U_0^{-1})^{-1} = U_0$ となる．すなわち $(U_0^{-1}AU_0)^* = U_0^{-1}AU_0$ となり，$U_0^{-1}AU_0$ もエルミート行列になることがわかる．エルミート行列 $U_0^{-1}AU_0$ の第 1 列が ${}^t(\lambda, 0, \ldots, 0)$ なので，第 1 行目はその随伴，λ が実数なので $(\lambda, 0, \ldots, 0)$ である．よって

$$U_0^{-1}AU_0 = \left(\begin{array}{c|ccc} \lambda & 0 & \cdots & 0 \\ \hline 0 & & & \\ \vdots & & A_1 & \\ 0 & & & \end{array}\right)$$

という形になるが，$U_0^{-1}AU_0$ がエルミート行列なので，A_1 は $(n-1)\times(n-1)$ エルミート行列となる．帰納法の仮定よりユニタリー行列 U_1 が存在して $U_1^{-1}A_1U_1$ は実対角行列になる．このとき，$U=U_0\left(\begin{array}{c|ccc} 1 & 0 & \cdots & 0 \\ \hline 0 & & & \\ \vdots & & U_1 & \\ 0 & & & \end{array}\right)$ とおけば U もユニタリー行列となり，$U^{-1}AU$ は実対角行列になっている． □

命題 8.2.8

エルミート行列Aが半正値エルミート行列になるための必要十分条件は,その固有値が全て0以上になることである.また,エルミート行列Aが正値エルミート行列になるための必要十分条件は,その固有値が全て正になることである.

証明 ユニタリー行列 U により $U^{-1}AU=\Lambda$ と実対角化すると，U の第 i 列 $\boldsymbol{u}_i$ に対して，$A\boldsymbol{u}_i=\lambda_i\boldsymbol{u}_i$，ただし λ_i は Λ の (i,i) 成分となる A の固有値，なので一つでも $\lambda_i<0$ となれば $\boldsymbol{u}_i(A\boldsymbol{u}_i)=\lambda_i\|\boldsymbol{u}_i\|=\lambda_i$ より，半正値にならないし，ひとつでも $\lambda_i\leq 0$ ならば正値にならない．逆に全ての固有値 λ_i が 0 以上ならば，$\boldsymbol{u}_1,\ldots,\boldsymbol{u}_n$ は互いに直交する A の固有ベクトルで，しかも基底であるので，全てのベクトル $\boldsymbol{v}$ は $\boldsymbol{v}=c_1\boldsymbol{u}_1+\cdots+c_n\boldsymbol{u}_n$ と線型結合であらわされる．

$$\boldsymbol{v}A\boldsymbol{v}=(c_1\boldsymbol{u}_1+\cdots+c_n\boldsymbol{u}_n)\cdot A(c_1\boldsymbol{u}_1+\cdots+c_n\boldsymbol{u}_n)=\lambda_1c_1^2\|\boldsymbol{u}_1\|^2+\cdots+\lambda_nc_n^2\|\boldsymbol{u}_n\|^2$$

となり，全ての $\lambda_i\geq 0$ ならば，$c_i^2\|\boldsymbol{u}_i\|\geq 0$ より，$\boldsymbol{v}A\boldsymbol{v}\geq 0$ が成り立ち，半正値になる．さらに全ての $\lambda_i>0$ ならば，$\boldsymbol{v}A\boldsymbol{v}=0$ とすると全ての i について $c_i^2\|\boldsymbol{u}_i\|^2=c_i^2$ が 0 になる，よって $c_1\boldsymbol{v}_1+\cdots+c_n\boldsymbol{v}_n=\boldsymbol{0}$ となり，対偶を取れば $\boldsymbol{v}\neq\boldsymbol{0}$ に対しては $\boldsymbol{v}A\boldsymbol{v}>0$，すなわち A が正値になることが示された． □

系 8.2.9

A が実対称行列ならば，実直交行列 O によって**実対角化可能**である．

証明 実対称行列はエルミート行列なので，定理 8.2.7 の構成で対角化できるが，そのときに固有値も固有ベクトルも全て実数の範囲で計算できるので，実ユニタリー行列 U によって実対角化できる．ところが，実ユニタリー行列というのは実直交行列のことに他ならない． □

問 8.2.10 $n\times n$ 実行列 A が，ある $n\times n$ 実行列 B によって $A={}^tBB$ とあらわされるための必要十分条件は，A が半正値対称行列であることを証明せよ．

§8.3　実計量線型空間

抽象線型空間は足し算とスカラー倍しか定められていないベクトルの集合であったが，その長さも定めたい時には，定義としてそのデータを与える必要がある．ベクトルの長さのデータを与えた抽象線型空間を，**計量線型空間**と呼ぶ．長さのデータの与え方は，実係数の場合と複素係数の場合とで微妙に異なる．まずこの節では実係数の抽象線型空間に長さのデータを与えた実計量線型空間について調べていく．

定義 8.3.1

V は $\mathbb{R}$ 係数の線型空間であるとする．ベクトル $\boldsymbol{v},\boldsymbol{w}\in V$ に対して実数 $\langle\boldsymbol{v},\boldsymbol{w}\rangle\in\mathbb{R}$ が定まり，次の条件を満たすとき，写像 $\langle\cdot,\cdot\rangle : V\times V\to\mathbb{R}$ を V の**内積**とよぶ．内積が 1 つ与えられた $\mathbb{R}$ 係数の線型空間 V を**実計量線型空間**とよぶ．

(1)　（分配則）$\boldsymbol{v}_1,\boldsymbol{v}_2,\boldsymbol{w}\in V$ に対し

$$\langle\boldsymbol{v}_1+\boldsymbol{v}_2,\boldsymbol{w}\rangle=\langle\boldsymbol{v}_1,\boldsymbol{w}\rangle+\langle\boldsymbol{v}_2,\boldsymbol{w}\rangle$$

が成り立つ．

(2)　（スカラー倍を保つ）$\boldsymbol{v},\boldsymbol{w}\in V$ と実数 $c\in\mathbb{R}$ に対し

$$\langle(c\boldsymbol{v}),\boldsymbol{w}\rangle=c\langle\boldsymbol{v},\boldsymbol{w}\rangle$$

が成り立つ．

(3)　(対称性) $\boldsymbol{v},\boldsymbol{w}\in V$ に対し

$$\langle\boldsymbol{v},\boldsymbol{w}\rangle=\langle\boldsymbol{w},\boldsymbol{v}\rangle$$

が成り立つ．

(4)　(正値性) 任意の $\boldsymbol{v}\in V$ に対し

$$\langle\boldsymbol{v},\boldsymbol{v}\rangle\geq 0$$

が成り立つ．さらに $\langle\boldsymbol{v},\boldsymbol{v}\rangle=0$ となるのは $\boldsymbol{v}=\boldsymbol{0}$ のとき，そしてそのときに限る．

系 8.3.2

(1)　定義 3.4.5 で定義された $\mathbb{R}^n$ の標準内積は，内積である．

(2) (**Schwarz の不等式**) $\boldsymbol{v},\boldsymbol{w}\in V$ に対し

$$\langle\boldsymbol{v},\boldsymbol{w}\rangle^2\leq\langle\boldsymbol{v},\boldsymbol{v}\rangle\langle\boldsymbol{w},\boldsymbol{w}\rangle$$

が成り立つ．しかも等号が成立するのは $\boldsymbol{v}$ と $\boldsymbol{w}$ 一方がもう一方の定数倍になるとき，そしてそのときに限る．

証明 命題 3.4.6(1)~(4) により，標準内積は内積である．命題 3.4.6(5) で与えられている Schwarz の不等式の証明は性質 (1)~(4) のみを用いて示されているので，そこの証明がそのまま通用する． □

定義 8.3.3

V が実計量線型空間であるとき，ベクトル $\boldsymbol{v}\in V$ の**長さ**を $\|\boldsymbol{v}\|=\sqrt{\langle\boldsymbol{v},\boldsymbol{v}\rangle}$ と定義する．また，ベクトル $\boldsymbol{v},\boldsymbol{w}\in V$ がともに $\boldsymbol{0}$ でないベクトルであるとき，$\boldsymbol{v}$ と $\boldsymbol{w}$ がなす**角度** $\theta\in[0,\pi]$ を

$$\cos\theta=\frac{\langle\boldsymbol{v},\boldsymbol{w}\rangle}{\|\boldsymbol{v}\|\cdot\|\boldsymbol{w}\|}$$

となるように定義する．Schwarz の不等式により左辺は確かに $-1\leq\dfrac{\langle\boldsymbol{v},\boldsymbol{w}\rangle}{\|\boldsymbol{v}\|\cdot\|\boldsymbol{w}\|}\leq 1$ となるので，$\theta\in[0,\pi]$ がただ一つに定まる．ベクトル $\boldsymbol{v}\in V$ と $\boldsymbol{w}\in V$ が**直交する**とは $\langle\boldsymbol{v},\boldsymbol{w}\rangle=0$ が成り立つこと，と定義する．

例 8.3.4

A は $n\times n$ 正則行列であるとする．$\boldsymbol{v},\boldsymbol{w}\in\mathbb{R}^n$ に対して内積を $\langle\boldsymbol{v},\boldsymbol{w}\rangle:=(A\boldsymbol{v})\cdot(A\boldsymbol{w})$，すなわち $\boldsymbol{v}$ と $\boldsymbol{w}$ を A で送った先の標準内積，として定義するとこれは内積の公理を満たす．実際，A は線型写像を定めるので和とスカラー倍を保ち，よって (1), (2) を満たす．標準内積は対称性を満たすので $\langle\boldsymbol{w},\boldsymbol{v}\rangle=(A\boldsymbol{w})\cdot(A\boldsymbol{v})=(A\boldsymbol{v})\cdot(A\boldsymbol{w})=\langle\boldsymbol{v},\boldsymbol{w}\rangle$ となり，対称性 (3) も満たす．さらに標準内積の正値性により $\langle\boldsymbol{v},\boldsymbol{v}\rangle=(A\boldsymbol{v})\cdot(A\boldsymbol{v})\geq 0$ であり，等号成立は $A\boldsymbol{v}=\boldsymbol{0}$ のとき，そしてそのときのみであるが，正則行列 A は単射を定め，ゼロベクトルをゼロベクトルへ送るので，これは $\boldsymbol{v}=\boldsymbol{0}$ と同値である．

A の列ベクトルを $\boldsymbol{a}_1,\ldots,\boldsymbol{a}_n$ とすると，この計量は，与えられた座標 $\boldsymbol{v}=\begin{pmatrix}c_1\\\vdots\\c_n\end{pmatrix}$ をこの列ベクトルが定める斜交座標系によるベクトル $A\boldsymbol{v}=c_1\boldsymbol{a}_1+\cdots+c_n\boldsymbol{a}_n$ とみなしてその長さを測っているのだ，と思うこともできる． □

例 8.3.5

V は閉区間 $[-1,1]$ 上連続な関数全体がなす線型空間であるとすると，$f,g\in V$ に対して

$$\langle f,g\rangle := \int_{-1}^{1} f(x)g(x)dx$$

と定義することにより，$\langle f,g\rangle$ は V の内積となる．$f(x)=1,\quad g(x)=x$ とおくと $\displaystyle\int_{-1}^{1} xdx = [\frac{1}{2}x^2]_{-1}^{1}=0$ なので，f と g は直交する．$\|f\|=\sqrt{\langle f,f\rangle}=\sqrt{2}$，$\|g\|=\sqrt{\langle g,g\rangle}=\dfrac{\sqrt{6}}{3}$ である． □

定義 8.3.6

V が実計量線型空間であるとき，V のベクトル $\boldsymbol{v}_1,\ldots,\boldsymbol{v}_n$ が**正規直交**であるとは $\langle \boldsymbol{v}_i,\boldsymbol{v}_j\rangle = \begin{cases} 1 & (i=j) \\ 0 & (i\neq j) \end{cases}$ が成り立つことである．さらに $\boldsymbol{v}_1,\ldots,\boldsymbol{v}_n$ が V の基底となるとき，この基底を実計量線型空間 V の**正規直交基底**とよぶ．

補題 8.3.7

実計量線型空間 V のベクトル $\boldsymbol{v}_1,\ldots,\boldsymbol{v}_n$ が正規直交であれば，一次独立である．より詳しく，$\boldsymbol{v}_1,\ldots,\boldsymbol{v}_n$ の線型結合として $\boldsymbol{w}=c_1\boldsymbol{v}_1+\cdots+c_n\boldsymbol{v}_n$ とあらわされるベクトル $\boldsymbol{w}$ における $\boldsymbol{v}_i$ の係数 c_i は，$\boldsymbol{v}_i$ との内積を取ることによって $c_i=\langle \boldsymbol{w},\boldsymbol{v}_i\rangle$ と一意に定まる．

証明　$\boldsymbol{w}=c_1\boldsymbol{v}_1+\cdots+c_n\boldsymbol{v}_n$ と $\boldsymbol{v}_i$ の内積は $\boldsymbol{v}_i\cdot\boldsymbol{v}_j = \begin{cases} 1 & (i=j) \\ 0 & (i\neq j) \end{cases}$ より

$$\boldsymbol{w}\cdot\boldsymbol{v}_i = \sum_{j=1}^{n} c_j(\boldsymbol{v}_j\cdot\boldsymbol{v}_i) = c_i$$

である． □

定理 8.3.8（グラム・シュミットの直交化法 ）

V は実計量線型空間，$\boldsymbol{v}_1,\ldots,\boldsymbol{v}_n\in V$ は一次独立なベクトルであるとする．このとき，下のアルゴリズム 8.3.9 によって次の性質を持つベクトル $\boldsymbol{u}_1,\ldots,\boldsymbol{u}_n\in V$ を構成することができる．

(1) $\boldsymbol{u}_1,\ldots,\boldsymbol{u}_n$ は正規直交である．

(2) 各 $i\in\{1,2,\ldots,n\}$ に対し，ベクトル $\boldsymbol{u}_1,\ldots,\boldsymbol{u}_i$ が張る V の部分線型空間は $\boldsymbol{v}_1,\ldots,\boldsymbol{v}_i$ が張る V の線型空間と一致する．

特に $\boldsymbol{v}_1,\ldots,\boldsymbol{v}_n\in V$ が V の基底であれば，$\boldsymbol{u}_1,\ldots,\boldsymbol{u}_n$ は V の正規直交基底である．有限次元実計量線型空間は必ず正規直交基底を持つ．

アルゴリズム **8.3.9**

V は実計量線型空間，$\boldsymbol{v}_1,\ldots,\boldsymbol{v}_n\in V$ は一次独立であるとする．まず

$$\boldsymbol{u}_1:=\frac{1}{\|\boldsymbol{v}_1\|}\boldsymbol{v}_1$$

とおく．帰納的に $\boldsymbol{u}_1,\ldots,\boldsymbol{u}_{i-1}$ まで定まったとして，まず $\boldsymbol{w}_i$ を

$$\boldsymbol{w}_i=\boldsymbol{v}_i-\langle\boldsymbol{v}_i,\boldsymbol{u}_1\rangle\boldsymbol{u}_1-\cdots-\langle\boldsymbol{v}_i,\boldsymbol{u}_{i-1}\rangle\boldsymbol{u}_{i-1}$$

とおくと，下で示すとおり $\boldsymbol{w}_i\neq\boldsymbol{0}$ となるので，

$$\boldsymbol{u}_i:=\frac{1}{\boldsymbol{w}_i}\boldsymbol{w}_i$$

と定義する．

定理 8.3.8 の証明　$\boldsymbol{v}_1,\ldots,\boldsymbol{v}_n$ の一次独立性により $\boldsymbol{v}_1\neq\boldsymbol{0}$ なので $\boldsymbol{u}_1:=\dfrac{1}{\|\boldsymbol{v}_1\|}\boldsymbol{v}_1$ が定義でき，アルゴリズムにより $\|\boldsymbol{u}_1\|=1$ となるので確かに $\boldsymbol{u}_1$ の長さは1であり，また $\boldsymbol{v}_1$ のスカラー倍なので，$\boldsymbol{u}_1$ が張る部分空間は $\boldsymbol{v}_1$ が張る部分空間に等しい．n について帰納法を用いて，$\boldsymbol{u}_1,\ldots,\boldsymbol{u}_{n-1}$ までが条件 (1), (2) を満たしていると仮定する．このとき，$\boldsymbol{w}_n\neq\boldsymbol{0}$ となることを確かめる．実際，もしも $\boldsymbol{w}_n=\boldsymbol{0}$ ならば $\boldsymbol{v}_n=\langle\boldsymbol{v}_n,\boldsymbol{u}_1\rangle\boldsymbol{u}_1+\cdots+\langle\boldsymbol{v}_n,\boldsymbol{u}_{n-1}\rangle\boldsymbol{u}_{n-1}$ となるが，これは $\boldsymbol{u}_1,\ldots,\boldsymbol{u}_{n-1}$ の線型結合なので，帰納法の仮定 (2) により $\boldsymbol{v}_n$ は $\boldsymbol{v}_1,\ldots,\boldsymbol{v}_{n-1}$ の線型結合としてもあらわされ，$\boldsymbol{v}_1,\ldots,\boldsymbol{v}_n$ の一次独立性に反する．よって $\|\boldsymbol{w}_n\|\neq0$ であり，$\boldsymbol{u}_n$ が定義される．$i\in\{1,2,\ldots,n-1\}$ に対し $\boldsymbol{w}_n$ の定義式と $\boldsymbol{u}_j$ との内積をとって

$$\langle\boldsymbol{w}_n,\boldsymbol{u}_i\rangle=\langle\boldsymbol{v}_n,\boldsymbol{u}_i\rangle-\sum_{j=1}^{n-1}\langle\boldsymbol{w}_n,\boldsymbol{u}_j\rangle\langle\boldsymbol{u}_j,\boldsymbol{u}_i\rangle=\langle\boldsymbol{v}_n,\boldsymbol{u}_i\rangle-\langle\boldsymbol{v}_n,\boldsymbol{u}_i\rangle=0$$

となるので，そのスカラー倍である $\boldsymbol{u}_n$ も $\langle\boldsymbol{u}_n,\boldsymbol{u}_i\rangle=0$ を満たす．さらに

$$\langle\boldsymbol{u}_n,\boldsymbol{u}_n\rangle=\frac{1}{\|\boldsymbol{w}_n\|^2}\langle\boldsymbol{w}_n,\boldsymbol{w}_n\rangle=1$$

となるので，$\boldsymbol{u}_n$ を加えても条件 (1) が成り立つ．$\boldsymbol{u}_1,\ldots,\boldsymbol{u}_n$ によって張られる部

分線型空間は，帰納法の仮定により $\boldsymbol{v}_1,\ldots,\boldsymbol{v}_{n-1}$ によって張られる空間を含み，また $\boldsymbol{v}_n = \|\boldsymbol{w}_n\|\boldsymbol{u}_n + \langle \boldsymbol{v}_n, \boldsymbol{u}_1\rangle \boldsymbol{u}_1 + \cdots + \langle \boldsymbol{v}_n, \boldsymbol{u}_{n-1}\rangle \boldsymbol{u}_{n-1}$ なので，$\boldsymbol{v}_n$ も含み，よって $\boldsymbol{v}_1,\ldots,\boldsymbol{v}_n$ によって張られる空間を含む．$\boldsymbol{v}_1,\ldots,\boldsymbol{v}_n$ は一次独立なので n 次元空間を張り，$\boldsymbol{u}_1,\ldots,\boldsymbol{u}_n$ も補題 8.3.7 より一次独立なので n 次元空間を張り，包含関係があれば一致することがわかる．すなわち (2) が成り立つ．以上により，アルゴリズム 8.3.9 によって求められた $\boldsymbol{u}_1,\ldots,\boldsymbol{u}_n$ は条件 (1), (2) を満たすことが示された．

$\boldsymbol{v}_1,\ldots,\boldsymbol{v}_n$ が V の基底なら条件 (2) により $\boldsymbol{u}_1,\ldots,\boldsymbol{u}_n$ も V を張る．また補題 8.3.7 により $\boldsymbol{u}_1,\ldots,\boldsymbol{u}_n$ は一次独立でもあるので，V の基底となる．有限次元線型空間は基底を持つので，有限次元実計量線型空間は正規直交基底を持つことが示された．

□

系 8.3.10

V が有限次元実計量線型空間であれば，ある基底のもとでその内積は標準内積と一致する．また $V = \mathbb{R}^n$ とあらかじめ座標が与えられた有限次元実計量線型空間の内積は，ある $n \times n$ 正則行列 A によって例 8.3.4 で与えられる内積に一致する．

証明　V の正規直交基底 $\boldsymbol{u}_1,\ldots,\boldsymbol{u}_n$ のもとで，$\boldsymbol{v} = c_1\boldsymbol{u}_1 + \cdots + c_n\boldsymbol{u}_n$ と $\boldsymbol{w} = d_1\boldsymbol{u}_1 + \cdots + d_n\boldsymbol{u}_n$ の内積を計算すると

$$
\begin{aligned}
\langle \boldsymbol{v}, \boldsymbol{w}\rangle &= \sum_{i,j=1}^{n} c_i d_j \langle \boldsymbol{u}_i, \boldsymbol{u}_j\rangle \\
&= c_1 d_1 + \cdots + c_n d_n \\
&= \begin{pmatrix} c_1 \\ \vdots \\ c_n \end{pmatrix} \cdot \begin{pmatrix} d_1 \\ \vdots \\ d_n \end{pmatrix}
\end{aligned}
$$

となり，確かにこの基底のもとでの標準内積と一致する．

標準基底 $\boldsymbol{e}_1,\ldots,\boldsymbol{e}_n$ によって座標表示された $\mathbb{R}^n$ の内積について正規直交基底 $\boldsymbol{u}_1,\ldots,\boldsymbol{u}_n$ を求めると，$\boldsymbol{e}_1,\ldots,\boldsymbol{e}_n$ から $\boldsymbol{u}_1,\ldots,\boldsymbol{u}_n$ への基底変換行列を A とおくとき，各ベクトル $\boldsymbol{v} \in \mathbb{R}^n$ に対して $A\boldsymbol{v}$ は $\boldsymbol{v}$ の正規直交基底での座標表記となるので，$\boldsymbol{v}, \boldsymbol{w} \in \mathbb{R}^n$ に対し $\langle \boldsymbol{v}, \boldsymbol{w}\rangle = (A\boldsymbol{v}) \cdot (A\boldsymbol{w})$ が成り立つ．　□

§8.4 直交補空間と直交射影

命題-定義 8.4.1

V が実計量線型空間，$W \subset V$ が部分線型空間であるとする．

(1) V における内積の定義域を W に制限することで W も実計量線型空間とみなすことができる．以下，実計量線型空間の線型部分空間は常にこうして実計量線型空間とみなすことにする．

(2) V の部分集合 $W^{\perp}$ を

$$W^{\perp} := \{\boldsymbol{v} \in V \mid \forall \boldsymbol{w} \in W,\ \langle \boldsymbol{v}, \boldsymbol{w} \rangle = 0\}$$

と定義すると，$W^{\perp}$ は V の部分線型空間である．この $W^{\perp}$ を V における W の**直交補空間**と呼ぶ．

(3) さらに W が有限次元であれば，$\boldsymbol{u}_1, \ldots, \boldsymbol{u}_k$ をその正規直交基底として，写像 $\varphi : V \to V$ を $\varphi(\boldsymbol{v}) := \langle \boldsymbol{u}_1, \boldsymbol{v} \rangle \boldsymbol{u}_1 + \cdots + \langle \boldsymbol{u}_k, \boldsymbol{v} \rangle \boldsymbol{u}_k$ と定義すると φ は線型写像になり，$\varphi \circ \varphi = \varphi$，$\mathrm{Im}(\varphi) = W$，$\mathrm{Ker}(\varphi) = W^{\perp}$，さらに $W \oplus W^{\perp} \simeq V$ が成り立つ．この線型写像 φ を V から W への**直交射影**と呼ぶ．

(4) さらに V が実数ベクトル空間 $V = \mathbb{R}^n$ で，内積が標準内積のとき，$U = (\boldsymbol{u}_1, \ldots, \boldsymbol{u}_k)$ を W の正規直交基底を列ベクトルとして並べた行列とすると直交射影 φ は $U {}^t U$ という行列であらわされる．

(5) $\boldsymbol{v} \in V$ が与えられたとき，W のベクトル $\boldsymbol{w}$ で $\|\boldsymbol{v} - \boldsymbol{w}\|$ を最小にするのは $\boldsymbol{w} = \varphi(\boldsymbol{v})$ である．すなわち W の中では $\varphi(\boldsymbol{v})$ が $\boldsymbol{v}$ の最良近似である．

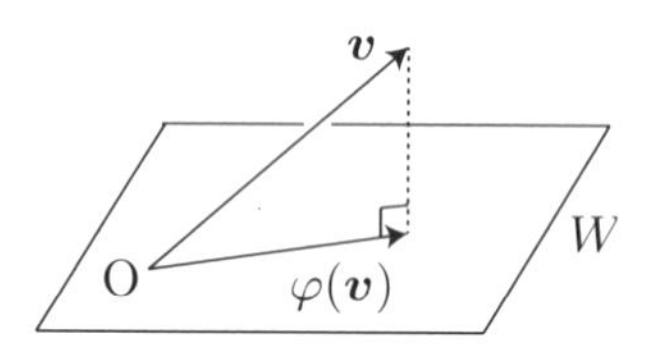

証明 (1) 内積の定義 8.3.1 が「等式，不等式を満たす」という条件のみからなるので，V で成り立てば，定義域をその部分集合 W に制限しても当然成り立つ．

(2) 部分線型空間判定定理 6.4.3 の 3 条件を確かめれば良い．$\boldsymbol{v}_1, \boldsymbol{v}_2 \in W^{\perp}$ ならば，任意の $\boldsymbol{w} \in W$ に対し $\langle (\boldsymbol{v}_1 + \boldsymbol{v}_2), \boldsymbol{w} \rangle = \langle \boldsymbol{v}_1, \boldsymbol{w} \rangle + \langle \boldsymbol{v}_2, \boldsymbol{w} \rangle = 0 + 0 = 0$ となるので，$\boldsymbol{v}_1 + \boldsymbol{v}_2 \in W^{\perp}$ となり，和について閉じていることがわかる．また $\boldsymbol{v} \in W^{\perp}$ ならば，実数 $c \in \mathbb{R}$ と任意の $\boldsymbol{w} \in W$ に対し $\langle c\boldsymbol{v}, \boldsymbol{w} \rangle = c \langle \boldsymbol{v}, \boldsymbol{w} \rangle = c \cdot 0 = 0$ となり，スカラー倍

についても閉じている．さらに $\mathbf{0}\in W^{\perp}$ なので $W^{\perp}$ は V の部分線型空間である．
(3) W は有限次元実計量線型空間なので，定理 8.3.8 により W は正規直交基底 $\boldsymbol{u}_1,\ldots,\boldsymbol{u}_k$ を持つ．W の元は $\boldsymbol{w}=c_1\boldsymbol{u}_1+\cdots+c_k\boldsymbol{u}_k$ とあらわされるが，$\langle\boldsymbol{u}_i,\boldsymbol{w}\rangle=\sum_{j=1}^{k}c_j\langle\boldsymbol{u}_i,\boldsymbol{u}_j\rangle=c_i$ となるので $\boldsymbol{w}=\sum_{i=1}^{k}\langle\boldsymbol{u}_i,\boldsymbol{w}\rangle\boldsymbol{u}_i=\varphi(\boldsymbol{w})$ となる，つまり φ を W に制限すると恒等写像になる．特に $\mathrm{Im}(\varphi)\supset W$ である．逆に φ の像は $\boldsymbol{u}_1,\ldots,\boldsymbol{u}_k$ の線型結合としてあらわされているので，$\mathrm{Im}(\varphi)\subset W$ も成り立ち，$\mathrm{Im}(\varphi)=W$ となることがわかった．

$\boldsymbol{v}\in W^{\perp}$ ならば $\langle\boldsymbol{u}_i,\boldsymbol{v}\rangle=0$ なので $\varphi(\boldsymbol{v})=\sum\langle\boldsymbol{u}_i,\boldsymbol{v}\rangle\boldsymbol{u}_i=\mathbf{0}$ となる．すなわち $\mathrm{Ker}(\varphi)\supset W^{\perp}$ である．逆に $\varphi(\boldsymbol{v})=\mathbf{0}$ ならば，$\mathbf{0}=\langle\boldsymbol{u}_1,\boldsymbol{v}\rangle\boldsymbol{u}_1+\cdots+\langle\boldsymbol{u}_k,\boldsymbol{v}\rangle\boldsymbol{u}_k$ であるが，$\boldsymbol{u}_1,\ldots,\boldsymbol{u}_k$ は一次独立なので $\langle\boldsymbol{u}_1,\boldsymbol{v}\rangle=\cdots\langle\boldsymbol{u}_k,\boldsymbol{v}\rangle=0$ となる．すると任意の $W\ni\boldsymbol{w}=c_1\boldsymbol{u}_1+\cdots+c_k\boldsymbol{u}_k$ に対し $\langle\boldsymbol{w},\boldsymbol{v}\rangle=\langle\sum c_i\boldsymbol{u}_i,\boldsymbol{v}\rangle=\sum c_i\langle\boldsymbol{u}_i,\boldsymbol{v}\rangle=0$ となる．すなわち $\boldsymbol{v}\in W^{\perp}$ となり $\mathrm{Ker}(\varphi)\subset W^{\perp}$ も成り立つ．したがって $\mathrm{Ker}(\varphi)=W^{\perp}$ が成り立つ．

命題 6.5.3 により $W\oplus W^{\perp}\simeq V$ となる．実際，任意の $\boldsymbol{v}$ は $\boldsymbol{v}=\varphi(\boldsymbol{v})+(\boldsymbol{v}-\varphi(\boldsymbol{v}))$ と書けるが，$\varphi(\boldsymbol{v})\in W$，また $\varphi(\boldsymbol{v}-\varphi(\boldsymbol{v}))=\varphi(\boldsymbol{v})-\varphi(\varphi(\boldsymbol{v}))=\varphi(\boldsymbol{v})-\varphi(\boldsymbol{v})=\mathbf{0}$ より $\boldsymbol{v}-\varphi(\boldsymbol{v})\in\mathrm{Ker}(\varphi)=W^{\perp}$ となるので，$\boldsymbol{v}\mapsto(\varphi(\boldsymbol{v}),\boldsymbol{v}-\varphi(\boldsymbol{v}))$ が逆写像になる．

(4)　$U=(\boldsymbol{u}_1,\ldots,\boldsymbol{u}_k)$ なら ${}^tU=\begin{pmatrix}{}^t\boldsymbol{u}_1\\ \vdots\\ {}^t\boldsymbol{u}_k\end{pmatrix}$ なので

$$U\,{}^tU\boldsymbol{v}=U\begin{pmatrix}({}^t\boldsymbol{u}_1)\cdot\boldsymbol{v}\\ \vdots\\ ({}^t\boldsymbol{u}_k)\cdots\boldsymbol{v}\end{pmatrix}=\langle\boldsymbol{u}_1,\boldsymbol{v}\rangle\boldsymbol{u}_1+\cdots+\langle\boldsymbol{u}_k,\boldsymbol{v}\rangle\boldsymbol{u}_k=\varphi(\boldsymbol{v})$$

となり，φ は行列 $U\,{}^tU$ であらわされる．

(5)　W の元は $\boldsymbol{w}\in W$ により $\varphi(\boldsymbol{v})+\boldsymbol{w}$ とかけるので，$\boldsymbol{w}$ を色々動かして $\|\boldsymbol{v}-(\varphi(\boldsymbol{v})+\boldsymbol{w})\|^2$ が最小になるのが $\boldsymbol{w}=\mathbf{0}$ のときであることを示せば良い．$\boldsymbol{x}=\boldsymbol{v}-\varphi(\boldsymbol{v})$ とおくと (3) の証明の最後で見たように $\boldsymbol{x}=\boldsymbol{v}-\varphi(\boldsymbol{v})\in W^{\perp}$ であり，$\langle\boldsymbol{x},\boldsymbol{w}\rangle=0$ に注意して $\|\boldsymbol{x}-\boldsymbol{w}\|^2$ の最小値を調べると

$$\|\boldsymbol{v}-(\varphi(\boldsymbol{v})+\boldsymbol{w})\|^2=\|\boldsymbol{x}-\boldsymbol{w}\|^2=\langle\boldsymbol{x}-\boldsymbol{w},\boldsymbol{x}-\boldsymbol{w}\rangle=\|\boldsymbol{x}\|^2+\|\boldsymbol{w}\|^2\geq\|\boldsymbol{x}\|^2$$

なので $\|\boldsymbol{x}\|^2$ が最小値であり，しかも等号が成り立つのは $\|\boldsymbol{w}\|^2=0$ すなわち $\boldsymbol{w}=\mathbf{0}$ のときである．　□

注意 8.4.2　標準内積が与えられた $\mathbb{R}^n$ において $n\times n$ 行列 A が直交射影を定める行列であるための必要十分条件は，$A^2=A$ かつ A が対称行列となることである．実際，A が直交射影の行列であれば明らかに $A^2=A$ で，$A=U{}^tU$ ならば ${}^tA={}^t(U{}^tU)={}^t({}^tU){}^tU=U{}^tU=A$ である．逆に $A^2=A$ ならば命題 6.5.3 により $\mathbb{R}^n=\mathrm{Im}(A)\oplus\mathrm{Ker}(A)$ なので，任意の $\boldsymbol{v}\in\mathrm{Im}(A)$ と $\boldsymbol{w}\in\mathrm{Ker}(A)$ に対し $\boldsymbol{v}\cdot\boldsymbol{w}=0$ となることを確かめれば良いが，A が対称行列なら

$$\boldsymbol{v}\cdot\boldsymbol{w}=\boldsymbol{v}\cdot(A\boldsymbol{w})=(A\boldsymbol{v})\cdot\boldsymbol{w}=\boldsymbol{0}\cdot\boldsymbol{w}=0$$

となるので，確かに A は直交射影である．

注意 8.4.3　W が無限次元だと，$W\subsetneq V$ が V の真の部分線型空間，すなわち V 全体にならないような部分線型空間なのに $W^\perp=\boldsymbol{0}$ となるような例がある（囲み記事参照）．特にこの場合，$W+W^\perp$ は V 全体にはならず，よって命題 8.4.1 (3) $W\oplus W^\perp\simeq V$ は成り立たない．一方，$\boldsymbol{v}\in W\cap W^\perp$ ならば $\|\boldsymbol{v}\|^2=\langle\boldsymbol{v},\boldsymbol{v}\rangle=0$ なので $\boldsymbol{v}=\boldsymbol{0}$ となり，$W\cap W^\perp=\boldsymbol{0}$ は無限次元でも成り立つ．

□　無限次元真部分空間で直交補空間が 0 となる例

V は例 8.3.5 の線型空間とし，$W\subset V$ は有限個の折れ点を除いて一次式であらわされるような関数全体がなす部分線型空間とする．

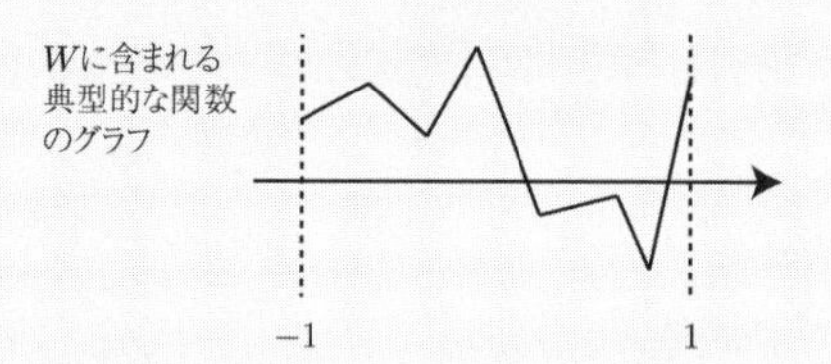

このとき，$f\in V$ が $f\in W^\perp$ ならば $f=0$ となることを示す．対偶として，$f\neq 0$ ならば $g\in W$ が存在して $\langle f,g\rangle\neq 0$ となることを示せば良い．$f\neq 0$ なので，ある $a\in[-1,1]$ に対し $f(a)\neq 0$ である．$f(a)<0$ ならば f を $-f$ でおきかえて $f(a)>0$ として良い．f は連続なので $\varepsilon>0$ が存在して $(a-\varepsilon,a+\varepsilon)\cap[-1,1]$ 上で $f(x)>0$ である．このとき

$$g(x)=\begin{cases}\varepsilon-|x-a| & (|x-a|<\varepsilon)\\ 0 & (|x-a|\geq\varepsilon)\end{cases}$$

とおけば $(a-\varepsilon,a+\varepsilon)\cap[-1,1]$ 上で $f(x)>0, g(x)>0$ であり，その外では $g(x)=0$ より $f(x)g(x)=0$ なので，$\langle f,g\rangle=\int_{-1}^1 f(x)g(x)dx>0$ となる．よって $f\notin W^\perp$ である．

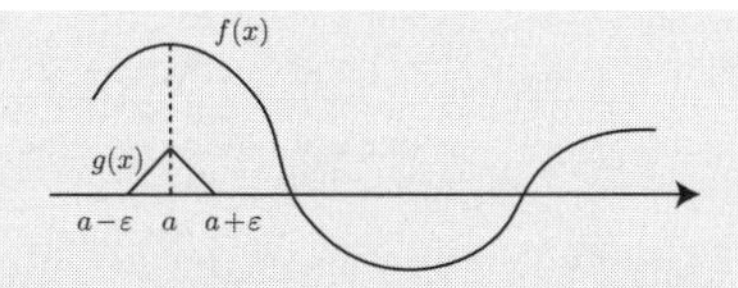

「区分的に一次式であらわされる関数なんて不自然だ」という読者もいるかもしれないが，W を C^∞ 関数全体がなす部分線型空間としても，同様の議論ができることが知られている．

§8.5　直交射影の応用

この節では，直交射影の 2 つの重要な応用をご紹介する．

例 8.5.1　(最小二乗法)

時刻 $t_1, t_2, \ldots, t_n$ で測定を行い，$x_1, x_2, \ldots, x_n$ という測定結果を得た．

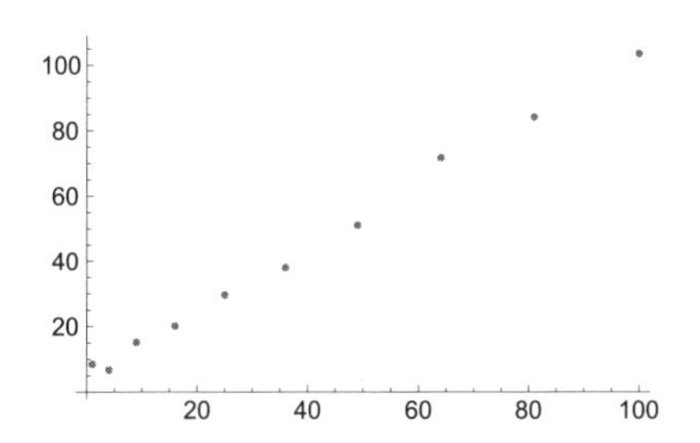

測定誤差を考慮すると，データは一直線上に並びそうである．この測定データから推測するものとして，どのような直線がもっとも適切かを考えよう．各 t において，誤差の大きさはほぼ同じスケールだという仮定のもとで考える．

$V = \{(X_1, X_2, \ldots, X_n \mid X_i \in \mathbb{R}\} = \mathbb{R}^n$ は可能な観測データ全体がなす線型空間とし，$W = \{(at_1 + b, at_2 + b, \ldots, at_n + b) \mid a, b \in \mathbb{R}\}$ はぴったり一直線上に並ぶデータがなす V の部分空間とする．測定値 $\boldsymbol{x} = (x_1, \ldots, x_n) \in \mathbb{R}^n$ にもっとも近い W の点を求めれば，それが最適な推測，ということになる．どの t でも誤差のスケールがほぼ同じという仮定をおいているので，通常内積で，$\boldsymbol{x}$ にもっとも近い W の点を求めたい．それは命題 8.4.1 (5) により，$\boldsymbol{x}$ の W への直交射影だ，ということになる．□

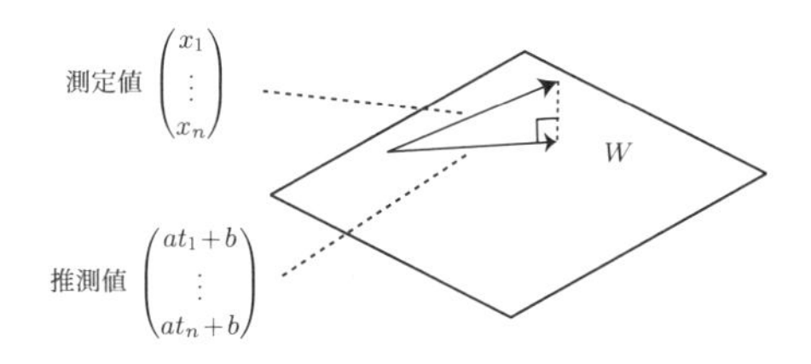

定理 8.5.2

$t_1,t_2,\ldots,t_n$ での測定値が $x_1,x_2,\ldots,x_n$ であるとし，$\bar{t} := \dfrac{1}{n}\sum_{i=1}^{n} t_i$, $\bar{x} := \dfrac{1}{n}\sum_{i=1}^{n} x_i$ はそれぞれ時刻 t，測定値 x の平均値であるとする．このとき，この測定値の W への直交射影の像 $X = at+b$ は

$$a = \frac{\sum_{i=1}^{n}(x_i t_i) - n\bar{x}\bar{t}}{\sum_{i=1}^{n} t_i^2 - n\bar{t}^2}, \qquad b = \frac{\bar{x}\sum_{i=1}^{n} t_i^2 - \bar{t}\sum_{i=1}^{n}(x_i t_i)}{\sum_{i=1}^{n} t_i^2 - n\bar{t}^2}$$

で与えられる．

証明 W の基底は $\boldsymbol{v}_1 = {}^t(1,1,\ldots,1)$ と $\boldsymbol{v}_2 = {}^t(t_1,t_2,\ldots,t_n)$ を取ることができる．グラム・シュミットによりこれから正規直交基底を求めると，まず $\boldsymbol{u}_1 = \dfrac{1}{\|\boldsymbol{v}_1\|}\boldsymbol{v}_1 = \dfrac{1}{\sqrt{n}}{}^t(1,1,\ldots,1)$ である．次に $\boldsymbol{w}_2 = \boldsymbol{v}_2 - (\boldsymbol{u}_1\cdot\boldsymbol{v}_2)\boldsymbol{u}_1 = {}^t(t_1-\bar{t}, t_2-\bar{t}, \ldots, t_n-\bar{t})$ が $\boldsymbol{u}_1$ と直交するので，これをその長さで割って $\boldsymbol{u}_2 = \dfrac{1}{\|\boldsymbol{w}_2\|}\boldsymbol{w}_2 = \dfrac{\boldsymbol{w}_2}{\sqrt{\sum(t_i-\bar{t})^2}}$ となる．

ここで分母にあらわれる $\sum(t_i-\bar{t})^2$ を計算すると

$$\begin{aligned}\sum(t_i-\bar{t})^2 &= \sum(t_i^2 - 2t_i\bar{t} + \bar{t}^2)\\ &= \left(\sum t_i^2\right) - 2n\bar{t}^2 + n\bar{t}^2 \quad (\textstyle\sum t_i = n\bar{t}\ \text{より})\\ &= \left(\sum t_i^2\right) - n\bar{t}^2.\end{aligned}$$

また，$t_1,t_2,\ldots,t_n$ のうちでひとつでも $\bar{t}$ と異なるものがあれば，$\sum(t_i-\bar{t})^2 > 0$ となるので，全てを同時刻に測定する，という無意味なことをしない限り分母は 0 にならない[2]．

[2] 定理の仮定には入れていないが，状況から自然に満たされるべき仮定である．実際，$x_1,x_2,\ldots,x_n$ を全て同時刻 $t_1 = t_2 = \cdots = t_n$ に測定しておいて，それを時刻の関数として $x_i = at_i + b$ という式で近似せよ，という問題設定は意味を持たない．この場合，$\boldsymbol{v}_1$ と

測定データ $\boldsymbol{x}={}^t(x_1,\ldots,x_n)$ の W への直交射影 $(\boldsymbol{x}\cdot\boldsymbol{u}_1)\boldsymbol{u}_1+(\boldsymbol{x}\cdot\boldsymbol{u}_2)\boldsymbol{u}_2$ は

$$\begin{aligned}
&(\boldsymbol{x}\cdot\boldsymbol{u}_1)\boldsymbol{u}_1+(\boldsymbol{x}\cdot\boldsymbol{u}_2)\boldsymbol{u}_2\\
&=\frac{1}{\sqrt{n}}\sum x_i\frac{1}{\sqrt{n}}\begin{pmatrix}1\\ \vdots\\ 1\end{pmatrix}+\frac{1}{\sqrt{\sum t_i^2-n\bar{t}^2}}\left(\sum(x_i(t_i-\bar{t}))\right)\frac{1}{\sqrt{\sum t_i^2-n\bar{t}^2}}\begin{pmatrix}t_1-\bar{t}\\ \vdots\\ t_n-\bar{t}\end{pmatrix}\\
&=\begin{pmatrix}\overline{x}\\ \vdots\\ \overline{x}\end{pmatrix}+\frac{1}{\sqrt{\sum t_i^2-n\bar{t}^2}}\left(\left(\sum x_it_i\right)-\bar{t}n\overline{x}\right)\begin{pmatrix}t_1\\ \vdots\\ t_n\end{pmatrix}-\frac{1}{\sqrt{\sum t_i^2-n\bar{t}^2}}\begin{pmatrix}\overline{x}\\ \vdots\\ \overline{x}\end{pmatrix}\\
&=\frac{\sum x_it_i-n\overline{x}\bar{t}}{\sum t_i^2-n\bar{t}^2}\begin{pmatrix}t_1\\ \vdots\\ t_n\end{pmatrix}+\frac{\overline{x}\sum t_i^2-\bar{t}\sum x_it_i}{\sum t_i^2-n\bar{t}^2}\begin{pmatrix}1\\ \vdots\\ 1\end{pmatrix}
\end{aligned}$$

と計算され，定理が証明された． □

これにより，例えば本節最初にあげたデータは次のように直線近似される．

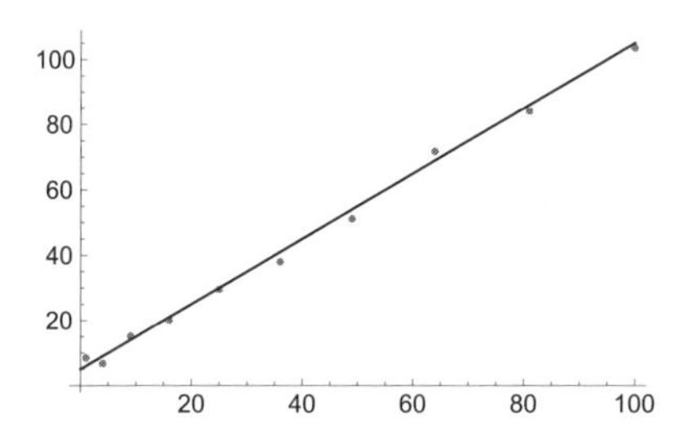

注意 8.5.3 測定値 x_i と推測値 at_i+b の差の 2 乗の和 $\sum(t_i-(at_i-b))^2=\|\boldsymbol{x}-\boldsymbol{w}\|^2$ を最小にする $\boldsymbol{w}=(at_1+b,\ldots,at_n+b)$ を求める，ということでこの近似法は最小二乗法と呼ばれる．誤差の絶対値の和でなく誤差の二乗の和を最小にする方が幾何的に自然な意味を持ち，従って扱いやすい公式も作れる，というのがポイントである．

本書では測定値が時刻の 1 次関数だと想定されるケースのみを考察したが，その他にも測定値 x_i が t_i の何乗かに比例しそうだ，つまり $x_i\approx at_i^b$ と想定される場合なら $\log(x_i)\approx\log a+b\log t_i$ に対して（よって $(\log t_i,\log x_i)$ というデータに対して）最小二乗法を適用することによって，x が t の何乗に比例しそうか，などの推測も可能である．

$\boldsymbol{v}_2$ は一次独立にならず W は一次元であり，$\boldsymbol{x}=(x_1,\ldots,x_n)$ はその平均 $(\overline{x},\ldots,\overline{x})$ で最良近似される．

例 8.5.4 (フーリエ級数)

V は閉区間 $[-\pi,\pi]$ 上連続な実数値関数全体がなす線型空間とし，内積を $\langle f(x),g(x)\rangle := \int_{-\pi}^{\pi} f(x)g(x)dx$ により定義する．V 内の $2n+1$ 本の一次独立なベクトル

$$\cos 0x = 1,\quad \cos x,\quad \cos 2x,\quad \ldots,\quad \cos nx,\quad \sin x,\quad \sin 2x,\quad \ldots,\quad \sin nx$$

によって張られる部分線型空間を W_n とする．W_n の元は $[-\pi,\pi]$ で定義されているが，式そのものは実数全体で意味を持ち，周期 2π を持つ周期関数なので，$[-\pi,\pi]$ での値を繰り返す周期関数になっている． □

定理 8.5.5

W_n の正規直交基底として

$$\frac{1}{\sqrt{2\pi}}, \frac{1}{\sqrt{\pi}}\cos x, \frac{1}{\sqrt{\pi}}\cos 2x, \ldots, \frac{1}{\sqrt{\pi}}\cos nx, \frac{1}{\sqrt{\pi}}\sin x, \frac{1}{\sqrt{\pi}}\sin 2x, \ldots, \frac{1}{\sqrt{\pi}}\sin nx$$

が取れる．

証明 与えられた生成系にグラム・シュミットの直交化法を適用すると，

$$(\cos ax)\cdot(\cos bx) = \frac{1}{2}(\cos(a+b)x + \cos(a-b)x)$$
$$(\sin ax)\cdot(\cos bx) = \frac{1}{2}(\sin(a+b)x + \sin(a-b)x)$$
$$(\sin ax)\cdot(\sin bx) = \frac{1}{2}(-\cos(a+b)x + \cos(a-b)x)$$

と自然数 $k>0$ に対して $\int_{-\pi}^{\pi} \cos kx dx = \int_{-\pi}^{\pi} \sin kx dx = 0$ となることから，$\cos kx$ (ただし $k=0,1,2,\ldots,n$)，$\sin \ell x$(ただし $\ell = 1,2,\ldots,n$) のうち相異なる二つはたがいに直交し，$\|\cos 0x\|^2 = \int_{-\pi}^{\pi} dx = 2\pi$ かつ $k>0$ に対し $\|\cos kx\|^2 = \|\sin kx\|^2 = \pi$ となることから定理が従う． □

よって $a_0 = \frac{1}{2\pi}\int_{-\pi}^{\pi} f(x)dx$，また $k>0$ に対し $a_k = \frac{1}{\pi}\int_{-\pi}^{\pi} f(x)\cos kx dx$，$b_k = \frac{1}{\pi}\int_{-\pi}^{\pi} f(x)\sin kx dx$ とおくと，$f(x)\in V$ の W_n への直交射影は

$$a_0 + a_1\cos x + a_2\cos 2x + \cdots + a_n\cos nx + b_1\sin x + b_2\sin 2x + \cdots + b_n\sin nx$$

とあらわされる ($\sqrt{\pi}, \sqrt{2\pi}$ を避けるために，正規直交基底ではなく元の基底を用いてることに注意)．特に，$f(x)\in V$ を W_n へ直交射影したときの $1=\cos 0x$，$\cos kx$

や $\sin kx$ の係数は W_n の n によらない．そこで $n\to\infty$ としたときに，この直交射影がどうなるかが気になるが，次の式が成り立つことが知られている．

事実 8.5.6（Parseval の等式）

V を例 8.5.4 で定義された実計量線型空間とすると，$f(x)\in V$ に対して

$$\|f(x)\|^2=\lim_{n\to\infty}\left((2\pi a_0^2)+\pi\sum_{k=1}^{n}(a_k^2+b_k^2)\right)$$

が成り立つ．

$\varphi_n:V\to W_n$ を直交射影とすると，$f\in V$ に対して，$\|\varphi_n(f)\|^2=(2\pi a_0^2)+\pi\sum_{k=1}^{n}(a_k^2+b_k^2)$ なので，$\|f-\varphi_n(f)\|=\sqrt{\|f\|^2-\|\varphi_n(f)\|^2}$ は $n\to\infty$ としたとき $\lim_{n\to\infty}\|f-\varphi_n(f)\|=0$ となる，すなわち n を大きくしていくと $\varphi_n(f)$ は f に限りなく近づいていくのである．

例 8.5.7

$\int_{-\pi}^{\pi}x\sin kx dx$ は部分積分により

$$\int_{-\pi}^{\pi}x\sin kx dx=-\frac{1}{k}\left[x\cos kx\right]_{-\pi}^{k}+\frac{1}{k}\int_{-\pi}^{\pi}\cos kx dx=(-1)^{k+1}\frac{2\pi}{k}$$

$(\cos kx=(-1)^k$ を使った) と計算されるので，

$$x=2(\sin x-\frac{1}{2}\sin 2x+\frac{1}{3}\sin 3x-\frac{1}{4}\sin 4x+\cdots)$$

となる．$\sin 6x$ まで足したグラフは次図の通りである．

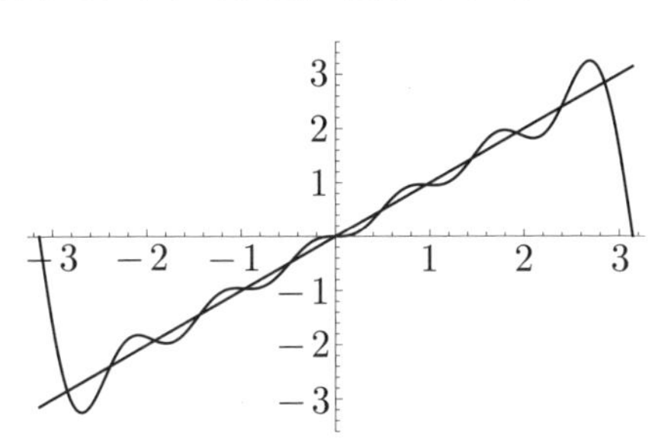

$-\pi$ から π までの間では結構良い近似になっていることがわかるが，$\sin kx$ は全て周期 2π の周期関数なので，-10 から 10 までのグラフを描いてみると，次のようになる．

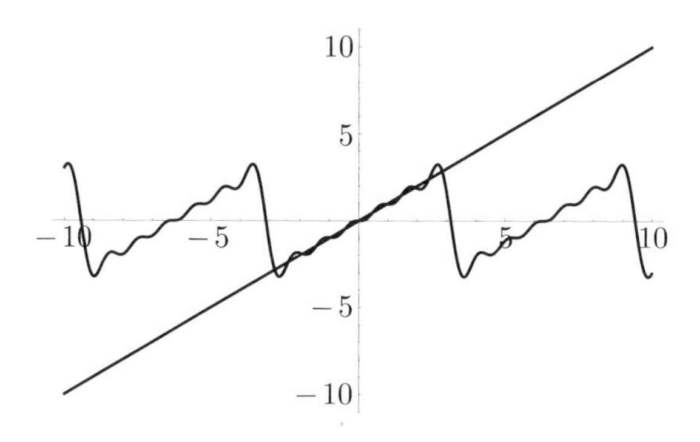

□

例 8.5.8

$\int_{-\pi}^{\pi} x^2 \cos kx dx$ も部分積分により

$$\int_{-\pi}^{\pi} x^2 \cos kx dx = \frac{1}{k}\left[x^2 \sin kx\right]_{-\pi}^{\pi} - \frac{2}{k}\int_{-\pi}^{\pi} x \sin kx dx$$
$$= \frac{2}{k^2}[x\cos kx]_{-\pi}^{\pi} - \frac{2}{k^2}\int_{-\pi}^{\pi} \cos kx dx$$
$$= \frac{4\pi(-1)^k}{k^2}$$

となるので，$\int_{-\pi}^{\pi} x^2 dx = \frac{2\pi^3}{3}$ とあわせて

$$x^2 = \frac{\pi^2}{3} - 4\cos x + \frac{4}{2^2}\cos 2x - \frac{4}{3^2}\cos 3x + \cdots$$

となる．$x=0$ を代入すると

$$\frac{\pi^2}{3} = 4(1 - \frac{1}{2^2} + \frac{1}{3^2} - \frac{1}{4^2} + \cdots)$$

が得られる．$S = 1 + \frac{1}{2^2} + \frac{1}{3^2} + \frac{1}{4^2} + \cdots$ とおくと，$\frac{S}{4} = \frac{1}{4} + \frac{1}{4(2^2)} + \frac{1}{4(3^2)} + \cdots = \frac{1}{2^2} + \frac{1}{4^2} + \frac{1}{6^2} + \cdots$ となり，その 2 倍を S から引くと

$$\begin{array}{rrl} & S &= 1 + \frac{1}{2^2} + \frac{1}{3^2} + \frac{1}{4^2} + \cdots \\ -) & \frac{2S}{4} &= \quad - \frac{2}{2^2} \qquad - \frac{2}{4^2} \quad \cdots \\ \hline & \frac{1}{2}S &= 1 - \frac{1}{2^2} + \frac{1}{3^2} - \frac{1}{4^2} + \cdots \end{array}$$

となる．したがって $S/2 = 1 - \frac{1}{2^2} + \frac{1}{3^2} - \frac{1}{4^2} + \cdots = \frac{\pi^2}{12}$ となり，オイラーが発見した不思議な等式

$$S = 1 + \frac{1}{2^2} + \frac{1}{3^2} + \frac{1}{4^2} + \cdots = \frac{\pi^2}{6}$$

が示された. □

§8.6　2次式への応用

実係数2次式を対称行列であらわし，§8.2の結果を応用することができる.

定義 8.6.1

実係数多項式 $g(x_1, x_2, \ldots, x_n)$ が2次**2次斉次式**であるとは，g の全ての項が2次の項であること．2変数なら係数 a,b,c により $g(x,y) = ax^2 + bxy + cy^2$，3変数なら係数 a,b,c,d,e,f により $g(x,y,z) = ax^2 + bxy + cxz + dy^2 + eyz + fz^2$ とあらわされる．n 変数の場合，添え字 $i \leq j$ に対して係数 $a_{i,j}$ を定めて

$$g(x_1, x_2, \ldots, x_n) = \sum_{1 \leq i \leq j \leq n} a_{i,j} x_i x_j$$

とあらわされる.

命題 8.6.2

n 変数の2次斉次式 $g(x_1, x_2, \ldots, x_n) = \sum_{1 \leq i \leq j \leq n} a_{i,j} x_i x_j$ が与えられたとき，2×2 対称行列 $B = B_g$ を

$$B = \begin{pmatrix} a_{1,1} & \frac{1}{2}a_{1,2} & \cdots & \frac{1}{2}a_{1,n} \\ \frac{1}{2}a_{1,2} & a_{2,2} & \cdots & \frac{1}{2}a_{2,n} \\ \vdots & \vdots & \ddots & \vdots \\ \frac{1}{2}a_{1,n} & \frac{1}{2}a_{2,n} & \cdots & a_{n,n} \end{pmatrix}$$

というように，対角線上と，それより上と，それより下でわけて定義する．成分表示して $B = (b_{i,j})$ と書くと，

$$b_{i,j} = \begin{cases} a_{i,j} = a_{i,i} & (i = j) \\ \frac{1}{2}a_{i,j} & (i < j) \\ \frac{1}{2}a_{j,i} & (i > j) \end{cases}$$

となる．このとき，$\boldsymbol{x}=\begin{pmatrix}x_1\\ \vdots\\ x_n\end{pmatrix}$ とおくと，

$$g(x_1,x_2,\ldots,x_n)={}^t\boldsymbol{x}B\boldsymbol{x}$$

となる．

証明　一般に行列 $C=(c_{i,j})$ に対して

$${}^t\boldsymbol{x}C\boldsymbol{x}=(x_1,\cdots x_n)\begin{pmatrix}c_{1,1}&\cdots&c_{1,n}\\ \vdots&\ddots&\vdots\\ c_{n,1}&\cdots&c_{n,n}\end{pmatrix}\begin{pmatrix}x_1\\ \vdots\\ x_n\end{pmatrix}=\sum_{1\le i,j\le n}c_{i,j}x_ix_j$$

となる．ここで x_i^2 の係数は $c_{i,i}$ であるが，$i\neq j$ に対しては $c_{i,j}x_ix_j$ と $c_{j,i}x_jx_i$ がともに x_ix_j の係数として足されるので x_ix_j の係数は $c_{i,j}+c_{j,i}$ となり，

$${}^t\boldsymbol{x}C\boldsymbol{x}=\sum_{i=1}^{n}c_{i,i}x_i^2+\sum_{1\le i<j\le n}(c_{i,j}+c_{j,i})x_ix_j$$

となる．$C=B$ の場合，$i<j$ ならば $b_{i,j}+b_{j,i}=\dfrac{1}{2}a_{i,j}+\dfrac{1}{2}a_{i,j}=a_{i,j}$ なので

$${}^t\boldsymbol{x}B\boldsymbol{x}=\sum_{i=1}^{n}a_{i,i}x_i^2+\sum_{1\le i<j\le n}a_{i,j}x_ix_j=\sum_{1\le i\le j\le n}a_{i,j}x_ix_j=g(x_1,\ldots,x_n)$$

が成り立つ．　□

系 8.2.9 により実対称行列 B は実直交行列 O によって $B=O^{-1}\Lambda O$，ただし Λ は実対角行列，という形にあらわされる．実際，そのような O と Λ を次に紹介するアルゴリズム 8.6.4 によって計算で求めることができる．

まず補題を準備しよう．

補題 8.6.3

B は実対称行列，$\lambda\neq\mu$ は B の相異なる 2 つの固有値であるとする．$\boldsymbol{v}$ は B の固有値 λ に対する固有ベクトル，$\boldsymbol{w}$ は B の固有値 μ に対する固有ベクトルとする．このとき，$\boldsymbol{v}$ と $\boldsymbol{w}$ は直交する．

証明　B は実対称行列なので，命題 8.1.2 により，$(B\boldsymbol{v})\cdot\boldsymbol{w}=\boldsymbol{v}\cdot(B\boldsymbol{w})$ が成り立つ．両辺を引き算して

$$0=(B\boldsymbol{v})\cdot\boldsymbol{w}-\boldsymbol{v}\cdot(B\boldsymbol{w})=(\lambda\boldsymbol{v})\cdot\boldsymbol{w}-\boldsymbol{v}\cdot(\mu\boldsymbol{w})=(\lambda-\mu)(\boldsymbol{v}\cdot\boldsymbol{w})$$

が成り立つ．仮定より $\lambda-\mu\neq 0$ なので $\boldsymbol{v}\cdot\boldsymbol{w}=0$ となる，すなわち $\boldsymbol{v}$ と $\boldsymbol{w}$ とは直

交する．□

アルゴリズム 8.6.4

$n \times n$ 実対称行列 B が与えられたとき，実直交行列 O と実対角行列 Λ で $B = O\Lambda O^{-1}$ となるようなものを構成する．

(Step 1)　B の固有多項式 $\Phi_B(t)$ を計算し，1次式の積に分解して

$$\psi_B(t) = (t-\lambda_1)^{d_1}(t-\lambda_2)^{d_2}\cdots(t-\lambda_s)^{d_s}$$

ただし $i \neq j$ ならば $\lambda_i \neq \lambda_j$，とあらわす．系 8.2.9 によりその固有値は全て実数なので，$\lambda_1,\ldots,\lambda_s$ は全て実数であり，この一次式への因数分解は実数の範囲で行える．

(Step 2)　各固有値 λ_i に対する固有空間 V_{λ_i} の基底 $\boldsymbol{v}_{i,1},\ldots,\boldsymbol{v}_{i,d_i}$ を，$(B-\lambda_i E_n)\boldsymbol{x} = \boldsymbol{0}$ を掃き出し法で解くことによって見つける．系 8.2.9 により B は対角化可能なので，定理 7.2.7 により $\dim V_{\lambda_i} = d_i$ となり，確かに d_i 個のベクトルからなる基底を見つけることができる．

(Step 3)　各 i について，$\boldsymbol{v}_{i,1},\ldots,\boldsymbol{v}_{i,d_i}$ に対して定理 8.3.8 のグラム・シュミットの直交化法を適用し，V_{λ_i} の正規直交基底 $\boldsymbol{u}_{i,1},\ldots,\boldsymbol{u}_{i,d_i}$ を見つける．$\boldsymbol{u}_{i,j} \in V_{\lambda_i}$ なので，各 $\boldsymbol{u}_{i,j}$ は固有値 λ_i に対する固有ベクトルである．

(Step 4)

$$O = (\boldsymbol{u}_{1,1},\ldots,\boldsymbol{u}_{1,d_1},\boldsymbol{u}_{2,1},\ldots,\boldsymbol{u}_{2,d_2},\ldots,\boldsymbol{u}_{s,d_s})$$

というように，Step 3 で求めた固有ベクトルを列ベクトルとして並べた行列を O とおくと，O は直交行列であり，それぞれの列ベクトルが実数を固有値とする B の固有ベクトルであることから，

$$BO = O\mathrm{Diag}(\overbrace{\lambda_1,\ldots,\lambda_1}^{d_1\text{ 個}},\cdots\overbrace{\lambda_s,\ldots,\lambda_s}^{d_s\text{ 個}})$$

と望み通り対角化される．O が直交行列であることは，グラム・シュミットのアルゴリズムにより各 $\boldsymbol{u}_{i,j}$ の長さが 1 であること，同じ V_{λ_i} に属する $\boldsymbol{u}_{i,j}$ と $\boldsymbol{u}_{i,j'}$，ただし $j \neq j'$，は直交すること，そして相異なる固有空間に属する $\boldsymbol{u}_{i,j}$ と $\boldsymbol{u}_{i',j'}$，ただし $i \neq i'$，は補題 8.6.3 により互いに直交すること，から従う．

系 8.6.5

実2次斉次式 $f(x_1,\dots,x_n)$ に対して直交行列 O が存在して，

$\boldsymbol{x}=\begin{pmatrix}x_1\\ \vdots\\ x_n\end{pmatrix}$ を $\begin{pmatrix}y_1\\ \vdots\\ y_n\end{pmatrix}={}^tO\begin{pmatrix}x_1\\ \vdots\\ x_n\end{pmatrix}$ により $\boldsymbol{y}=\begin{pmatrix}y_1\\ \vdots\\ y_n\end{pmatrix}$ に座標変換すれば，実数 $\lambda_1,\dots,\lambda_n$ によって

$$f(x_1,\dots,x_n)=\lambda_1y_1^2+\cdots+\lambda_ny_n^2$$

という形にあらわすことができる．幾何的には，O の列ベクトルが正規直交基底となるが，これらを $x_1,\dots,x_n$ 座標系での表示と読んだベクトルが，$y_1,y_2,\dots,y_n$ 座標の標準単位ベクトルとなる．

証明 命題 8.6.2 により，実対称行列 A が存在して ${}^t\boldsymbol{x}A\boldsymbol{x}=f(x_1,\dots,x_n)$ となる．系 8.2.9 により（そしてアルゴリズム 8.6.4 により）$A=O\Lambda O^{-1}$ と実直交行列 O によって実対角行列 Λ に対角化される．$\Lambda=\mathrm{Diag}(\lambda_1,\dots,\lambda_n)$ とあらわす．O は直交行列なので $O^{-1}={}^tO$ となることに注意して，$O^{-1}\boldsymbol{x}={}^tO\boldsymbol{x}=\boldsymbol{y}$ と変数変換すると，${}^t\boldsymbol{y}={}^t({}^tO\boldsymbol{x})={}^t\boldsymbol{x}O$ となり，

$$f(x_1,\dots,x_n)={}^t\boldsymbol{x}A\boldsymbol{x}={}^t\boldsymbol{x}O\Lambda O^{-1}\boldsymbol{x}={}^t\boldsymbol{y}\Lambda\boldsymbol{y}=\lambda_1y_1^2+\cdots+\lambda_ny_n^2$$

となる．

$\boldsymbol{y}$ 座標から $\boldsymbol{x}$ 座標への基底変換の行列は ${}^tO$ の逆行列 O なので，O の列ベクトルが y 座標の標準単位ベクトルとなる． □

例 8.6.6

$7x^2-8xy+13y^2=1$ であらわされる図形を求める．対応する対称行列は $B=\begin{pmatrix}7&-4\\-4&13\end{pmatrix}$ であり，固有多項式は $t^2-20t+75=(t-5)(t-15)$，固有値 5 に対する固有ベクトルは $\begin{pmatrix}2\\1\end{pmatrix}$，固有値 15 に対する固有ベクトルは $\begin{pmatrix}-1\\2\end{pmatrix}$ となるのでそれぞれ長さ $\sqrt{5}$ で割って作った直交行列 $O=\dfrac{1}{\sqrt{5}}\begin{pmatrix}2&-1\\1&2\end{pmatrix}$ が B を対角化する．

$X=\dfrac{1}{\sqrt{5}}(2x+y)$,　$Y=\dfrac{1}{\sqrt{5}}(-x+2y)$ とおくと

$$7x^2-8xy+13y^2=5X^2+15Y^2=1$$

となり，$\begin{pmatrix}2\\1\end{pmatrix}$ 方向に長径 $\dfrac{1}{\sqrt{5}}$，それと直交する $\begin{pmatrix}-1\\2\end{pmatrix}$ 方向に短径 $\dfrac{1}{\sqrt{15}}$ の楕円となる．

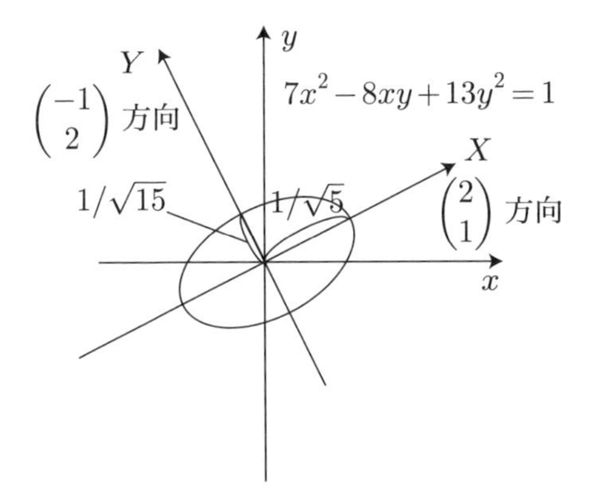

□

例 8.6.7

1次の項が加わっても，2次の部分だけを見てそこが簡単になるように変数変換をしておいて，1次の項も同じ変数であらわしてしまえば良い．例えば例 8.6.6 の 2 次式の部分に 1 次の項を付け足して（ついでに定数項もちょっと取り替えて）

$$7x^2-8xy+13y^2+16x-22y+11=0$$

という式で表される図形を考えると，同じ変数変換 $\begin{pmatrix}X\\Y\end{pmatrix}=\dfrac{1}{\sqrt{5}}\begin{pmatrix}2&1\\-1&2\end{pmatrix}\begin{pmatrix}x\\y\end{pmatrix}$ を用いて，逆変換は転置行列 $\begin{pmatrix}x\\y\end{pmatrix}=\dfrac{1}{\sqrt{5}}\begin{pmatrix}2&-1\\1&2\end{pmatrix}\begin{pmatrix}X\\Y\end{pmatrix}$ により与えられるので，これを代入して 1 次の項は $16x-22y=\dfrac{16}{\sqrt{5}}(2X-Y)-\dfrac{22}{\sqrt{5}}(X+2Y)=2\sqrt{5}X-12\sqrt{5}Y$ となる．平方完成して整理すると

$$5\left(X+\frac{1}{\sqrt{5}}\right)^2+15\left(Y-\frac{2}{\sqrt{5}}\right)^2=2$$

となるので，例 8.6.6 の楕円のサイズを $\sqrt{2}$ 倍してから X,Y 座標で $\dfrac{1}{\sqrt{5}}\begin{pmatrix}-1\\2\end{pmatrix}$ だけ平行移動したものになる．

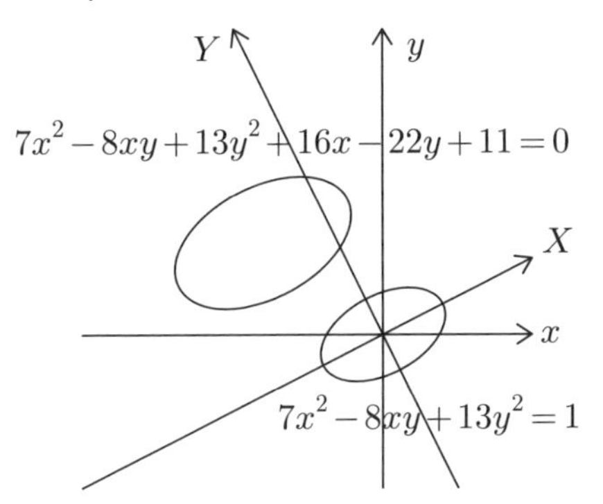

□

2次元では，$ax^2+by^2=1$ という形で $a,b>0$ なら楕円，$a>0>b$ ならば双曲線，$0>a,b$ なら空集合となる．また，3次元では $ax^2+bx^2+cx^2=1$ という形のとき，$a,b,c>0$ ならば球を x,y,z それぞれの方向に $\dfrac{1}{\sqrt{a}},\dfrac{1}{\sqrt{b}},\dfrac{1}{\sqrt{c}}$ 倍に伸ばしたもの，a,b,c が全て0でなく，正と負が混じっている場合は直角双曲線を回転した図形を x,y,z の3方向にやはり $\dfrac{1}{\sqrt{|a|}},\dfrac{1}{\sqrt{|b|}},\dfrac{1}{\sqrt{|c|}}$ 倍に伸ばしたもの，ただし正が2つか負が2つかによって回転の軸が異なる．

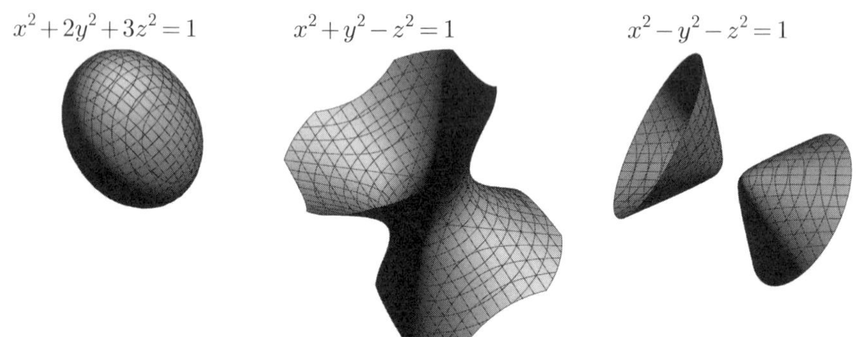

問 8.6.8　次の2次式が定める図形の概形を描け．

(1)　$17x^2-18xy-7y^2-2x-6y=0$

(2)　$4x^2-4xy+y^2-x-2y=0$

(3)　$7x^2+28xy-8xz+10y^2+20yz+19z^2-2x+8y+20z+4=0$

§8.7　複素計量空間

定義 8.7.1

V は $\mathbb{C}$ 上の線型空間であるとする．$\boldsymbol{v},\boldsymbol{w}\in V$ に対し複素数 $\langle \boldsymbol{v},\boldsymbol{w}\rangle$ を対応させる写像 $\langle\bullet,\bullet\rangle : V\times V\to\mathbb{C}$ が**エルミート内積**であるとは，次の性質 (1), (2), (2'), (3), (4) を満たすことである．

(1)　（和を保つ）一方の変数を固定すると，もう一方の変数に関して和を保つ．すなわち

(1-1)　$\boldsymbol{v},\boldsymbol{w}_1,\boldsymbol{w}_2\in V$ に対し

$$\langle \boldsymbol{v},\boldsymbol{w}_1+\boldsymbol{w}_2\rangle=\langle \boldsymbol{v},\boldsymbol{w}_1\rangle+\langle \boldsymbol{v},\boldsymbol{w}_2\rangle$$

が成り立つ．

(1-2)　$\boldsymbol{v}_1, \boldsymbol{v}_2, \boldsymbol{w} \in V$ に対し

$$\langle \boldsymbol{v}_1 + \boldsymbol{v}_2, \boldsymbol{w} \rangle = \langle \boldsymbol{v}_1, \boldsymbol{w} \rangle + \langle \boldsymbol{v}_2, \boldsymbol{w} \rangle$$

が成り立つ．

(2)　(半線型性 1) 第 1 成分を固定したとき，第 2 成分についてスカラー倍を保つ．すなわち $\boldsymbol{v}, \boldsymbol{w} \in V$ と $c \in \mathbb{C}$ に対して

$$\langle \boldsymbol{v}, c\boldsymbol{w} \rangle = c \langle \boldsymbol{v}, \boldsymbol{w} \rangle$$

が成り立つ．

(2')　(半線型性 2) 第 2 成分を固定したとき，第 1 成分についてスカラー倍を共役を通して保つ．すなわち，$\boldsymbol{v}, \boldsymbol{w} \in V$ と $c \in \mathbb{C}$ に対して

$$\langle c\boldsymbol{v}, \boldsymbol{w} \rangle = \overline{c} \langle \boldsymbol{v}, \boldsymbol{w} \rangle$$

が成り立つ．ここで $\overline{c}$ は複素数 c の複素共役である．第 1 成分についてはスカラー倍を外に出す時に複素共役をつけねばならないことに注意しよう．

(3)　(半対称性) 第 1 成分と第 2 成分を入れ替えると，エルミート内積は複素共役になる．すなわち $\boldsymbol{v}, \boldsymbol{w} \in V$ に対し

$$\langle \boldsymbol{w}, \boldsymbol{v} \rangle = \overline{\langle \boldsymbol{v}, \boldsymbol{w} \rangle}$$

が成り立つ．

(4)　(正値性) $\boldsymbol{v} \in V$ に対し自分自身とのエルミート内積が実数，それも 0 以上の実数であり，さらに $\boldsymbol{v} \neq 0$ ならば正の実数になる．すなわち

$$\langle \boldsymbol{v}, \boldsymbol{v} \rangle \in \mathbb{R}_{\geq 0}$$

かつ $\langle \boldsymbol{v}, \boldsymbol{v} \rangle = 0$ となるための必要十分条件は $\boldsymbol{v} = \boldsymbol{0}$ である．

エルミート内積が与えられた複素線型空間 V を**複素エルミート空間**，あるいは**複素計量空間**と呼ぶ．

ベクトル $\boldsymbol{v} \in V$ のこの計量における長さ $\|\boldsymbol{v}\|$ を $\|\boldsymbol{v}\| := \sqrt{\langle \boldsymbol{v}, \boldsymbol{v} \rangle}$ と定義する．

例 8.7.2

複素数を係数にもつ数ベクトル空間 $\mathbb{C}^n$ は標準エルミート内積により複素エルミート空間になる．(命題 3.5.2)　□

例 8.7.3

V は閉区間 $[-\pi,\pi]$ で定義された複素数値連続関数全体がなす複素ベクトル空間とする．$f(x),g(x)\in V$ に対し

$$\langle f(x),g(x)\rangle=\int_{-\pi}^{\pi}\overline{f(x)}g(x)dx$$

と定義すると，V は複素エルミート空間になる． □

命題 8.7.4 （Schwarz の不等式）

ベクトル $\boldsymbol{v},\boldsymbol{w}\in V$ に対し

$$|\langle \boldsymbol{v},\boldsymbol{w}\rangle|\leq\|\boldsymbol{v}\|\cdot\|\boldsymbol{w}\|$$

が成り立つ．

証明 命題 3.5.2 において標準エルミート内積が Schwarz の不等式を満たすことを証明しているが，その際，性質 (1), (2), (2’), (3), (4) のみを用いて証明しているので，その証明がここでも通用する． □

定義 8.7.5

複素計量線型空間 V のベクトルの集合 $\boldsymbol{u}_1,\ldots,\boldsymbol{u}_n$ が**正規直交**であるとは，

$$\langle \boldsymbol{u}_i,\boldsymbol{u}_j\rangle=\begin{cases}1 & (i=j)\\ 0 & (i\neq j)\end{cases}$$

が成り立つこと．さらに $\boldsymbol{u}_1,\ldots,\boldsymbol{u}_n$ が V の基底にもなっているとき，**正規直交基底**と呼ぶ．

複素計量線型空間 V の正規直交基底 $\boldsymbol{u}_1,\ldots,\boldsymbol{u}_n$ による座標で V を $\mathbb{C}^n$ と同一すると，V の計量は $\mathbb{C}^n$ の標準エルミート計量に一致する．次の練習問題により，複素計量線型空間でもグラム・シュミットの直交化法が使え，従って有限次元複素計量線型空間は正規直交基底を持ち，その基底のもとでエルミート計量は標準エルミート計量であると思って良い．

問 8.7.7 V は $\langle\bullet,\bullet\rangle:V\times V\to\mathbb{C}$ をエルミート内積とする複素計量線型空間とする．$\boldsymbol{v}_1,\ldots,\boldsymbol{v}_n\in V$ は一次独立なベクトルであるとする．このとき，グラム・シュミットの直交化法のアルゴリズムを真似することで，次の (1), (2) の性質を満たすベクトル $\boldsymbol{u}_1,\ldots,\boldsymbol{u}_n\in V$ を構成できることを示せ．

(1) 各 $1\leq k\leq n$ に対し $\boldsymbol{u}_1,\ldots,\boldsymbol{u}_k$ が張る V の部分線型空間は $\boldsymbol{v}_1,\ldots,\boldsymbol{v}_k$ が張る V の部分線型空間に一致する．

(2) $\boldsymbol{u}_1,\ldots,\boldsymbol{u}_n$ は正規直交である．

第9章　ジョルダン標準形

この章では，対角化の一般化として，全ての $n\times n$ 行列 A は基底変換によってジョルダン標準形という形であらわされる，という定理の証明を目標にする．議論が長いので，まず結論を述べ，何節かにわたって順次証明していくことにする．この章では，係数は全て複素数とする，すなわち $\mathbb{K}=\mathbb{C}$ である．

§9.1　ジョルダン標準形

定義 9.1.1

(1)　d は自然数とする．$d\times d$ の固有値 λ のジョルダン細胞 (Jordan Cell) $J(d;\lambda)$ を

$$J(d;\lambda):=\begin{pmatrix} \lambda & 1 & & \text{\Large 0} & \\ & \lambda & 1 & & \\ & & \ddots & \ddots & \\ & & & \lambda & 1 \\ & \text{\Large 0} & & & \lambda \end{pmatrix}$$

という形の $d\times d$ 行列と定義する． $J(d;\lambda)=(a_{i,j})$ と成分表示すると

$$a_{i,j}=\begin{cases} \lambda & (i=j) \\ 1 & (i+1=j) \\ 0 & (\text{それ以外}) \end{cases}$$

つまり対角線上は全て λ，その一行上（あるいは一列右）は全て 1，そしてその他の成分は全て 0 となるような $d\times d$ 正方行列である．

(2)　ジョルダン標準形 $[J(d_1;\lambda_1),\ldots,J(d_s;\lambda_s)]$ とはブロック表示で対角線上にジョルダン標準形が並び，対角線以外のブロックの成分は全て 0 となる行列のことである．

$$[J(d_1;\lambda_1),\ldots,J(d_s;\lambda_s)]=\begin{pmatrix} J(d_1;\lambda_1) & & & \text{\Large 0} \\ & J(d_2;\lambda_2) & & \\ & & \ddots & \\ \text{\Large 0} & & & J(d_s;\lambda_s) \end{pmatrix}$$

例 9.1.2

1×1 行列 (λ) は1があらわれない 1×1 のジョルダン細胞 $(\lambda)=J(1;\lambda)$ であり，ジョルダン細胞1個のみからなるジョルダン標準形 $[J(1;\lambda)]$ でもある．対角行列 $\mathrm{Diag}(\lambda_1,\dots,\lambda_n)=\begin{pmatrix}\lambda_1 & & 0\\ & \ddots & \\ 0 & & \lambda_n\end{pmatrix}$ は 1×1 のジョルダン標準形が対角線上に並んだジョルダン標準形 $[J(1;\lambda_1),\dots,J(1;\lambda_n)]$ である．$\begin{pmatrix}1 & 1\\ 0 & 1\end{pmatrix}$ はジョルダン細胞 $J(2;1)$ であり，またジョルダン細胞1個だけからなるジョルダン標準形 $[J(2;1)]$ でもある．$\begin{pmatrix}0 & 0 & 0\\ 0 & 0 & 1\\ 0 & 0 & 0\end{pmatrix}$ はジョルダン標準形 $[J(1;0),J(2;0)]$ である．$\begin{pmatrix}1 & 0 & 0\\ 0 & 1 & 1\\ 0 & 0 & 2\end{pmatrix}$ はジョルダン標準形ではない． □

本章の目標は，次の定理を証明することである．

定理-定義 9.1.3 （ジョルダン標準形）

係数は複素数，すなわち $\mathbb{K}=\mathbb{C}$ とする．

(1) $n\times n$ 行列 A に対して正則行列 P が存在して $P^{-1}AP$ はジョルダン標準形 $[J(d_1,\lambda_1),\dots,J(d_s,\lambda_s)]$ になる．このジョルダン標準形を A の**ジョルダン標準形**と呼ぶ．A のジョルダン標準形はジョルダン細胞の並べ方を除いてただ一通りである．

(2) $n\times n$ 行列 A と B に対して，正則行列 P が存在して $P^{-1}AP=B$ とできるための必要十分条件は，A のジョルダン標準形と B のジョルダン標準形が，ジョルダン細胞を並べる順番を除いて同じになることである．

§9.2　最大公約多項式

この節の目標は，系 9.2.5 である．本書の他の部分とは独立した議論を行うので，系 9.2.5 を認めるならば，証明はあとまわしにして良い．

定義 9.2.1

多項式 $f(t)$ が多項式 $g(t)$ の**約多項式**であるとは，多項式 $a(t)$ が存在して $f(t)a(t)=g(t)$ となることである．多項式 $h(t)$ が $f_1(t),\dots,f_s(t)$ の**公約多項式**であるとは，$h(t)$ が $f_1(t),\dots,f_s(t)$ 全ての約多項式であることである．多項式 $g(t)$ が $f_1(t),\dots,f_s(t)$ の**最大公約多項式**であるとは，$g(t)$ が $f_1(t),\dots,f_s(t)$ の公約多項式のうちで次数が最大になることである．このとき，$g(t)=\gcd(f_1,\dots,f_s)$ と書く．

命題 9.2.2

$f_1(t),\dots,f_s(t)$ は t を変数とする多項式であるとする．

(1) h_1,h_2 ともに $f_1,\dots,f_s$ の最大公約多項式であれば，$h_2(t)$ は $h_1(t)$ の 0 でない定数倍である．

(2) $h=\gcd(f_1,\dots,f_s)$ ならば，多項式 $g_1(t),\dots,g_s(t)$ が存在して $h(t)=f_1(t)g_1(t)+\cdots+f_s(t)g_s(t)$ とあらわすことができる．

証明　まず (2) から示す．多項式 $G_1(t),G_2(t),\dots,G_s(t)$ によって $f_1(t)G_1(t)+\cdots+f_s(t)G_s(t)$ とあらわされる多項式全体がなす集合を考え，その集合の中の 0 でない多項式のうちで次数がもっとも低いものを $H(t)$ とする．まず，この $H(t)$ が $f_1,\dots,f_s(t)$ の公約多項式になることを示そう．そうでないと仮定して，ある $f_i(t)$ が $H(t)$ で割り切れないとする．$f_i(t)$ を $H(t)$ で割って，商を $q(t)$，余りを $r(t)$ と書くと，仮定より $r(t)$ は 0 でなく，しかも $H(t)$ よりも次数が低い．すると $f_i(t)=H(t)q(t)+r(t)$ なので，

$$
\begin{aligned}
r(t)= &f_1(t)(-G_1(t)q(t))+f_2(t)(-G_2(t)q(t))+\cdots+f_{i-1}(-G_{i-1}(t)q(t))\\
&+f_i(t)(1-G_i(t)q(t))+f_{i+1}(t)(-G_{i+1}(t)q(t))+\cdots+f_s(t)(-G_s(t)q(t))
\end{aligned}
$$

とあらわされる．$H(t)$ はこういう形にあらわされる式のうち次数が最低だったはずなのに，それより次数が低い $r(t)$ がやはり同じ形にあらわされたので，$H(t)$ の取り方に反する．よって $H(t)$ は $f_1(t),\dots,f_s(t)$ の公約多項式である．

$h(t)$ は各 $f_i(t)$ の約多項式なので $f_i(t)=a_i(t)h(t)$ とあらわされる．これを $H(t)$ の表示式に代入すると

$$
\begin{aligned}
H(t)&=a_1(t)G_1(t)h(t)+a_2(t)G_2(t)h(t)+\cdots+a_sG_s(t)h(t)\\
&=(a_1(t)G_1(t)+\cdots+a_s(t)G_s(t))h(t)
\end{aligned}
$$

となるので，$h(t)$ は $H(t)$ の約多項式でもある．よって $\deg h(t)\le\deg H(t)$ となるが，$h(t)$ は $f_1(t),\dots,f_s(t)$ の公約多項式のうち次数最大なので，等号 $\deg h(t)=\deg H(t)$ が成立し，よって $H(t)$ は $h(t)$ の定数倍，つまり定数 c により $H(t)=c\cdot h(t)$ と書け，$H(t)$ は 0 でないので c も 0 ではない．よって

$$h(t)=\frac{1}{c}H(t)=f_1(t)\frac{G_1(t)}{c}+\cdots+f_s(t)\frac{G_s(t)}{c}$$

とあらわされた．

次に (1) を示す．$h_1(t)=\gcd(f_1(t),\ldots,f_s(t))$ ならば, (2) により $h_1(t)=f_1(t)g_1(t)+\cdots+f_s(t)g_s(t)$ と書ける．また，$h_2(t)$ は各 $f_i(t)$ の約多項式なので $f_i(t)=b_i(t)h_2(t)$ と書ける．これを代入して

$$h_1(t)=b_1(t)g_1(t)h_2(t)+\cdots+b_s(t)g_s(t)h_2(t)=(b_1(t)g_1(t)+\cdots+b_s(t)g_s(t))h_2(t)$$

となるので，$h_2(t)$ は $h_1(t)$ を割り切る．しかし $\deg h_2(t)=\deg h_1(t)$ なので，$h_2(t)$ は $h_1(t)$ の定数倍である．$h_2(t)$ は 0 でないので，その定数は 0 ではない． □

注意 9.2.3 命題 9.2.2 (1) の逆に，$h(t)$ が $f_1(t),\ldots,f_s(t)$ の最大公約多項式なら，その 0 でない定数倍 $c\cdot h(t)$ も最大公約多項式になる．よって，最大公約多項式 $\gcd(f_1(t),\ldots,f_s(t))$ は 0 でない定数倍を除いてただ一通りに定まることになる．最高次の係数が 1 となる多項式をモニックと呼ぶが，最大公約多項式はモニックなものを取ることにすれば，ただ一通りに定まることになる．「$\gcd(f_1,\ldots,f_s)=h$」という式が与えられたとき，左辺は定数倍を除いてしか定まらないので，この式は等号であらわされてはいるが「h の 0 でない定数倍が $f_1,\ldots,f_s$ の最大公約多項式になる」という意味だと思ってもらって良い．

命題 9.2.4

多項式 $f_1(t),\ldots,f_s(t)$ に対して，$\gcd(f_1(t),f_2(t),f_s(t))=1$ となるための必要十分条件は，任意の $\lambda\in\mathbb{C}$ に対して $i\in\{1,2,\ldots,s\}$ が存在して $f_i(\lambda)\neq 0$ となることである．

証明 対偶を示す．ある $\lambda\in\mathbb{C}$ に対して，$f_1(\lambda)=\cdots=f_s(\lambda)=0$ となるならば剰余定理により $t-\lambda$ が $f_1(t),\ldots,f_s(t)$ の公約多項式となり，最大公約多項式は 1 次以上になるので $\gcd(f_1(t),f_2(t),f_s(t))\neq 1$ である．

逆に $\gcd(f_1(t),f_2(t),f_s(t))=h(t)$ の次数が 1 以上なら，事実 7.1.4 により $h(t)$ は一次式の積としてあらわされ，特に $h(\lambda)=0$ となる $\lambda\in\mathbb{C}$ が存在し，$h(t)$ が全ての $f_i(t)$ を割り切るので $f_i(\lambda)=0$ が成り立つ． □

系 9.2.5

多項式 $\Phi(t)$ が $\Phi(t)=(t-\lambda_1)^{d_1}(t-\lambda_2)^{d_2}\cdots(t-\lambda_s)^{d_s}$，ただし $i\neq j$ ならば $\lambda_i\neq\lambda_j$，と因数分解されているとする．各 i に対し $f_i(t)$ は $\Phi(t)$ の積表示から

$(t-\lambda_i)^{d_i}$ を取り除いたもの，すなわち

$$f_i(t)=\frac{\Phi(t)}{(t-\lambda_i)^{d_i}}=(t-\lambda_1)^{d_1}\cdots(t-\lambda_{i-1})^{d_{i-1}}(t-\lambda_{i+1})^{d_{i+1}}\cdots(t-\lambda_s)^{d_s}$$

とおくと，多項式 $g_1(t),\ldots,g_s(t)$ をうまくとって

$$f_1(t)g_1(t)+\cdots+f_s(t)g_s(t)=1$$

となるようにできる．また，任意の i が与えられたとき，それに対して $h_1(t),h_2(t)$ をうまくとって

$$h_1(t)(t-\lambda_i)^{d_i}+h_2(t)f_i(t)=1$$

となるようにできる．

証明　$f_i(t)$ は $\Phi(t)$ を割り切るので，$f_i(\lambda)=0$ ならば $\Phi(\lambda)=0$ である．$\lambda\notin\{\lambda_1,\ldots,\lambda_s\}$ ならば $\Phi(\lambda)\neq 0$ なので，全ての i に対して $f_i(\lambda)\neq 0$ である．一方，λ_i に対しては $f_i(\lambda_i)\neq 0$ である．よって命題 9.2.4 により $\gcd(f_1(t),f_2(t),\ldots,f_s(t))=1$ が成り立つ．命題 9.2.2 により，$f_1(t)g_1(t)+\cdots+f_s(t)g_s(t)=1$ となるような多項式 $g_1(t),\ldots,g_s(t)$ が存在する．

また，$(t-\lambda_i)^{d_i}$ に代入して 0 になるのは λ_i のみ，かつ $f_i(\lambda_i)\neq 0$ なので命題 9.2.4 により $\gcd((t-\lambda_i)^{d_i},f_i)=1$ となり，同様に h_1,h_2 が存在する．　□

注意 9.2.6　命題 9.2.2 は存在定理であるが，その証明をよく見ると，$g_1,g_2,\ldots,g_s$ を具体的に構成する方法も与えているので，それに従って $g_1,\ldots,g_s$ を求めることができる．実際例えば $H(t)=f_1(t)=1\times f_1(t)+0\times f_2(t)+\cdots+0\times f_s(t)$ から始めて，$H(t)$ で割り切れないような $f_i(t)$ を見つけて割り算して余りを出し，$H(t)$ をその余りで置き換えることができるので，次数をどんどん下げて，最後には定数にすることができる．このアルゴリズムはユークリッドの互除法に大変近い．

§9.3　広義固有ベクトル

定義 9.3.1

A は $n\times n$ 行列，λ は定数とする．$\boldsymbol{v}\in\mathbb{C}^n$ が A の λ に対する**広義固有ベクトル**であるとは，自然数 $N>0$ が存在して，$(A-\lambda E_n)^N\boldsymbol{v}=\boldsymbol{0}$ が成り立つこと．

注意 9.3.2 ゼロでないベクトル $\boldsymbol{v}$ が λ に対する固有ベクトルであるとは，$A-\lambda E_n$ を $\boldsymbol{v}$ に一回かけて $\boldsymbol{0}$ になる，ということだが，一回かけて駄目でも何回かかけるうちに $\boldsymbol{0}$ になるのであれば，そういうベクトルは広義固有ベクトルと呼ぼう，ということである．

注意 9.3.3 ゼロベクトルは $A\boldsymbol{v}=\lambda\boldsymbol{v}$ を満たしても固有ベクトルとは見なさなかったが，広義固有ベクトルについて言えば，ゼロベクトルを例外視しない．特に $\boldsymbol{0}$ は任意の λ に対して，A の λ に対する広義固有ベクトルである．

命題 9.3.4

A が $n\times n$ 行列，$\boldsymbol{v}$ は A の λ に対する広義固有ベクトルであるとする．

(1) $\boldsymbol{v}\neq\boldsymbol{0}$ であれば，λ は A の固有値である．

(2) A の固有値 λ に対する広義固有ベクトル全体は $\mathbb{C}^n$ の部分線型空間をなす．

(3) $\boldsymbol{v}$ が A の固有値 λ に対する広義固有ベクトルならば，$A\boldsymbol{v}$ も A の固有値 λ に対する広義固有ベクトルである．

証明 (1) $\boldsymbol{v}\neq\boldsymbol{0}$ かつある自然数 $N>0$ に対して $(A-\lambda E_n)^N\boldsymbol{v}=\boldsymbol{0}$ なので，$(A-\lambda E_n)\boldsymbol{v},(A-\lambda E_n)^2\boldsymbol{v},\ldots,(A-\lambda E_n)^N\boldsymbol{v}$ というベクトル列の中で最初にゼロベクトルになるものが $(A-\lambda E_n)^k\boldsymbol{v}$ であるとすると，$(A-\lambda)^{k-1}\boldsymbol{v}$ はゼロベクトルでなく，それを $(A-\lambda E_n)$ で送るとゼロベクトルになるので $(A-\lambda)^{k-1}\boldsymbol{v}$ が A の固有値 λ に対する固有ベクトルになる．よって λ は A の固有値である．

(2) A の λ に対する広義固有ベクトル全体の集合を V とおく．ゼロベクトル $\boldsymbol{0}$ は $(A-\lambda E_n)\boldsymbol{0}=\boldsymbol{0}$ なので $\boldsymbol{0}\in V$ となり，V は空集合ではない．$\boldsymbol{v}\in V$ ならある $N>0$ に対し $(A-\lambda E_n)^N\boldsymbol{v}=\boldsymbol{0}$ だが，スカラー $c\in\mathbb{C}$ に対し $(A-\lambda E_n)^N(c\boldsymbol{v})=c(A-\lambda E_n)^N\boldsymbol{v}=\boldsymbol{0}$ なので $c\boldsymbol{v}\in V$ となり，V はスカラー倍について閉じている．また $\boldsymbol{v},\boldsymbol{w}\in V$ ならば，自然数 $N>0$，$M>0$ が存在し，$(A-\lambda E_n)^N\boldsymbol{v}=\boldsymbol{0},(A-\lambda E_n)^M\boldsymbol{w}=\boldsymbol{0}$ が成り立つ．$L=\mathrm{Max}(N,M)$ とおくと

$$(A-\lambda E_n)^L(\boldsymbol{v}+\boldsymbol{w})=(A-\lambda E_n)^L\boldsymbol{v}+(A-\lambda E_n)^L\boldsymbol{w}=\boldsymbol{0}$$

なので $\boldsymbol{v}+\boldsymbol{w}\in V$ となり，V は和についても閉じている．定理 6.4.3 により，広義固有空間 V は部分空間になる．

(3)
$$(A-\lambda E_n)^N=A^N+c_1A^{N-1}+\cdots+c_{N-1}A+c_NE_n$$
とおくと $(A-\lambda E_n)^N\boldsymbol{v}=\boldsymbol{0}$ なので，

$$(A-\lambda E_n)^NA\boldsymbol{v}=(A^N+c_1A^{N-1}+\cdots+c_{N-1}A+c_NE_n)A\boldsymbol{v}$$

$$= (A^{N+1} + c_1 A^N + \cdots + c_{N-1} A^2 + C_N A)\boldsymbol{v}$$
$$= A(A - \lambda E_n)^N \boldsymbol{v} = A\boldsymbol{0} = \boldsymbol{0}$$

となり， $A\boldsymbol{v}$ も A の固有値 λ に対する広義固有ベクトルである． □

定理 9.3.5

A は $n \times n$ 行列とし，A の固有多項式 $\Phi_A(t)$ は一次式の積として

$$\Phi_A(t) = (t - \lambda_1)^{d_1} (t - \lambda_2)^{d_2} \cdots (t - \lambda_s)^{d_s}$$

（ただし $i \neq j$ ならば $\lambda_i \neq \lambda_j$）とあらわされるとする．このとき，次が成り立つ．

(1) $\boldsymbol{v}_1, \boldsymbol{v}_2, \ldots, \boldsymbol{v}_s$ が A の相異なる固有値 $\lambda_1, \lambda_2, \ldots, \lambda_s$ に対する $\boldsymbol{0}$ でない広義固有ベクトルならば，$\boldsymbol{v}_1, \ldots, \boldsymbol{v}_s$ は一次独立である．

(2) 任意のベクトル $\boldsymbol{v} \in \mathbb{C}^n$ は広義固有ベクトルの和として

$$\boldsymbol{v} = \boldsymbol{v}_1 + \cdots + \boldsymbol{v}_s$$

という形にただ一通りにあらわすことができる，ただし， $\boldsymbol{v}_i$ は A の固有値 λ_i に対する広義固有ベクトルである．また，$(A - \lambda_i E_n)^{d_i} \boldsymbol{v}_i = \boldsymbol{0}$ が成り立つ．

証明 (1) $c_1 \boldsymbol{v}_1 + \cdots + c_s \boldsymbol{v}_s = \boldsymbol{0}$ とする．各 $\boldsymbol{v}_i$ は $(A - \lambda_i)^{e_i} \boldsymbol{v}_i = \boldsymbol{0}$ を満たすとする．$\Phi(t) := (t - \lambda_1)^{e_1} \cdots (t - \lambda_s)^{e_s}$ とし，$g_i(t) := \dfrac{\Phi(t)}{(t - \lambda_i)^{e_i}}$ とおくと，系 9.2.5 により $(t - \lambda_i)^{e_i} h_1(t) + g_i(t) h_2(t) = 1$ となる多項式 $h_1(t), h_2(t)$ が存在する．すると，$j \neq i$ に対しては $(t - \lambda_j)^{e_j}$ が g_i を割り切るので $h_2(A) g_i(A) \boldsymbol{v}_j = \boldsymbol{0}$ である．一方

$$\boldsymbol{v}_i = E_n \boldsymbol{v}_i = h_1(A)(A - \lambda_i E_n)^{e_i} \boldsymbol{v}_i + g_i(A) h_2(A) \boldsymbol{v}_i = g_i(A) h_2(A) \boldsymbol{v}_i$$

である．よって $g_i(A) h_2(A) = h_2(A) g_i(A)$ を $c_1 \boldsymbol{v}_1 + \cdots + c_s \boldsymbol{v}_s = \boldsymbol{0}$ にかけると $c_i \boldsymbol{v}_i = \boldsymbol{0}$ が得られ，$\boldsymbol{v}_i \neq \boldsymbol{0}$ の仮定より $c_i = 0$ となる．すなわち，$\boldsymbol{v}_1, \ldots, \boldsymbol{v}_s$ は一次独立である．

(2) $\Phi_A(t) = (t - \lambda_1)^{d_1} (t - \lambda_2)^{d_2} \cdots (t - \lambda_s)^{d_s}$ に対して系 9.2.5 を適用して，$f_i(t) = \dfrac{\Phi(t)}{(t - \lambda_i)^{d_i}}$ とおくとき多項式 $g_1(t), \ldots, g_s(t)$ が存在して $f_1(t) g_1(t) + \cdots + f_s(t) g_s(t) = 1$ が成り立つようにできる．よって $f_1(A) g_1(A) + \cdots + f_s(A) g_s(A) = E_n$ となり，任意のベクトル $\boldsymbol{v}$ は

$$\boldsymbol{v} = f_1(A) g_1(A) \boldsymbol{v} + \cdots + f_s(A) g_s(A) \boldsymbol{v}$$

とあらわされる．ここで $\boldsymbol{v}_i := f_i(A)g_i(A)\boldsymbol{v}$ とおくと，ケイリー・ハミルトンの定理 7.4.2 により

$$
\begin{aligned}
(A-\lambda_i E_n)^{d_i}\boldsymbol{v}_i &= (A-\lambda_i E_n)^{d_i} f_i(A)g_i(A)\boldsymbol{v} \\
&= \Phi_A(t)g_i(A)\boldsymbol{v} \qquad ((t-\lambda_i)^{d_i} f_i(t) = \Phi_A(t)) \\
&= \boldsymbol{0} \qquad (\text{ケイリー・ハミルトン})
\end{aligned}
$$

となり，$\boldsymbol{v}_i$ は固有値 λ_i に対する A の広義固有ベクトルである．よって任意のベクトルは広義固有ベクトルの和としてあらわされる．もし $\boldsymbol{v} = \boldsymbol{v}_1 + \cdots + \boldsymbol{v}_s = \boldsymbol{w}_1 + \cdots + \boldsymbol{w}_s$ とふた通りにあらわされとすれば，$(\boldsymbol{v}_1 - \boldsymbol{w}_1) + \cdots + (\boldsymbol{v}_s - \boldsymbol{w}_s) = \boldsymbol{0}$ となる．このとき，$\boldsymbol{v}_i \neq \boldsymbol{w}_i$ となるような i が一つでもあるなら，$\boldsymbol{u}_1, \ldots, \boldsymbol{u}_r$ は $\boldsymbol{v}_i - \boldsymbol{w}_i$ のうち $\boldsymbol{0}$ でないもの全体としておくと $r \geq 1$ で $\boldsymbol{u}_1 + \cdots + \boldsymbol{u}_r = \boldsymbol{0}$，$\boldsymbol{u}_i$ たちは互いに相異なる固有値に対する $\boldsymbol{0}$ でない広義固有ベクトルとなるが，$1 \times \boldsymbol{u}_1 + \cdots + 1 \times \boldsymbol{u}_r = \boldsymbol{0}$ となり (1) に反する．よって全ての i について $\boldsymbol{v}_i = \boldsymbol{w}_i$ が成り立ち，表示の一意性が示された．特に $\boldsymbol{v} = \boldsymbol{v}_1 + \cdots + \boldsymbol{v}_s$，ただし $\boldsymbol{v}_i$ は固有値 λ_i に対する広義固有ベクトル，とあらわしたとき，この $\boldsymbol{v}_i$ は上で構成した $f_i(A)g_i(A)\boldsymbol{v}$ に一致し，よって $(A-\lambda_i E_n)^{d_i}\boldsymbol{v}_i = \boldsymbol{0}$ が成り立つ． □

系 9.3.6

A は $n \times n$ 行列とし，複素数 $\lambda_1, \ldots, \lambda_s$ はどの 2 つも互いに相異なるとして，A の固有多項式 $\Phi_A(t)$ は相異なるモニック一次式の積として

$$
\Phi_A(t) = (t-\lambda_1)^{d_1}(t-\lambda_2)^{d_2}\cdots(t-\lambda_s)^{d_s}
$$

とあらわされるとする．$V_i \subset \mathbb{C}^n$ は A の λ_i に対する広義固有ベクトル全体がなす部分線型空間，$\boldsymbol{v}_{i,1}, \ldots, \boldsymbol{v}_{i,e_i}$ を V_i の基底とすると，これらの基底を全て並べた

$$
\boldsymbol{v}_{1,1}, \boldsymbol{v}_{1,2}, \ldots, \boldsymbol{v}_{1,e_1}, \boldsymbol{v}_{2,1}, \ldots, \boldsymbol{v}_{2,e_2}, \ldots, \boldsymbol{v}_{i,j}, \ldots, \boldsymbol{v}_{s,e_s}
$$

は $\mathbb{C}^n$ の基底になる．これらを列ベクトルとする正則行列 $P = (\boldsymbol{v}_{1,1}, \ldots, \boldsymbol{v}_{s,e_s})$ により $P^{-1}AP$ を計算すると，次のようなブロック行列となる．

$$
P^{-1}AP = \left(\begin{array}{c|c|c|c}
A_{1,1} & 0 & \cdots & 0 \\ \hline
0 & A_{2,2} & & 0 \\ \hline
\vdots & & \ddots & \vdots \\ \hline
0 & 0 & \cdots & A_{s,s}
\end{array}\right)
$$

ここで $A_{i,i}: V_i \to V_i$ は固有値 λ_i のみを持つ行列である．

証明　注意 6.5.4 により，定理 9.3.5(2) から $\mathbb{C}^n$ が $V_1, \cdots, V_s$ の直和となることがわかる．また，各 V_i の基底を取って並べたものは $\mathbb{C}^n$ の基底となり，この基底のもとで $V_i \to \mathbb{C}^n \xrightarrow{A} \mathbb{C}^n \to V_j$ という写像の行列表示が，ブロック行列の (j,i) 成分となっているが，命題 9.3.4(3) により $\boldsymbol{v} \in V_i$ なら $A\boldsymbol{v} \in V_i$ となるので，$i \neq j$ ならば (j,i) ブロックの成分はゼロ行列であり，一方 (i,i) 成分は A が定める写像 $V_i \to V_i$ を，与えられた基底によって行列表示したものになっている．

あとは $A_{i,i}$ が固有値 λ_i しか持たないことを示せば良い．V_i は固有値 λ_i に対する広義固有空間なので $\boldsymbol{v} \in V_i$ ならば，ある N に対し $(A - \lambda_i E_n)^N \boldsymbol{v} = \boldsymbol{0}$ であるが，もし $A_{i,i}$ が λ 以外の固有値 $\mu \neq \lambda_i$ を持ったとすれば，μ に対する固有ベクトル $V_i \ni \boldsymbol{w} \neq \boldsymbol{0}$ が存在し，$A\boldsymbol{w} = \mu\boldsymbol{w}$ かつ $(A - \lambda_i E_n)^N \boldsymbol{w} = \boldsymbol{0}$ が成り立つことになる．しかし $(A - \lambda_i)\boldsymbol{w} = (\mu - \lambda_i)\boldsymbol{w}$ なので $(A - \lambda_i E_n)^N \boldsymbol{w} = (\mu - \lambda_i)^N \boldsymbol{w} \neq \boldsymbol{0}$ となり矛盾．よって $A_{i,i}$ は固有値を λ_i しか持たない． □

系 9.3.7

A は $n \times n$ 行列で，その固有多項式を $\Phi_A(t) = (t - \lambda_1)^{d_1}(t - \lambda_2)^{d_2} \cdots (t - \lambda_s)^{d_s}$，ただし $i \neq j$ ならば $\lambda_i \neq \lambda_j$，とあらわしたとき，V_i を A の固有値 λ_i に対する広義固有空間とすると，$\dim V_i = d_i$ である．

証明　系 9.3.6 により，正則行列 P が存在して $P^{-1}AP$ は $A_{i,i}$ を対角成分に持つブロック行列としてあらわされる．さらにそれぞれの $A_{i,i}$ は λ_i のみを固有値として持つ．$A_{i,i}$ は $e_i \times e_i$ 行列であるとして，補題 7.2.6 により正則行列 Q_i が存在し，$Q_i^{-1}A_{i,i}Q_i$ は上三角行列となり，しかもその対角成分は $A_{i,i}$ の固有多項式の解と重複度も含めて同じになる．$\Phi_{A_{i,i}}(t) = (t - \lambda_i)^{e_i}$ なので，$Q_i^{-1}A_{i,i}Q_i$ の対角成分は λ_i が e_i 個並ぶ．この Q_i を対角成分に持つブロック行列 Q を $Q = \left(\begin{array}{c|c|c} Q_1 & & 0 \\ \hline & \ddots & \\ \hline 0 & & Q_s \end{array}\right)$ とおくと $Q^{-1}(P^{-1}AP)Q$ は上三角行列となり，その対角成分には λ_i が e_i 個並ぶ．再び補題 7.2.6 により，$Q^{-1}(P^{-1}AP)Q$ の対角成分は A の固有方程式の解と重複度を含めて同じになる．すなわち $e_i = d_i$ が成り立ち，λ_i に対する広義固有空間 V_i の次元 e_i は，固有多項式の λ_i の重複度 d_i に等しい． □

定義 9.3.8

$n\times n$ 行列 A が**冪零行列**であるとは，自然数 N が存在して A^N がゼロ行列になることである．

注意 9.3.9 $n\times n$ 行列 A が冪零行列になるための必要十分条件は， この固有多項式が $\Phi_A(t)=t^n$ となることである．実際，A が 0 以外の固有値 λ を持てば，λ に対する固有ベクトルは何度 A をかけても $\mathbf{0}$ にならないので，A は冪零になり得ない．よって $\Phi_A(t)$ の根は 0 のみであり，$\Phi_A(t)=t^n$ となる．逆に $\Phi_A(t)=t^n$ ならば，ケイリー・ハミルトンの定理により $A^n=\mathbf{0}$ となり，A は確かに冪零である．特に $n\times n$ 行列 A が冪零なら $A^N=\mathbf{0}$ となる N として $N=n$ を取ることができる．

系 9.3.10

任意の冪例行列 B に対して正則行列 P が存在して $P^{-1}BP$ がジョルダン標準形となるならば，任意の行列 A に対しても正則行列 Q が存在して $Q^{-1}AQ$ がジョルダン標準形となる．

証明 系 9.3.6 により任意の行列 A に対して正則行列 S が存在して $S^{-1}AS$ は $A_{i,i}$ を対角成分にもつブロック行列としてあらわされ，$A_{i,i}$ は固有値 λ_i のみを持つ $d_i\times d_i$ 行列となる．このとき，$A_{i,i}-\lambda_i E_{d_i}$ は固有値 0 のみを持ち，よって冪零行列となる．この冪零行列に対して，行列 R_i が存在して $R_i^{-1}(A_{i,i}-\lambda_i E_{d_i})R_i$ がジョルダン標準形 J_i にできるのであれば，$R_i^{-1}A_{i,i}R_i=J_i+R_i^{-1}(\lambda_i E_{d_i})R_i=J_i+\lambda_i E_{d_i}$ となる．任意の $m\times m$ ジョルダン標準形 $J=[J(a_1;\mu_1),\ldots,J(a_u;\mu_u)]$ にスカラー行列 bE_m を加えると $J+bE_m=[J(a_1;b+\mu_1),\ldots,J(a_u;b+\mu_u)]$ もジョルダン標準形なので，$R_i^{-1}A_{i,i}R_i$ もジョルダン標準形となる．この R_i を対角成分に持つブロック行列 $R:=\left(\begin{array}{c|c|c} R_1 & & 0 \\ \hline & \ddots & \\ \hline 0 & & R_s \end{array}\right)$ とおくと，$R^{-1}(S^{-1}AS)R$ は対角線上にジョルダン細胞が並ぶブロック行列としてあらわされ，よってジョルダン標準形となる．つまり，$Q=SR$ と置けば良い． □

§9.4 冪零行列のジョルダン標準形

この節では系 9.3.10 を踏まえて，任意の冪零行列が基底の取りかえによりジョルダン標準形であらわされることを主張する定理 9.4.8 の証明を目標とする．

補題 9.4.1

A は $n \times n$ 複素行列で，$A^n = \mathbf{0}$ であるとする．このとき，自然数 r と 0 以上の整数 $d_1, d_2, \ldots, d_r$，そして $\mathbb{C}^n$ のベクトル

$$\begin{array}{cccc} \boldsymbol{v}_{1,0}, & \boldsymbol{v}_{1,1}, & \ldots, & \boldsymbol{v}_{1,d_1} \\ \boldsymbol{v}_{2,0}, & \boldsymbol{v}_{2,1}, & \ldots, & \boldsymbol{v}_{2,d_2} \\ \vdots & \vdots & \vdots & \vdots \\ \boldsymbol{v}_{r,0}, & \boldsymbol{v}_{r,1}, & \cdots & \boldsymbol{v}_{r,d_r} \end{array}$$

であって次の 2 条件を満たすものが与えられたとする．

(1) $\boldsymbol{v}_{i,j}$ 全体は $\mathbb{C}^n$ の基底となる．

(2) $A\boldsymbol{v}_{i,j} = \begin{cases} \boldsymbol{v}_{i,j+1} & (j < d_i) \\ \mathbf{0} & (j = d_i) \end{cases}$

このとき，これらのベクトルを列ベクトルとして持つ行列 P を

$$P = (\boldsymbol{v}_{1,d_1}, \boldsymbol{v}_{1,d_1-1}, \ldots, \boldsymbol{v}_{1,1}, \boldsymbol{v}_{1,0}, \boldsymbol{v}_{2,d_2}, \boldsymbol{v}_{2,d_2-1}, \ldots, \boldsymbol{v}_{r,2}, \boldsymbol{v}_{r,1}, \boldsymbol{v}_{r,0})$$

とおくと，$P^{-1}AP$ はジョルダン標準形

$$P^{-1}AP = [J(d_1+1;0), J(d_2+1;0), \ldots, J(d_r+1;0)]$$

となる．

証明 V_i は一次独立なベクトル $\boldsymbol{v}_{i,0}, \ldots, \boldsymbol{v}_{i,d_i}$ によって張られる部分線型空間とすると，条件 (1) により全 V_i の基底 $\boldsymbol{v}_{i,0}, \ldots, \boldsymbol{v}_{i,d_i}$ を並べたものが $\mathbb{C}^n$ の基底になっているので，V は $V_1, \ldots, V_r$ の直和になっている．

条件 (2) $A\boldsymbol{v}_{i,j} = \begin{cases} \boldsymbol{v}_{i,j+1} & (j < d_i) \\ \mathbf{0} & (j = d_i) \end{cases}$ により，A は V_i の元を V_i に送り，A_i は A が定める $V_i \to V_i$ の写像の，基底 $\boldsymbol{v}_{i,d_i}, \ldots, \boldsymbol{v}_{i,0}$ における行列表示とすると，$P^{-1}AP$ は A_i を対角線上に並べたブロック行列となる．しかもそのブロック行列 A_i の第 j 列が，再び条件 (2) から $j-1$ 標準単位ベクトルになるので A_i は対角線上 0，その 1 行上（一列右）の成分が 1 となるジョルダン標準形 $J(d_i+1;0)$ となる．すなわち $P^{-1}AP = [J(d_1+1;0), J(d_2+1;0), \ldots, J(d_r+1;0)]$ である． □

注意 9.4.2

すなわち，$\mathbb{C}^n$ の基底 $\boldsymbol{v}_{1,0},\dots,\boldsymbol{v}_{i,j},\dots,\boldsymbol{v}_{r,d_r}$ で，

$$\begin{array}{l}
\boldsymbol{v}_{1,0} \xrightarrow{A} \boldsymbol{v}_{1,1} \xrightarrow{A} \boldsymbol{v}_{1,2} \xrightarrow{A} \cdots \xrightarrow{A} \boldsymbol{v}_{1,d_1} \xrightarrow{A} \boldsymbol{0} \\
\boldsymbol{v}_{2,0} \xrightarrow{A} \boldsymbol{v}_{2,1} \xrightarrow{A} \cdots \xrightarrow{A} \boldsymbol{v}_{2,d_2} \xrightarrow{A} \boldsymbol{0} \\
\vdots \quad \vdots \quad \vdots \quad \vdots \quad \vdots \quad \vdots \\
\boldsymbol{v}_{r,0} \xrightarrow{A} \cdots \xrightarrow{A} \boldsymbol{v}_{r,d_r} \xrightarrow{A} \boldsymbol{0}
\end{array}$$

となるようなものを見つければ，この基底のもとで A が定める線型写像を行列表示するとジョルダン標準形になる，ということである．

例 9.4.3

$V \subset \mathbb{C}[x,y]$ は4次以下の x,y 変数の多項式がなす線型空間とし， $\varphi: V \to V$ は x による偏微分，つまり $\varphi(f) := \dfrac{\partial f}{\partial x}$ とおく．このとき，

$$\begin{array}{l}
x^4 \xrightarrow{\varphi} 4x^3 \xrightarrow{\varphi} 12x^2 \xrightarrow{\varphi} 24x \xrightarrow{\varphi} 24 \xrightarrow{\varphi} 0 \\
x^3y \xrightarrow{\varphi} 3x^2y \xrightarrow{\varphi} 6xy \xrightarrow{\varphi} 6y \xrightarrow{\varphi} 0 \\
x^2y^2 \xrightarrow{\varphi} 2xy^2 \xrightarrow{\varphi} 2y^2 \xrightarrow{\varphi} 0 \\
xy^3 \xrightarrow{\varphi} y^3 \xrightarrow{\varphi} 0 \\
y^4 \xrightarrow{\varphi} 0
\end{array}$$

となるので，基底

$$24, 24x, 12x^2, 4x^3, x^4, 6y, 6xy, 3x^2y, x^3y, 2y^2, 2xy^2, x^2y^2, y^3, xy^3, y^4$$

のもとで φ は $[J(5;0), J(4;0), J(3;0), J(2;0), J(1;0)]$ とジョルダン標準形にあらわされる． □

考察 9.4.4

$n \times n$ 冪零行列 A が $A = \boldsymbol{0}$ ならば，そのままで対角行列なのでジョルダン標準形である（任意の基底 $\boldsymbol{v}_{1,0}, \boldsymbol{v}_{2,0}, \dots, \boldsymbol{v}_{n,0}$ が補題 9.4.1 の条件を満たす，と言っても良い）．$A \neq \boldsymbol{0}$ のとき，$A, A^2, A^3, A^4,$ と順に計算していくと，A^n がゼロ行列なので，$A^k \neq \boldsymbol{0}$, $A^{k+1} = \boldsymbol{0}$ となるような自然数 k が取れる．A^k に対して掃き出し法を適用して階段行列に変形し，$\mathrm{Im} A^k$ が A^k の第 i_1 列, i_2 列, …, i_{e_k} 列によって張られる，というような列ベクトルを見つけることができる（階段行列でピボットになった列を取れば良い）．このとき，$d_1 = d_2 = \cdots = d_{e_k} = k$, $\boldsymbol{v}_{1,0} = \boldsymbol{e}_{i_1}$, $\boldsymbol{v}_{2,0} = \boldsymbol{e}_{i_2}$, …, $\boldsymbol{v}_{e_k,0} = \boldsymbol{e}_{i_{e_k}}$ とし，$i \in \{1,2,\dots,e_k\}$, $0 \leq j \leq d_i$ に対して $\boldsymbol{v}_{i,j} := A^j \boldsymbol{v}_{i,0}$ とおく．このとき，得られた $\boldsymbol{v}_{i,j}$ は次の3条件を満たしている．

(1)　$A\boldsymbol{v}_{i,j}=\begin{cases}\boldsymbol{v}_{i,j+1} & (j<d_i)\\ \mathbf{0} & (j=d_i)\end{cases}$

(2)　$\{\boldsymbol{v}_{i,j}\,|\,j\geq k\}$ は $\mathrm{Im}A^k$ の基底となっている．

(3)　$d_i\geq k$ $(i=1,2,\ldots,e_k)$.　□

定義 9.4.5

A は $n\times n$ 冪零複素行列とする．この A に対して，自然数 s，0 以上の整数 $d_1,\ldots,d_s$，そして各 $i\in\{1,2,\ldots,s\}$ と $0\leq j\leq d_i$ に対してベクトル $\boldsymbol{v}_{i,j}\in\mathbb{C}^n$ $(1\leq i\leq s,\ 0\leq j\leq d_i)$ が与えられているとする．このデータが条件 $[\ell]$ を満たすとは，次の 3 条件を満たすことと定義する．ただし ℓ は 0 以上の整数である．

(1)　$A\boldsymbol{v}_{i,j}=\begin{cases}\boldsymbol{v}_{i,j+1} & (j<d_i)\\ \mathbf{0} & (j=d_i)\end{cases}$

(2)　$\{\boldsymbol{v}_{i,j}\,|\,j\geq \ell\}$ は $\mathrm{Im}A^\ell$ の基底となっている．

(3)　$d_i\geq \ell(i=1,2,\ldots,s)$.

考察 9.4.4 により，$\ell=k$ に対しては条件 $[k]$ を満たすデータが既に得られている．

補題 9.4.6

条件 $[\ell]$ を満たすデータが与えられたとき，ベクトル $\boldsymbol{v}_{i,j}$ 全体は一次独立である．

証明　$\displaystyle\sum_{i,j}c_{i,j}\boldsymbol{v}_{i,j}=\mathbf{0}$ であるとする．このとき，$c_{i,j}=0$ であることを j についての帰納法で示す．まず $j=0$ のとき，$\displaystyle\sum_{i,j}c_{i,j}\boldsymbol{v}_{i,j}=\mathbf{0}$ の両辺に A^ℓ をかけて $\displaystyle\sum_{i,j}c_{i,j}\boldsymbol{v}_{i,j+\ell}=\mathbf{0}$ となる．ただし，$j>d_i$ の場合は $\boldsymbol{v}_{i,j}=\mathbf{0}$ とみなす．左辺は $\boldsymbol{v}_{i,m}$，ただし $m\geq\ell$，というベクトルの線型結合なので，これらのうち 0 でないベクトル全体は条件 (2) より $\mathrm{Im}A^\ell$ の基底に含まれ，よって一次独立である．条件 (1) より $A^\ell\boldsymbol{v}_{i,0}=\boldsymbol{v}_{i,\ell}$ であり，条件 (3) より $d_i\geq\ell$ なので $\boldsymbol{v}_{i,\ell}$ はゼロベクトルでない．したがってその係数 $c_{i,0}$ は 0 である．

全ての i に対して，$c_{i,0}=c_{i,1}=\cdots=c_{i,p-1}=0$ が示されたとする．まず $p<\ell$ の場合に考えよう．このとき，係数が 0 でない項の和を取れば良いので $\displaystyle\sum_{j\geq p,i}c_{i,j}\boldsymbol{v}_{i,j}=\mathbf{0}$ となる．両辺に $A^{\ell-p}$ をかけると $\boldsymbol{v}_{i,m}$，ただし $m\geq\ell$，というベクトルの線型結

合になるので，$\boldsymbol{v}_{i,j+\ell-p}$ が $\mathbf{0}$ でない場合 $c_{i,j}=0$ となる．特に条件 (3) より $j=p$ の場合 $\boldsymbol{v}_{i,j+\ell-p}=\boldsymbol{v}_{i,\ell}\neq\mathbf{0}$ なので $c_{i,p}=0$ となり，$p<\ell$ の場合は p の場合にも示された．一方，$p\geq\ell$ ならば，すでに得られている $\displaystyle\sum_{j\geq p,i} c_{i,j}\boldsymbol{v}_{i,j}=\mathbf{0}$ は条件 (2) より最初から一次独立なベクトルの線型結合なので，全ての $c_{i,j}$ がゼロになる．以上より，$\boldsymbol{v}_{i,j}$ の一次独立性が示された． □

補題 9.4.7

条件 $[\ell]$ を満たすデータが与えられたとき，必要ならいくつか

$$\begin{array}{ccccccc}
\boldsymbol{v}_{s+1,0} & \xrightarrow{A} & \cdots & \xrightarrow{A} & \boldsymbol{v}_{s+1,\ell-1} & \xrightarrow{A} & \mathbf{0} \\
\boldsymbol{v}_{s+2,0} & \xrightarrow{A} & \cdots & \xrightarrow{A} & \boldsymbol{v}_{s+2,\ell-1} & \xrightarrow{A} & \mathbf{0} \\
\vdots & & \vdots & & \vdots & & \\
\boldsymbol{v}_{s+u,0} & \xrightarrow{A} & \cdots & \xrightarrow{A} & \boldsymbol{v}_{s+u,\ell-1} & \xrightarrow{A} & \mathbf{0}
\end{array}$$

という列を付け加えて条件 $[\ell-1]$ を満たすデータを与えることができる．

証明　$i=1,2,\ldots,s$ に対して $A^{\ell-1}\boldsymbol{v}_{i,j}=\boldsymbol{v}_{i,j+\ell-1}$ なので $\mathrm{Im}A^{\ell-1}\supset\{\boldsymbol{v}_{i,j}\mid i\leq s,\ \ell-1\leq j\leq d_i\}$ であり，これらのベクトルは補題 9.4.6 により一次独立である．これにさらに $A^{\ell-1}\boldsymbol{w}_{s+1},A^{\ell-1}\boldsymbol{w}_{s+2},\ldots,A^{\ell-1}\boldsymbol{w}_{s+u}$ を付け加えて，$\mathrm{Im}A^{\ell-1}$ の基底になるように取れる[1)]．各 $\boldsymbol{w}_{s+a}$，ただし $a\in\{1,2,\ldots,u\}$，に対して $A^{\ell}\boldsymbol{w}_{s+a}\in\mathrm{Im}A^{\ell}$ なので，条件 $[\ell]$(2) により

$$A^{\ell}\boldsymbol{w}_{s+a}=\sum_{1\leq i\leq s,\ \ell\leq j\leq d_i} c_{a,i,j}\boldsymbol{v}_{i,j}$$

とあらわされる[2)]．そこで

$$d_{s+1}=\cdots=d_{s+u}=\ell-1$$

とした上で

$$\boldsymbol{v}_{s+a,0}:=\boldsymbol{w}_{s+a}-\sum_{1\leq i\leq s,\ \ell\leq j\leq d_i} c_{a,i,j}\boldsymbol{v}_{i,j-\ell}$$

とおき，

---

1) 行列 $(\boldsymbol{v}_{1,\ell-1},\boldsymbol{v}_{1,\ell},\ldots,\boldsymbol{v}_{1,d_1},\boldsymbol{v}_{2,\ell-1},\ldots,\boldsymbol{v}_{s,d_s},A^{\ell-1}\boldsymbol{e}_1,\ldots,A^{\ell-1}\boldsymbol{e}_n)$ の階段行列を掃き出し法で計算し、右 n 列のうち $A^{\ell-1}\boldsymbol{e}_{k_1},\ldots,A^{\ell-1}\boldsymbol{e}_{k_u}$ の列がピボットになるなら $\boldsymbol{w}_{s+1}=\boldsymbol{e}_{k_1},\ldots,\boldsymbol{w}_{s+u}=\boldsymbol{e}_{k_u}$ とおけばよい．

2) 行列 $(\boldsymbol{v}_{1,\ell},\boldsymbol{v}_{1,\ell+1},\ldots,\boldsymbol{v}_{1,d_1},\ldots,\boldsymbol{v}_{s,d_s}\mid A^{\ell}\boldsymbol{w}_{s+1},\ldots,A^{\ell}\boldsymbol{w}_{s+u})$ に掃き出し法を適用して $c_{a,i,j}$ が一斉に求められる．

$$\boldsymbol{v}_{s+a,i} = A^i \boldsymbol{v}_{s+a,0} \quad (i = 1, 2, \ldots, \ell - 1)$$

とすれば条件 $[\ell-1](1)$ が満たされる．$\boldsymbol{v}_{s+a,\ell-1}$ は $A^{\ell-1}\boldsymbol{w}_{s+a}$ に $\boldsymbol{v}_{i,j}$（ただし $1 \leq i \leq s,\ \ell-1 \leq j \leq d_i$）の線型結合を加えたものなので，

$$\{\boldsymbol{v}_{i,j} \mid 1 \leq i \leq s+u,\ \ell-1 \leq j \leq d_i\}$$

が張る線型空間は

$$\{\boldsymbol{v}_{i,j} \mid 1 \leq i \leq s,\ \ell-1 \leq j \leq d_i\} \cup \{\boldsymbol{w}_{s+a} \mid 1 \leq a \leq u\}$$

が張る線型空間と同じで，後者は $\mathrm{Im}A^{\ell-1}$ の基底なので，前者も $\mathrm{Im}A^{\ell-1}$ を張る．元の個数が同じなので，基底にもなっている．すなわち，条件 $[\ell-1](2)$ も満たされる．条件 $[\ell-1](3)$ は，新たに加えた $d_{s+1}, \ldots, d_{s+u}$ が全て $\ell-1$ なので，それまでの $1 \leq i \leq s$ に対しての $\ell \leq d_i$ と合わせて，確かに成り立つ．よって補題 9.4.7 が示された．□

定理 9.4.8

補題 9.4.1 の 2 条件を満たすデータを与えることができ，したがって冪零行列 A に対して $P^{-1}AP$ がジョルダン標準形となるような正則行列 P を作ることができる．

証明　考察 9.4.4 により，定義 9.4.5 の条件 $[k]$ を満たすデータを与えることができる．ただし k は $A^k \neq \mathbf{0}$ かつ $A^{k+1} = \mathbf{0}$ となるような非負整数である．すると，補題 9.4.7 により，条件 $[k-1]$，条件 $[k-2]$，$\cdots$ を満たすデータを帰納的に見つけることができ，最終的に条件 $[0]$ を満たすデータを見つけることができる．このとき定義 9.4.5 の条件 $[0](1)$ は補題 9.4.1 の条件 (2) と同じであり，また条件 $[0](2)$ は，$A^0 = E_n$ なので，$\boldsymbol{v}_{i,j}$ が $\mathrm{Im}E_n = \mathbb{C}^n$ の基底になっている，という条件であり，補題 9.4.1 の条件 (1) も満たすことがわかる．よって，定義 9.4.5 の条件 $[0]$ を満たすベクトル列は，補題 9.4.1 の条件 (1), (2) をともに満たすことがわかった．補題 9.4.1 により，条件 $[0]$ を満たすベクトル列を列ベクトルとして適切に並べた正則行列 P を取ると．$P^{-1}AP$ はジョルダン標準形である．□

系 9.3.10 により，次の系がただちに従う．

系 9.4.9

複素係数の任意の $n\times n$ 行列 A に対して，$P^{-1}AP$ がジョルダン標準形となるような正則行列 P が存在する．

§9.5 ジョルダン標準形の一意性

この節の目標は，行列のジョルダン標準形がジョルダン細胞を並べる順番を除いてただ一通りに定まることを主張する定理 9.5.4 の証明である．

補題 9.5.1

ジョルダン細胞 $J=J(d;0)$ に対し，

$$\operatorname{rk} J^i = \begin{cases} d-i & (i\le d) \\ 0 & (i\ge d) \end{cases}$$

が成り立つ．

証明 $\boldsymbol{e}_1,\ldots,\boldsymbol{e}_d$ を標準単位ベクトルとすると，$J\boldsymbol{e}_k = \begin{cases} \boldsymbol{e}_{k-1} & (k>1) \\ \boldsymbol{0} & (k=1) \end{cases}$ なので，

$J^i\boldsymbol{e}_k = \begin{cases} \boldsymbol{e}_{k-i} & (k>i) \\ \boldsymbol{0} & (k\le i) \end{cases}$ となる．すなわち

$$J^i = \begin{pmatrix} \overbrace{0 & \cdots & 0}^{i\text{ 個}} & 1 & 0 & \cdots & 0 \\ & \ddots & & \ddots & \ddots & \ddots & \vdots \\ & & \ddots & & \ddots & \ddots & 0 \\ & & & \ddots & & \ddots & 1 \\ & 0 & & & & \ddots & 0 \\ & & & & & \ddots & \vdots \\ & & & & & & 0 \end{pmatrix}$$

となる．これはそのままで階段行列であり，ピボットの個数が $d-i$ 個なので $\operatorname{rk} J^i = d-i$ である． □

命題 9.5.2

A が $n\times n$ 冪零行列で，$P^{-1}AP=[J(d_1;0),J(d_2;0),\ldots,J(d_s;0)]$ という形のジョルダン標準形であらわされるならば，i を自然数とするとき $d_1,d_2,\ldots,d_s$ のうちで i に等しいものの個数は $\mathrm{rk}\,A^{i-1}-2\mathrm{rk}\,A^i+\mathrm{rk}\,A^{i+1}$ である．特に A のジョルダン標準形はジョルダン細胞を並べる順番を除いて一意である．

証明　補題 4.6.6 により $\mathrm{rk}\,A^i=\mathrm{rk}\,P^{-1}A^iP=\mathrm{rk}(P^{-1}AP)^i$ である．$P^{-1}AP$ はジョルダン細胞を対角成分に持つブロック行列なので，$(P^{-1}AP)^i$ はジョルダン細胞の i 乗を対角成分に持つブロック行列であり，そのランクはそれぞれの対角ブロックのランクの和に等しい．よって各 $J=J(d;0)$ に対して $\mathrm{rk}\,J^{i-1}-2\mathrm{rk}\,J^i+\mathrm{rk}\,J^{i+1}$ を計算し，それを $d=d_1$ から $d=d_s$ まで足し合わせたものが $\mathrm{rk}\,A^{i-1}-2\mathrm{rk}\,A^i+\mathrm{rk}\,A^{i+1}$ になる．

まず $i<d$ ならば補題 9.5.1 により $\mathrm{rk}\,J^{i-1}=d-i+1$, $\mathrm{rk}\,J^i=d-i$, $\mathrm{rk}\,J^{i+1}=d-i-1$ となるので $\mathrm{rk}\,J^{i-1}-2\mathrm{rk}\,J^i+\mathrm{rk}\,J^{i+1}=0$ となる．

次に $i>d$ の場合も補題 9.5.1 により $\mathrm{rk}\,J^{i-1}=\mathrm{rk}\,J^i=\mathrm{rk}\,J^{i+1}=0$ となるので $\mathrm{rk}\,J^{i-1}-2\mathrm{rk}\,J^i+\mathrm{rk}\,J^{i+1}=0$ となる．

最後に $i=d$ の場合，$\mathrm{rk}\,J^{i-1}=1$，$\mathrm{rk}\,J^i=\mathrm{rk}\,J^{i+1}=0$ なので $\mathrm{rk}\,J^{i-1}-2\mathrm{rk}\,J^i+\mathrm{rk}\,J^{i+1}=1$ となる．従って $\mathrm{rk}\,A^{i-1}-2\mathrm{rk}\,A^i+\mathrm{rk}\,A^{i+1}$ は $d_1,\ldots,d_s$ のうちで i に等しいものの個数になる．

A が冪零ならば固有値が 0 のみなので，そのジョルダン標準形は $J(d;0)$ という形のものしかあらわれない．A のランクによってどの d に対するジョルダン標準形 $J(d;0)$ が何個あらわれるかが決まってしまうので，ジョルダン細胞を並べる順番を除いて，ジョルダン標準形はただ一通りに定まる．逆に P の列ベクトルの（ブロックごとの）並べ順を交換すればジョルダン細胞を並べる順番を自由に定めることができる．　□

系 9.5.3

A が $n\times n$ 行列で λ が A の固有値とすると，A をジョルダン標準形であらわしたときに，そのジョルダン細胞のうち $J(d;\lambda)$ の個数は $\mathrm{rk}((A-\lambda E_n)^{d-1})-2\mathrm{rk}((A-\lambda E_n)^d)+\mathrm{rk}((A-\lambda E_n)^{d+1})$ である．

定理 9.5.4

$n\times n$ 行列 A のジョルダン標準形 $[J(d_1;\lambda_1),\dots,J(d_s;\lambda_s)]$ はジョルダン細胞の並び順を除いてただ一通りに定まる．$n\times n$ 行列 A と B に対して，正則行列 P が存在して $P^{-1}AP=B$ となるための必要十分条件は，ジョルダン細胞の並べ順を除いて A のジョルダン標準形と B のジョルダン標準形が等しくなることである．

証明 系 9.5.3 により，A のジョルダン標準形の中に $J(d;\lambda)$ が出てくる個数は $\mathrm{rk}(A-\lambda E_n)^{d-1}-2\mathrm{rk}(A-\lambda E_n)^d+\mathrm{rk}(A-\lambda E_n)^{d+1}$ なので，その並べ順を除いてジョルダン標準形が定まる．また，基底のブロックの並べ順を取り替えることで，ジョルダン細胞の並べ順は自由に選ぶことができる．A と B のジョルダン標準形 J が等しければ，$Q^{-1}AQ=J=R^{-1}BR$ となるので $(QR^{-1})^{-1}A(QR^{-1})=B$ となる．逆に $P^{-1}AP=B$ ならば $\mathrm{rk}(A-\lambda E_n)^i=\mathrm{rk}(B-\lambda E_n)^i$ なので，上記の計算方法により，A のジョルダン標準形にあらわれるジョルダン細胞と B のジョルダン標準形にあらわれるジョルダン細胞は個数まで含めて等しくなり，よってその並べ順を除いてジョルダン標準形が等しくなる． □

§9.6 例と応用

例 9.6.1

$V=\{ax^3+bx^2+cx+d\mid a,b,c,d\in\mathbb{R}\}$ は 3 次以下の実係数多項式がなす線型空間，$\Phi:V\to V$ を差分 $\Phi(f):=f(x+1)-f(x)$ により定義する．$f,g\in V$ に対し

$$\Phi(f+g)=(f+g)(x+1)-(f+g)(x)=f(x+1)+g(x+1)-f(x)-g(x)=\Phi(f)+\Phi(g)$$

なので，φ は和を保つ．また $c\in\mathbb{R}$, $f\in V$ に対し

$$\Phi(cf)=(cf)(x+1)-(cf)(x)=c(f(x+1)-f(x))=c\Phi(f)$$

なので，Φ はスカラー倍も保つ．

基底 $\{x^3,x^2,x,1\}$ に関して Φ を行列表示すると，$\Phi(x^3)=3x^2+3x+1$, $\Phi(x^2)=2x+1$, $\Phi(x)=1$, $\Phi(1)=0$ より $A=\begin{pmatrix}0&0&0&0\\3&0&0&0\\3&2&0&0\\1&1&1&0\end{pmatrix}$ となる．これは下三角行列で

対角成分が全て 0 なので，固有値は 0 のみである[3]． $A^4=\mathbf{0}$, $A^3=\begin{pmatrix}0&0&0&0\\0&0&0&0\\0&0&0&0\\6&0&0&0\end{pmatrix}$

なので $\boldsymbol{v}_{1,0}=x^3$ とし，$\boldsymbol{v}_{1,1}=\Phi(x^3)=3x^2+3x+1$, $\boldsymbol{v}_{1,2}=\Phi(\boldsymbol{v}_{1,1})=6x+6$, $\boldsymbol{v}_{1,3}=\Phi(\boldsymbol{v}_{1,2})=6$ という基底を取れば，基底 6, $6x+6$, $3x^2+x+1$, x^3 のもとで Φ は

$J(4;0)=\begin{pmatrix}0&1&0&0\\0&0&1&0\\0&0&0&1\\0&0&0&0\end{pmatrix}$ とあらわされる．実際，$P=(\boldsymbol{v}_{1,3},\boldsymbol{v}_{1,2},\boldsymbol{v}_{1,1},\boldsymbol{v}_{1,0})=$

$\begin{pmatrix}0&0&0&1\\0&0&3&0\\0&6&3&0\\6&6&1&0\end{pmatrix}$ とおけば $P^{-1}=\begin{pmatrix}0&1/9&-1/6&1/6\\0&-1/6&1/6&0\\0&1/3&0&0\\1&0&0&0\end{pmatrix}$ で $P^{-1}AP=J(4;0)$

となることが確かめられる．

$\Psi:V\to V$ を $\Psi(f):=f(x+1)$ により定義すると，$\Psi=\Phi+\mathrm{Id}$ なので，Ψ のジョルダン標準形は基底 6, $6x+6$, $3x^2+3x+1$, x^3 のもとで $J(4;1)=\begin{pmatrix}1&1&0&0\\0&1&1&0\\0&0&1&1\\0&0&0&1\end{pmatrix}$

になる． □

例 9.6.2

V は 2 変数 x と y の 3 次以下の多項式全体，すなわち

$$V=\{ax^3+bx^2y+cxy^2+dy^3+ex^2+fxy+gy^2+hx+iy+j\mid a,b,c,d,e,f,g,h,i,j\in\mathbb{R}\}$$

とおく．$\Phi:V\to V$ を $\Phi(f):=f(x+1,y+2)-f(x,y)$ と定義する．Φ は例 9.6.1 と同様に線型写像であり，またすぐわかるとおり Φ は多項式の次数を下げるので冪零写像である．よって Φ は固有値 0 のみを持ち，Φ^4 は 0 写像である．一方 Φ^3 の像は定数にしかなりえない．実際 x^3 の Φ による像は例 9.6.1 と変わらないので $6\neq 0$ となり，§9.4 のアルゴリズムに従えば $\boldsymbol{v}_{1,0}=x^3$, $\boldsymbol{v}_{1,1}=\Phi(x^3)=3x^2+3x+1$, $\boldsymbol{v}_{1,2}=\Phi(\boldsymbol{v}_{1,1})=6x+6$, $\boldsymbol{v}_{1,3}=\Phi(\boldsymbol{v}_{1,2})=6$ という系列がまず取れる．$\mathrm{Im}\Phi^2$ は高々 1 次式なので $1,x,y$ で張られるが，$\boldsymbol{v}_{1,2}=6x+6$, $\boldsymbol{v}_{1,3}=6$ によって $1,x$ によって張られる部分空間はできているので，y を含む項を作るために $\Phi^2(y^3)$ を計算してみる

[3] 基底 $\boldsymbol{v}_1,\ldots,\boldsymbol{v}_n$ に対して下三角行列になる線型写像は，基底の順番を逆にして $\boldsymbol{v}_n,\boldsymbol{v}_{n-1},\ldots,\boldsymbol{v}_1$ について行列表示すると上三角行列になり，対角成分は変わらない．あるいは定理 5.2.3 (7) により $\det A=\det {}^t\!A$ なので ${}^t\!A$ と A は同じ固有多項式を持つ．${}^t\!A$ は上三角行列で対角成分が 0 なので補題 7.2.6 により固有値は 0 のみとなる．

と $\Phi(y^3)=24y+48$ となるので，$\boldsymbol{w}_2:=y^3$ とおき，$\Phi^3(y^3)=48=8\boldsymbol{v}_{1,2}$ となることから $\boldsymbol{v}_{2,0}=y^3-8x^3$ とおく．$\boldsymbol{v}_{2,1}=\Phi(y^3-8x^3)=-24x^2-24x+6y^2+12y$, $\boldsymbol{v}_{2,2}=\Phi(\boldsymbol{v}_{2,1})=-48x+24y$ とおけば $\Phi(\boldsymbol{v}_{2,2})=0$ となる．$\mathrm{Im}\Phi$ は2次以下の多項式になり，今のところ xy の項が出てきていないので $\boldsymbol{w}_{3,0}=x^2y$ とおいてみると $\Phi^2(x^2y)=12+8x+2y=2\boldsymbol{v}_{1,2}+\dfrac{1}{12}\boldsymbol{v}_{2,2}$ となる．アルゴリズム通りだと $\boldsymbol{v}_{3,0}$ を $\boldsymbol{w}_{3,0}-2\boldsymbol{v}_{1,0}-\dfrac{1}{12}\boldsymbol{v}_{2,0}=x^2y-\dfrac{4}{3}x^3-\dfrac{1}{12}y^3$ とおくことになるが，分数がいやなので定数倍して $\boldsymbol{v}_{3,0}=12x^2y-16x^3-y^3$ とおき，$\boldsymbol{v}_{3,1}=\Phi(\boldsymbol{v}_{3,0})=-24x^2+24xy-6y^2$ とすれば $\Phi(\boldsymbol{w}_{3,1})=0$ となる．ここまでででてきた3次式が x^3,x^2y,y^3 の線型結合なので，$\boldsymbol{w}_{4,0}=xy^2$ とおくと $\Phi(xy^2)=4xy+y^2+4x+4y+4=\dfrac{1}{6}\boldsymbol{v}_{3,1}+\dfrac{1}{3}\boldsymbol{v}_{2,1}+4\boldsymbol{v}_{1,1}$ なので，アルゴリズム通りなら $xy^2-\dfrac{1}{6}(12x^2y-16x^3-y^3)-\dfrac{1}{3}(y^3-8x^3)-4x^3=\dfrac{4}{3}x^3-2x^2y+xy^2-\dfrac{1}{6}y^3$ をとることになり，定数倍して $\boldsymbol{v}_{4,0}=8x^3-12x^2y+6xy^2-y^3$ とおけば $\Phi(\boldsymbol{v}_{4,0})=0$ となる．以上より

$$6,\ 6x+6,\ 3x^2+3x+1,\ x^3,\ -48x+24y,\ -24x^2-24x+6y^2+12y,\ y^3-8x^3,$$

$$-24x^2+24xy-6y^2,\ 12x^2y-16x^3-y^3,\ 8x^3-12x^2y+6xy^2-y^3$$

という基底のもとで，Φ は $[J(4;0),J(3;0),J(2;0),J(1;0)]$ というジョルダン標準形であらわされることになる． □

命題 9.6.3

$J=J(d;\lambda)$ はジョルダン細胞とする．J の冪乗 J^n は $J^n=(a_{i,j})$ と成分表示すると

$$a_{i,j}=\begin{cases}\dbinom{n}{j-i}\lambda^{n-(j-i)} & (j\geq i)\\ 0 & (j<i)\end{cases}$$

となる．すなわち、次のようになる．

$$J^n=\begin{pmatrix}\lambda^n & n\lambda^{n-1} & \dfrac{n(n-1)}{2}\lambda^{n-2} & \cdots & \dbinom{n}{d-1}\lambda^{n-d+1}\\ & \lambda^n & n\lambda^{n-1} & & \dbinom{n}{d-2}\lambda^{n-d+2}\\ & & \lambda^n & & \dbinom{n}{d-3}\lambda^{n-d+3}\\ & \text{\huge 0} & & \ddots & \vdots\\ & & & & \lambda^n\end{pmatrix}$$

証明　$S=\lambda E_d$, $T=J(d;0)$ とおくと $S+T=J$ であり，しかも $ST=TS=\lambda T$, $S^k=\lambda^k E_d$ で，T^k は補題 9.5.1 の証明の中であらわれたような格好をしているので，二項定理により[4]

$$(S+T)^n=\lambda^n E_d+n\lambda^{n-1}T+\frac{n(n-1)}{2}\lambda^{n-2}T^2+$$
$$\cdots+\binom{n}{j}\lambda^{n-j}T^j+\cdots+\binom{n}{d-1}\lambda^{n-d+1}T^{d-1}$$

とあらわされ，それはまさに上のような形をしている．□

例 9.6.4

漸化式 $a_{n+2}=4a_{n+1}-4a_n$ で定義された数列を考える．行列 A を $A=\begin{pmatrix}0 & 1\\ -4 & 4\end{pmatrix}$ とおくと

$$A\begin{pmatrix}a_n\\ a_{n+1}\end{pmatrix}=\begin{pmatrix}0 & 1\\ -4 & 4\end{pmatrix}\begin{pmatrix}a_n\\ a_{n+1}\end{pmatrix}=\begin{pmatrix}a_{n+1}\\ -4a_n+4a_{n+1}\end{pmatrix}=\begin{pmatrix}a_{n+1}\\ a_{n+2}\end{pmatrix}$$

となるので，$\begin{pmatrix}a_n\\ a_{n+1}\end{pmatrix}=A^n\begin{pmatrix}a_0\\ a_1\end{pmatrix}$ となる．ここで A のジョルダン標準形を求めてみる．固有多項式が $\Phi_A(t)=t^2-4t+4=(t-2)^2$ となる．$A-2E_2=\begin{pmatrix}-2 & 1\\ -4 & 2\end{pmatrix}$ なので $\boldsymbol{v}_{1,0}=\begin{pmatrix}0\\ 1\end{pmatrix}$, $\boldsymbol{v}_{1,1}=\begin{pmatrix}1\\ 2\end{pmatrix}$ により $P=\begin{pmatrix}1 & 0\\ 2 & 1\end{pmatrix}$ とおけば $P^{-1}AP=\begin{pmatrix}2 & 1\\ 0 & 2\end{pmatrix}=J(2;2)$ と求まった．命題 9.6.3 により $J(2;2)^n=\begin{pmatrix}2^n & n2^{n-1}\\ 0 & 2^n\end{pmatrix}$ なので，

$$A^n=PJ^nP^{-1}=\begin{pmatrix}1 & 0\\ 2 & 1\end{pmatrix}\begin{pmatrix}2^n & n2^{n-1}\\ 0 & 2^n\end{pmatrix}\begin{pmatrix}1 & 0\\ -2 & 1\end{pmatrix}=\begin{pmatrix}(1-n)2^n & n2^{n-1}\\ n2^{n+1} & (n+1)2^n\end{pmatrix}$$

となり，初項 a_0, a_1 が与えられれば一般項 a_n は $a_n=(1-n)2^n a_0+n2^{n-1}a_1$ と求まる．□

§9.7　一般の定数係数常微分方程式

§7.5 では，A が対角化可能な場合に微分方程式 $\dfrac{d\boldsymbol{x}}{dt}=A\boldsymbol{x}$ の初期条件 $\boldsymbol{x}(0)=\boldsymbol{x}_0$ を満たす解が $\boldsymbol{x}(t)=e^{At}\boldsymbol{x}_0$ であることを確かめた．ここでは，A が対角化不可能

---

[4] 自然数 n, k に対し $\binom{n}{k}=\dfrac{n(n-1)(n-2)\cdots(n-k+1)}{k!}$ と定義する．特に $k>n$ なら $\binom{n}{k}=0$ である．

な場合でも $e^{At}\boldsymbol{x}_0$ が解になることを確かめよう．微分方程式を解く前に，速度ベクトル図の例を見ておこう．この図は $A=\begin{pmatrix}3 & -1\\ 1 & 1\end{pmatrix}$ で，固有ベクトルは $\begin{pmatrix}1\\ 1\end{pmatrix}$ のみ，それ以外の方向だと反時計回りに渦を巻きながら固有ベクトルの方向へ，すなわち $x<y$ ならば $\begin{pmatrix}-1\\ -1\end{pmatrix}$ の方向へ，$x>y$ ならば $\begin{pmatrix}1\\ 1\end{pmatrix}$ の方向へ，流れていく様子が見て取れる．

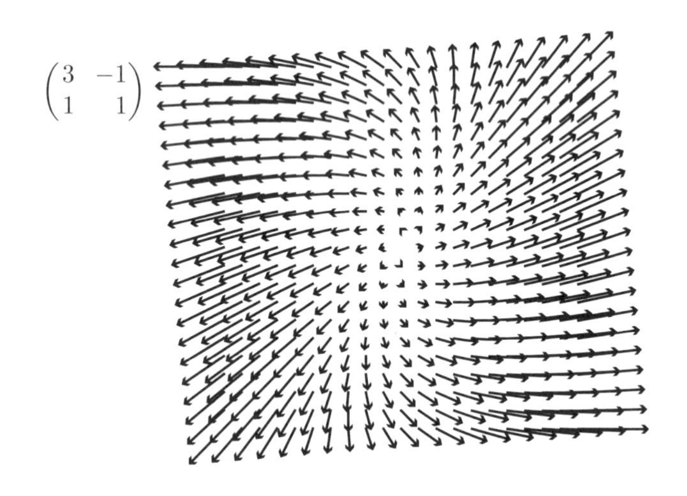

A が一般の場合の $n\times n$ 行列 A に対し e^A を定義することから始める．

補題 9.7.1

$n\times n$ 行列 A を $A=(a_{i,j})$ と成分表示し，成分の絶対値 $|a_{i,j}|$ の最大値を M とするとき，A^k の成分の絶対値の最大値は $(nM)^k$ 以下である．

証明　k について帰納法．$k=1$ なら明らかに成立．A^{k-1} の各成分の絶対値の最大値が $(nM)^{k-1}$ 以下なら，$A^k=(A^{k-1})A$ の各成分は A^{k-1} の成分と A の成分をかけたもの n 個の和なので，$(nM)^{k-1}\times M\times n=(nM)^k$ 以下である．□

定理-定義 9.7.2

A が $n\times n$ 行列であるとき，

$$\lim_{N\to\infty}\left(E_n+A+\frac{1}{2}A^2+\frac{1}{3!}A^3+\cdots+\frac{1}{N!}A^N\right)$$

は絶対収束する．この極限を e^A と定義する．

証明 補題 9.7.1 により，$E_n+A+\frac{1}{2}A^2+\frac{1}{3!}A^3+\cdots$ の (i,j) 成分の絶対値の和は，A の成分の絶対値の最大値を M とするとき $1+(nM)+\frac{1}{2}(nM)^2+\frac{1}{3!}(nM)^3+\cdots=e^{nM}$ 以下なので，確かに絶対収束する． □

注意 9.7.3 A が対角化可能で $A=P\Lambda P^{-1}=P\mathrm{Diag}(\lambda_1,\ldots,\lambda_n)P^{-1}$ と対角化されていたとすると，$f_N(t)=1+t+\frac{1}{2}t^2+\frac{1}{3!}t^3+\cdots+\frac{1}{N!}t^N$ とおくとき

$$f_N(A)=P\begin{pmatrix} f_N(\lambda_1) & & 0 \\ & \ddots & \\ 0 & & f_N(\lambda_n) \end{pmatrix}P^{-1}$$

で，$\lim_{N\to\infty} f_N(\lambda)=e^{\lambda}$ なので $\lim_{N\to\infty} f_N(A)=P\mathrm{Diag}(e^{\lambda_1},\ldots,e^{\lambda_n})P^{-1}$ となり，定義 7.5.3 と一致する．すなわち，定義 9.7.2 は定義 7.5.3 の一般化になっている．

命題 9.7.4

$J=J(n;\lambda)$ を固有値 λ の $n\times n$ ジョルダン細胞とすると，

$$e^{Jt}=\begin{pmatrix} e^{\lambda t} & te^{\lambda t} & \frac{t^2}{2!}e^{\lambda t} & \cdots & \frac{t^{n-1}}{(n-1)!}e^{\lambda t} \\ & e^{\lambda t} & te^{\lambda t} & \ddots & \frac{t^{n-2}}{(n-2)!}e^{\lambda t} \\ & & \ddots & \ddots & \vdots \\ & & & \ddots & te^{\lambda t} \\ & 0 & & & e^{\lambda t} \end{pmatrix}$$

となる．成分表示すると，e^{Jt} の (i,j) 成分は $\begin{cases} \frac{1}{(j-i)!}t^{j-i}e^{\lambda t} & (j\geq i) \\ 0 & (j<i) \end{cases}$ となる．

$A=P[J(d_1;\lambda_1),\ldots,J(d_s;\lambda_s)]P^{-1}$ とジョルダン標準化される場合，$J_i:=J(d_s;\lambda_i)$ とおいて $e^{At}=P[e^{J_1t},\cdots,e^{J_st}]P^{-1}$ とあらわされる．ただし $[e^{J_1t},\cdots,e^{J_st}]$ は $d_i\times d_i$ の e^{J_it} のブロックが対角線上に並んだブロック行列である．

証明 ジョルダン細胞 J に対し e^J を計算すれば，後半は容易である．$J(n;\lambda)=\lambda E_n+J(n;0)$ であり，$J(n;0)^k$ は $j-i=k$ となる (i,j) 成分のみが 1 で他の成分が 0 となる行列であることが補題 9.5.1 の証明の中で示されている．λE_n と $J(n;0)$ との積は可換なので，二項定理が使えて

$$\frac{1}{k!}(\lambda E_n+J(n;0))^k=\frac{\lambda^k}{k!}E_n+\frac{\lambda^{k-1}}{(k-1)!}J(n;0)+\frac{\lambda^{k-2}}{2(k-2)!}J(n;0)^2$$

$$+\frac{\lambda^{k-3}}{3!(k-3)!}J(n;0)^3+\cdots+\frac{\lambda^{k-n+1}}{(n-1)!(k-n+1)!}J(n;0)^{n-1}$$

となる．これに t^k をかけて k について和を取って得られる行列

$$e^{\lambda t}E_n+te^{\lambda t}J(n;0)+\frac{t^2}{2!}e^{\lambda t}J(n;0)^2+\frac{t^3}{3!}e^{\lambda t}J(n;0)^3+\cdots+\frac{t^{n-1}}{(n-1)!}e^{\lambda t}J(n;0)^{n-1}$$

は，命題に述べられた e^{Jt} の形に他ならない．　□

定理 9.7.5

A が $n\times n$ 行列なら，$e^{At}\boldsymbol{x}_0$ は定数係数常微分方程式 $\dfrac{d\boldsymbol{x}}{dt}=A\boldsymbol{x}$ の初期条件 $\boldsymbol{x}(0)=\boldsymbol{x}_0$ を満たす解である．

証明　J がジョルダン細胞を並べたブロック行列 $J=[J(d_1;\lambda_1),\ldots,J(d_s;\lambda_s)]$ であれば，$e^{PJP^{-1}}=Pe^JP^{-1}$ であることと，$A=PJP^{-1}$ のとき $\dfrac{d}{dt}e^{At}=P\left(\dfrac{d}{dt}e^{Jt}\right)P^{-1}$ であること[5]から，$A=J(d;\lambda)$ がジョルダン細胞の場合に示せば良い．

$J=J(d;\lambda)$ とおいて，まず $\dfrac{d}{dt}e^{Jt}$ と Je^{Jt} とが等しいことを示そう．e^{Jt} の (i,j) 成分を t で微分すると，$j>i$ のとき $\dfrac{1}{(j-i)!}t^{j-i}e^{\lambda t}$ の微分は

$$\frac{1}{(j-i-1)!}t^{j-i-1}e^{\lambda t}+\frac{1}{(j-i)!}t^{j-i}\lambda e^{\lambda t}$$

となるが，Je^{Jt} の (i,j) 成分は e^{Jt} の (i,j) 成分の λ 倍と $(i+1,j)$ 成分との和になるので，やはり

$$\frac{1}{(j-i)!}t^{j-i}\lambda e^{\lambda t}+\frac{1}{(j-i-1)!}t^{j-i-1}e^{\lambda t}$$

となり，$\dfrac{d}{dt}e^{Jt}$ と Je^{Jt} の $j>i$ の成分は等しい．次に $j=i$ のときは両辺とも $\lambda e^{\lambda t}$，そして $j<i$ のときは両辺とも 0 となり，いずれの成分も等しいことがわかる．よって全ての成分が等しいことが示せ，$\dfrac{d}{dt}e^{Jt}=Je^{Jt}$ となることがわかった．

左から定数ベクトル $\boldsymbol{x}_0$ をかけると，微分は和とスカラー倍を保つので，$\dfrac{d}{dt}e^{Jt}\boldsymbol{x}_0=Je^{Jt}\boldsymbol{x}_0$ となり，これは $e^{Jt}\boldsymbol{x}_0$ が微分方程式の解であることを示している．さらに $e^{Jt}\boldsymbol{x}_0$ に $t=0$ を代入すると $e^{J\times 0}=e^{\boldsymbol{0}}=E_n$ なので $\boldsymbol{x}_0$ になる．すなわち初期条件も満たしており，$A=J$ の場合，よって一般の場合に $\boldsymbol{x}(t)=e^{At}\boldsymbol{x}_0$ が初期条件 $\boldsymbol{x}(0)=\boldsymbol{x}_0$ を満たすような微分方程式 $\dfrac{d\boldsymbol{x}}{dt}=A\boldsymbol{x}(t)$ の解であることが示された．　□

[5] 微分は線型写像だから，定数倍は外に出るため．

例 9.7.6

微分方程式 $\dfrac{d^2x}{dt^2}-4\dfrac{dx}{dt}+4x=0$ の，初期条件 $x(0)=a$，$\dfrac{dx}{dt}(0)=b$ を満たす解を見つける．$\boldsymbol{x}=\begin{pmatrix} x \\ dx/dt \end{pmatrix}$ とおくと

$$\frac{d\boldsymbol{x}}{dt}=\begin{pmatrix} dx/dt \\ d^2x/dt^2 \end{pmatrix}=\begin{pmatrix} dx/dt \\ -4x+4dx/dt \end{pmatrix}=\begin{pmatrix} 0 & 1 \\ -4 & 4 \end{pmatrix}\boldsymbol{x}$$

という方程式になる．

$$A=\begin{pmatrix} 0 & 1 \\ -4 & 4 \end{pmatrix}=\begin{pmatrix} 1 & 0 \\ 2 & 1 \end{pmatrix}\begin{pmatrix} 2 & 1 \\ 0 & 2 \end{pmatrix}\begin{pmatrix} 1 & 0 \\ -2 & 1 \end{pmatrix}=PJP^{-1}$$

というジョルダン標準形が計算でき，

$$e^{At}=Pe^{Jt}P^{-1}=\begin{pmatrix} 1 & 0 \\ 2 & 1 \end{pmatrix}\begin{pmatrix} e^{2t} & te^{2t} \\ 0 & e^{2t} \end{pmatrix}\begin{pmatrix} 1 & 0 \\ -2 & 1 \end{pmatrix}=\begin{pmatrix} e^{2t}-2te^{2t} & te^{2t} \\ -4e^{2t} & e^{2t}+2te^{2t} \end{pmatrix}$$

と e^{At} が計算されるので，これに初期条件 $\begin{pmatrix} a \\ b \end{pmatrix}$ をかけて，$x(t)=a(e^{2t}-2te^{2t})+bte^{2t}$ という解が得られた．実際，e^{2t} と te^{2t} は微分方程式 $\dfrac{d^2x}{dt^2}-4\dfrac{dx}{dt}+4x=0$ の 2 つの一次独立な解であり，e^{At} の (1,1) 成分 $e^{2t}-2te^{2t}$ は $x(0)=1$，$dx/dt(0)=0$ を，e^{At} の (1,2) 成分 te^{2t} は $x(0)=0$，$dx/dt(0)=1$ を，それぞれ満たす解になっている．□

問　解答例

問 1.1.5　(i) $\mathbf{0}$ は任意のベクトル $\boldsymbol{v}$ に対して $\mathbf{0}+\boldsymbol{v}=\boldsymbol{v}$ を満たすので，特に $\boldsymbol{v}$ として $\mathbf{0}$ を取ると，$\mathbf{0}+\mathbf{0}=\mathbf{0}$ となる．
(ii) (i) で証明した「$\mathbf{0}+\mathbf{0}=\mathbf{0}$」が，とりもなおさず $\mathbf{0}$ 自身が $\mathbf{0}$ の逆ベクトルとなっていることを示している．
問 1.1.6　(1) $\overrightarrow{\mathrm{AB}}=-\boldsymbol{a}+\boldsymbol{b}$,　$\overrightarrow{\mathrm{BC}}=-\boldsymbol{b}+\boldsymbol{c}$,　$\overrightarrow{\mathrm{CA}}=-\boldsymbol{c}+\boldsymbol{a}$
(2) 少しひっかけ問題.「3 つの和」をどの順番で足すのか，どちらの足し算を先にするかによらず，「和」が同じになることを，まず交換則と結合則を用いて示しておく必要がある．その一つのパターンについて計算例をお見せすると

$$
\begin{aligned}
&((-\boldsymbol{a}+\boldsymbol{b})+(-\boldsymbol{b}+\boldsymbol{c}))+(-\boldsymbol{c}+\boldsymbol{a})=(-\boldsymbol{a}+(\boldsymbol{b}+(-\boldsymbol{b}+\boldsymbol{c})))+(-\boldsymbol{c}+\boldsymbol{a})\ \text{(結合則)}\\
&=(-\boldsymbol{a}+((\boldsymbol{b}+(-\boldsymbol{b}))+\boldsymbol{c})+(-\boldsymbol{c}+\boldsymbol{a})\ \text{(結合則)}\\
&=(-\boldsymbol{a}+(\mathbf{0}+\boldsymbol{c}))+(-\boldsymbol{c}+\boldsymbol{a})\ \text{(逆ベクトルの定義)}\\
&=(-\boldsymbol{a}+\boldsymbol{c})+(-\boldsymbol{c}+\boldsymbol{a})\ \text{(ゼロベクトルの定義)}\\
&=-\boldsymbol{a}+(\boldsymbol{c}+(-\boldsymbol{c}+\boldsymbol{a}))\ \text{(結合則)}\\
&=-\boldsymbol{a}+((\boldsymbol{c}+(-\boldsymbol{c}))+\boldsymbol{a})\ \text{(結合則)}\\
&=-\boldsymbol{a}+(\mathbf{0}+\boldsymbol{a})\ \text{(逆ベクトルの定義)}\\
&=-\boldsymbol{a}+\boldsymbol{a}\ \text{(ゼロベクトルの定義)}\\
&=\mathbf{0}\ \text{(逆ベクトルの定義)}.
\end{aligned}
$$

問 1.3.4

$$
\begin{aligned}
&(x_a\boldsymbol{e}_X+y_a\boldsymbol{e}_Y)+(x_b\boldsymbol{e}_X+y_b\boldsymbol{e}_Y)\\
&=((x_a\boldsymbol{e}_X+y_a\boldsymbol{e}_Y)+x_b\boldsymbol{e}_X)+y_b\boldsymbol{e}_Y\quad\text{(和の結合則)}\\
&=(x_a\boldsymbol{e}_X+(y_a\boldsymbol{e}_Y+x_b\boldsymbol{e}_X))+y_b\boldsymbol{e}_Y\quad\text{(和の結合則)}\\
&=(x_a\boldsymbol{e}_X+(x_b\boldsymbol{e}_X+y_a\boldsymbol{e}_Y))+y_b\boldsymbol{e}_Y\quad\text{(和の交換則)}\\
&=((x_a\boldsymbol{e}_X+x_b\boldsymbol{e}_X)+y_a\boldsymbol{e}_Y)+y_b\boldsymbol{e}_Y\quad\text{(和の結合則)}\\
&=(x_a\boldsymbol{e}_X+x_b\boldsymbol{e}_X)+(y_a\boldsymbol{e}_Y+y_b\boldsymbol{e}_Y)\quad\text{(和の結合則)}\\
&=(x_a+x_b)\boldsymbol{e}_X+(y_a+y_b)\boldsymbol{e}_Y\quad\text{(スカラーの和についての分配則)}.
\end{aligned}
$$

ただし，やり方はこれ一通りではない．

問 1.4.7　ヒントに従い，まず 3 次元の場合を示す．$\boldsymbol{a}_1=\begin{pmatrix}x_1\\y_1\\z_1\end{pmatrix}$，$\boldsymbol{a}_2=\begin{pmatrix}x_2\\y_2\\z_2\end{pmatrix}$，$\boldsymbol{b}=\begin{pmatrix}\alpha\\\beta\\\gamma\end{pmatrix}$ とおく．$(\boldsymbol{a}_1+\boldsymbol{a}_2)\cdot\boldsymbol{b}=\left(\begin{pmatrix}x_1\\y_1\\z_1\end{pmatrix}+\begin{pmatrix}x_2\\y_2\\z_2\end{pmatrix}\right)\cdot\begin{pmatrix}\alpha\\\beta\\\gamma\end{pmatrix}=\begin{pmatrix}x_1+x_2\\y_1+y_2\\z_1+z_2\end{pmatrix}\cdot\begin{pmatrix}\alpha\\\beta\\\gamma\end{pmatrix}=(x_1+x_2)\alpha+(y_1+y_2)\beta+(z_1+z_2)\gamma=x_1\alpha+x_2\alpha+y_1\beta+y_2\beta+z_1\gamma+z_2\gamma=x_1\alpha+y_1\beta+z_1\gamma+x_2\alpha+y_2\beta+z_2\gamma=$

$$\begin{pmatrix}x_1\\y_1\\z_1\end{pmatrix}\cdot\begin{pmatrix}\alpha\\\beta\\\gamma\end{pmatrix}+\begin{pmatrix}x_2\\y_2\\z_2\end{pmatrix}\cdot\begin{pmatrix}\alpha\\\beta\\\gamma\end{pmatrix}=\boldsymbol{a}_1\cdot\boldsymbol{b}+\boldsymbol{a}_2\cdot\boldsymbol{b}.$$

2次元の場合は，上記の計算で $z_1=z_2=\gamma=0$ とすれば良い．

問 1.4.8　(i) (4) とピタゴラスの定理により $F(\boldsymbol{a}+\boldsymbol{b},\boldsymbol{a}+\boldsymbol{b})=||\boldsymbol{a}+\boldsymbol{b}||^2=||\boldsymbol{a}||^2+||\boldsymbol{b}||^2$ と計算できる．一方 (1) と (3) により $F(\boldsymbol{a}+\boldsymbol{b},\boldsymbol{a}+\boldsymbol{b})=F(\boldsymbol{a},\boldsymbol{a})+2F(\boldsymbol{a},\boldsymbol{b})+F(\boldsymbol{b},\boldsymbol{b})$，これは (4) により $||\boldsymbol{a}||^2+2F(\boldsymbol{a},\boldsymbol{b})+||\boldsymbol{b}||^2$ と等しくなるので，比較して $F(\boldsymbol{a},\boldsymbol{b})=0$ がわかる．

(ii) $\boldsymbol{e}_1,\boldsymbol{e}_2,\boldsymbol{e}_3$ を標準基底として $F(A\boldsymbol{e}_1+B\boldsymbol{e}_2+C\boldsymbol{e}_3,a\boldsymbol{e}_1+b\boldsymbol{e}_2+c\boldsymbol{e}_3)$ を (1) を使ってバラバラにし，(i) の結果と (4) を用いると $F(\begin{pmatrix}A\\B\\C\end{pmatrix},\begin{pmatrix}a\\b\\c\end{pmatrix})=Aa||\boldsymbol{e}_1||^2+Bb||\boldsymbol{e}_2||^2+Cc||\boldsymbol{e}_3||^2=$

$Aa+Bb+Cc=\begin{pmatrix}A\\B\\C\end{pmatrix}\cdot\begin{pmatrix}a\\b\\c\end{pmatrix}$ がわかる．

問 1.5.6　(iii) O を中心とする正三角形 ABC を取り，$\boldsymbol{e}_1=\overrightarrow{\mathrm{OA}},\boldsymbol{e}_2=\overrightarrow{\mathrm{OB}},\boldsymbol{e}_3=\overrightarrow{\mathrm{OC}}$ とすると，どの2つの組も一次独立であるが $\boldsymbol{e}_1+\boldsymbol{e}_2+\boldsymbol{e}_3=\boldsymbol{0}$ なので全体としては一次従属である．

問 1.6.4　相隣る面の法線ベクトルの間の角度，例えば $\begin{pmatrix}1\\1\\1\end{pmatrix}$ と $\begin{pmatrix}1\\1\\-1\end{pmatrix}$ の間の角度 θ は $\cos\theta=\frac{1}{3}$ を満たすので，面の間の角度を τ とすると応用 1.6.3 と同様にして $\cos\tau=-\frac{1}{3}$ となる．$\cos\frac{2\pi}{3}=-\frac{1}{2}<\cos\tau<0=\cos\frac{2\pi}{4}$ なので，ひとつの辺を3つの正8面体が共有すると隙間があき，一方その隙間に4つ目の正8面体は入らないので，正8面体で空間を覆い尽くすことはできない．

問 2.1.8　(1) x 軸方向に2倍に太る．

(2)　　(3)

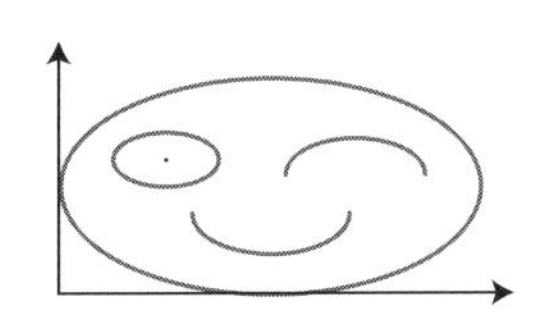

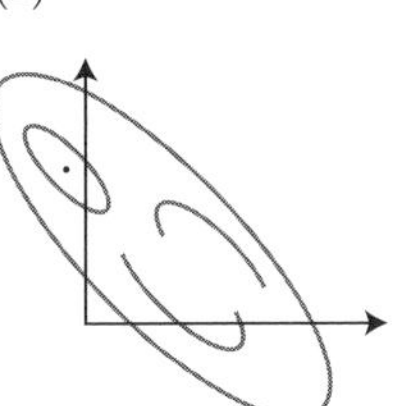

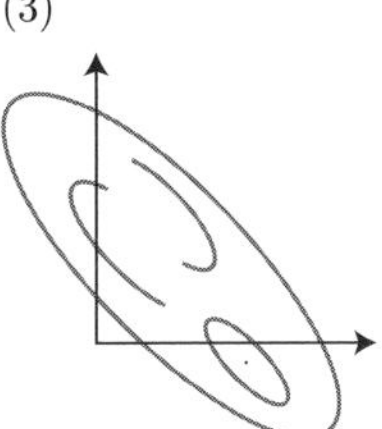

(4) y 軸上にぺちゃんこにされる．　(5) 全ての点が直線 $y=x$ 上にうつされる．

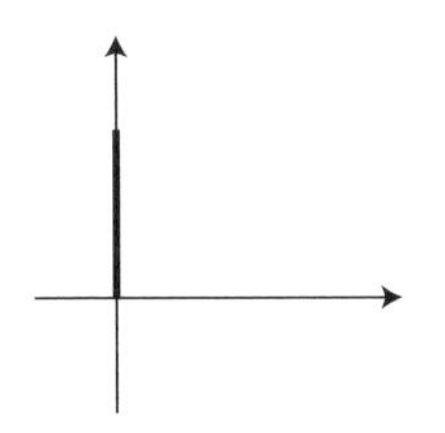

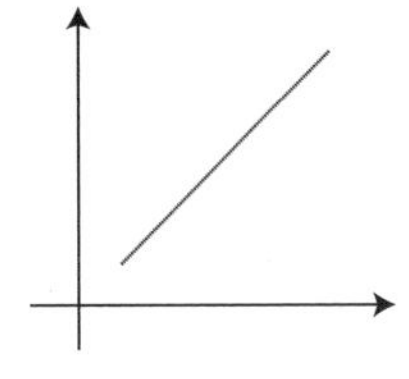

問 2.2.5　(1) $\begin{pmatrix}3&5\\7&5\end{pmatrix}$　(2) $\begin{pmatrix}1&1\\1&1\end{pmatrix}$　(3) $\begin{pmatrix}6&9\\12&15\end{pmatrix}$

問 2.2.10　(1) $\begin{pmatrix}10&13\\22&29\end{pmatrix}$　(2) $\begin{pmatrix}11&16\\19&28\end{pmatrix}$

問 2.2.11 任意の行列 $B=\begin{pmatrix} s & t \\ u & v \end{pmatrix}$ に対して $A=\begin{pmatrix} r & 0 \\ 0 & r \end{pmatrix}$ がスカラー行列なら AB も BA も B の r 倍，すなわち $\begin{pmatrix} rs & rt \\ ru & rv \end{pmatrix}$ となるので $AB=BA$ である．

逆に行列 A が任意の行列 B に対して $AB=BA$ が成り立つなら，特に $B_1=\begin{pmatrix} 0 & 1 \\ 0 & 0 \end{pmatrix}$, $B_2=\begin{pmatrix} 0 & 0 \\ 1 & 0 \end{pmatrix}$ に対しても $AB_1=B_1A$, $AB_2=B_2A$ が成り立つはずである．$A=\begin{pmatrix} a & b \\ c & d \end{pmatrix}$ とおくと $AB_1=B_1A$，つまり $\begin{pmatrix} 0 & a \\ 0 & c \end{pmatrix}=\begin{pmatrix} c & d \\ 0 & 0 \end{pmatrix}$ となるので $c=0$ かつ $a=d$ が成り立つ．同様に $AB_2=B_2A$ より $b=0$ となることもわかる．よって $A=\begin{pmatrix} a & 0 \\ 0 & a \end{pmatrix}$ とあらわせ，A はスカラー行列である．

$A=\begin{pmatrix} a & 0 \\ 0 & d \end{pmatrix}$ がスカラー行列でないということは $a\neq d$ ということなので，$B=\begin{pmatrix} s & t \\ u & v \end{pmatrix}$ に対して $AB=\begin{pmatrix} as & at \\ du & dv \end{pmatrix}$，$BA=\begin{pmatrix} as & dt \\ au & dv \end{pmatrix}$ において $AB=BA$ が成り立つということは，(1,2) 成分と (2,1) 成分を見て $at=dt$, $du=au$ が成り立つ，すなわち $(a-d)t=(a-d)u=0$ が成り立つということであり，$a-d\neq 0$ だから $t=u=0$ でなくてはならず，B も対角行列になる．

問 2.3.4 (1) -2 (2) 110 (3) -2 向きを保つのは，(2) である．

問 2.4.7 (1) $\begin{pmatrix} 1 & 2 \\ 3 & 4 \end{pmatrix}^{-1}\begin{pmatrix} 5 \\ 6 \end{pmatrix}=-\frac{1}{2}\begin{pmatrix} 4 & -2 \\ -3 & 1 \end{pmatrix}\begin{pmatrix} 5 \\ 6 \end{pmatrix}=\begin{pmatrix} -4 \\ 9/2 \end{pmatrix}$ により $x=-4, y=9/2$.

(2) $\begin{pmatrix} 6 & 7 \\ 7 & 8 \end{pmatrix}^{-1}\begin{pmatrix} 9 \\ -10 \end{pmatrix}=-\begin{pmatrix} 8 & -7 \\ -7 & 6 \end{pmatrix}\begin{pmatrix} 9 \\ -10 \end{pmatrix}=\begin{pmatrix} -142 \\ 123 \end{pmatrix}$ により $x=-142, y=123$.

問 2.7.5 (1) $A=\begin{pmatrix} \cos\theta & -\sin\theta \\ \sin\theta & \cos\theta \end{pmatrix}$，$B=\begin{pmatrix} \cos\theta & \sin\theta \\ -\sin\theta & \cos\theta \end{pmatrix}$ とおいて ${}^tAA$ と ${}^tBB$ を計算するとともに単位行列 $\begin{pmatrix} 1 & 0 \\ 0 & 1 \end{pmatrix}$ となることが確かめられるので，定理 2.4.2 により A, B はそれぞれの転置を逆行列として持つ．逆に $A=\begin{pmatrix} a & b \\ c & d \end{pmatrix}$ が ${}^tAA=\begin{pmatrix} a^2+c^2 & ab+cd \\ ab+cd & b^2+d^2 \end{pmatrix}=\begin{pmatrix} 1 & 0 \\ 0 & 1 \end{pmatrix}$ を満たすとすると，$A=(\boldsymbol{u},\boldsymbol{v})$ とおいて，つまり $\boldsymbol{u}=\begin{pmatrix} a \\ c \end{pmatrix}$，$\boldsymbol{v}=\begin{pmatrix} b \\ d \end{pmatrix}$ ととおいて，$||\boldsymbol{u}||=\sqrt{a^2+c^2}=1, ||\boldsymbol{v}||=\sqrt{b^2+d^2}=1, \boldsymbol{u}\cdot\boldsymbol{v}=ab+cd=0$ となる．考察 2.7.2 と補題 2.7.3 においてその条件だけから A が回転または線対称変換であり，特に直交行列になることを示した．

なお，命題 8.1.2 および定理 8.1.3 で一般の場合に示しているので，それも参照のこと．

問 3.1.4 (1) $0'$ というのも足し算の単位元だとすると，

$$0=0+0' \quad (0' \text{ は足し算の単位元}) \quad =0' \quad (0 \text{ は足し算の単位元})$$

となるので，どのように足し算の単位元 $0'$ をとってきても，それは 0 に等しくなる．

(2) a の足し算に関する逆元 b が $-a$ の他に与えられたとすると

$$\begin{aligned} b &= b+0 && (\text{足し算の単位元 } 0 \text{ の定義}) \\ &= b+(a+(-a)) && (-a \text{ は } a \text{ の足し算に関する逆元}) \end{aligned}$$

$$
\begin{aligned}
&= (b+a)+(-a) && (\text{足し算の結合則})\\
&= (a+b)+(-a) && (\text{足し算の交換則})\\
&= +(-a) && (b\text{ も }a\text{ の足し算に関する逆元})\\
&= -a && (\text{足し算の単位元 }0\text{ の定義})
\end{aligned}
$$

となるので，勝手に取ってきた a の足し算に関する逆元 b は $-a$ そのものである．
(3) まず，0 は足し算の単位元なので，$0+0=0$ であることに注意する．$0\times a=(0+0)\times a=0\times a+0\times a$．この両辺に $0\times a$ の足し算に関する逆元を加えると $0=0\times a$ が得られる．
(4) $a+(-1)\times a=0$ となることを確かめれば良い．

$$a+(-1)\times a=1\times a+(-1)\times a=(1+(-1))\times a=0\times a=0.$$

よって，$(-1)\times a$ は確かに a の足し算に関する逆元である．

問 3.2.3　(1) $\boldsymbol{v}=\begin{pmatrix} v_1\\ \vdots \\ v_n\end{pmatrix}$, $\boldsymbol{w}=\begin{pmatrix} w_1\\ \vdots \\ w_n\end{pmatrix}$, $\boldsymbol{u}=\begin{pmatrix} u_1\\ \vdots \\ u_n\end{pmatrix}$ とおくと, $(\boldsymbol{v}+\boldsymbol{w})+\boldsymbol{u}=\begin{pmatrix} (v_1+w_1)+u_1\\ \vdots \\ (v_n+w_n)+u_n\end{pmatrix}$,

$\boldsymbol{v}+(\boldsymbol{w}+\boldsymbol{u})=\begin{pmatrix} v_1+(w_1+u_1)\\ \vdots \\ v_n+(w_n+u_n)\end{pmatrix}$ なので，各 i 行目の成分について公理 3.1.1(1) により $(v_i+w_i)+u_i=v_i+(w_i+u_i)$ が成り立つことから，$(\boldsymbol{v}+\boldsymbol{w})+\boldsymbol{u}=\boldsymbol{v}+(\boldsymbol{w}+\boldsymbol{u})$ が成り立つ．
(2) ゼロベクトル $\mathbf{0}$ は全ての成分が 0 となるベクトル，すなわち $\mathbf{0}:=\begin{pmatrix} 0\\ \vdots \\ 0\end{pmatrix}$ と定義したので，任意の $\boldsymbol{v}=\begin{pmatrix} v_1\\ \vdots \\ v_n\end{pmatrix}$ に対し $\mathbf{0}+\boldsymbol{v}=\begin{pmatrix} 0\\ \vdots \\ 0\end{pmatrix}+\begin{pmatrix} v_1\\ \vdots \\ v_n\end{pmatrix}=\begin{pmatrix} 0+v_1\\ \vdots \\ 0+v_n\end{pmatrix}$ となる．定義 3.1.1(2) により各 i 行目の成分について $0+v_i=v_i$ となることから，$\mathbf{0}+\boldsymbol{v}=\boldsymbol{v}$ が成り立つことがわかる．
(3) 逆ベクトルの存在については，-1 のスカラー倍は必要ないので，まず逆ベクトルの存在を証明する．任意の $\boldsymbol{v}=\begin{pmatrix} v_1\\ \vdots \\ v_n\end{pmatrix}$ に対し，各成分 v_i の足し算についての逆元を $-v_i$ とおき，$\boldsymbol{w}=\begin{pmatrix} -v_1\\ \vdots \\ -v_n\end{pmatrix}$ とすると，$v_i+(-v_i)=0$ なので，$\boldsymbol{v}+\boldsymbol{w}=\begin{pmatrix} v_1+(-v_1)\\ \vdots \\ v_n+(-v_n)\end{pmatrix}=\begin{pmatrix} 0\\ \vdots \\ 0\end{pmatrix}=\mathbf{0}$ が成り立つ．すなわち $\boldsymbol{w}$ が $\boldsymbol{v}$ の逆ベクトルである．

　$\boldsymbol{w}=(-1)\boldsymbol{v}$ とかけることについては，系 3.1.3 を使う．$\boldsymbol{w}$ の第 i 成分 $-v_i$ は系 3.1.3(4) により $(-1)\times v_i$ に等しいので，$\boldsymbol{w}=\begin{pmatrix} -v_1\\ \vdots \\ -v_n\end{pmatrix}=\begin{pmatrix} (-1)v_1\\ \vdots \\ (-1)v_n\end{pmatrix}=(-1)\begin{pmatrix} v_1\\ \vdots \\ v_n\end{pmatrix}=(-1)\boldsymbol{v}$ となる．

(4) は既に本文中で証明済みである．

(5) $c,d\in\mathbb{K}$ と任意の $\boldsymbol{v}=\begin{pmatrix} v_1\\ \vdots \\ v_n\end{pmatrix}$ に対し $(c+d)\boldsymbol{v}=(c+d)\begin{pmatrix} v_1\\ \vdots \\ v_n\end{pmatrix}=\begin{pmatrix} (c+d)v_1\\ \vdots \\ (c+d)v_n\end{pmatrix}$ となる．各 i 行目の成分について，定義 3.1.1(9) により $(c+d)v_i=cv_i+dv_i$ が成り立つので，それを用いて続きを計算すると

$$(c+d)\boldsymbol{v}=\begin{pmatrix}(c+d)v_1\\ \vdots\\ (c+d)v_n\end{pmatrix}=\begin{pmatrix}cv_1+dv_1\\ \vdots\\ cv_n+dv_n\end{pmatrix}=\begin{pmatrix}cv_1\\ \vdots\\ cv_n\end{pmatrix}+\begin{pmatrix}dv_1\\ \vdots\\ dv_n\end{pmatrix}=c\begin{pmatrix}v_1\\ \vdots\\ v_n\end{pmatrix}+d\begin{pmatrix}v_1\\ \vdots\\ v_n\end{pmatrix}=c\boldsymbol{v}+d\boldsymbol{v}$$

となり，$(c+d)\boldsymbol{v}=c\boldsymbol{v}+d\boldsymbol{v}$ となることが確かめられた．

(6) $c\in\mathbb{K}$ と $\boldsymbol{v}=\begin{pmatrix}v_1\\ \vdots\\ v_n\end{pmatrix}$，$\boldsymbol{w}=\begin{pmatrix}w_1\\ \vdots\\ w_n\end{pmatrix}\in\mathbb{K}^n$ に対して $c(\boldsymbol{v}+\boldsymbol{w})=c\begin{pmatrix}v_1+w_1\\ \vdots\\ v_n+w_n\end{pmatrix}=\begin{pmatrix}c(v_1+w_1)\\ \vdots\\ c(v_n+w_n)\end{pmatrix}$．

ここで再び定義 3.1.1(9) を用いて，第 i 行目の成分について $c(v_i+w_i)=cv_i+cw_i$ が成り立つので，これを用いて続きを計算して

$$c(\boldsymbol{v}+\boldsymbol{w})=\begin{pmatrix}c(v_1+w_1)\\ \vdots\\ c(v_n+w_n)\end{pmatrix}=\begin{pmatrix}cv_1+cw_1\\ \vdots\\ cv_n+cw_n\end{pmatrix}=\begin{pmatrix}cv_1\\ \vdots\\ cv_n\end{pmatrix}+\begin{pmatrix}cw_1\\ \vdots\\ cw_n\end{pmatrix}=c\begin{pmatrix}v_1\\ \vdots\\ v_n\end{pmatrix}+c\begin{pmatrix}w_1\\ \vdots\\ w_n\end{pmatrix}=c\boldsymbol{v}+c\boldsymbol{w}$$

となることが確かめられた．

(7) $c,d\in\mathbb{K}$ と $\boldsymbol{v}=\begin{pmatrix}v_1\\ \vdots\\ v_n\end{pmatrix}\in\mathbb{K}^n$ に対し，定義 3.1.1(5) により $(cd)v_i=c(dv_i)$ が成り立つので，

$c(d\boldsymbol{v})=c(d\begin{pmatrix}v_1\\ \vdots\\ v_n\end{pmatrix})=c\begin{pmatrix}dv_1\\ \vdots\\ dv_n\end{pmatrix}=\begin{pmatrix}c(dv_1)\\ \vdots\\ c(dv_n)\end{pmatrix}=\begin{pmatrix}(cd)v_1\\ \vdots\\ (cd)v_n\end{pmatrix}=(cd)\begin{pmatrix}v_1\\ \vdots\\ v_n\end{pmatrix}=(cd)\boldsymbol{v}$ により確かに成り立つ．

(8) $\boldsymbol{v}=\begin{pmatrix}v_1\\ \vdots\\ v_n\end{pmatrix}\in\mathbb{K}^n$ に対し，$1v_i=v_i$ なので $1\boldsymbol{v}=1\begin{pmatrix}v_1\\ \vdots\\ v_n\end{pmatrix}=\begin{pmatrix}1v_1\\ \vdots\\ 1v_n\end{pmatrix}=\begin{pmatrix}v_1\\ \vdots\\ v_n\end{pmatrix}=\boldsymbol{v}$ となる．

問 3.2.10　(1) $\begin{pmatrix}10\\16\end{pmatrix}$　(2) $\begin{pmatrix}11\\17\\23\end{pmatrix}$　(3) (35) （1×1 行列である．）

問 3.2.15　(1) $\begin{pmatrix}26&32\\38&47\end{pmatrix}$　(2) $\begin{pmatrix}11&18&25\\14&23&32\\17&28&39\end{pmatrix}$　(3) $\begin{pmatrix}5&10&15&20&25\\4&8&12&16&20\\3&6&9&12&15\\2&4&6&8&10\\1&2&3&4&5\end{pmatrix}$

問 3.2.17　和の結合則：A,B,C が全て $n\times m$ 行列ならば，$(A+B)+C=A+(B+C)$ が成り立つ．

分配則：A と B が $n\times m$ 行列，C が $m\times\ell$ 行列ならば，$(A+B)C=AC+BC$ が成り立つ．また，A が $n\times m$ 行列，B と C が $m\times\ell$ 行列ならば $A(B+C)=AC+BC$ が成り立つ．

証明）和の結合則について，$(A+B)+C$ と $A+(B+C)$ が同じ写像であることを確かめれば良い．すなわち，$\boldsymbol{v}\in\mathbb{K}^m$ に対して $((A+B)+C)\boldsymbol{v}=(A+(B+C))\boldsymbol{v}$ となることを確かめれば良い．しかし，左辺は $(A+B)\boldsymbol{v}+C\boldsymbol{v}=(A\boldsymbol{v}+B\boldsymbol{v})+C\boldsymbol{v}$，右辺は $A\boldsymbol{v}+(B+C)\boldsymbol{v}=A\boldsymbol{v}+(B\boldsymbol{v}+C\boldsymbol{v})$ なので命題 3.2.2 (2) により両者は等しい．

分配則について，これも任意の $\boldsymbol{v}\in\mathbb{K}^\ell$ に対して $((A+B)C)\boldsymbol{v}=(A+B)(C\boldsymbol{v})=A(C\boldsymbol{v})+B(C\boldsymbol{v})=(AC)\boldsymbol{v}+(BC)\boldsymbol{v}=(AC+BC)\boldsymbol{v}$ より $(A+B)C=AC+BC$ が成り立つ．また任意の $\boldsymbol{v}\in\mathbb{K}^\ell$ に対して $(A(B+C))(\boldsymbol{v})=A((B+C)\boldsymbol{v})=A(B\boldsymbol{v}+C\boldsymbol{v})=A(B\boldsymbol{v})+A(C\boldsymbol{v})=(AC)\boldsymbol{v}+(BC)\boldsymbol{v}=(AC+BC)\boldsymbol{v}$ より $A(B+C)=AB+AC$ が成り立つ．

添え字による直接計算を用いると，結合則について，$A=(a_{i,j})$，$B=(b_{i,j})$，$C=(c_{i,j})$ とするとき，$(A+B)+C$ の (i,j) 成分は $(a_{i,j}+b_{i,j})+c_{i,j}$ であり，$A+(B+C)$ の (i,j) 成

分は $a_{i,j}+(b_{i,j}+c_{i,j})$ となる．定義 3.1.1(1)（足し算の結合則）により $(a_{i,j}+b_{i,j})+c_{i,j}=a_{i,j}+(b_{i,j}+c_{i,j})$ なので全ての (i,j) 成分が等しくなり，$(A+B)+C=A+(B+C)$ が成り立つ．

分配則は，$(A+B)C$ のみ計算する．$A=(a_{i,j})$, $B=(b_{i,j})$, $C=(c_{j,k})$ とするとき，$(A+B)C$ の (i,k) 成分は $\sum_{j=1}^{m}(a_{i,j}+b_{i,j})c_{j,k}$ であり，$AC+BC$ の (i,k) 成分は $\sum_{j=1}^{m}(a_{i,j}c_{j,k}+b_{i,j}c_{j,k})$ となる．定義 3.1.1(9)（分配則）により，各 $(a_{i,j}+b_{i,j})c_{j,k}$ と $(a_{i,j}c_{j,k}+b_{i,j}c_{j,k})$ とが等しいので，それを j について足した和 $\sum_{j=1}^{m}(a_{i,j}+b_{i,j})c_{j,k}$ と $\sum_{j=1}^{m}(a_{i,j}c_{j,k}+b_{i,j}c_{j,k})$ も等しくなり，全ての (i,k) 成分が等しいので $(A+B)C=AC+BC$ となる．

問 3.5.3　命題 3.4.6 の証明同様，成分を用いて直接計算すれば良い．

問 4.5.2　定義 4.5.1 のベクトルの一次独立性の定義は，「ゼロベクトル $\mathbf{0}$ を $\boldsymbol{v}_1,\ldots,\boldsymbol{v}_k$ の線型結合としてあらわす表し方は $0\boldsymbol{v}_1+\cdots+0\boldsymbol{v}_k$ のただ一通りである」と読み取れるので，「全ての線型結合がただ一通りの表記しか持たない」という条件の特別な場合になっている．よって，「ゼロベクトルの線型結合表記さえ一意であれば，他のどんな $\boldsymbol{w}=c_1\boldsymbol{v}_1+\cdots+c_k\boldsymbol{v}_k$ についても一意である」ということを示せば良い．$\boldsymbol{w}=d_1\boldsymbol{v}_1+\cdots+d_k\boldsymbol{v}_k$ というもう一通りの表記があれば，等式 $c_1\boldsymbol{v}_1+\cdots+c_k\boldsymbol{v}_k=d_1\boldsymbol{v}_1+\cdots+d_k\boldsymbol{v}_k$ を移項して整理して

$$(c_1-d_1)\boldsymbol{v}_1+(c_2-d_2)\boldsymbol{v}_2+\cdots+(c_k-d_k)\boldsymbol{v}_k=\mathbf{0}$$

という表記が得られる．ゼロベクトルの線型結合としての表し方がただ一通りなので $c_1-d_1=c_2-d_2=\cdots=c_k-d_k=0$ となることがわかる．すなわち $c_1=d_1$, $c_2=d_2$, $\ldots$, $c_k=d_k$ であり，2 つの表記が同じであること，すなわち表記の一意性が証明された．

問 6.1.8　(1)　$\mathbf{0},\mathbf{0}'$ がともにゼロベクトルであれば，

$$\begin{aligned}\mathbf{0}&=\mathbf{0}+\mathbf{0}' &&(\mathbf{0}'\text{ がゼロベクトルだから})\\ &=\mathbf{0}'+\mathbf{0} &&(\text{和の交換法則})\\ &=\mathbf{0}' &&(\mathbf{0}\text{ がゼロベクトルだから})\end{aligned}$$

なので，ゼロベクトルは一つしかない．

(2)
$$\begin{aligned}\boldsymbol{w}&=\boldsymbol{w}+(\boldsymbol{v}+\boldsymbol{w}') &&(\boldsymbol{v}+\boldsymbol{w}\text{ はゼロベクトル})\\ &=(\boldsymbol{w}+\boldsymbol{v})+\boldsymbol{w}' &&(\text{結合則})\\ &=\boldsymbol{w}' &&(\boldsymbol{w}+\boldsymbol{v}\text{ はゼロベクトル})\end{aligned}$$

なので，$\boldsymbol{v}$ の逆ベクトルも一つしかない．

(3)　$0\boldsymbol{v}=(0+0)\boldsymbol{v}=0\boldsymbol{v}+0\boldsymbol{v}$ の両辺に $0\boldsymbol{v}$ の逆ベクトルを加えて $\mathbf{0}=\mathbf{0}+0\boldsymbol{v}=0\boldsymbol{v}$ が得られる．

(4)
$$\begin{aligned}\mathbf{0}&=0\boldsymbol{v} &&(\text{上の (2)}) \quad =(1+(-1))\boldsymbol{v}\\ &=1\boldsymbol{v}+(-1)\boldsymbol{v} &&(\text{定義 6.1.7(5), スカラーの和の分配則})\\ &=\boldsymbol{v}+(-1)\boldsymbol{v} &&(\text{定義 6.1.7(8), 1 倍})\end{aligned}$$

により $(-1)\boldsymbol{v}$ は $\boldsymbol{v}$ の逆ベクトルである．

(5)　ゼロベクトルの定義により $\mathbf{0}+\mathbf{0}=\mathbf{0}$，この両辺に c をかけてベクトルの和の分配則を用いると $c\mathbf{0}+c\mathbf{0}=c\mathbf{0}$，両辺に $c\mathbf{0}$ の逆ベクトルを加えて $c\mathbf{0}=\mathbf{0}$ を得る．

問 6.1.9　［コメント］　問 3.2.3 が似た問題で，ベクトルの第 i 行目の成分について対応する $\mathbb{K}$ の性質を使うことで証明されていたが，ここでは「各第 i 行目の成分」を「関数の各 $x\in X$ での値」と読み替えれば全く同じ証明が通用する．

問 6.2.2　$\boldsymbol{v}=c_1\boldsymbol{v}_1+\cdots+c_n\boldsymbol{v}_n=d_1\boldsymbol{v}_1+\cdots+d_n\boldsymbol{v}_n$ と 2 通りにあらわされるなら，移項して $(c_1-d_1)\boldsymbol{v}_1+\cdots+(c_n-d_n)\boldsymbol{v}_n=\boldsymbol{0}$ とあらわされるので，一次独立性の仮定より $c_1-d_1=c_2-d_2=\cdots=c_n-d_n=0$，すなわち $c_1=d_1, c_2=d_2, \ldots, c_n=d_n$ となり，$\boldsymbol{v}$ を $\boldsymbol{v}_1,\ldots,\boldsymbol{v}_n$ の線型結合として表す係数がただ一通りであることがわかる．

問 6.5.2　(1) 定理 6.4.3 の 3 条件を確かめれば良い．$V\neq\emptyset, W\neq\emptyset$ なので $\boldsymbol{v}\in V, \boldsymbol{w}\in W$ が存在し，$\boldsymbol{v}+\boldsymbol{w}\in V+W$ が取れるので $V+W$ は空集合ではない．$\boldsymbol{v}_1+\boldsymbol{w}_1, \boldsymbol{v}_2+\boldsymbol{w}_2\in V+W$ なら $(\boldsymbol{v}_1+\boldsymbol{w}_1)+(\boldsymbol{v}_2+\boldsymbol{w}_2)=(\boldsymbol{v}_1+\boldsymbol{v}_2)+(\boldsymbol{w}_1+\boldsymbol{w}_2)\in V+W$ なので，和について閉じている．また $\boldsymbol{v}+\boldsymbol{w}\in V+W$ と $c\in K$ に対し $c(\boldsymbol{v}+\boldsymbol{w})=(c\boldsymbol{v})+(c\boldsymbol{w})\in V+W$ なのでスカラー倍についても閉じており，$V+W$ は確かに線形部分空間である．

(2) 定義 6.1.7 の 9 つの条件を確かめる必要がある．

(0)　和とスカラー倍は確かに定義されている．

(1)　(和の結合則) $(\boldsymbol{v}_i,\boldsymbol{w}_i)$ $(i=1,2,3)$ に対して，　$((\boldsymbol{v}_1,\boldsymbol{w}_1)+(\boldsymbol{v}_2,\boldsymbol{w}_2))+(\boldsymbol{v}_3,\boldsymbol{w}_3)=((\boldsymbol{v}_1+\boldsymbol{v}_2)+\boldsymbol{v}_3, (\boldsymbol{w}_1+\boldsymbol{w}_2)+\boldsymbol{w}_3)=(\boldsymbol{v}_1+(\boldsymbol{v}_2+\boldsymbol{v}_3), \boldsymbol{w}_1+(\boldsymbol{w}_2+\boldsymbol{w}_3))=(\boldsymbol{v}_1,\boldsymbol{w}_1)+((\boldsymbol{v}_2,\boldsymbol{w}_2)+(\boldsymbol{v}_3,\boldsymbol{w}_3))$ となり，結合則が成り立つ．

(2)　(ゼロベクトルの存在) ゼロベクトル $\boldsymbol{0}_V\in V, \boldsymbol{0}_W\in W$ をとると，任意の $(\boldsymbol{v},\boldsymbol{w})\in V\oplus W$ に対し $(\boldsymbol{v},\boldsymbol{w})+(\boldsymbol{0}_V,\boldsymbol{0}_W)=(\boldsymbol{v}+\boldsymbol{0}_V,\boldsymbol{w}+\boldsymbol{0}_W)=(\boldsymbol{v},\boldsymbol{w})$ となるので $(\boldsymbol{0}_V,\boldsymbol{0}_W)$ がゼロベクトルとなる．

(3)　(逆ベクトルの存在) 任意の $(\boldsymbol{v}.\boldsymbol{w})\in V\oplus W$ に対し，$\boldsymbol{v}\in V$ の逆ベクトル $-\boldsymbol{v}$ と $\boldsymbol{w}\in W$ の逆ベクトル $-\boldsymbol{w}$ を並べた $(-\boldsymbol{v},-\boldsymbol{w})$ が $(\boldsymbol{v},\boldsymbol{w})+(-\boldsymbol{v},-\boldsymbol{w})=(\boldsymbol{0}_V,\boldsymbol{0}_W)=\boldsymbol{0}_{V\oplus W}$ により逆ベクトルとなる．

(4)　(和の交換則) 任意の $(\boldsymbol{v}_1,\boldsymbol{w}_1),(\boldsymbol{v}_2,\boldsymbol{w}_2)\in V\oplus W$ に対し $(\boldsymbol{v}_1,\boldsymbol{w}_1)+(\boldsymbol{v}_2,\boldsymbol{w}_2)=(\boldsymbol{v}_1+\boldsymbol{v}_2,\boldsymbol{w}_1+\boldsymbol{w}_2)=(\boldsymbol{v}_2+\boldsymbol{v}_1,\boldsymbol{w}_2+\boldsymbol{w}_1)=(\boldsymbol{v}_2,\boldsymbol{w}_2)+(\boldsymbol{v}_1,\boldsymbol{w}_1)$ となり，和の交換則が成り立つ．

(5)　(スカラーの和の分配則) 任意の $c,d\in\mathbb{K}, (\boldsymbol{v},\boldsymbol{w})\in V\oplus W$ に対し $(c+d)(\boldsymbol{v},\boldsymbol{w})=((c+d)\boldsymbol{v},(c+d)\boldsymbol{w})=(c\boldsymbol{v}+d\boldsymbol{v},c\boldsymbol{w}+d\boldsymbol{w})=(c\boldsymbol{v},c\boldsymbol{w})+(d\boldsymbol{v},d\boldsymbol{w})=c(\boldsymbol{v},\boldsymbol{w})+d(\boldsymbol{v},\boldsymbol{w})$ となり，分配則が成り立つ．

(6)　(ベクトルの和の分配則) 任意の $c\in\mathbb{K}$ と $(\boldsymbol{v}_1,\boldsymbol{w}_1),(\boldsymbol{v}_2,\boldsymbol{w}_2)\in V\oplus W$ に対し

$$
\begin{aligned}
c((\boldsymbol{v}_1,\boldsymbol{w}_1)+(\boldsymbol{v}_2,\boldsymbol{w}_2)) &= c(\boldsymbol{v}_1+\boldsymbol{v}_2,\boldsymbol{w}_1+\boldsymbol{w}_2) && (V\oplus W \text{ の和の定義}) \\
&= (c(\boldsymbol{v}_1+\boldsymbol{v}_2),c(\boldsymbol{w}_1+\boldsymbol{w}_2)) && (V\oplus W \text{ のスカラー倍の定義}) \\
&= (c\boldsymbol{v}_1+c\boldsymbol{v}_2,c\boldsymbol{w}_1+c\boldsymbol{w}_2) && (V,W \text{ では分配則成立}) \\
&= (c\boldsymbol{v}_1,c\boldsymbol{w}_1)+(c\boldsymbol{v}_2,c\boldsymbol{w}_2) && (V\oplus W \text{ の和の定義}) \\
&= c(\boldsymbol{v}_1,\boldsymbol{w}_1)+c(\boldsymbol{v}_2,\boldsymbol{w}_2) && (V\oplus W \text{ のスカラー倍の定義})
\end{aligned}
$$

によりベクトルの和の分配則も成立する．

(7)　(スカラー倍の合成) $c,d\in\mathbb{K}, (\boldsymbol{v},\boldsymbol{w})\in V\oplus W$ に対し $(cd)(\boldsymbol{v},\boldsymbol{w})=((cd)\boldsymbol{v},(cd)\boldsymbol{w})=(c(d\boldsymbol{v}),c(d\boldsymbol{w}))=c(d\boldsymbol{v},d\boldsymbol{w})=c(d(\boldsymbol{v},\boldsymbol{w}))$ となり，条件 (7) も成立する．

(8)　(1 倍) $(\boldsymbol{v},\boldsymbol{w})\in V\oplus W$ に対し $1(\boldsymbol{v},\boldsymbol{w})=(1\boldsymbol{v},1\boldsymbol{w})=(\boldsymbol{v},\boldsymbol{w})$ により 1 倍は恒等写像．

以上により，V と W が線型空間であれば $V\oplus W$ も線型空間である．

(3)　まず φ が和とスカラー倍とを保つことを確かめる．$\varphi((\boldsymbol{v}_1,\boldsymbol{w}_1)+(\boldsymbol{v}_2,\boldsymbol{w}_2))=\varphi((\boldsymbol{v}_1+\boldsymbol{v}_2,\boldsymbol{w}_1+\boldsymbol{w}_2))=\boldsymbol{v}_1+\boldsymbol{v}_2+\boldsymbol{w}_1+\boldsymbol{w}_2=(\boldsymbol{v}_1+\boldsymbol{w}_1)+(\boldsymbol{v}_2+\boldsymbol{w}_2)=\varphi((\boldsymbol{v}_1,\boldsymbol{w}_1))+\varphi((\boldsymbol{v}_2,\boldsymbol{w}_2))$ となり，φ は和を保つ．また $\varphi(c(\boldsymbol{v},\boldsymbol{w}))=\varphi((c\boldsymbol{v},c\boldsymbol{w}))=c\boldsymbol{v}+c\boldsymbol{w}=c(\boldsymbol{v}+\boldsymbol{w})=c\varphi((\boldsymbol{v},\boldsymbol{w}))$ より

φ は線型写像である．任意の $V+W$ の元は $\boldsymbol{v}+\boldsymbol{w}$ と書けるので，$\varphi((\boldsymbol{v},\boldsymbol{w}))$ とあらわされ，$\varphi: V\oplus W \to V+W$ は全射である．$V\cap W$ が $\mathbf{0}$ 以外のベクトル $\boldsymbol{u}$ を含めば $(\boldsymbol{u},-\boldsymbol{u})$ はゼロベクトルでなく $\varphi((\boldsymbol{u},-\boldsymbol{u}))=\mathbf{0}$ となり，φ は単射ではない．逆に $V\cap W=\{\mathbf{0}\}$ で $\varphi((\boldsymbol{v},\boldsymbol{w}))=\boldsymbol{v}+\boldsymbol{w}=\mathbf{0}$ であれば $\boldsymbol{v}=-\boldsymbol{w}\in V\cap W=\mathbf{0}$ なので $\boldsymbol{v}=\boldsymbol{w}=\mathbf{0}$ より $(\boldsymbol{v},\boldsymbol{w})=\mathbf{0}_{V\oplus W}$ となるので φ は単射である．φ の像は $V+W$ に入るので，$V+W\subsetneq U$ ならば $\varphi: V\oplus W\to U$ は全射にはなり得ない．一方 $V+W=U$ ならば，$V\oplus W\to V+W$ が全射なので $\varphi V\oplus W\to U$ も全射である．

(4)　直接計算すれば良い．$\boldsymbol{v}\in V$, $\boldsymbol{w}\in W$ として

$$p_V\circ i_V(\boldsymbol{v})=p_V((\boldsymbol{v},\mathbf{0}))=\boldsymbol{v}=\mathrm{id}_V(\boldsymbol{v})\quad,\qquad p_W\circ i_W(\boldsymbol{w})=p_W((\mathbf{0},\boldsymbol{w}))=\boldsymbol{w}=\mathrm{id}_W(\boldsymbol{w})\quad,$$
$$p_V\circ i_W(\boldsymbol{w})=p_V((\mathbf{0},\boldsymbol{w}))=\mathbf{0}=0(\boldsymbol{w})\quad,\qquad p_W\circ i_V(\boldsymbol{v})=p_W((\boldsymbol{v},0))=\mathbf{0}=0(\boldsymbol{v})\quad,$$

$$\begin{aligned}(i_V\circ p_V+i_W\circ p_W)((\boldsymbol{v},\boldsymbol{w}))&=(i_V\circ p_V)((\boldsymbol{v},\boldsymbol{w}))+(i_W\circ p_W)((\boldsymbol{v},\boldsymbol{w}))=i_V(\boldsymbol{v})+i_W(\boldsymbol{w})\\&=(\boldsymbol{v},\mathbf{0})+(\mathbf{0},\boldsymbol{w})=(\boldsymbol{v},\boldsymbol{w})=\mathrm{id}_{V\oplus W}(\boldsymbol{v},\boldsymbol{w}).\end{aligned}$$

以上より全ての等号が示された．

問 7.5.2　$g(t)=e^{at}(\cos bt+i\sin bt)$ とおくと，$g'(t)=ae^{at}(\cos bt+i\sin bt)+e^{at}\cdot(bi)\cdot(\cos bt+i\sin bt)=(a+bit)g(t)$ であり，かつ $g(0)=1$ なので $g(t)$ は条件を満たす．$f(t)$ が条件をみたすとき，任意の t に対して $g(t)\neq 0$ なので $F(t)=\dfrac{f(t)}{g(t)}$ とおくと $F'(t)=\dfrac{f'(t)g(t)-f(t)g'(t)}{g(t)^2}=\dfrac{(a+bi)f(t)g(t)-f(t)(a+bi)g(t)}{g(t)^2}=0$ となり，$F(t)$ は定数となる．$F(0)=1$ なので，$F(t)$ は恒等的に 1，すなわち関数として $f(t)=g(t)$ となる．

問 7.5.7　n について帰納法．$n=2$ ならば $\begin{pmatrix}0 & 1\\ -c_2 & -c_1\end{pmatrix}$ の固有多項式は $\det\begin{pmatrix}t & -1\\ c_2 & t+c_1\end{pmatrix}=t^2+c_1t+c_2$ が確かに成り立つ．$n-1$ の場合に正しいとして，$\det(tE_n-A)$ を 1 列目について展開する．tE_n-A の 1 列目は 1 行目と n 行目以外は 0 である．tE_n-A の 1 行目と 1 列目を取り除いた行列の行列式は帰納法の仮定より $t^{n-1}+c_1t^{n-2}+\cdots+c_{n-1}$ となる．また 1 列目と n 行目を取り除いた行列は下三角行列で対角成分は全て -1 なので，行列式は $(-1)^{n-1}$ となる．よって $\det(tE_n-A)=t(t^{n-1}+c_1t^{n-2}+\cdots+c_{n-1})+(-1)^{n+1}c_n(-1)^{n-1}=t^n+c_1t^{n-1}+\cdots+c_{n-1}t+c_n$ となり，帰納法が成立した．

問 7.5.9

$A=\begin{pmatrix}1 & 2\\ 3 & 4\end{pmatrix}$ に対しては

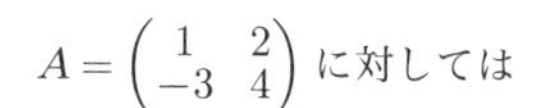
$A=\begin{pmatrix}1 & 2\\ -3 & 4\end{pmatrix}$ に対しては

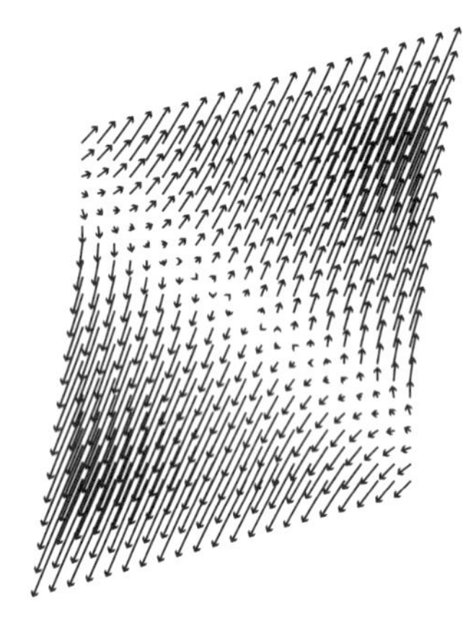

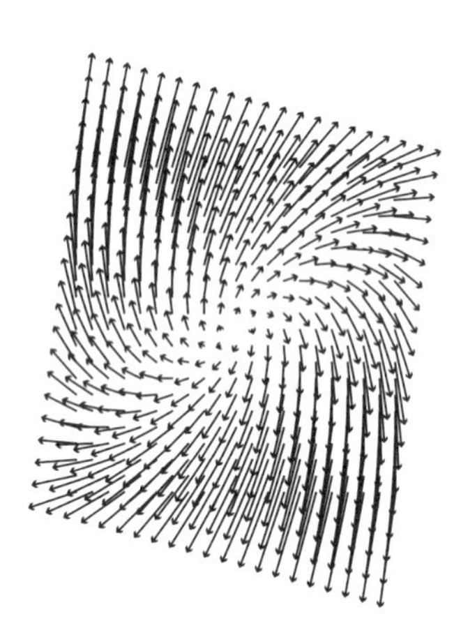

問 8.2.10　B が実行列で $A={}^tBB$ ならば ${}^tA={}^t({}^tBB)={}^tB^t({}^tB))={}^tBB=A$ となり，A は対称行列である．B は実行列なので $B^*={}^tB$ であり，ベクトル $\boldsymbol{v}$ に対して $\boldsymbol{v}^*A\boldsymbol{v}=\boldsymbol{v}^{*t}BB\boldsymbol{v}=\boldsymbol{v}^*B^*B\boldsymbol{v}=(B\boldsymbol{v})^*(B\boldsymbol{v})=||\,B\boldsymbol{v}\,||^2\geq 0$ なので半正値である．

逆に A が実半正値対称行列であれば系 8.2.9 により A は実直交行列 O によって $O^{-1}\Lambda O$ と対角化でき，また命題 8.2.8 により $\Lambda=\mathrm{Diag}(\lambda_1,\ldots,\lambda_n)$ と書くと $\lambda_i\geq 0$ である．O が実直交行列であることから $O^{-1}={}^tO$ であることに注意して $B=O^{-1}\mathrm{Diag}(\sqrt{\lambda_1},\ldots,\sqrt{\lambda_n})O$ とおくと

$${}^tBB={}^tO\mathrm{Diag}(\sqrt{\lambda_1},\ldots,\sqrt{\lambda_n})OO^{-1}\mathrm{Diag}(\sqrt{\lambda_1},\ldots,\sqrt{\lambda_n})O=O^{-1}\mathrm{Diag}(\lambda_1,\ldots,\lambda_n)O=A$$

とあらわされる．

問 8.6.8　(1) $\begin{pmatrix}17 & -9\\ -9 & -7\end{pmatrix}$ の固有値は $20,-10$ で固有ベクトルは $\begin{pmatrix}-3\\ 1\end{pmatrix},\begin{pmatrix}1\\ 3\end{pmatrix}$ であり，$17x^2-18xy-7y^2=2(3x-y)^2-(x+3y)^2$ とあらわされる．$X=\dfrac{1}{\sqrt{10}}(3x-y)$, $Y=\dfrac{1}{\sqrt{10}}(x+3y)$ とおくと $17x^2-18xy-7y^2-2x-6y=20X^2-10Y^2-2\sqrt{10}Y=20X^2-10(Y-\dfrac{1}{\sqrt{10}})^2-1$ なので，$\begin{pmatrix}3\\ -1\end{pmatrix},\begin{pmatrix}1\\ 3\end{pmatrix}$ 方向の直交軸についての原点を通る双曲線となる．

(2) $\begin{pmatrix}4 & -2\\ -2 & 1\end{pmatrix}$ の固有値は 5 と 0，固有ベクトルは $\begin{pmatrix}-2\\ 1\end{pmatrix},\begin{pmatrix}1\\ 2\end{pmatrix}$ で，$4x^2-4xy+y^2=(2x-y)^2$ である．$X=\dfrac{1}{\sqrt{5}}(2x-y)$, $Y=\dfrac{1}{\sqrt{5}}(x+2y)$ とおくと $4x^2-4xy+y^2-x-2y=5X^2-\sqrt{5}Y$ なので，$\begin{pmatrix}2\\ -1\end{pmatrix},\begin{pmatrix}1\\ 2\end{pmatrix}$ 方向の直交軸についての原点を通る放物線になる．

(3) $\begin{pmatrix}7 & 14 & -4\\ 14 & 10 & 10\\ -4 & 10 & 19\end{pmatrix}$ の固有値は $27,18,-9$ であり，固有ベクトルは $\begin{pmatrix}1\\ 2\\ 2\end{pmatrix},\begin{pmatrix}-2\\ -1\\ 2\end{pmatrix},\begin{pmatrix}2\\ -2\\ 1\end{pmatrix}$ とな

る．$7x^2+28xy-8xz+10y^2+20yz+19z^2=3(x+2y+2z)^2+2(-2x-y+2z)^2-(2x-2y+z)^2$ であり，$X=\frac{1}{3}(x+2y+2z)$，$Y=\frac{1}{3}(-2x-y+2z)$，$Z=\frac{1}{3}(2x-2y+z)$ とおくと（この X,Y,Z は正規直交座標を定め，X 軸は ${}^t(1,2,2)$ 方向，Y 軸は ${}^t(-2,-1,2)$ 方向，Z 軸は ${}^t(2,-2,1)$ 方向である），$7x^2+28xy-8xz+10y^2+20yz+19z^2-2x+8y+20z+4=27X^2+18Y^2-9Z^2+6X+4Y+4=\left(\frac{X+1/3}{1/(3\sqrt{3})}\right)^2+\left(\frac{Y+1/3}{1/(3\sqrt{2})}\right)^2-\left(\frac{Z}{1/3}\right)^2-1$ となる．求める図形は直角双曲線を連結タイプになるよう回転したもの（つまり双曲線 $X^2-Z^2=1$ を，Z 軸を中心に回転したもの）を X 軸方向に $\frac{1}{3\sqrt{3}}$ 倍，Y 軸方向に $\frac{1}{3\sqrt{2}}$ 倍，Z 軸方向に $\frac{1}{3}$ 倍に，それぞれ縮小して，X 軸方向に $-1/3$，Y 軸方向にも $-1/3$ だけ平行移動したものである．

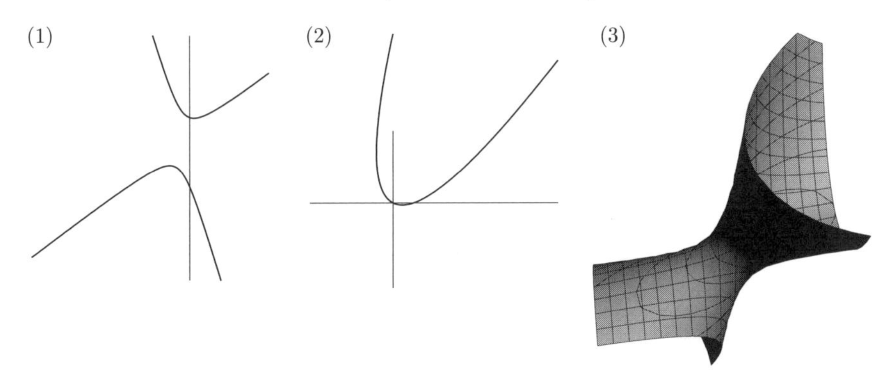

問 8.7.7　まず $\boldsymbol{u}_1=\frac{1}{||\boldsymbol{v}_1||}\boldsymbol{v}_1$ とする．$i\geq 2$ に対し $\boldsymbol{u}_1,\ldots,\boldsymbol{u}_{i-1}$ まで定まったとすると $\boldsymbol{w}_i=\boldsymbol{v}_i-\langle\boldsymbol{u}_1,\boldsymbol{v}_i\rangle\boldsymbol{u}_1-\cdots-\langle\boldsymbol{u}_{i-1},\boldsymbol{v}_i\rangle\boldsymbol{u}_{i-1}$ とおいて $\boldsymbol{u}_i=\frac{1}{||\boldsymbol{w}_i||}\boldsymbol{w}_i$ と帰納的に $\boldsymbol{u}_i$ を定義する．$\boldsymbol{w}_i=\boldsymbol{0}$ とすると $\boldsymbol{v}_i$ が $\boldsymbol{v}_1,\ldots,\boldsymbol{v}_{i-1}$ の線型結合としてあらわされることになり，$\boldsymbol{v}_1,\ldots,\boldsymbol{v}_i$ が一次独立という仮定に反するので $\boldsymbol{w}_i\neq\boldsymbol{0}$ であり，$\boldsymbol{u}_i$ が確かに定義される．$\langle\boldsymbol{u}_i,\boldsymbol{u}_i\rangle=\frac{1}{||\boldsymbol{w}_i||^2}\langle\boldsymbol{w}_i,\boldsymbol{w}_i\rangle=1$ である．また $j<i$ のとき

$$\begin{aligned}\langle\boldsymbol{u}_j,\boldsymbol{u}_i\rangle&=\frac{1}{||\boldsymbol{w}_i||}\langle\boldsymbol{u}_j,(\boldsymbol{v}_i-\langle\boldsymbol{u}_1,\boldsymbol{v}_i\rangle\boldsymbol{u}_1-\cdots-\langle\boldsymbol{u}_{i-1},\boldsymbol{v}_i\rangle\boldsymbol{u}_{i-1})\rangle\\&=\frac{1}{||\boldsymbol{w}_i||}(\langle\boldsymbol{u}_j,\boldsymbol{v}_i\rangle-\sum_{\ell=1}^{i-1}\langle\boldsymbol{u}_\ell,\boldsymbol{v}_i\rangle\langle\boldsymbol{u}_j,\boldsymbol{u}_\ell\rangle)\end{aligned}$$

となり，i についての帰納法を使うと $j\neq\ell<i$ に対しては $\langle\boldsymbol{u}_j,\boldsymbol{u}_\ell\rangle=0$ と仮定して良いので上式に代入すると $j<i$ に対しても $\langle\boldsymbol{u}_j,\boldsymbol{u}_i\rangle=\frac{1}{||\boldsymbol{w}_i||}(\langle\boldsymbol{u}_j,\boldsymbol{v}_i\rangle-\langle\boldsymbol{u}_j,\boldsymbol{v}_i\rangle)=0$ が成立し，$\boldsymbol{u}_1,\ldots,\boldsymbol{u}_n$ は正規直交である．作り方より $\boldsymbol{u}_1,\ldots,\boldsymbol{u}_k$ は $\boldsymbol{v}_1,\ldots,\boldsymbol{v}_k$ の線形結合としてあらわされる k 本の一次独立なベクトルなので $\boldsymbol{u}_1,\ldots,\boldsymbol{u}_k$ が張る V の k 次元線型部分空間は $\boldsymbol{v}_1,\ldots,\boldsymbol{v}_k$ が張る k 次元線型空間に一致することがわかる．

索　引

た行

な行

は行

ま行

や行

ら行

わ行

□基幹講座 数学 代表編集委員

砂田 利一（すなだ としかず）
明治大学名誉教授
東北大学名誉教授

新井 敏康（あらい としやす）
東京大学大学院数理科学研究科教授

木村 俊一（きむら しゅんいち）
広島大学大学院先進理工系科学研究科教授

西浦 廉政（にしうら やすまさ）
東北大学材料科学高等研究所特任教授

□著者

木村 俊一（きむら しゅんいち）
広島大学大学院先進理工系科学研究科教授

基幹講座 数学 線型代数

Printed in Japan

2018年10月25日 第1刷発行
2024年4月10日 第2刷発行

編　者　基幹講座 数学 編集委員会
著　者　木村俊一
発行所　東京図書株式会社
〒102-0072 東京都千代田区飯田橋 3-11-19
振替 00140-4-13803 電話 03(3288)9461
http://www.tokyo-tosho.co.jp/

ISBN 978-4-489-02248-7